普通高等教育“十二五”规划教材

高等数学下册

（理工类）

主　编　钱志强　朱　华
副主编　李　静　程燕燕

U0229734

华中师范大学出版社

内 容 提 要

本书紧扣理工科各专业人才培养目标，遵循高等数学的教学规律，依据高等院校理工类本科专业高等数学课程的教学大纲编写而成。力求贯彻以应用为目标，以够用为原则，以可读性为基点，以创新为导向，适当删减和淡化传统高等数学教材中的理论陈述，力求做到学完够用、学后会用、学以致用。

本书适用于三本院校理工科各专业高等数学课程的教学，还可以作为其他大学和自学考试的教材或参考用书。

新出图证(鄂)字 10 号

图书在版编目(CIP)数据

高等数学:理工类. 下册/钱志强，朱华主编. —武汉:华中师范大学出版社，2015. 1 (2015. 8 重印)

(普通高等教育“十二五”规划教材)

ISBN 978-7-5622-6839-0

Ⅰ. ①高…　Ⅱ. ①钱…　②朱…　Ⅲ. ①高等数学—高等学校—教材　Ⅳ. ①O13

中国版本图书馆 CIP 数据核字(2014)第 263837 号

高等数学下册

(理工类)

©钱志强　朱华　主编

责任编辑:李晓璐　袁正科　**责任校对**:易　雯　**封面设计**:罗明波

编 辑 室:第二编辑室　**电　　话**:027－67867362

出版发行:华中师范大学出版社

社　　址:湖北省武汉市珞喻路 152 号　**邮　　编**:430079

销售电话:027－67863426/67863280(发行部)　027－67861321(邮购)　027－67863291(传真)

网　　址:http://www.ccnupress.com　**电子信箱**:hscbs@public.wh.hb.cn

印　　刷:湖北民政印刷厂　**督　　印**:章光琼

开　　本:787mm×1092mm　1/16　**印　　张**:17.5　**字　　数**:383 千字

版　　次:2015 年 1 月第 1 版　**印　　次**:2015 年 8 月第 2 次印刷

印　　数:3001－6000　**定　　价**:32.00 元

前　言

高等数学是一门具有高度的抽象性、严密的逻辑性和广泛的应用性的学科，是高等院校理工科学生一门重要的基础理论课，是深入学习其他专业课程的必备基础。它既是一种知识、方法和工具，更是一种文化、思想和素养。高等数学教育在培养高素质人才中具有独特的、不可替代的作用，而编写出高水平、高质量且应用性强的教材则是搞好高等数学教育的关键。

本书遵循高等数学的教学规律，坚持以应用为目标，以够用为原则，以可读性为基点，以创新为导向，适当删减和淡化传统高等数学教材中的理论陈述，力求做到学完够用、学后会用、学以致用。

本书紧扣理工科各专业人才培养目标，依据高等院校理工类本科专业高等数学课程的教学大纲编写而成，适用于三本院校理工科各专业高等数学课程的教学，还可以作为其他大学和自学考试的教材或参考用书。

在编写过程中，编者结合自身多年三本院校教学实践的经验，力求努力突出三本院校教学的特色：

1. 对原理与规律的叙述比较详细，言简意赅，通俗易懂。
2. 对概念的引出，注重阐明它们的实际背景，避免概念的抽象性。
3. 强调基本理论的实际应用，淡化严密的理论证明。
4. 强调基本运算方法的训练和能力的培养，不过分追求运算的技巧。
5. 针对各专业的特点，在内容上作了分层处理，有较强的选择性。
6. 每节均配有选择题、填空题，帮助对概念、定理的理解。
7. 每章均配有基础练习题和提高练习题，以适应不同层次学生的学习需求。

全书分上、下两册。上册主要讲述一元函数微积分学的知识，下册主要讲述常微分方程、向量代数与空间解析几何、多元函数微积分学和无穷级数等知识。

《高等数学》下册由钱志强编写。何炜煌、毛宇、冉兆平、欧阳仲威、周剑华、张智立、吴谢平、尤正书、刘俊菊、吴海燕等老师给本书的编写工作提出了许多宝贵的建议，在此一并表示感谢。

尽管我们十分努力，但由于水平有限，同时又加之时间仓促，书中难免会有诸多不妥之处，欢迎广大师生、读者批评指正。

编　者

2014 年 11 月

目　录

第 6 章　常微分方程

函数是反映客观事物内部联系的重要概念，寻求函数关系在理论上和实践上具有重要意义。实际上，在多数问题中不能直接找出所需的函数关系，而只能获知所需的函数与其导数之间的关系式，这就是所谓的微分方程。根据它，用数学方法求出所需的函数，这就是所谓的解微分方程。本章主要介绍常微分方程的一些基本概念及其常用的解法。

6.1　常微分方程的基本概念

我们通过几何中的切线问题与物理学中的物体运动轨迹问题来说明常微分方程的基本概念。

例 1　已知一曲线 $y=f(x)$ 上任一点处的切线斜率为 $3x^2$，且此曲线经过点(1,3)，求此曲线的方程。

解　根据导数的几何意义，得以下方程：

$$\frac{\mathrm{d}y}{\mathrm{d}x}=3x^2。\tag{6.1}$$

此外，未知函数还应满足以下条件：

$$x=1\text{ 时}，y=3。\tag{6.2}$$

要找出满足这两个等式的曲线，对(6.1) 式两端积分，得

$$y=x^3+C,\tag{6.3}$$

其中，C 是任意常数。

再用条件(6.2) 代入得 $3=1+C$，故 $C=2$，即所求曲线方程为

$$y=x^3+2。\tag{6.4}$$

例 2　设有一质量为 m 的物体受重力的作用由静止开始自由垂直下落(忽略空气阻力和其他外力的作用)，试求该物体的运动规律。

解　取物体降落的垂直线为 s 轴，其正向朝下，物体下落的起点为原点。设开始下落的时间为 $t=0$，并设 t 时刻物体下落的距离 s 与时间 t 的函数关系为 $s=s(t)$，则由牛顿第二定律得到

$$mg=m\frac{\mathrm{d}^2s}{\mathrm{d}t^2},$$

即

$$\frac{\mathrm{d}^2s}{\mathrm{d}t^2}=g,\tag{6.5}$$

其中，g 为重力加速度。

此外，未知函数 $s=s(t)$ 还应满足下列条件：

$$s\big|_{t=0}=0,\quad \frac{ds}{dt}\bigg|_{t=0}=0。\tag{6.6}$$

(6.5) 式两边对 t 积分，得
$$\frac{ds}{dt}=gt+C_1,\tag{6.7}$$

(6.7) 式两边再对 t 积分，得
$$s=\frac{1}{2}gt^2+C_1t+C_2,\tag{6.8}$$

其中，C_1,C_2 都是待定常数。

将条件 $\frac{ds}{dt}\bigg|_{t=0}=0$ 代入(6.7) 式，得 $C_1=0$，再将条件 $s\big|_{t=0}=0$ 代入(6.8) 式得 $C_2=0$。故得到自由落体的运动规律为

$$s=\frac{1}{2}gt^2。\tag{6.9}$$

在以上两个例子中，关系式(6.1) 和关系式(6.5) 都含有未知函数的导数，它们都是本章研究的对象，即微分方程。

定义 6.1 含有未知函数的导数或微分，同时也可能含有未知函数和自变量的方程叫**微分方程**。在微分方程里，如果未知函数只与一个自变量有关，此方程叫**常微分方程**。如果未知函数与两个以上的自变量有关，此方程就叫**偏微分方程**。

本章只讨论常微分方程，以下简称为微分方程或方程。在微分方程中，未知函数与自变量可以不直接出现，但是未知函数的导数必须出现。

根据定义 6.1，关系式(6.1) 和关系式(6.5) 都是常微分方程。方程(6.1) 中出现的未知函数的最高阶导数为一阶，方程(6.5) 中出现的未知函数的最高阶导数为二阶。为了区分，我们给出微分方程阶的概念。

定义 6.2 微分方程中未知函数导数或微分的最高阶数，称为**微分方程的阶**。

根据定义 6.2，方程(6.1) 是一阶微分方程，方程(6.5) 是二阶微分方程。又如，方程

$$3x^2dy-2ydx=0$$

是一阶微分方程，方程

$$y''+3y'+2y=e^{-x} \text{ 及 } \frac{d^3y}{dx^3}+2\frac{dy}{dx}+y=0$$

分别为二阶、三阶微分方程。

一般地，n 阶微分方程的形式为

$$F(x,y,y',\cdots,y^{(n)})=0,\tag{6.10}$$

其中，x 是自变量，y 是未知函数，$y',\cdots,y^{(n)}$ 是未知函数的各阶导数，n 阶微分方程中一定含有 $y^{(n)}$，而变量 $x,y,y',\cdots,y^{(n-1)}$ 中的某些可以不出现。

如果能从方程(6.10) 中把 $y^{(n)}$ 解出，则可得微分方程

$$y^{(n)}=f(x,y,y',\cdots,y^{(n-1)})。\tag{6.11}$$

以后我们讨论的微分方程都是已解出最高阶导数的方程，且(6.11) 式右端的函数 f

在所讨论的范围内是连续的。

定义 6.3　如果函数 $y=f(x)$ 代入微分方程后能使微分方程成为恒等式，则函数 $y=f(x)$ 就称为**微分方程的解**。

例如，(6.3) 式和(6.4) 式表示的函数 $y=x^3+C$ 和 $y=x^3+2$ 都是微分方程(6.1) 的解；而(6.8) 式和(6.9) 式表示的函数 $s=\frac{1}{2}gt^2+C_1t+C_2$ 和 $s=\frac{1}{2}gt^2$ 都是微分方程(6.5) 的解。

可以看到，上述解中有些含有任意常数，有些不含任意常数。为了区别，我们给出如下定义：

定义 6.4　如果微分方程的解中含有任意常数，且相互独立的任意常数的个数与方程的阶数相同，这样的解称为微分方程的**通解**。若微分方程的解中不含任意常数，则称之为微分方程的**特解**。确定微分方程通解中任意常数的附加条件称为微分方程的**初始条件**。

求微分方程解的过程称为**解微分方程**。如果没有作特别声明，也没有给出初始条件，解微分方程就是求微分方程的通解。通解的意义是：当其中的任意常数取遍所有实数时，可得到微分方程的所有解(至多有个别例外)。值得注意的是，这里所说的相互独立的任意常数，是指它们不能通过合并而使得通解中的任意常数的个数减少。

例如，微分方程(6.1) 是一阶微分方程，它的解 $y=x^2+C$ 中含一个任意常数，所以 $y=x^2+C$ 是方程(6.1) 的通解，而 $y=x^2+1$ 是方程(6.1) 的特解。微分方程(6.5) 是二阶微分方程，它的解 $s=\frac{1}{2}gt^2+C_1t+C_2$ 中含两个独立的任意常数，所以 $s=\frac{1}{2}gt^2+C_1t+C_2$ 是方程(6.5) 的通解，而 $s=\frac{1}{2}gt^2$ 是方程(6.5) 的特解。例 1 中的“$x=1$ 时，$y=3$”和例 2 中的“$s\big|_{t=0}=0, \left.\frac{\mathrm{d}s}{\mathrm{d}t}\right|_{t=0}=0$”都是初始条件。

一般地，一阶微分方程 $y'=f(x,y)$ 的初始条件可表示为

$$y\big|_{x=x_0}=y_0,$$

其中，x_0，y_0 已知。

二阶微分方程 $y''=f(x,y,y')$ 的初始条件可表示为

$$y\big|_{x=x_0}=y_0,\quad y'\big|_{x=x_0}=y'_0,$$

其中，x_0，y_0，y'_0 已知。

求微分方程满足初始条件的特解的问题，称为**初值问题**。

一阶微分方程的初值问题可记作

$$\begin{cases} y'=f(x,y), \\ y\big|_{x=x_0}=y_0。 \end{cases} \tag{6.12}$$

微分方程的解的图形是一族曲线，称为**微分方程的积分曲线**。初值问题(6.12) 的几何意义，就是求微分方程的通过点(x_0,y_0) 的那条积分曲线。

二阶微分方程的初值问题可记作

$$\begin{cases} y'' = f(x, y, y'), \\ y\big|_{x=x_0} = y_0, y'\big|_{x=x_0} = y'_0。\end{cases}$$

此初值问题的几何意义，是求微分方程的通过点(x_0, y_0)且在该点处的切线斜率为y'_0的那条积分曲线。

例 3　验证一阶微分方程$y' = \dfrac{2y}{x}$的通解为$y = Cx^2$（C为任意常数），并求满足初始条件$y(1) = 2$的特解。

解　由$y = Cx^2$得方程的左边为$y' = 2Cx$。而方程的右边为$\dfrac{2y}{x} = \dfrac{2Cx^2}{x} = 2Cx$，左边＝右边，因此，函数$y = Cx^2$是方程$y' = \dfrac{2y}{x}$的解。由于解中含有一个任意常数，所以$y = Cx^2$是方程的通解。

将初始条件$y(1) = 2$代入通解，得$C = 2$，故所求的特解为$y = 2x^2$。

例 4　验证函数$y = C_1e^x + C_2e^{2x}$（C_1, C_2为任意常数）是二阶微分方程$y'' - 3y' + 2y = 0$的通解。

解　由$y = C_1e^x + C_2e^{2x}$得

$$y' = C_1e^x + 2C_2e^{2x},\quad y'' = C_1e^x + 4C_2e^{2x}。$$

将y, y', y''代入方程的左边得

$$\begin{aligned}&(C_1e^x + 4C_2e^{2x}) - 3(C_1e^x + 2C_2e^{2x}) + 2(C_1e^x + C_2e^{2x}) \\ &= (C_1 - 3C_1 + 2C_1)e^x + (4C_2 - 6C_2 + 2C_2)e^{2x} = 0,\end{aligned}$$

因此，函数$y = C_1e^x + C_2e^{2x}$是微分方程$y'' - 2y' + y = 0$的解。又因为这个解中含有两个相互独立的任意常数C_1与C_2，与方程的阶数相同，所以它是方程的通解。

习题 6.1

一、选择题

1. 微分方程$(y')^5 + 3(y'')^2 + x^3y = 0$的阶是（　　）。

A. 1　　B. 2　　C. 3　　D. 5

2. 微分方程$xy' = 4y$的一个解是（　　）。

A. $y = x$　　B. $y = x^2$

C. $y = x^3$　　D. $y = x^4$

3. $y = C - x$（C为任意常数）是微分方程$y'' - y' = 1$的（　　）。

A. 通解　　B. 特解

C. 不是解　　D. 解，但既不是通解，也不是特解

二、填空题

1. 方程$y'' - 3y' + 3y = 0$和$y^2 - 3y + 3 = 0$中，________是微分方程。

2. 设某微分方程的通解为$x^2 + y^2 = C$，且满足$y\big|_{x=0} = 5$，则$C =$________。

3. 以函数$y = Cx^2 + x$（C为任意常数）为通解的微分方程是________。

三、解答题

1. 验证下列各题中的函数是否为所给微分方程的解，是通解还是特解？

(1) $y = 2x^3, 3y - xy' = 0$；

(2) $y^2(1+x^2) = C, xy\mathrm{d}x + (1+x^2)\mathrm{d}y = 0$；

(3) $y = x^2\mathrm{e}^x, y'' - 2y' + y = 0$；

(4) $y = C_1\cos\omega x + C_2\sin\omega x$ (C_1, C_2 为任意常数)，$y'' + \omega^2 y = 0$。

2. $y = (C_1 + C_2 x)\mathrm{e}^{-x}$ (C_1, C_2 为任意常数) 是方程 $y'' + 2y' + y = 0$ 的通解，求满足初始条件 $y|_{x=0} = 4, y'|_{x=0} = 2$ 的特解。

3. 写出由下列条件确定的曲线所满足的微分方程。

(1) 曲线在点 $P(x,y)$ 处的切线斜率等于该点横坐标的 2 倍；

(2) 曲线在点 $P(x,y)$ 处的法线与 x 轴的交点为 Q，且线段 PQ 被 y 轴平分。

4. 已知某种气体的气压 P 对于温度 T 的变化率与气压成正比，与温度的平方成反比，试将此问题用微分方程表示。

6.2　可分离变量的微分方程

6.2 节至 6.4 节，我们来讨论用积分法解一阶微分方程的问题。并不是所有的一阶微分方程都可以用积分法求解，只有一些特殊形式的一阶微分方程可以用积分法求解，并且解法也各不相同。因此，我们学习时要认清各种微分方程的特点及它们的解法。

对于(6.1) 式的一阶微分方程 $\frac{\mathrm{d}y}{\mathrm{d}x} = 2x$，我们对这个方程两边直接积分，即得出它的解 $y = x^2 + C$。也就是说，对最简单的微分方程 $\frac{\mathrm{d}y}{\mathrm{d}x} = f(x)$，可以通过对方程两边直接积分求出它的解 $y = \int f(x)\mathrm{d}x$。但是这种方法不能求解所有的一阶微分方程，例如，对于一阶微分方程

$$\frac{\mathrm{d}y}{\mathrm{d}x} = 2xy^2, \tag{6.13}$$

就不能用直接对方程两边积分的方法求其通解。这是因为 $y = y(x)$ 是未知函数，积分 $\int 4xy^2\mathrm{d}x$ 无法积出。下面我们考虑将方程两端同乘以 $\mathrm{d}x$，并同除以 y^2 ($y \neq 0$)，把变量 x 与 y"分离"，得

$$\frac{\mathrm{d}y}{y^2} = 2x\mathrm{d}x,$$

两端积分有

$$\int \frac{\mathrm{d}y}{y^2} = \int 2x\mathrm{d}x,$$

即得

$$-\frac{1}{y} = x^2 + C \text{ 或 } y = -\frac{1}{x^2 + C}。$$

可以验证，$y=-\dfrac{1}{x^2+C}$ 确实是方程(6.13)的通解。

形如

$$\frac{dy}{dx}=f(x)g(y) \tag{6.14}$$

的一阶微分方程，称为**可分离变量的微分方程**，其中 $f(x)$，$g(y)$ 都是连续函数。

这种微分方程的特点是等式右边可以分解成两个函数之积，其中一个仅是 x 的函数，另一个仅是 y 的函数。对于这类微分方程，可以通过积分来求解。

仿照上例，我们可以得到可分离变量的微分方程 $\dfrac{dy}{dx}=f(x)g(y)$ 的求解步骤为：

第一步：分离变量，得

$$\frac{1}{g(y)}dy=f(x)dx(g(y)\neq 0) \tag{6.15}$$

(此时把 y 的函数与 dy 和 x 的函数与 dx 分开了，称为分离变量，(6.15)式也称为**变量已分离方程**)；

第二步：两边积分，有 $\displaystyle\int\frac{1}{g(y)}dy=\int f(x)dx$(式中左边对 y 积分，右边对 x 积分)；

第三步：求出不定积分，得方程的通解为

$$G(y)=F(x)+C,$$

其中，$G(y)$，$F(x)$ 分别为 $\dfrac{1}{g(y)}$，$f(x)$ 的原函数，C 为任意常数。

注意　通解 $G(y)=F(x)+C$ 为隐函数形式，不用求出解的显示表达式。

上述求解可分离变量的微分方程的方法称为**分离变量法**。

例 1　求方程 $\dfrac{dy}{dx}=x^2y$ 的通解。

解　第一步：将方程分离变量，得

$$\frac{dy}{y}=x^2dx(y\neq 0),$$

第二步：两边积分，得

$$\int\frac{dy}{y}=\int x^2dx,$$

第三步：求出积分，得

$$\ln|y|=\frac{1}{3}x^3+C_1,$$

从而有

$$|y|=e^{\ln|y|}=e^{\frac{1}{3}x^3+C_1}=e^{C_1}e^{\frac{1}{3}x^3},$$

即

$$y=Ce^{\frac{1}{3}x^3}(其中 C=\pm e^{C_1}\neq 0)。$$

由于 $y=0$ 也是该微分方程的解，故方程的通解为

$$y=Ce^{\frac{1}{3}x^3}。$$

例 2　求微分方程 $xy\mathrm{d}x+(1+x^2)\mathrm{d}y=0$ 满足初始条件 $y|_{x=0}=1$ 的特解。

解　将方程分离变量，得

$$\frac{\mathrm{d}y}{y}=-\frac{x\mathrm{d}x}{1+x^2},$$

两端积分

$$\int\frac{\mathrm{d}y}{y}=-\int\frac{x\mathrm{d}x}{1+x^2}(y\neq 0),$$

得

$$\ln|y|=-\frac{1}{2}\ln(1+x^2)+\ln|C|\ (y\neq 0)。$$

由于 $y=0$ 也是该微分方程的解，故方程的通解为

$$y=\frac{C}{\sqrt{1+x^2}}。$$

将 $y|_{x=0}=1$ 代入上式，得 $C=1$，从而得方程的特解为 $y=\dfrac{1}{\sqrt{1+x^2}}$。

例 3　求解微分方程 $3x^2y\dfrac{\mathrm{d}y}{\mathrm{d}x}=\sqrt{1-y^2}$。

解　将方程分离变量，得

$$\frac{y}{\sqrt{1-y^2}}\mathrm{d}y=\frac{\mathrm{d}x}{3x^2},$$

两端积分

$$\int\frac{y}{\sqrt{1-y^2}}\mathrm{d}y=\int\frac{\mathrm{d}x}{3x^2},$$

得

$$-\sqrt{1-y^2}=-\frac{1}{3x}+C,$$

故方程的通解为

$$\sqrt{1-y^2}-\frac{1}{3x}+C=0。$$

注意　微分方程的通解并不一定是微分方程的全部解。例如，$y=\pm 1$ 显然是上述方程的解，但它不能通过 C 的取值表示出来，这种解称为**奇解**，这里我们不讨论。分离变量时，分母是否为零的情形也不予讨论。

例 4　放射性元素铀由于不断地有原子放射出微粒子而变成其他元素，铀的含量就不断减少，这种现象叫做**衰变**。由原子物理学知道，铀的衰变速度与当时未衰变原子的含量 M 成正比。已知 $t=0$ 时铀的含量为 M_0，求在衰变过程中铀的含量 $M(t)$ 随时间 t 的变化规律。

解　根据题意，$M(t)$ 所满足微分方程的初值问题为

$$\begin{cases}\dfrac{\mathrm{d}M}{\mathrm{d}t}=-\lambda M,\\ M|_{t=0}=M_0。\end{cases}$$

其中，$\lambda>0$。对方程分离变量，然后积分

$$\int\frac{\mathrm{d}M}{M}=\int-\lambda\mathrm{d}t,$$

得

$$\ln M=-\lambda t+\ln C,$$

即
$$M = Ce^{-\lambda t},$$
由 $M|_{t=0} = M_0$ 得 $C = M_0$，故所求铀的变化规律为
$$M = M_0 e^{-\lambda t}。$$

由此可见，铀的含量随时间的增加而按指数规律衰减。

习题 6.2

一、选择题

1. 微分方程 $y' = y$ 的通解是（　　）。

A. $y = x$　　　　B. $y = Cx$

C. $y = e^x$　　　　D. $y = Ce^x$

2. 下列方程是可分离变量的微分方程是（　　）。

A. $y' = x^2 + y$　　　　B. $x^2(dx + dy) = y(dx - dy)$

C. $(3x + xy^2)dx = (5y + xy)dy$　　　　D. $(x + y^2)dx = (y + x^2)dy$

3. 微分方程 $xy' - y\ln y = 0$ 满足初始条件 $y|_{x=1} = e$ 的特解是（　　）。

A. $y = ex$　　　　B. $y = e^x$

C. $y = xe^{2x-1}$　　　　D. $y = e\ln x$

二、填空题

1. 微分方程 $y' + y\cos x = 0$ 的通解是__________。

2. 微分方程 $\dfrac{dy}{dx} = e^{x+y}$ 的通解是__________。

3. 微分方程 $\cos x\sin y dx + \sin x\cos y dy = 0$ 的通解是__________。

三、解答题

1. 求下列微分方程的通解。

(1) $y' + e^x y = 0$；　　　　(2) $(1 + y)dx + (x - 1)dy = 0$；

(3) $y' = \dfrac{x^2}{y^2}$；　　　　(4) $(1 + x^2)y' - y\ln y = 0$。

2. 求下列微分方程的特解。

(1) $xy' - y = 0, y|_{x=1} = 2$；　　　　(2) $2y'\sqrt{x} = y, y|_{x=4} = 1$。

3. 已知曲线在任意点处的切线斜率等于这个点的纵坐标，且曲线通过点(0,1)，求该曲线的方程。

4. 已知物体在空气中冷却的速率与该物体及空气两者温度的差成正比。假设室温为20℃时，一物体由100℃冷却到60℃时需经20分钟。问经过多长时间可使此物体的温度从开始时的100℃降低到30℃？

5. 设物体运动的速度与物体到原点的距离成正比，已知物体在10秒钟时与原点相距100米，在15秒钟时与原点相距200米，求物体的运动规律。

6.3　齐次方程

如果一阶微分方程

$$\frac{\mathrm{d}y}{\mathrm{d}x}=f(x,y)$$

中的函数 $f(x,y)$ 能写成 $\frac{y}{x}$ 的函数 $\varphi\left(\frac{y}{x}\right)$，即

$$\frac{\mathrm{d}y}{\mathrm{d}x}=\varphi\left(\frac{y}{x}\right), \tag{6.16}$$

则称此一阶微分方程为**齐次方程**。

例如，$(xy-y^2)\mathrm{d}x-(x^2-2xy)\mathrm{d}y=0$ 是齐次方程，因为

$$\frac{\mathrm{d}y}{\mathrm{d}x}=\frac{xy-y^2}{x^2-2xy}=\frac{\frac{y}{x}-\left(\frac{y}{x}\right)^2}{1-2\left(\frac{y}{x}\right)}=\varphi\left(\frac{y}{x}\right)。$$

注意　齐次方程的特点是分子分母中每一个单项式的次数都是相同的。

齐次方程(6.16)可通过变量代换，转化为可分离变量的方程来求解。转化的方法是：

在齐次方程 $\frac{\mathrm{d}y}{\mathrm{d}x}=\varphi\left(\frac{y}{x}\right)$ 中，作变量代换 $u=\frac{y}{x}$，从而

$$y=ux,\quad \frac{\mathrm{d}y}{\mathrm{d}x}=u+x\frac{\mathrm{d}u}{\mathrm{d}x},$$

将它们代入齐次方程，得

$$u+x\frac{\mathrm{d}u}{\mathrm{d}x}=\varphi(u),$$

即

$$x\frac{\mathrm{d}u}{\mathrm{d}x}=\varphi(u)-u。$$

用分离变量法，得

$$\frac{\mathrm{d}u}{\varphi(u)-u}=\frac{\mathrm{d}x}{x}。$$

两端积分，求出积分后，再将 $u=\frac{y}{x}$ 回代，就得到所给齐次方程的通解。

例 1　求解微分方程 $\frac{\mathrm{d}y}{\mathrm{d}x}=\frac{y}{x}+\frac{x}{2y}$。

解　这是齐次方程，作变换 $y=xu$，则 $y'=u+xu'$，代入原方程，得

$$u+xu'=u+\frac{1}{2u},$$

用分离变量法，得

$$2u\mathrm{d}u=\frac{\mathrm{d}x}{x},$$

两端积分得　　$u^2 = \ln|x| + \ln|C|$，

将 $u = \dfrac{y}{x}$ 回代上式，得通解

$$y^2 = x^2 \ln|Cx| \ (C \neq 0)。$$

例 2　求微分方程 $y^2 + x^2 \dfrac{dy}{dx} = xy \dfrac{dy}{dx}$ 满足初始条件 $y|_{x=1} = 1$ 的特解。

解　原方程可化为

$$\frac{dy}{dx} = \frac{y^2}{xy - x^2} = \frac{\left(\frac{y}{x}\right)^2}{\frac{y}{x} - 1}。$$

令 $\dfrac{y}{x} = u$，则 $y = xu$，$\dfrac{dy}{dx} = u + x\dfrac{du}{dx}$。代入上式，得

$$u + x\frac{du}{dx} = \frac{u^2}{u-1}。$$

用分离变量法，得

$$\frac{u-1}{u}du = \frac{dx}{x},$$

两端积分，得　　$u - \ln|u| = \ln|x| + \ln C_1$，

即　　$C_1|ux| = e^u$。

将 $u = \dfrac{y}{x}$ 回代，则得到方程的通解为 $y = Ce^{\frac{y}{x}}$。其中，C 为任意常数。

将初始条件 $y|_{x=1} = 1$ 代入，得 $C = e^{-1}$，所以满足初始条件 $y|_{x=1} = 1$ 的特解为

$$y = e^{\frac{y}{x} - 1}。$$

习题 6.3

一、选择题

1. 下列微分方程中，是齐次方程的是(　　)。

A. $x^2 y' - y = \sqrt{x^2 - y^2}$　　B. $xy' - y = \sqrt{x^2 + y^2}$

C. $xy' + y^2 = x^2 - xy$　　D. $xy' + y = x^2 + y^2$

2. 微分方程 $\dfrac{dy}{dx} = \dfrac{y}{x} + \tan\dfrac{y}{x}$ 的通解是(　　)。

A. $\dfrac{1}{\sin\frac{y}{x}} = Cx$　　B. $\sin\dfrac{y}{x} = x + C$　　C. $\sin\dfrac{y}{x} = Cx$　　D. $\sin\dfrac{x}{y} = Cx$

3. 已知函数 $y(x)$ 满足微分方程 $xy' = y\ln\dfrac{y}{x}$，且在 $x = 1$ 时，$y = e^2$，则当 $x = -1$ 时，$y =$ (　　)。

A. -1　　B. 0　　C. 1　　D. e^{-1}

二、填空题

1. 微分方程 $(x+y)\mathrm{d}x+x\mathrm{d}y=0$ 的通解是__________。

2. 微分方程 $(x^2+y^2)\mathrm{d}x-xy\mathrm{d}y=0$ 的通解是__________。

3. 微分方程 $2x^3y'=y(2x^2-y^2)$ 的通解是__________。

三、解答题

1. 求下列齐次方程的通解。

(1) $(x+y)y'+(x-y)=0$；　(2) $xy^2\mathrm{d}y=(x^3+y^3)\mathrm{d}x$；

(3) $xy'-y-\sqrt{x^2+y^2}=0$；　(4) $(1+2\mathrm{e}^{\frac{x}{y}})\mathrm{d}x+2\mathrm{e}^{\frac{x}{y}}\left(1-\frac{x}{y}\right)\mathrm{d}y=0$。

2. 设有连结点 $O(0,0)$ 和 $A(1,1)$ 的一段向上凸的曲线弧 $\overset{\frown}{OA}$，对于 $\overset{\frown}{OA}$ 上任一点 $P(x,y)$，曲线弧 $\overset{\frown}{OP}$ 与直线段 $\overline{OP}$ 所围图形的面积为 x^2，求曲线弧 $\overset{\frown}{OA}$ 的方程。

6.4　一阶线性微分方程

形如

$$\frac{\mathrm{d}y}{\mathrm{d}x}+P(x)y=Q(x) \tag{6.17}$$

的微分方程，称为**一阶线性微分方程**。线性是指方程关于未知函数 y 及其导数 $\frac{\mathrm{d}y}{\mathrm{d}x}$ 都是一次的。

如果 $Q(x)\equiv 0$，则方程称为**一阶齐次线性微分方程**；如果 $Q(x)$ 不恒为零，则方程称为**一阶非齐次线性微分方程**。

设方程(6.17)为一阶非齐次线性微分方程，把 $Q(x)$ 换成零得到方程

$$\frac{\mathrm{d}y}{\mathrm{d}x}+P(x)y=0。\tag{6.18}$$

称方程(6.18)为方程(6.17)所对应的一阶齐次线性微分方程。

我们先讨论一阶齐次线性微分方程(6.18)的解法。

方程(6.18)是可分离变量的方程。分离变量，得

$$\frac{\mathrm{d}y}{y}=-P(x)y,$$

两边积分，得

$$\ln|y|=-\int P(x)\mathrm{d}x+\ln|C|$$

或

$$y=C\mathrm{e}^{-\int P(x)\mathrm{d}x}, \tag{6.19}$$

这就是一阶齐次线性方程(6.18)的通解，这里记号 $\int P(x)\mathrm{d}x$ 表示 $P(x)$ 的某个确定的原函数。

下面再来求一阶非齐次线性方程(6.17)的解，我们采用常数变易法。

所谓**常数变易法**，就是将对应的齐次线性方程通解中的任意常数换成待定函数之后，用待定函数法求非齐次线性方程通解的方法。

将齐次线性方程(6.18)的通解(6.19)中的任意常数C改为未知函数$u(x)$，即作变换

$$y = u(x)e^{-\int P(x)dx}, \tag{6.20}$$

求导，得

$$y' = u'(x)e^{-\int P(x)dx} - u(x)P(x)e^{-\int P(x)dx}。$$

将y和y'代入方程(6.17)，得

$$u'(x)e^{-\int P(x)dx} - u(x)P(x)e^{-\int P(x)dx} + P(x)u(x)e^{-\int P(x)dx} = Q(x),$$

即 $$u'(x)e^{-\int P(x)dx} = Q(x), \quad u'(x) = Q(x)e^{\int P(x)dx}。$$

两端积分，得

$$u(x) = \int Q(x)e^{\int P(x)dx}dx + C。$$

代入(6.20)式，得一阶非齐次线性方程(6.17)的通解为

$$y = e^{-\int P(x)dx}\left[\int Q(x)e^{\int P(x)dx}dx + C\right]。 \tag{6.21}$$

将(6.21)式改写成两项之和

$$y = Ce^{-\int P(x)dx} + e^{-\int P(x)dx}\int Q(x)e^{\int P(x)dx}dx,$$

上式右边第一项是非齐次方程(6.17)所对应的齐次方程(6.18)的通解，第二项是非齐次方程(6.17)的一个特解(取$C=0$得到)。由此可知，**一阶非齐次线性方程的通解等于对应的齐次方程的通解与非齐次方程的一个特解之和**。这是一个很重要的结论，以后还可以看到，凡是线性的方程或方程组，都有这个结果。

例1 求微分方程$\dfrac{dy}{dx} - \dfrac{2y}{x+1} = (x+1)^{\frac{5}{2}}$的通解。

解法一 先求对应齐次方程$\dfrac{dy}{dx} - \dfrac{2y}{x+1} = 0$的通解。

利用分离变量法，得 $$\frac{dy}{y} = \frac{2dx}{x+1},$$

两端积分，得 $$\ln|y| = \ln(x+1)^2 + \ln|C|。$$

于是齐次方程的通解为 $$y = C(x+1)^2。$$

用常数变易法，设原方程的通解为

$$y = u(x)(x+1)^2,$$

则 $$\frac{dy}{dx} = u'(x)(x+1)^2 + 2u(x)(x+1),$$

代入原方程，得 $$u'(x) = (x+1)^{\frac{1}{2}},$$

两端积分，得
$$u(x)=\frac{2}{3}(x+1)^{\frac{3}{2}}+C。$$

由此得原微分方程的通解为
$$y=(x+1)^2\left[\frac{2}{3}(x+1)^{\frac{3}{2}}+C\right]。$$

解法二　直接代入通解公式(6.21)。这里
$$P(x)=-\frac{2}{x+1},\ Q(x)=(x+1)^{\frac{5}{2}},$$

于是
$$\begin{aligned}y&=\mathrm{e}^{-\int -\frac{2}{x+1}\mathrm{d}x}\left[\int (x+1)^{\frac{5}{2}}\mathrm{e}^{\int -\frac{2}{x+1}\mathrm{d}x}\mathrm{d}x+C\right]\\&=\mathrm{e}^{\ln(x+1)^2}\left[\int (x+1)^{\frac{5}{2}}\mathrm{e}^{\ln(x+1)^{-2}}\mathrm{d}x+C\right]\\&=(x+1)^2\left[\int (x+1)^{\frac{1}{2}}\mathrm{d}x+C\right]\\&=(x+1)^2\left[\frac{2}{3}(x+1)^{\frac{3}{2}}+C\right]。\end{aligned}$$

例 2　求微分方程$(y^2-6x)\mathrm{d}y+2y\mathrm{d}x=0$满足初始条件$y|_{x=1}=1$的特解。

解　方程可写成$\frac{\mathrm{d}y}{\mathrm{d}x}=\frac{2y}{6x-y^2}$，此方程并非线性微分方程，但如果把$y$看作自变量，$x$看作因变量，把方程改写成
$$\frac{\mathrm{d}x}{\mathrm{d}y}-\frac{3}{y}x=-\frac{y}{2},$$
则它是关于未知函数x的一阶非齐次线性微分方程。这里，$P(y)=-\frac{3}{y}$，$Q(y)=-\frac{y}{2}$。代入通解公式(6.21)，得
$$\begin{aligned}x&=\mathrm{e}^{-\int -\frac{3}{y}\mathrm{d}y}\left[\int\left(-\frac{y}{2}\right)\mathrm{e}^{\int -\frac{3}{y}\mathrm{d}y}\mathrm{d}y+C\right]\\&=\mathrm{e}^{3\ln y}\left[\int\left(-\frac{y}{2}\right)\mathrm{e}^{-3\ln y}\mathrm{d}y+C\right]\\&=y^3\left[\int\left(-\frac{y}{2}\right)y^{-3}\mathrm{d}y+C\right]\\&=\frac{1}{2}y^2+Cy^3。\end{aligned}$$

将条件$y|_{x=1}=1$代入通解，得$C=\frac{1}{2}$，于是所求方程的特解为
$$x=\frac{1}{2}y^2(y+1)。$$

有一些方程虽然不是线性方程，但经过适当的变换，可化为一阶线性方程求解，伯努利方程就是这种情况。

形如
$$\frac{\mathrm{d}y}{\mathrm{d}x}+P(x)y=Q(x)y^n(n\neq 0,1)\tag{6.22}$$

的一阶方程叫**伯努利方程**。当 $n=0$ 或 1 时，是线性方程；当 $n\neq 0,1$ 时，不是线性方程。此时方程(6.22)两端同除以 y^n，得

$$y^{-n}\frac{\mathrm{d}y}{\mathrm{d}x}+P(x)y^{1-n}=Q(x),$$

即

$$\frac{1}{1-n}\frac{\mathrm{d}(y^{1-n})}{\mathrm{d}x}+P(x)y^{1-n}=Q(x)。$$

令 $z=y^{1-n}$，则得到关于变量 z 的一阶线性微分方程

$$\frac{\mathrm{d}z}{\mathrm{d}x}+(1-n)P(x)z=(1-n)Q(x),$$

求出其通解后，再将 $z=y^{1-n}$ 回代就得到伯努利方程的通解。

例 3　求方程 $\frac{\mathrm{d}y}{\mathrm{d}x}+\frac{y}{x}=2y^2\ln x$ 的通解。

解　以 y^2 除方程的两端，得

$$y^{-2}\frac{\mathrm{d}y}{\mathrm{d}x}+\frac{1}{x}y^{-1}=2\ln x,$$

即

$$-\frac{\mathrm{d}(y^{-1})}{\mathrm{d}x}+\frac{1}{x}y^{-1}=2\ln x,$$

令 $z=y^{-1}$，上式化为

$$\frac{\mathrm{d}z}{\mathrm{d}x}-\frac{1}{x}z=-2\ln x。$$

利用公式(6.21)得其通解为

$$z=\mathrm{e}^{\int\frac{1}{x}\mathrm{d}x}\left(\int(-2\ln x)\mathrm{e}^{-\int\frac{1}{x}\mathrm{d}x}\mathrm{d}x+C\right)=x[C-(\ln x)^2]。$$

将 $z=y^{-1}$ 代入上式就得原方程的通解为

$$xy[C-(\ln x)^2]=1。$$

现将一阶微分方程的几种常见类型及解法归纳如下(见表 6-1)。

表 6-1　一阶微分方程的几种常见类型及解法

方程类型		方程	解法
可分离变量的微分方程		$\frac{\mathrm{d}y}{\mathrm{d}x}=f(x)g(y)$	分离变量后，两边积分(即分离变量法)
齐次方程		$\frac{\mathrm{d}y}{\mathrm{d}x}=\varphi\left(\frac{y}{x}\right)$	先作变量代换 $u=\frac{y}{x}$，原方程化为可分离变量的方程，然后用分离变量法解出方程，最后换回原变量
一阶线性微分方程	齐次方程	$\frac{\mathrm{d}y}{\mathrm{d}x}+P(x)y=0$	分离变量法或直接用公式 $y=C\mathrm{e}^{-\int P(x)\mathrm{d}x}$
	非齐次方程	$\frac{\mathrm{d}y}{\mathrm{d}x}+P(x)y=Q(x)$	常数变易法或直接用公式 $y=\mathrm{e}^{-\int P(x)\mathrm{d}x}\left[\int Q(x)\mathrm{e}^{\int P(x)\mathrm{d}x}\mathrm{d}x+C\right]$
伯努利方程		$\frac{\mathrm{d}y}{\mathrm{d}x}+P(x)y=Q(x)y^n$ $(n\neq 0,1)$	先作变量代换 $z=y^{1-n}$，把原方程化为一阶线性方程，然后用常数变易法或用公式法解出方程，最后换回原变量

习题 6.4

一、选择题

1. 一阶线性微分方程$\frac{dy}{dx}=P(x)y+Q(x)$的通解是(　　)。

A. $y=e^{-\int P(x)dx}\left[\int Q(x)e^{\int P(x)dx}dx+C\right]$　　B. $y=e^{-\int P(x)dx}\left[\int Q(x)e^{-\int P(x)dx}dx+C\right]$

C. $y=e^{\int P(x)dx}\left[\int Q(x)e^{\int P(x)dx}dx+C\right]$　　D. $y=e^{\int P(x)dx}\left[\int Q(x)e^{-\int P(x)dx}dx+C\right]$

2. 下列方程是一阶线性微分方程的是(　　)。

A. $y'-x\sin y=10$　　B. $y\,dx=(x+y^2)dy$

C. $x\,dx=(x+y)dy$　　D. $y'=x^3y^2+3$

3. 方程$(y-\ln x)dx+x\,dy=0$是(　　)。

A. 可分离变量方程　　B. 齐次方程

C. 非齐次线性方程　　D. 伯努利方程

二、填空题

1. 微分方程$y'+y=e^{-x}$的通解是____________。

2. 微分方程$xy'+2y-x=0$的通解是____________。

3. 微分方程$y\,dx+(x-y^3)dy=0$的通解是____________。

三、解答题

1. 求下列微分方程的通解。

(1) $y'-3xy=2x$；　　(2) $y'-\frac{2y}{x}=x^2\sin x$；

(3) $x\,dy-y\,dx=y^2e^y\,dy$；　　(4) $xy'-y=y^3$。

2. 求下列微分方程的特解。

(1) $y'-y=\cos x, y|_{x=0}=0$；　　(2) $y'+\frac{1-2x}{x^2}y=1, y|_{x=1}=0$。

3. 设曲线通过原点，且该曲线上任一点$P(x,y)$处的切线斜率等于$2x-y$，求该曲线方程。

4. 设连续函数$y(x)$满足方程$y(x)=\int_0^x y(t)dt+e^x$，求$y(x)$。

6.5　可降阶的微分方程

二阶及二阶以上的微分方程称为**高阶微分方程**，本节讨论几种高阶微分方程的解法。这些解法的基本思想就是把高阶微分方程通过代换降为较低阶的微分方程。

下面介绍三种容易降阶的高阶微分方程的求解方法。

6.5.1　$y^{(n)}=f(x)$ 型的微分方程

微分方程

$$y^{(n)}=f(x) \tag{6.23}$$

的右端仅含自变量 x。如果把 $y^{(n-1)}$ 作为新的未知函数，那么(6.23) 式就是新未知函数的一阶微分方程。两边积分，就得到一个 $n-1$ 阶的微分方程

$$y^{(n-1)}=\int f(x)\mathrm{d}x+C_1。$$

同理可得

$$y^{(n-2)}=\int\left[\int f(x)\mathrm{d}x+C_1\right]\mathrm{d}x+C_2。$$

依次进行，通过 n 次积分，可得方程(6.23) 含有 n 个任意常数的通解。

例 1　求微分方程 $y'''=\mathrm{e}^{2x}-\sin x$ 的通解。

解　对所给方程连续积分三次，得

$$y''=\frac{1}{2}\mathrm{e}^{2x}+\cos x+C,$$

$$y'=\frac{1}{4}\mathrm{e}^{2x}+\sin x+Cx+C_2,$$

$$y=\frac{1}{8}\mathrm{e}^{2x}-\cos x+C_1x^2+C_2x+C_3\left(C_1=\frac{C}{2}\right)。$$

这就是所求的通解。

6.5.2　$y''=f(x,y')$ 型的微分方程

微分方程

$$y''=f(x,y') \tag{6.24}$$

的右端不显含未知函数 y。求解方法是：令 $y'=p$，则 $y''=p'$，方程(6.24) 就化为

$$p'=f(x,p)。$$

这是一个以 x 为自变量，p 为未知函数的一阶微分方程，设其通解为

$$p=\varphi(x,C_1),$$

由 $p=y'$，又得到一个一阶微分方程

$$\frac{\mathrm{d}y}{\mathrm{d}x}=\varphi(x,C_1),$$

对它进行积分，便得到方程(6.24) 的通解为

$$y=\int\varphi(x,C_1)\mathrm{d}x+C_2。$$

例 2　求方程 $(x^2+1)y''=2xy'$ 满足初始条件 $y\mid_{x=0}=1, y'\mid_{x=0}=3$ 的特解。

解　所给方程是 $y''=f(x,y')$ 型的。令 $y'=p(x)$，则 $y''=p'(x)$，代入方程并分离变量，得

$$\frac{dp}{p}=\frac{2x}{x^2+1}dx。$$

两端积分,得
$$\ln|p|=\ln(x^2+1)+\ln|C_1|,$$
则
$$p=C_1(x^2+1),$$
即
$$y'=C_1(x^2+1)。$$
代入初始条件 $y'|_{x=0}=3$,得 $C_1=3$,所以
$$y'=3(x^2+1),$$
两端再积分,得
$$y=x^3+3x+C_2,$$
代入初始条件 $y|_{x=0}=1$,得 $C_2=1$,故所求方程的特解为
$$y=x^3+3x+1。$$

6.5.3　$y''=f(y,y')$ 型的微分方程

微分方程
$$y''=f(y,y') \tag{6.25}$$
的右端不显含自变量 x。方程(6.25)也可以经过变量代换将它降阶,具体求解方法如下:

令 $y'=p(y)$,利用复合函数求导法则,有
$$y''=\frac{dp}{dx}=\frac{dp}{dy}\cdot\frac{dy}{dx}=p\frac{dp}{dy},$$
则方程(6.25)化为关于变量 y,p 的一阶微分方程
$$p\frac{dp}{dy}=f(y,p)。$$
设其通解为
$$\frac{dy}{dx}=p=\varphi(y,C_1),$$
分离变量后积分,便得到方程(6.25)的通解为
$$\int\frac{dy}{\varphi(y,C_1)}=x+C_2。$$

例 3　解初值问题
$$\begin{cases}y''-e^{2y}=0,\\ y|_{x=0}=0,y'|_{x=0}=1。\end{cases}$$

解　方程不显含自变量 x,令 $y'=p(y)$,则 $y''=p\frac{dp}{dy}$,代入方程并分离变量,得
$$pdp=e^{2y}dy,$$
积分,得
$$\frac{1}{2}p^2=\frac{1}{2}e^{2y}+C_1,$$
由初始条件,得 $C_1=0$,则有 $p^2=e^{2y}$。根据 $p|_{y=0}=y'|_{x=0}=1>0$,得
$$\frac{dy}{dx}=p=e^y,$$

分离变量后积分，得 $-e^{-y}=x+C_2$，再由 $y|_{x=0}=0$，得 $C_2=-1$，故所求特解为

$$1-e^{-y}=x。$$

习题 6.5

一、选择题

1. 求微分方程 $(x+1)y''+y'=\ln(x+1)$ 的通解时，可令(　　)。

A. $y'=p$，则 $y''=p'$　　B. $y'=p$，则 $y''=p\dfrac{dp}{dy}$

C. $y'=p$，则 $y''=p\dfrac{dp}{dx}$　　D. $y'=p$，则 $y''=p'\dfrac{dp}{dx}$

2. 求微分方程 $yy''-y'^2=1$ 的通解时，可令(　　)。

A. $y'=p$，则 $y''=p'$　　B. $y'=p$，则 $y''=p\dfrac{dp}{dy}$

C. $y'=p$，则 $y''=p\dfrac{dp}{dx}$　　D. $y'=p$，则 $y''=p'\dfrac{dp}{dy}$

3. 微分方程 $xy''-y'=0$ 的通解是(　　)。

A. $y=C_1+C_2e^{\frac{1}{x}}$　　B. $y=C_1x^2+C_2$

C. $y=C_1+C_2e^{-\frac{1}{x}}$　　D. $y=C_1x+C_2e^x$

二、填空题

1. 微分方程 $y''=x+\sin x$ 的通解是________。

2. 微分方程 $y''=1+y'^2$ 的通解是________。

3. 微分方程 $yy''+y'^2=0$ 的通解是________。

三、解答题

1. 求下列微分方程的通解。

(1) $y''=\dfrac{\ln x}{x^2}$；　　(2) $y''=y'+x$；

(3) $y^3y''-1=0$；　　(4) $y''=y'+y'^3$。

2. 求下列各微分方程满足所给初始条件的特解。

(1) $y''=3\sqrt{y}$，$y|_{x=0}=1$，$y'|_{x=0}=2$；

(2) $y''-ay'^2=0$，$y|_{x=0}=0$，$y'|_{x=0}=-1$；

(3) $y''=\dfrac{3x^2}{1+x^3}y'$，$y|_{x=0}=1$，$y'|_{x=0}=4$。

6.6　高阶线性微分方程解的结构

在自然科学及工程技术中，高阶线性微分方程有着十分广泛的应用。讨论时以二阶线性微分方程为例。

形如

$$y''+P(x)y'+Q(x)y=f(x) \tag{6.26}$$

的微分方程称为**二阶线性微分方程**。其中 y'', y', y 都是一次的, $P(x)$, $Q(x)$ 及 $f(x)$ 是自变量 x 的已知函数,函数 $f(x)$ 称为方程(6.26)的**自由项**。

如果 $f(x)$ 不恒为零,则方程(6.26)称为**二阶非齐次线性微分方程**。如果 $f(x)\equiv 0$,方程(6.26)化为

$$y''+P(x)y'+Q(x)y=0。 \tag{6.27}$$

方程(6.27)称为**二阶齐次线性微分方程**,也称它为方程(6.26)所对应的齐次线性微分方程。

为了求得二阶线性微分方程的解,我们先讨论二阶齐次线性微分方程和二阶非齐次线性微分方程解的结构。为此需引入函数在区间上线性相关性的概念。

6.6.1 函数的线性相关性

定义 6.5 设 $y_1(x), y_2(x), \cdots, y_n(x)$ 是定义在区间 I 上的 n 个函数,如果存在 n 个不全为零的常数 $k_1, k_2, \cdots, k_n$,使得当 $x\in I$ 时,有恒等式

$$k_1y_1+k_2y_2+\cdots+k_ny_n\equiv 0$$

成立,那么称这 n 个函数在区间 I 上**线性相关**;否则称**线性无关**。

从定义 6.5 可知,两个函数是否线性相关,只要看它们的比是否为常数。如果比为常数,那么它们就线性相关,否则就线性无关。

例如,函数 $y_1=\mathrm{e}^x$ 与 $y_2=2\mathrm{e}^x$,因为 $\dfrac{y_1}{y_2}=\dfrac{\mathrm{e}^x}{2\mathrm{e}^x}=\dfrac{1}{2}$,所以 y_1, y_2 是线性相关的。而函数 $y_1=\mathrm{e}^x$ 与 $y_2=\mathrm{e}^{-x}$,因为 $\dfrac{y_1}{y_2}=\dfrac{\mathrm{e}^x}{\mathrm{e}^{-x}}=\mathrm{e}^{2x}\neq k$,所以 y_1, y_2 是线性无关的。

6.6.2 二阶齐次线性微分方程解的结构

定理 6.1 如果函数 $y_1(x)$ 和 $y_2(x)$ 是二阶齐次线性微分方程(6.27)的两个解,那么它们的线性组合

$$y=C_1y_1(x)+C_2y_2(x) \tag{6.28}$$

也是二阶齐次线性微分方程(6.27)的解,其中, C_1, C_2 为任意常数。

证 将 $y=C_1y_1(x)+C_2y_2(x)$ 代入(6.27)式的左端,得

$$\begin{aligned}&[C_1y''_1+C_2y''_2]+P(x)[C_1y'_1+C_2y'_2]+Q(x)[C_1y_1+C_2y_2]\\&=C_1[y''_1+P(x)y'_1+Q(x)y_1]+C_2[y''_2+P(x)y'_2+Q(x)y_2]。\end{aligned}$$

由于 y_1 和 y_2 都是方程(6.27)的解,上式右端方括号中的表达式都恒等于零,故整个式子恒等于零,所以(6.28)式是方程(6.27)的解。

表面上看,(6.28)式中含有两个任意常数,但它不一定是方程(6.27)的通解。因为如果 $y_1(x)$, $y_2(x)$ 线性相关,那么(6.28)式中的两个任意常数就可以合并成为一个任意常

数,此时就不是方程(6.27)的通解,于是容易想到有下面的定理。

定理 6.2　如果 $y_1(x)$ 和 $y_2(x)$ 是二阶齐次线性微分方程(6.27)的两个线性无关的解,那么它们的线性组合

$$y = C_1 y_1(x) + C_2 y_2(x) \tag{6.29}$$

就是方程(6.27)的通解,其中,C_1,C_2 为任意常数。

例 1　证明 $y = C_1\cos x + C_2\sin x$ 是方程 $y'' + y = 0$ 的通解,其中,C_1,C_2 为任意常数。

证　容易验证 $y_1 = \cos x$ 与 $y_2 = \sin x$ 是方程 $y'' + y = 0$ 的两个特解。又

$$\frac{y_2}{y_1} = \frac{\cos x}{\sin x} = \cot x \neq 常数,$$

即函数 $y_1 = \cos x$ 与 $y_2 = \sin x$ 线性无关。因此由定理 6.2 知,$y = C_1\cos x + C_2\sin x$($C_1$,$C_2$ 为任意常数)是方程 $y'' + y = 0$ 的通解。

6.6.3　二阶非齐次线性微分方程解的结构

我们知道,一阶非齐次线性方程的通解等于它的一个特解与对应的齐次方程的通解之和,那么,这个结论对二阶非齐次线性方程适合吗?

答案是肯定的,为此我们有下面的定理。

定理 6.3　设 y^* 是二阶非齐次线性方程(6.26)的一个特解,Y 是对应的二阶齐次线性方程(6.27)的通解,则

$$y = Y + y^*$$

是二阶非齐次线性方程(6.26)的通解。

证　将 $y = Y + y^*$ 代入方程(6.26)的左端,得

$$\begin{aligned}&(Y + y^*)'' + P(x)(Y + y^*)' + Q(x)(Y + y^*)\\ &= (Y'' + y^{*\prime\prime}) + P(x)(Y' + y^{*\prime}) + Q(x)(Y + y^*)\\ &= [Y'' + P(x)Y' + Q(x)Y] + [y^{*\prime\prime} + P(x)y^{*\prime} + Q(x)y^*]\\ &= 0 + f(x) = f(x),\end{aligned}$$

因此,$y = Y + y^*$ 是方程(6.26)的解。又由于 Y 是方程(6.27)的通解,其中含有两个独立的任意常数,所以 $y = Y + y^*$ 是方程(6.26)的通解。

例 2　验证 $y = C_1\cos x + C_2\sin x + x^2 - 2$ 是方程 $y'' + y = x^2$ 的通解。

证　由例 1 知,$Y = C_1\cos x + C_2\sin x$ 是方程 $y'' + y = x^2$ 所对应的齐次方程 $y'' + y = 0$ 的通解。

令 $y^* = x^2 - 2$,则 $y^{*\prime} = 2x$,$y^{*\prime\prime} = 2$。所以

$$y^{*\prime\prime} + y^* = 2 + x^2 - 2 = x^2。$$

故 $y^* = x^2 - 2$ 是方程 $y'' + y = x^2$ 的一个特解。根据定理 6.3 知,

$$y = Y + y^* = C_1\cos x + C_2\sin x + x^2 - 2$$

是方程 $y'' + y = x^2$ 的通解。

为了方便以后求解二阶非齐次线性方程(6.26)的特解,我们给出如下定理:

定理 6.4　（叠加原理）如果函数 y_1^* 与 y_2^* 分别是非齐次方程

$$y'' + P(x)y' + Q(x)y = f_1(x)$$

与

$$y'' + P(x)y' + Q(x)y = f_2(x)$$

的一个特解，那么 $y_1^* + y_2^*$ 就是非齐次方程

$$y'' + P(x)y' + Q(x)y = f_1(x) + f_2(x)$$

的一个特解。

定理 6.4 的正确性，可由方程解的定义直接验证，读者可自行完成。

习题 6.6

一、选择题

1. 下列各组函数中是线性相关的是（　　）。

A. $e^x, \sin x$　　B. $x, x-3$

C. $e^{3x}\sin 4x, e^{3x}\cos 4x$　　D. $\ln(\sqrt{1+x^2}+x), \ln(\sqrt{1+x^2}-x)$

2. 设 y_0 是方程 $y''+P(x)y'+Q(x)y=0$ 的解，y_1 是方程 $y''+P(x)y'+Q(x)y=f(x)$ 的解，下列函数中是方程 $y''+P(x)y'+Q(x)y=f(x)$ 的解的是（　　）。

A. $y=y_1+y_0$　　B. $y=C_1y_1+y_0$

C. $y=C_1y_1-y_0$　　D. $y=C_1y_1+C_2y_0$

3. 已知 $xy''+y'=4x$ 的一个特解为 x^2，又对应齐次方程 $xy''+y'=0$ 有一个特解为 $\ln x$，则原方程的通解是（　　）。

A. $y=C_1\ln x+C_2+x^2$　　B. $y=C_1\ln x+C_2x+x^2$

C. $y=C_1\ln x+C_2e^x+x^2$　　D. $y=C_1\ln x+C_2e^{-x}+x^2$

二、填空题

1. 设 y_1, y_2 是方程 $y''+P(x)y'+Q(x)y=f(x)$ 的两个特解，则对应的齐次方程 $y''+P(x)y'+Q(x)y=0$ 的一个特解 $y=$________。

2. 已知 x 和 x^2 是二阶非齐次线性微分方程所对应的齐次方程的两个特解，而这个非齐次线性微分方程的一个特解为 e^x，则该二阶非齐次线性微分方程的通解为________。

3. $y_1=3, y_2=3+x^2, y_3=3+x^2+e^x$ 都是 $(x^2-2x)y''-(x^2-2)y'+(2x-2)y=6x-6$ 的解，则该方程所对应的齐次方程的通解为________。

三、解答题

1. 验证 $y_1=\sin 2x$ 及 $y_2=\cos 2x$ 都是微分方程 $y''+4y=0$ 的解，并写出该微分方程的通解。

2. 验证 $y=\dfrac{1}{x}(C_1e^x+C_2e^{-x})+\dfrac{e^x}{2}$（$C_1, C_2$ 为任意常数）是微分方程 $xy''+2y'-xy=e^x$ 的通解。

6.7　二阶常系数线性微分方程

通过上节讨论，我们知道了二阶齐次线性微分方程和二阶非齐次线性方程通解的结构，但通解的求法却是建立在已知特解的基础上的。即使对二阶齐次线性微分方程，特解的寻求也没有一般的方法。但是对于常系数的二阶齐次线性微分方程，它的通解却很容易求得。

在二阶非齐次线性微分方程

$$y'' + P(x)y' + Q(x)y = f(x) \tag{6.30}$$

和二阶齐次线性微分方程

$$y'' + P(x)y' + Q(x)y = 0 \tag{6.31}$$

中，当系数 $P(x)$ 和 $Q(x)$ 分别为常数 p 和 q 时，方程(6.30) 和方程(6.31) 分别为

$$y'' + py' + qy = f(x) \tag{6.32}$$

和

$$y'' + py' + qy = 0, \tag{6.33}$$

称方程(6.32) 为**二阶常系数非齐次线性微分方程**，方程(6.33) 为**二阶常系数齐次线性微分方程**。

6.7.1　二阶常系数齐次线性微分方程

由定理 6.1 可知，如果能求出二阶常系数齐次线性微分方程(6.33) 的两个线性无关的特解 y_1 与 y_2，那么 $y = C_1y_1 + C_2y_2$(C_1,C_2 为任意常数) 就是齐次线性方程(6.33) 的通解。从齐次线性方程(6.33) 的结构来看，它的解 y 必须与其一阶导数、二阶导数只差一个常数因子，而具有此特征的最简单的函数就是指数函数 e^{rx}(其中 r 为常数)。因此，可设 $y = e^{rx}$ 为齐次线性方程(6.33) 的解(r 待定)。求导，得

$$y' = re^{rx}, y'' = r^2e^{rx},$$

把 y, y', y'' 代入方程(6.33)，得

$$e^{rx}(r^2 + pr + q) = 0,$$

由于 $e^{rx} \neq 0$，所以有

$$r^2 + pr + q = 0。 \tag{6.34}$$

由此可见，只要 r 是代数方程(6.34) 的根，e^{rx} 就是微分方程(6.33) 的特解。这样，微分方程(6.33) 的求解问题就转化为代数方程(6.34) 的求根问题。称代数方程(6.34) 为微分方程(6.33) 的**特征方程**，特征方程(6.34) 的根为**特征根**。

由于特征方程(6.34) 是一个一元二次方程，它的两个根 r_1 与 r_2 可用公式

$$r_{1,2} = \frac{-p \pm \sqrt{p^2 - 4q}}{2}$$

求出。它们有三种不同的情况，分别对应着齐次线性方程(6.33) 的通解的三种不同情形，

下面分别加以讨论。

(1) 当 $p^2-4q>0$ 时，特征方程(6.34) 有两个不相等的实根：r_1, r_2。

此时 $y_1=e^{r_1x}, y_2=e^{r_2x}$ 是微分方程(6.33) 的两个特解，因为 $\frac{y_1}{y_2}=e^{(r_1-r_2)x}$ 不等于常数，所以它们线性无关，于是方程(6.33) 的通解为

$$y=C_1e^{r_1x}+C_2e^{r_2x}。$$

(2) 当 $p^2-4q=0$ 时，特征方程(6.34) 有两个相等的实根：$r_1=r_2$。

此时只能得到微分方程(6.33) 的一个特解 $y_1=e^{r_1x}$，因此，我们还要设法找出另一个与 $y_1=e^{r_1x}$ 线性无关的特解 y_2。由于要求 $\frac{y_2}{y_1}$ 不等于常数，故可以设 $y_2=u(x)e^{r_1x}$，其中 $u(x)$ 为待定函数。下面来求 $u(x)$。

对 y_2 求导，得

$$y'_2=e^{r_1x}(u'+r_1u),\quad y''_2=e^{r_1x}(u''+2r_1u'+r_1^2u)。$$

将 y_2, y'_2, y''_2 的值代入微分方程(6.33)，得

$$e^{r_1x}[(u''+2r_1u'+r_1^2u)+p(u'+r_1u)+qu]=0,$$

上式两端消去非零因子 e^{r_1x}，合并整理，得

$$u''+(2r_1+p)u'+(r_1^2+pr_1+q)u=0。$$

由于 r_1 是特征方程的重根，于是 $r_1^2+pr_1+q=0$，且 $2r_1+p=0$，上式化为

$$u''=0。$$

取这个方程最简单的一个解 $u(x)=x$，便得到方程(6.33) 的另一个特解 $y_2=xe^{r_1x}$，且 y_1 与 y_2 线性无关，所以微分方程(6.33) 的通解为

$$y=C_1e^{r_1x}+C_2xe^{r_2x},$$

即

$$y=(C_1+C_2x)e^{r_1x}。$$

(3) 当 $p^2-4q<0$ 时，特征方程(6.34) 有一对共轭复根：$r_1=\alpha+i\beta, r_2=\alpha-i\beta(\beta\neq0)$。

此时微分方程(6.33) 有两个复数形式的特解 $y_1=e^{(\alpha+i\beta)x}, y_2=e^{(\alpha-i\beta)x}$。为了得到实数形式的解，利用欧拉公式

$$e^{i\theta}=\cos\theta+i\sin\theta,$$

将 y_1 与 y_2 改写成

$$y_1=e^{\alpha x}(\cos\beta x+i\sin\beta x),\quad y_2=e^{\alpha x}(\cos\beta x-i\sin\beta x)。$$

令

$$\overline{y}_1=\frac{1}{2}(y_1+y_2)=e^{\alpha x}\cos\beta x,$$

$$\overline{y}_2=\frac{1}{2i}(y_1-y_2)=e^{\alpha x}\sin\beta x,$$

则由定理6.1可知，$\overline{y}_1, \overline{y}_2$ 也是微分方程(6.33) 的两个特解，且它们线性无关，从而微分方程(6.33) 的通解为

$$y=e^{\alpha x}(C_1\cos\beta x+C_2\sin\beta x)。$$

综上所述,求二阶常系数齐次线性微分方程 $y''+py'+qy=0$ 的通解的步骤为:

第一步:写出微分方程的特征方程 $r^2+pr+q=0$;

第二步:求出特征根 r_1 与 r_2;

第三步:根据特征根的不同情形,按照下表 6-2 写出微分方程 $y''+py'+qy=0$ 的通解:

表 6-2 二阶常系数齐次线性微分方程 $y''+py'+qy=0$ 的通解

特征方程 $r^2+pr+q=0$ 的两个根 r_1,r_2	微分方程 $y''+py'+qy=0$ 的通解
两个不相等的实根 r_1,r_2	$y=C_1e^{r_1x}+C_2e^{r_2x}$
两个相等的实根 $r_1=r_2=r$	$y=(C_1+C_2x)e^{rx}$
一对共轭复根 $r_1=\alpha+i\beta,r_2=\alpha-i\beta$	$y=e^{\alpha x}(C_1\cos\beta x+C_2\sin\beta x)$

例 1 求微分方程 $y''-2y'-3y=0$ 的通解。

解 所给微分方程的特征方程为

$$r^2-2r-3=0。$$

它有两个不相等的实根 $r_1=-1,\ r_2=3$,故所求通解为

$$y=C_1e^{-x}+C_2e^{3x}。$$

例 2 求微分方程 $y''+2y'+y=0$ 满足初始条件 $y|_{x=0}=4,y'|_{x=0}=-2$ 的特解。

解 所给微分方程的特征方程为

$$r^2+2r+1=0。$$

它有两个相等的实根 $r_1=r_2=-1$,故所求方程的通解为

$$y=(C_1+C_2x)e^{-x}。$$

对上面函数求导,得 $$y'=(C_2-C_1+C_2x)e^{-x}。$$

将初始条件 $y|_{x=0}=4,y'|_{x=0}=-2$ 分别代入以上两式,得

$$\begin{cases}4=C_1,\\-2=C_2-C_1。\end{cases}$$

解得 $C_1=4,\ C_2=2$。于是所求特解为

$$y=(4+2x)e^{-x}。$$

例 3 求微分方程 $\frac{d^2y}{dx^2}+2\frac{dy}{dx}+3y=0$ 的通解。

解 所给微分方程的特征方程为

$$r^2+2r+3=0,$$

它有一对共轭复根 $r_{1,2}=-1\pm\sqrt{2}i$,故所求方程的通解为

$$y=e^{-x}(C_1\cos\sqrt{2}x+C_2\sin\sqrt{2}x)。$$

6.7.2 二阶常系数非齐次线性微分方程

现在我们来讨论二阶常系数非齐次线性方程

$$y''+py'+qy=f(x) \tag{6.35}$$

的求解方法。由上节讨论我们知道，非齐次线性方程的通解等于对应齐次线性方程的通解与它的任一特解之和，而对应齐次线性方程的通解的求法，由 6.7.1 节我们已经熟悉。现在的关键是怎样求得方程(6.35)的一个特解 y^*。本节只介绍方程(6.35)的右端 $f(x)$ 取两种常见形式时求 y^* 的方法，我们采用待定系数法。

1. $f(x)=P_m(x)e^{\lambda x}$ 型

这里 λ 为常数，$P_m(x)$ 为 m 次多项式

$$P_m(x)=a_0x^m+a_1x^{m-1}+\cdots+a_{m-1}x+a_m。$$

因为方程(6.35)的右端 $f(x)$ 是一个 m 次多项式 $P_m(x)$ 与指数函数 $e^{\lambda x}$ 的乘积，而这类函数的一阶导数、二阶导数仍然是同类函数，故我们猜测方程(6.35)的特解为

$$y^*=Q(x)e^{\lambda x},$$

其中，$Q(x)$ 是某个多项式。对 y^* 求导，得

$$y^{*\prime}=[Q'(x)+\lambda Q(x)]e^{\lambda x},\quad y^{*\prime\prime}=[Q''(x)+2\lambda Q'(x)+\lambda^2Q(x)]e^{\lambda x}。$$

将它们代入方程(6.35)并消去 $e^{\lambda x}$，得

$$Q''(x)+(2\lambda+p)Q'(x)+(\lambda^2+p\lambda+q)Q(x)=P_m(x)。 \tag{6.36}$$

只要能找到满足方程(6.36)的多项式 $Q(x)$，那么就能得到特解 $y^*=Q(x)e^{\lambda x}$。

(1) 如果 λ 不是方程(6.35)所对应的齐次方程的特征方程 $r^2+pr+q=0$ 的根，即 $\lambda^2+p\lambda+q\neq0$。为使方程(6.36)成立，那么 $Q(x)$ 应与 $P_m(x)$ 的次数相同，故可设

$$Q(x)=Q_m(x)=b_0x^m+b_1x^{m-1}+\cdots+b_{m-1}x+b_m,$$

把它代入方程(6.36)，比较等式两端 x 同次幂的系数，解方程组得到系数 $b_0,b_1,\cdots,b_m$ 的值，于是可以确定出 $Q(x)$。

(2) 如果 λ 是特征方程的单根，即 $\lambda^2+p\lambda+q=0$，而 $2\lambda+p\neq0$。为使方程(6.36)成立，那么 $Q'(x)$ 应为 m 次多项式，故可设 $Q(x)=xQ_m(x)$，并且可以用同样的方法确定 $Q_m(x)$ 的系数。

(3) 如果 λ 是特征方程的重根，即 $\lambda^2+p\lambda+q=0$，且 $2\lambda+p=0$。为使方程(6.36)成立，那么 $Q''(x)$ 应为 m 次多项式，故可设 $Q(x)=x^2Q_m(x)$，并用同样的方法确定 $Q_m(x)$ 的系数。

综上所述，我们有如下结论：

如果 $f(x)=P_m(x)e^{\lambda x}$，则二阶常系数非齐次线性方程(6.35)的特解的形式是

$$y^*=x^kQ_m(x)e^{\lambda x},$$

其中，$Q_m(x)$ 是与 $P_m(x)$ 同次(m 次)的多项式，而

$$k=\begin{cases}0, & \lambda\text{ 不是特征方程的根；}\\1, & \lambda\text{ 是特征方程的单根；}\\2, & \lambda\text{ 是特征方程的重根。}\end{cases}$$

例 4　写出下列方程的特解所具有的形式。

(1) $y''+5y'+6y=e^{3x}$；(2) $y''-3y'+2y=xe^{2x}$；(3) $y''+2y'+y=-(3x^2+1)e^{-x}$。

解　(1) 因为 $\lambda = 3$ 不是特征方程 $r^2 + 5r + 6 = 0$ 的根，而 $P_m(x) = 1$，，所以方程的特解形式为 $y^* = b_0 e^{3x}$。

(2) 因为 $\lambda = 2$ 是特征方程 $r^2 - 3r + 2 = 0$ 的单根，而 $P_m(x) = x$，所以方程的特解形式为 $y^* = x(b_0 x + b_1)e^{2x}$。

(3) 因为 $\lambda = -1$ 是特征方程 $r^2 + 2r + 1 = 0$ 的二重根，而 $P_m(x) = -(3x^2 + 1)$，所以方程的特解形式为 $y^* = x^2(b_0 x^2 + b_1 x + b_2)e^{-x}$。

例 5　求方程 $y'' - 2y' - 3y = xe^{2x}$ 的一个特解。

解　所给方程的自由项 $f(x) = xe^{2x}$，这里 $m = 1, \lambda = 2$。因为 $\lambda = 2$ 不是对应齐次方程的特征方程 $r^2 - 2r - 3 = 0$ 的根，所以设方程的特解为 $y^* = (b_0 x + b_1)e^{2x}$。求导得

$$y^{*\prime} = (2b_0 x + b_0 + 2b_1)e^{2x}, \quad y^{*\prime\prime} = (4b_0 x + 4b_0 + 4b_1)e^{2x},$$

代入所给方程，整理后得

$$-3b_0 x + 2b_0 - 3b_1 = x。$$

比较上式两端同次幂的系数，得

$$\begin{cases} -3b_0 = 1, \\ 2b_0 - 3b_1 = 0。 \end{cases}$$

解方程组，得 $b_0 = -\dfrac{1}{3}, b_1 = -\dfrac{2}{9}$。故所给方程的特解为 $y^* = \left(-\dfrac{1}{3}x - \dfrac{2}{9}\right)e^{2x}$。

例 6　求方程 $y'' + y' = 2x^2 - 3$ 的通解。

解　所给方程对应的齐次方程为

$$y'' + y' = 0,$$

特征方程为 $r^2 + r = 0$，特征根 $r_1 = -1, r_2 = 0$，于是齐次方程的通解为

$$Y = C_1 e^{-x} + C_2。$$

所给方程的自由项 $f(x) = 2x^2 - 3$，这里 $m = 2, \lambda = 0$。因为 $\lambda = 0$ 是特征方程的单根，所以设特解 $y^* = x(b_0 x^2 + b_1 x + b_2)$。求 y^* 的导数，得

$$y^{*\prime} = 3b_0 x^2 + 2b_1 x + b_2, \quad y^{*\prime\prime} = 6b_0 x + 2b_1。$$

将以上各式代入所给方程，整理后得

$$3b_0 x^2 + (6b_0 + 2b_1)x + 2b_1 + b_2 = 2x^2 - 3。$$

比较上式两端同次幂的系数，得

$$\begin{cases} 3b_0 = 2, \\ 6b_0 + 2b_1 = 0, \\ 2b_1 + b_2 = -3。 \end{cases}$$

解方程组，得 $b_0 = \dfrac{2}{3}, b_1 = -2, b_2 = 1$。于是所给方程的一个特解为

$$y^* = \frac{2}{3}x^3 - 2x^2 + x。$$

从而原方程的通解为

$$y = C_1 e^{-x} + C_2 + \frac{2}{3}x^3 - 2x^2 + x。$$

2. $f(x) = A\cos\omega x + B\sin\omega x$ 型

这里 A,B,ω 为常数。由于 $f(x)$ 这种形式的三角函数，其导数仍是同一类型的函数，因此，方程(6.35)的特解也应属于同一类型。我们不作推导，直接给出此时方程(6.35)的特解的形式为

$$y^* = \begin{cases} a\cos\omega x + b\sin\omega x, & \pm\omega\mathrm{i}\ \text{不是特征根}, \\ x(a\cos\omega x + b\sin\omega x), & \pm\omega\mathrm{i}\ \text{是特征根}。\end{cases}$$

其中，a,b 是待定系数。

例 7　求方程 $y'' + 2y' - 3y = 4\sin x$ 的一个特解。

解　因为 $\omega\mathrm{i} = \mathrm{i}$ 不是特征方程的 $r^2 + 2r - 3 = 0$ 的根，所以设方程的特解为

$$y^* = a\cos x + b\sin x,$$

求导，得

$$y^{*\prime} = -a\sin x + b\cos x,\quad y^{*\prime\prime} = -a\cos x - b\sin x。$$

将以上各式代入所给方程，整理后得

$$(-4a + 2b)\cos x + (-2a - 4b)\sin x = 4\sin x,$$

比较上式两端同类项的系数，得

$$\begin{cases} -4a + 2b = 0, \\ -2a - 4b = 4。\end{cases}$$

解得 $a = -\frac{2}{5}, b = -\frac{4}{5}$。于是所给方程的一个特解为

$$y^* = -\frac{2}{5}(\cos x + 2\sin x)。$$

例 8　求方程 $y'' + 4y = 2\cos^2 x$ 满足初始条件 $y|_{x=0} = 0, y'|_{x=0} = 0$ 的一个特解。

解　该方程对应的齐次方程为

$$y'' + 4y = 0。$$

特征方程为 $r^2 + 4 = 0$。特征根为一对共轭复数根 $r_{1,2} = \pm 2\mathrm{i}$。于是，齐次方程的通解为

$$y = C_1\cos 2x + C_2\sin 2x。$$

原方程的右端可化为 $2\cos^2 x = 1 + \cos 2x$。故原方程可写成

$$y'' + 4y = 1 + \cos 2x。$$

设方程 $y'' + 4y = 1$ 及 $y'' + 4y = \cos 2x$ 的特解分别为 y_1^* 和 y_2^*，那么 $y^* = y_1^* + y_2^*$ 就是原方程的一个特解。

先求方程 $y'' + 4y = 1$ 的特解 y_1^*。设 $y_1^* = a$，代入方程，求得 $a = \frac{1}{4}$，即 $y_1^* = \frac{1}{4}$。

再求方程 $y'' + 4y = \cos 2x$ 的特解 y_2^*。因为 $2\mathrm{i}$ 是特征根，所以设

$$y_2^* = x(b\cos 2x + c\sin 2x),$$

对上式求导数得

$$y_2^{*\prime} = 2cx\cos2x - 2bx\sin2x + b\cos2x + c\sin2x,$$
$$y_2^{*\prime\prime} = -4bx\cos2x - 4cx\sin2x + 4c\cos2x - 4b\sin2x。$$

代入方程,得

$$4c\cos2x - 4b\sin2x = \cos2x。$$

比较等式两边同类项的系数,可得 $c = \frac{1}{4}$,$b = 0$,因此

$$y_2^* = \frac{1}{4}x\sin2x。$$

于是,原方程的一个特解为

$$y^* = \frac{1}{4} + \frac{1}{4}x\sin2x。$$

原方程的通解为

$$y = C_1\cos2x + C_2\sin2x + \frac{1}{4} + \frac{1}{4}x\sin2x。$$

为了求得满足初始条件的特解,对上式求导数得

$$y' = 2C_2\cos2x - 2C_1\sin2x + \frac{1}{4}\sin2x + \frac{1}{2}x\cos2x。$$

将初始条件代入,得

$$\begin{cases} C_1 + \frac{1}{4} = 0, \\ 2C_2 = 0。\end{cases}$$

解得 $C_1 = -\frac{1}{4}$,$C_2 = 0$。于是原方程满足初始条件的特解为

$$y = -\frac{1}{4}\cos2x + \frac{1}{4} + \frac{1}{4}x\sin2x = \frac{1}{4}(1 + x\sin2x - \cos2x)。$$

习题 6.7

一、选择题

1. 微分方程 $y'' + 2y' + y = e^x$ 不是(　　)。

A. 线性的　　B. 齐次的　　C. 常系数的　　D. 二阶的

2. 以 $y_1 = \cos x$,$y_2 = \sin x$ 为特解的最低阶常系数齐次线性微分方程是(　　)。

A. $y'' - y = 0$　　B. $y'' + y = 0$

C. $y'' - y' = 0$　　D. $y'' + y' = 0$

3. 方程 $y'' + 4y = \frac{1}{2}(x + \cos2x)$ 的特解形式是(　　)。

A. $(ax + b) + (c\cos2x + d\sin2x)$　　B. $(ax + b) + x(c\cos2x + d\sin2x)$

C. $(ax + b) + c\cos2x$　　D. $\frac{1}{2}(a\cos2x + b\sin2x)$

二、填空题

1. 微分方程 $y''-8y'+16y=0$ 的通解为__________。

2. 设 $y=C_1+C_2e^x$（C_1,C_2 为任意常数）为某二阶常系数齐次线性微分方程的通解，则该方程是______________。

3. 微分方程 $y''+1=0$ 的通解是__________。

三、解答题

1. 求下列微分方程的通解。

(1) $y''-5y'+6y=0$；　(2) $y''-7y'=0$；

(3) $y''+6y'+9y=0$；　(4) $4y''-4y'+y=0$；

(5) $y''+2y'+2y=0$；　(6) $y''+4y=0$。

2. 求下列微分方程满足初始条件的特解。

(1) $4y''+4y'+y=0, y|_{x=0}=2, y'|_{x=0}=0$；

(2) $y''-4y'+3y=0, y|_{x=0}=6, y'|_{x=0}=10$。

3. 求下列微分方程的通解。

(1) $2y''+5y'=5x^2-2x-1$；　(2) $y''+3y'+2y=3xe^{-x}$；

(3) $y''-2y'+5y=\sin x$；　(4) $y''+y=x^2+\cos x$。

4. 求微分方程 $y''-y=4xe^x$ 满足初始条件 $y(0)=0, y'(0)=1$ 的特解。

5. 设连续函数 $f(x)$ 满足方程 $f(x)=e^x+\int_0^x tf(t)dt-x\int_0^x f(t)dt$，求 $f(x)$。

基础练习六

一、判断题

1. 若微分方程的解中含有任意常数，则这个解称为通解。　(　　)

2. $\left(\frac{dy}{dx}\right)^3+x\frac{d^2y}{dx^2}+7\sin y=0$ 是三阶微分方程。　(　　)

3. 用分离变量法解微分方程时，对方程进行变形不会丢掉原方程的解。　(　　)

4. $yy'=1$ 是线性微分方程。　(　　)

5. 只要给出二阶齐次线性微分方程的两个特解，就能写出该方程的通解。　(　　)

二、选择题

1. 方程 $(x+1)(y^2+1)dx+y^2x^2dy=0$ 是(　　)。

A. 齐次方程　B. 可分离变量方程

C. 伯努利方程　D. 线性非齐次方程

2. 设非齐次线性微分方程 $y'+P(x)y=Q(x)$ 有两个不同的解 $y_1(x), y_2(x)$，C 为任意常数，则该方程的通解是(　　)。

A. $C[y_1(x)-y_2(x)]$　B. $y_1(x)+C[y_1(x)-y_2(x)]$

C. $C[y_1(x)+y_2(x)]$　　D. $y_1(x)+C[y_1(x)+y_2(x)]$

3. 微分方程 $y'''=\sin x$ 的通解为(　　)。

A. $y=\cos x+C_1x^2+C_2x+C_3$　　B. $y=\sin x+C_1x^2+C_2x+C_3$

C. $y=\cos x+\frac{1}{2}Cx^2+x+1$　　D. $y=\sin x+\frac{1}{2}Cx^2+x+1$

4. 下列解中为某二阶微分方程的通解的是(　　)。

A. $y=C\sin x$　　B. $y=C_1\sin x+C_2\cos x$

C. $y=\sin x+\cos x$　　D. $y=(C_1+C_2)\cos x$

5. 微分方程 $y''+y=0$ 有一个解是(　　)。

A. $y=x^2$　　B. $y=\ln x$

C. $y=\sin x$　　D. $y=e^x$

6. 微分方程 $y''+2y'+y=0$ 的通解为(　　)。

A. $y=C_1\cos x+C_2\sin x$　　B. $y=C_1e^x+C_2e^{2x}$

C. $y=(C_1+C_2x)e^{-x}$　　D. $y=C_1e^x+C_2e^{-x}$

7. 设 $y=f(x)$ 是微分方程 $y''-2y'+4y=0$ 的一个解，若 $f(x_0)>0$，且 $f'(x_0)=0$，则函数 $f(x)$ 在点 x_0 处(　　)。

A. 取得极大值　　B. 取得极小值

C. 某个邻域内单调增加　　D. 某个邻域内单调减少

8. 微分方程 $y''-y=e^x+1$ 的一个特解具有形式(a,b 为常数)(　　)。

A. $y=ae^x+b$　　B. $y=axe^x+b$

C. $y=ae^x+bx$　　D. $y=axe^x+bx$

三、填空题

1. 微分方程 $y\mathrm{d}x+(x^2-4x)\mathrm{d}y=0$ 的通解为________。

2. 若 $\int_0^x f(t)\mathrm{d}t=\frac{1}{2}f(x)-\frac{1}{2}$，则 $f(x)=$________。

3. 已知曲线 $y=f(x)$ 过点 $\left(0,-\frac{1}{2}\right)$，且其上任一点 (x,y) 处的切线斜率为 $x\ln(1+x^2)$，则 $f(x)=$________。

4. 微分方程 $(y+x^3)\mathrm{d}x-2x\mathrm{d}y=0$ 满足 $y|_{x=1}=\frac{6}{5}$ 的特解为________。

5. 设微分方程 $y''+P(x)y'+Q(x)y=f(x)$ 有两个特解 y_1,y_2，若 ay_1+by_2 是该微分方程的解，则 $a+b=$________。

6. 已知二阶非齐次线性微分方程有三个特解 $y_1=3,y_2=3+x^2,y_3=3+x^2+e^x$，则该微分方程的通解是________。

7. 微分方程 $y''+2y'+5y=0$ 的通解为________。

8. 微分方程 $y''-4y=e^{2x}$ 的通解为________。

四、解答题

1. 求微分方程$(e^{x+y}-e^{x})dx+(e^{x+y}+e^{y})dy=0$的通解。

2. 求微分方程$(x^2-1)dy+(2xy-\cos x)dx=0$满足初始条件$y|_{x=0}=1$的特解。

3. 求微分方程$y''+y'=x^2$的通解。

4. 设函数$f(x)$在$[0,+\infty)$内可导，$f(0)=0$，且其反函数为$g(x)$。若$\int_0^{f(x)}g(t)dt=x^2e^x$，求$f(x)$。

5. 设单位质点在水平面内做直线运动，初速度$v|_{t=0}=v_0$。已知阻力与速度成正比（比例常数为 1），问t为多少时此质点的速度为$\frac{v_0}{3}$？并求到此时刻该质点所经过的路程s。

6. 设$y=f(x)$是第一象限内连接点$A(0,1)$，$B(1,0)$的一段连续曲线，$M(x,y)$为该曲线上任意一点，点C为M在x轴上的投影，O为坐标原点。若梯形$OCMA$的面积与曲边三角形CBM的面积之和为$\frac{x^3}{6}+\frac{1}{3}$，求$f(x)$的表达式。

提高练习六

一、判断题

1. 微分方程的阶数，通解中相互独立的任意常数的个数及初始条件的个数一定是相等的。（　　）

2. 微分方程的通解一定包含了它的所有解。（　　）

3. 微分方程$ydx+(x+y^3)dy=0$的通解为$4xy+y^4=C$。（　　）

4. 方程$\frac{d^2x}{dt^2}+\left(\frac{dx}{dt}\right)^2+2x=0$是二阶线性微分方程。（　　）

5. 适合方程$f'(x)=f(1-x)$的函数必然满足等式$f''(x)+f(x)=0$。（　　）

二、选择题

1. 微分方程$xdy-[y+xy^3(1+\ln x)]dx=0$是（　　）。

A. 可分离变量方程　　B. 齐次方程

C. 伯努利方程　　D. 齐次线性方程

2. 函数$y=y(x)$的图形上的点$(0,-2)$处的切线为$2x-3y=6$，且该函数满足微分方程$y''=6x$，则此函数为（　　）。

A. $y=x^3-2$　　B. $y=3x^2+2$

C. $3y-3x^3-2x+6=0$　　D. $y=x^3+\frac{2}{3}x$

3. 已知函数$y=y(x)$在任意点x处的增量$\Delta y=\frac{y\Delta x}{1+x^2}+\alpha$，且当$\Delta x\to 0$时，$\alpha$是$\Delta x$的高阶无穷小，$y(0)=\pi$，则$y(1)=$（　　）。

A. 2π B. π C. $e^{\frac{\pi}{4}}$ D. $\pi e^{\frac{\pi}{4}}$

4. 微分方程 $y''' = y''$ 的通解 $y =$ ( )。

A. $e^x + C_1x^2 + C_2x + C_3$ B. $C_1x^2 + C_2x + C_3$

C. $C_1x^3 + C_2x^2 + C_3$ D. $C_1e^x + C_2x + C_3$

5. 设 y_1, y_2, y_3 都是二阶非齐次线性方程的解,且 $\dfrac{y_1 - y_3}{y_2 - y_3} \neq$ 常数,则该非齐次线性方程的通解是(C_1, C_2 是任意常数)( )。

A. $y = C_1y_1 + C_2y_2 + y_3$ B. $y = C_1y_1 + C_2y_2 - (C_1 + C_2)y_3$

C. $y = C_1y_1 + C_2y_2 - (1 - C_1 - C_2)y_3$ D. $y = C_1y_1 + C_2y_2 + (1 - C_1 - C_2)y_3$

6. 设 $y = y(x)$ 是二阶常系数微分方程 $y'' + py' + qy = e^{\lambda x}$ 满足初始条件 $y(0) = y'(0) = 0$ 的特解,则当 $x \to 0$ 时,函数 $\dfrac{\ln(1 + x^2)}{y(x)}$ 的极限( )。

A. 不存在 B. 等于 1

C. 等于 2 D. 等于 3

7. 微分方程 $y'' + y = x^2 + 1 + \sin x$ 的特解形式可设为( )。

A. $y^* = ax^2 + bx + c + x(A\sin x + B\cos x)$

B. $y^* = x(ax^2 + bx + c + A\sin x + B\cos x)$

C. $y^* = ax^2 + bx + c + A\sin x$

D. $y^* = ax^2 + bx + c + A\cos x$

8. 函数 $y = C_1e^x + C_2e^{-2x} + xe^x$ 满足的一个微分方程是( )。

A. $y'' - y' - 2y = 3xe^x$ B. $y'' - y' - 2y = 3e^x$

C. $y'' + y' - 2y = 3xe^x$ D. $y'' + y' - 2y = 3e^x$

三、填空题

1. 与积分方程 $y = \int_{x_0}^{x} f(x, y)\mathrm{d}x$ 等价的微分方程初值问题是__________。

2. 微分方程 $y' - \sin(2x - y) = \sin(2x + y)$ 的通解为__________。

3. 过点 $\left(\dfrac{1}{2}, 0\right)$ 且满足关系式 $y'\arcsin x + \dfrac{y}{\sqrt{1 - x^2}} = 1$ 的曲线方程为__________。

4. 微分方程 $xy'' + 3y' = 0$ 的通解为__________。

5. 设 $y = e^x(C_1\cos x + C_2\sin x)$ (C_1, C_2 为任意常数)为某二阶常系数齐次线性微分方程的通解,则该微分方程为__________。

6. 微分方程 $y'' - 4y' + 4y = 6x^2e^{2x}$ 的特解的形式为__________。

7. 已知 $y'' + y = x$ 的一个解为 $y_1 = x$, $y'' + y = e^x$ 的一个解为 $y_2 = \dfrac{1}{2}e^x$,则方程 $y'' + y = x + e^x$ 的通解为__________。

8. 设 $y_1 = xe^x + e^{2x}$, $y_2 = xe^x + e^{-x}$ 是二阶常系数线性微分方程 $y'' + py' + qy = f(x)$ 的两个特解,则 $p =$ ______, $q =$ ______, $f(x) =$ ________。

四、解答题

1. 求微分方程 $y\ln y\mathrm{d}x+(x-\ln y)\mathrm{d}y=0$ 的通解。

2. 求微分方程 $y''+\dfrac{2}{1-y}y'^2=0$ 的通解。

3. 求微分方程 $y''-2y'-\mathrm{e}^{2x}=0$ 满足条件 $y(0)=1,y'(0)=1$ 的解。

4. 已知连续函数 $f(x)$ 满足条件 $f(x)=\int_0^{3x}f\left(\dfrac{t}{3}\right)\mathrm{d}t+\mathrm{e}^{2x}$，求 $f(x)$。

5. 设 $F(x)$ 为 $f(x)$ 的原函数，且当 $x\geqslant 0$ 时，$f(x)F(x)=\dfrac{x\mathrm{e}^x}{2(1+x)^2}$。已知 $F(0)=1$，$F(x)>0$，试求 $f(x)$。

6. 设函数 $f(x)$ 在 $[1,+\infty)$ 内连续，若由曲线 $y=f(x)$，直线 $x=1,x=t(t>1)$ 与 x 轴所围成的平面图形绕 x 轴旋转一周所成的旋转体体积为

$$V(t)=\frac{\pi}{3}[t^2f(t)-f(1)],$$

试求 $y=f(x)$ 所满足的微分方程，并求该微分方程满足条件 $y|_{x=2}=\dfrac{2}{9}$ 的解。

第 7 章　向量代数与空间解析几何

向量是既有大小又有方向的量，它在数学、物理学以及工程技术中有着广泛的应用。在平面解析几何中，通过坐标法把平面上的点与一对有序的数对应起来。空间解析几何则是通过建立空间坐标系，把空间的点与一个有序三数组对应起来，用代数的方法来研究几何问题。

本章主要内容由两部分组成：第一部分是有关向量的概念及其代数运算，即向量代数；第二部分是空间解析几何。

7.1　向量及其运算

7.1.1　向量的概念

物理量有两种：一种是只有大小的量，称为**数量**（也称**标量**或**纯量**），如时间、温度等；另一种是不仅具有大小而且还有方向的量，称为**向量**（也称**矢量**），如速度、加速度、位移、力、力矩等。在几何上，向量可用一条有向线段来表示，它的长度表示向量的大小，它的方向表示向量的方向。以 A 为起点、B 为终点的有向线段所表示的向量记作 $\overrightarrow{AB}$（图 7-1）。但为了方便，往往只用一个字母上面加上箭号来表示，如 $\vec{a}$。有时也用一个黑体字母 $\boldsymbol{a}$ 来代替 $\vec{a}$。

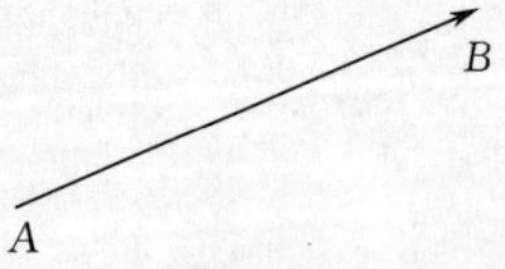

图 7-1

研究向量，一般是指可在空间作自由平行移动的向量，它的起点可以是空间的任意一点，这种向量与其起点无关，称为**自由向量**（简称**向量**）。即只考虑向量的大小和方向，而不考虑它的起点。

把长度相等、方向相同的两个向量 $\boldsymbol{a}, \boldsymbol{b}$，看作是**相等的向量**。记作 $\boldsymbol{a} = \boldsymbol{b}$。即经过平移后能完全重合的两个向量是相等的。

向量的长度称为向量的**模**或**绝对值**，记作 $|\boldsymbol{a}|$ 或 $|\vec{a}|$ 或 $|\overrightarrow{AB}|$。模等于 1 的向量称为**单位向量**。模等于零的向量称为**零向量**，记作 $\mathbf{0}$ 或 $\vec{0}$。零向量的方向可以看作是任意的，即零向量的方向不确定。

设 $\boldsymbol{a},\boldsymbol{b}$ 是两个非零向量，若它们的方向相同或相反，则称这两个向量**平行**，记作 $\boldsymbol{a}\parallel\boldsymbol{b}$。零向量与任何向量平行。两个向量平行，也可称两向量**共线**。如果将几个向量的起点平移至同一点，而终点和起点在一个平面上，则称这几个向量**共面**。

7.1.2　向量的线性运算

向量的加法、减法以及向量与数的乘法都称为向量的**线性运算**。

1. 向量的加法与减法

设有两向量 $\boldsymbol{a}$ 与 $\boldsymbol{b}$，如果把 $\boldsymbol{b}$ 的起点平移至 $\boldsymbol{a}$ 的终点，那么由 $\boldsymbol{a}$ 的起点到 $\boldsymbol{b}$ 的终点的向量称为向量 $\boldsymbol{a}$ 与 $\boldsymbol{b}$ 的和，记作 $\boldsymbol{a}+\boldsymbol{b}$。通常称为向量相加的**三角形法则**(图 7-2)。

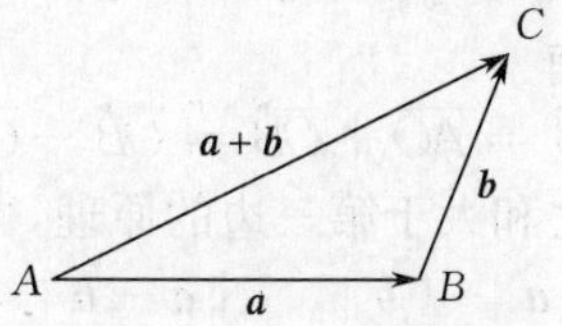

图 7-2

将两个不平行向量 $\boldsymbol{a},\boldsymbol{b}$ 的起点平移至同一点，以 $\boldsymbol{a}$ 与 $\boldsymbol{b}$ 为邻边作平行四边形，则从起点到平行四边形的对角顶点的向量就是向量 $\boldsymbol{a}$ 与 $\boldsymbol{b}$ 的和 $\boldsymbol{a}+\boldsymbol{b}$。通常称为向量相加的**平行四边形法则**(图 7-3)。

向量的加法满足交换律与结合律(图 7-4)。

$$\boldsymbol{a}+\boldsymbol{b}=\overrightarrow{AB}+\overrightarrow{BC}=\overrightarrow{AC},$$
$$\boldsymbol{b}+\boldsymbol{a}=\overrightarrow{AD}+\overrightarrow{DC}=\overrightarrow{AC},$$
$$\boldsymbol{a}+\boldsymbol{b}=\boldsymbol{b}+\boldsymbol{a},$$
$$(\boldsymbol{a}+\boldsymbol{b})+\boldsymbol{c}=\boldsymbol{a}+(\boldsymbol{b}+\boldsymbol{c})=\boldsymbol{a}+\boldsymbol{b}+\boldsymbol{c}.$$

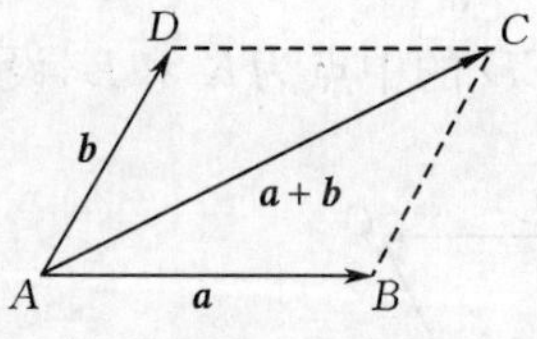

图 7-3

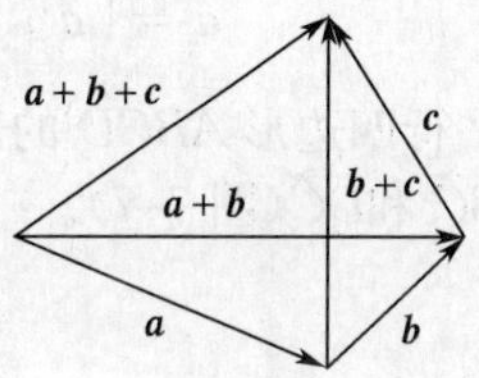

图 7-4

多个向量相加，可以将前一向量的终点作为次一向量的起点，依次作出各向量，最后以第一个向量的起点为起点、最后一个向量的终点为终点作一向量，该向量即为所求的向量和，如图 7-5，有

$$\boldsymbol{c}=\boldsymbol{a}_1+\boldsymbol{a}_2+\boldsymbol{a}_3+\boldsymbol{a}_4+\boldsymbol{a}_5.$$

设有两个向量 $\boldsymbol{a}$ 与 $\boldsymbol{b}$，若有另一个向量，它与 $\boldsymbol{a}$ 相加后等于 $\boldsymbol{b}$，则这个向量称为向量 $\boldsymbol{b}$ 与 $\boldsymbol{a}$ 的差，记作 $\boldsymbol{b}-\boldsymbol{a}$(图 7-6)。

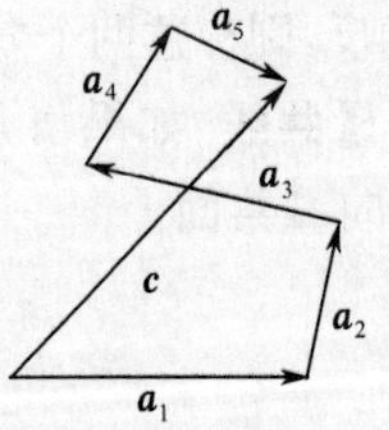

图 7-5

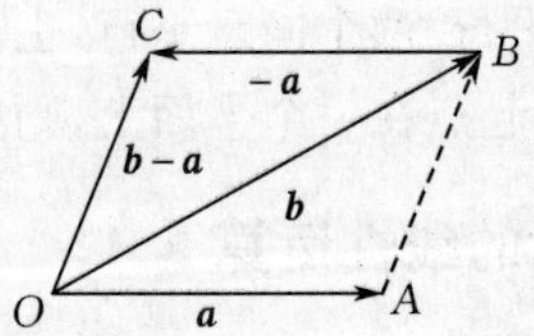

图 7-6

这样，对于每一个向量 $\boldsymbol{a}$，有 $\mathbf{0}$ 与 $\boldsymbol{a}$ 的差：$\mathbf{0}-\boldsymbol{a}$ 是与 $\boldsymbol{a}$ 大小相等而方向相反的一个向量，记作 $-\boldsymbol{a}$，称为 $\boldsymbol{a}$ 的**负向量**。这样，就有

$$\boldsymbol{b}-\boldsymbol{a}=\boldsymbol{b}+(-\boldsymbol{a}),$$
$$\boldsymbol{a}-\boldsymbol{a}=\boldsymbol{a}+(-\boldsymbol{a})=\mathbf{0}。$$

任给向量 $\overrightarrow{AB}$ 及点 O，显然有

$$\overrightarrow{AB}=\overrightarrow{AO}+\overrightarrow{OB}=\overrightarrow{OB}-\overrightarrow{OA}。$$

读者不难根据三角形两边之和大于第三边的原理，得出：

$$|\boldsymbol{a}+\boldsymbol{b}|\leqslant|\boldsymbol{a}|+|\boldsymbol{b}|,\quad |\boldsymbol{a}-\boldsymbol{b}|\leqslant|\boldsymbol{a}|+|\boldsymbol{b}|。$$

2. 向量与数的乘法

一个向量 $\boldsymbol{a}$ 与数 λ 的乘积，记作 $\lambda\boldsymbol{a}$ 或 $\boldsymbol{a}\lambda$，它的模 $|\lambda\boldsymbol{a}|=|\lambda||\boldsymbol{a}|$，它的方向当 $\lambda>0$ 时与 $\boldsymbol{a}$ 相同，当 $\lambda<0$ 时与 $\boldsymbol{a}$ 相反。同时，$0\boldsymbol{a}=\mathbf{0}$。

不难证明，向量与数的乘法满足下列运算规律：

(1) 结合律 $\lambda(\mu\boldsymbol{a})=(\lambda\mu)\boldsymbol{a}=\mu(\lambda\boldsymbol{a})$；

(2) 分配律 $(\lambda+\mu)\boldsymbol{a}=\lambda\boldsymbol{a}+\mu\boldsymbol{a}$，$\lambda(\boldsymbol{a}+\boldsymbol{b})=\lambda\boldsymbol{a}+\lambda\boldsymbol{b}$。

其中，λ,μ 都是实常数。

特别地，当 $\lambda=\pm 1$ 时，有

$$1\boldsymbol{a}=\boldsymbol{a},\quad (-1)\boldsymbol{a}=-\boldsymbol{a}。$$

设 $\boldsymbol{e}_a$ 表示与非零向量 $\boldsymbol{a}$ 同方向的单位向量，则根据向量与数的乘法可以把 $\boldsymbol{a}$ 写成：

$$\boldsymbol{a}=|\boldsymbol{a}|\boldsymbol{e}_a \quad 或 \quad \frac{\boldsymbol{a}}{|\boldsymbol{a}|}=\boldsymbol{e}_a。$$

例 1 已知平行四边形 $ABCD$ 的边 BC 和 CD 的中点为 K 和 L，设 $\overrightarrow{AK}=\boldsymbol{a}$，$\overrightarrow{AL}=\boldsymbol{b}$，试用 $\boldsymbol{a}$ 和 $\boldsymbol{b}$ 表示 $\overrightarrow{BC}$ 和 $\overrightarrow{DC}$（图 7-7）。

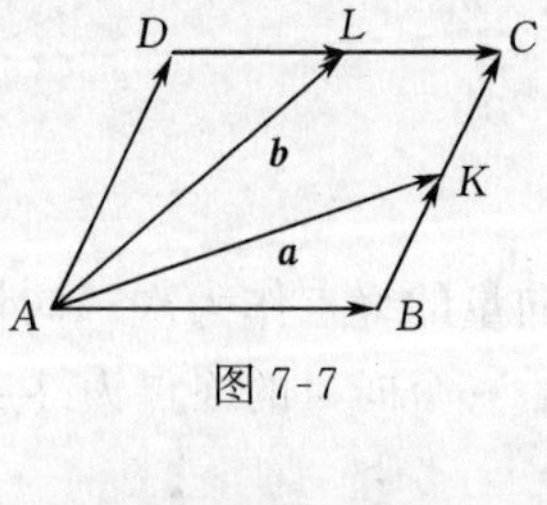

图 7-7

解 容易得出：

$$\boldsymbol{a}=\overrightarrow{AB}+\overrightarrow{BK}=\overrightarrow{DC}+\frac{1}{2}\overrightarrow{BC},$$
$$\boldsymbol{b}=\overrightarrow{AD}+\overrightarrow{DL}=\overrightarrow{BC}+\frac{1}{2}\overrightarrow{DC},$$

从上述两式可得　$\overrightarrow{BC} = \frac{1}{3}(4\boldsymbol{b} - 2\boldsymbol{a})$，　$\overrightarrow{DC} = \frac{1}{3}(4\boldsymbol{a} - 2\boldsymbol{b})$。

因为向量 $\lambda\boldsymbol{a}$ 与 $\boldsymbol{a}$ 平行，因此常用向量与数的乘积来描述两个向量的平行关系。即有

定理 7.1　设向量 $\boldsymbol{a} \neq \boldsymbol{0}$，则向量 $\boldsymbol{b}$ 平行于 $\boldsymbol{a}$ 的充分必要条件是存在唯一的实数 λ，使 $\boldsymbol{b} = \lambda\boldsymbol{a}$（证明从略）。

定理 7.1 是建立数轴的理论依据。若单位向量 $\boldsymbol{i}$ 是数轴上的单位向量，对于数轴上任一点 P，那么 P 点、向量$\overrightarrow{OP}$、实数 x（P 的坐标）就确定了一一对应关系（图 7-8）：

$$\text{点 } P \longleftrightarrow \text{ 向量 } \overrightarrow{OP} = x\boldsymbol{i} \longleftrightarrow \text{ 实数 } x\text{。}$$

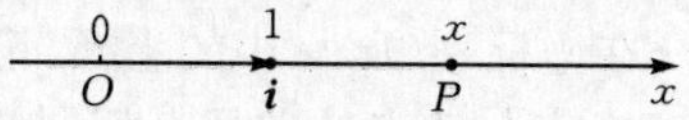

图 7-8

7.1.3　空间直角坐标系

为了以后学习的需要，我们建立空间直角坐标系。

在空间作三条互相垂直相交的数轴 Ox，Oy 与 Oz，其上的单位向量分别为 $\boldsymbol{i}$、$\boldsymbol{j}$ 与 $\boldsymbol{k}$，交点 O 是坐标原点（图 7-9）。Ox、Oy、Oz 分别称为**横轴**、**纵轴**、**竖轴**或 **x 轴**、**y 轴**、**z 轴**。分别按图 7-9 所示取定它们的正向。把图 7-9 的坐标系称为**右手系**，即以右手伸开拇指与其他四指垂直，当右手的四个手指从 x 轴正向以 $90°$ 角度握手旋转向 y 轴正向时，大拇指的指向就是 z 轴的正向。在本书中始终采用右手系。三个轴统称为**坐标轴**。三个坐标轴两两决定一个平面，共有互相垂直的三个平面 xOy、yOz、zOx，都称为**坐标平面**。它们构成一个**空间直角坐标系**。

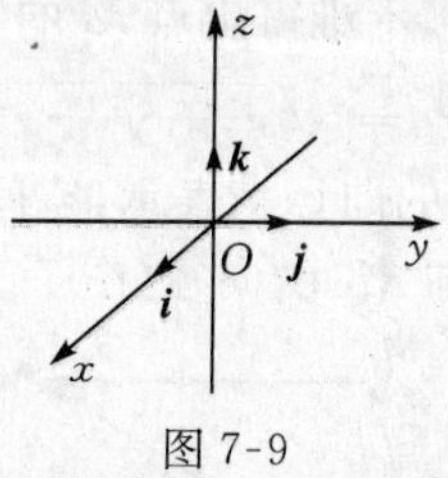

图 7-9

三个平面把空间分为八个部分，每个部分称为**卦限**。把 $x > 0, y > 0, z > 0$ 的空间部分称为第一卦限。在 xOy 坐标平面之上的其余三个卦限，按逆时针方向依次称为第二、第三、第四卦限。在 xOy 坐标平面之下的四个卦限，在第一卦限下面的卦限称为第五卦限，其余按逆时针方向依次称为第六、第七、第八卦限（图 7-10）。

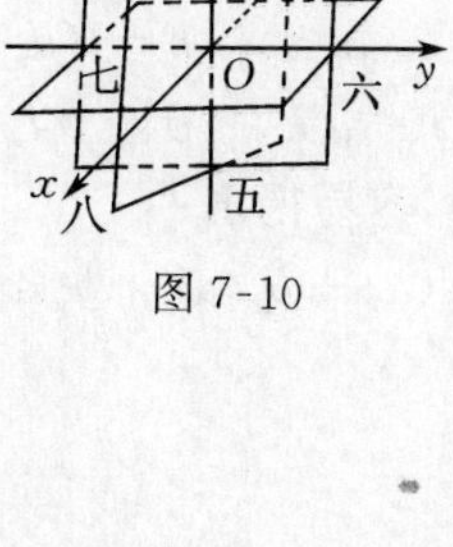

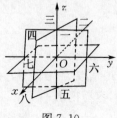

图 7-10

任给向量 $\boldsymbol{r}$,对应点 M,使 $\overrightarrow{OM}=\boldsymbol{r}$,以 OM 为对角线、三条坐标轴为棱作长方体(图 7-11),则

$$\boldsymbol{r}=\overrightarrow{OM}=\overrightarrow{OP}+\overrightarrow{PN}+\overrightarrow{NM}=\overrightarrow{OP}+\overrightarrow{OQ}+\overrightarrow{OR},$$

令
$$\overrightarrow{OP}=x\boldsymbol{i},\quad \overrightarrow{OQ}=y\boldsymbol{j},\quad \overrightarrow{OR}=z\boldsymbol{k},$$

则
$$\boldsymbol{r}=\overrightarrow{OM}=x\boldsymbol{i}+y\boldsymbol{j}+z\boldsymbol{k}.$$

上式称为向量 $\boldsymbol{r}$ 的**坐标分解式**,$x\boldsymbol{i}$、$y\boldsymbol{j}$、$z\boldsymbol{k}$ 称为向量 $\boldsymbol{r}$ 沿三个坐标轴方向的**分向量**。于是点 M、向量 $\boldsymbol{r}$ 与有序实数组 (x,y,z) 之间就有一一对应的关系。

$$M\longleftrightarrow \boldsymbol{r}=\overrightarrow{OM}=x\boldsymbol{i}+y\boldsymbol{j}+z\boldsymbol{k}\longleftrightarrow(x,y,z).$$

称有序实数组 (x,y,z) 为向量 $\boldsymbol{r}$ 在坐标系 $Oxyz$ 中的坐标,记作 $\boldsymbol{r}=(x,y,z)$。向量 $\boldsymbol{r}=\overrightarrow{OM}$ 称为点 M 关于原点 O 的**向径**。一个点与该点的向径有相同的坐标,因此 (x,y,z) 既可表示点 M,又可以表示向量 $\overrightarrow{OM}$。

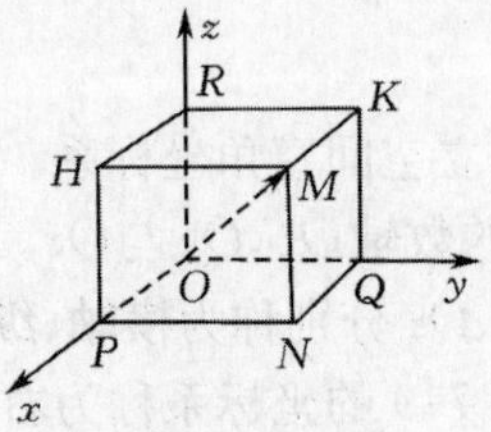

图 7-11

容易看出,空间坐标为 (x,y,z) 的点关于 xOy 面对称的点的坐标为 $(x,y,-z)$,关于 x 轴对称的点的坐标为 $(x,-y,-z)$,等等。坐标面上和坐标轴上的点,其坐标各有一定的特征。请读者自行讨论。

设点 M 的直角坐标为 (x,y,z),不难得出点 M 的向径 $\boldsymbol{r}$ 的模为

$$|\boldsymbol{r}|=\sqrt{x^2+y^2+z^2}. \tag{7.1}$$

由于空间的点的位置可以用它的向径来表示,空间任何向量也就可以用它的端点的向径来表示。设 $\boldsymbol{r}_1$ 与 $\boldsymbol{r}_2$ 分别为 M_1 与 M_2 的向径(图 7-12),则 $\overrightarrow{M_1M_2}=\boldsymbol{r}_2-\boldsymbol{r}_1$。

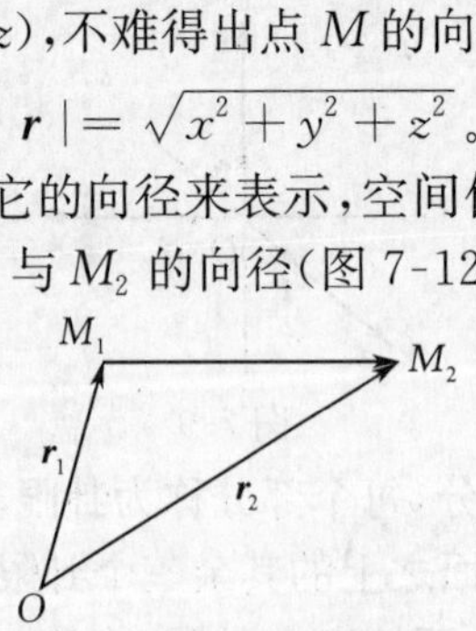

图 7-12

7.1.4　向量的坐标运算

设向量 $\boldsymbol{a}$,$\boldsymbol{b}$ 的坐标为

$$\boldsymbol{a}=(a_x,a_y,a_z),\quad \boldsymbol{b}=(b_x,b_y,b_z),$$

即
$$\boldsymbol{a}=a_x\boldsymbol{i}+a_y\boldsymbol{j}+a_z\boldsymbol{k},\quad \boldsymbol{b}=b_x\boldsymbol{i}+b_y\boldsymbol{j}+b_z\boldsymbol{k}.$$

利用向量及数乘向量的运算律,容易得出

$$\boldsymbol{a}+\boldsymbol{b}=(a_x+b_x,a_y+b_y,a_z+b_z),$$

$$\boldsymbol{a}-\boldsymbol{b}=(a_x-b_x,a_y-b_y,a_z-b_z),$$
$$\lambda\boldsymbol{a}=(\lambda a_x,\lambda a_y,\lambda a_z)。$$

当 $\boldsymbol{a}\neq\boldsymbol{0}$ 时，$\boldsymbol{b}\mathbin{/\!/}\boldsymbol{a}$ 相当于 $\boldsymbol{b}=\lambda\boldsymbol{a}$，则

$$(b_x,b_y,b_z)=\lambda(a_x,a_y,a_z),$$

即
$$\frac{b_x}{a_x}=\frac{b_y}{a_y}=\frac{b_z}{a_z}=\lambda。$$

当 a_x、a_y、a_z 中有一个为零时，例如 $a_x=0$，应理解为

$$\begin{cases}b_x=0,\\ \dfrac{b_y}{a_y}=\dfrac{b_z}{a_z}。\end{cases}$$

例 2　已知 $\boldsymbol{a}=2\boldsymbol{i}-\boldsymbol{j}+2\boldsymbol{k}$，$\boldsymbol{b}=3\boldsymbol{i}+4\boldsymbol{j}-5\boldsymbol{k}$，求与 $3\boldsymbol{a}-\boldsymbol{b}$ 同方向的单位向量。

解　设 $\boldsymbol{c}=3\boldsymbol{a}-\boldsymbol{b}$，则

$$\boldsymbol{c}=3(2,-1,2)-(3,4,-5)=(3,-7,11),$$

由于
$$|\boldsymbol{c}|=\sqrt{3^2+(-7)^2+11^2}=\sqrt{179},$$

所以
$$\boldsymbol{e}_c=\frac{\boldsymbol{c}}{|\boldsymbol{c}|}=\frac{3\boldsymbol{a}-\boldsymbol{b}}{|3\boldsymbol{a}-\boldsymbol{b}|}=\frac{1}{\sqrt{179}}(3,-7,11)$$

或
$$\boldsymbol{e}_c=\frac{1}{\sqrt{179}}(3\boldsymbol{i}-7\boldsymbol{j}+11\boldsymbol{k})。$$

例 3　已知两点 $A(x_1,y_1,z_1)$ 和 $B(x_2,y_2,z_2)$ 以及实数 $\lambda\neq-1$，在直线 AB 上求点 M（M 可在线段 AB 之外），使 $\overrightarrow{AM}=\lambda\overrightarrow{MB}$。

解　如图 7-13 所示，因为

$$\overrightarrow{AM}=\overrightarrow{OM}-\overrightarrow{OA},\quad\overrightarrow{MB}=\overrightarrow{OB}-\overrightarrow{OM},$$
$$\overrightarrow{OM}-\overrightarrow{OA}=\lambda(\overrightarrow{OB}-\overrightarrow{OM}),\quad(1+\lambda)\overrightarrow{OM}=\overrightarrow{OA}+\lambda\overrightarrow{OB}$$

所以

$$\overrightarrow{OM}=\frac{1}{1+\lambda}(\overrightarrow{OA}+\lambda\overrightarrow{OB})。$$

代入 A，B 点的坐标，即得

$$\overrightarrow{OM}=\left(\frac{x_1+\lambda x_2}{1+\lambda},\frac{y_1+\lambda y_2}{1+\lambda},\frac{z_1+\lambda z_2}{1+\lambda}\right)。\tag{7.2}$$

点 M 叫做有向线段 $\overrightarrow{AB}$ 的 λ **分点**。特别地，当 $\lambda=1$ 时，得线段 AB 的中点坐标为

$$M\left(\frac{x_1+x_2}{2},\frac{y_1+y_2}{2},\frac{z_1+z_2}{2}\right)。\tag{7.3}$$

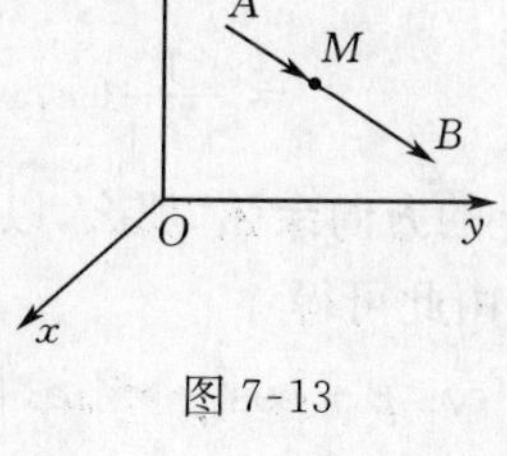

图 7-13

7.1.5 向量的模、方向角、投影

1. 两点间的距离公式

向径 $\boldsymbol{r}=(x,y,z)$ 的模的坐标表示式 $|\boldsymbol{r}|=\sqrt{x^2+y^2+z^2}$。

设有点 $A(x_1,y_1,z_1)$ 和点 $B(x_2,y_2,z_2)$，则点 A 与 B 之间的距离 $|AB|$ 就是向量 $\overrightarrow{AB}$ 的模，因为

$\overrightarrow{AB}=\overrightarrow{OB}-\overrightarrow{OA}=(x_2,y_2,z_2)-(x_1,y_1,z_1)=(x_2-x_1,y_2-y_1,z_2-z_1)$，

故得 A,B 两点间的距离公式

$$|AB|=|\overrightarrow{AB}|=\sqrt{(x_2-x_1)^2+(y_2-y_1)^2+(z_2-z_1)^2}。\qquad(7.4)$$

例 4 在 z 轴上求与两点 $A(-4,1,7)$ 和 $B(3,5,-2)$ 等距离的点。

解 因为所求的点 M 在 z 轴上，所以设该点为 $M(0,0,z)$，由题意，有 $|MA|=|MB|$，

即 $$\sqrt{(0+4)^2+(0-1)^2+(z-7)^2}=\sqrt{(0-3)^2+(0-5)^2+(z+2)^2},$$

解出 z，得 $z=\frac{14}{9}$，所求点为 $M\left(0,0,\frac{14}{9}\right)$。

2. 方向角与方向余弦

设有两个非零向量 $\boldsymbol{a},\boldsymbol{b}$，任取空间一点 O，以及 A 和 B，作 $\overrightarrow{OA}=\boldsymbol{a}$，$\overrightarrow{OB}=\boldsymbol{b}$，规定 $\angle AOB=\varphi$，$0\leqslant\varphi\leqslant\pi$，称 φ 为**向量 $\boldsymbol{a}$ 与 $\boldsymbol{b}$ 的夹角**(图 7-14)，记作 $(\widehat{\boldsymbol{a},\boldsymbol{b}})=\varphi$ 或 $(\widehat{\boldsymbol{b},\boldsymbol{a}})=\varphi$。

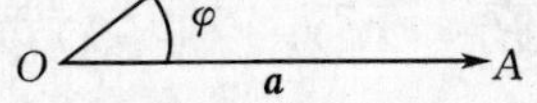

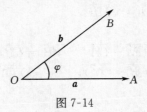

图 7-14

如图 7-15，非零向量 $\boldsymbol{r}$ 与三条坐标轴正向的夹角 α、β、γ 称为向量 $\boldsymbol{r}$ 的**方向角**。设 $\boldsymbol{r}=(x,y,z)$，因为 x 是有向线段 $\overrightarrow{OP}$ 的值，$MP\perp OP$，所以

$$\cos\alpha=\frac{x}{|OM|}=\frac{x}{|\boldsymbol{r}|}。$$

类似可得 $$\cos\beta=\frac{y}{|\boldsymbol{r}|},\quad\cos\gamma=\frac{z}{|\boldsymbol{r}|}。$$

这样 $$(\cos\alpha,\cos\beta,\cos\gamma)=\left(\frac{x}{|\boldsymbol{r}|},\frac{y}{|\boldsymbol{r}|},\frac{z}{|\boldsymbol{r}|}\right)$$

$$=\frac{1}{|\boldsymbol{r}|}(x,y,z)=\frac{\boldsymbol{r}}{|\boldsymbol{r}|}=\boldsymbol{e}_r。$$

将 $\cos\alpha,\cos\beta,\cos\gamma$ 称为向量 $\boldsymbol{r}$ 的**方向余弦**。那么，以向量 $\boldsymbol{r}$ 的方向余弦为坐标的向量，就是与 $\boldsymbol{r}$ 同方向的单位向量 $\boldsymbol{e}_r$，并由此可得

$$\cos^2\alpha+\cos^2\beta+\cos^2\gamma=|\boldsymbol{e}_r|^2=1。\qquad(7.5)$$

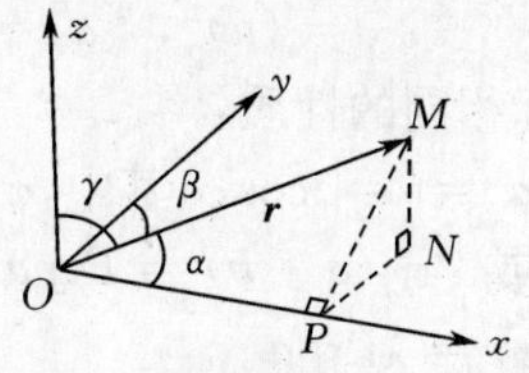

图 7-15

例 5　设有向量$\overrightarrow{P_1P_2}$，$|\overrightarrow{P_1P_2}|=2$，它与 x 轴和 y 轴的夹角分别为$\frac{\pi}{3}$，$\frac{\pi}{4}$。若 P_1 的坐标为(1,0,3)，求 P_2 的坐标。

解　设$\overrightarrow{P_1P_2}$的方向角为 α,β,γ，则 $\alpha=\frac{\pi}{3}$，$\beta=\frac{\pi}{4}$，所以

$$\left(\frac{1}{2}\right)^2+\left(\frac{\sqrt{2}}{2}\right)^2+\cos^2\gamma=1。$$

有

$$\cos\gamma=\pm\frac{1}{2},$$

即 $\gamma=\frac{\pi}{3}$ 或$\frac{2\pi}{3}$，这样的向量有两个。

设 P_2 的坐标为(x,y,z)，则由 P_1 的坐标及方向余弦公式，得

$$x-1=2\cos\frac{\pi}{3},\quad y-0=2\cos\frac{\pi}{4},\quad z-3=2\cos\frac{\pi}{3},$$

或

$$x-1=2\cos\frac{\pi}{3},\quad y-0=2\cos\frac{\pi}{4},\quad z-3=2\cos\frac{2\pi}{3},$$

由此得 P_2 的坐标为 $P_2(2,\sqrt{2},4)$ 或 $P_2(2,\sqrt{2},2)$。

3. 向量在轴上的投影

设点 O 及单位向量 $\boldsymbol{e}$ 确定 u 轴(图 7-16)。任取向量 $\boldsymbol{r}$，作$\overrightarrow{OM}=\boldsymbol{r}$，再过点 M 作与 u 轴垂直的平面交 u 轴于M'，称 M' 为点 M 在 u 轴上的**投影**，则向量$\overrightarrow{OM'}$称为向量 $\boldsymbol{r}$ 在 u 轴上的**分向量**。

设$\overrightarrow{OM'}=\lambda\boldsymbol{e}$，则数 λ 称为向量 $\boldsymbol{r}$ 在 u 轴上的投影，记作 $\mathrm{Prj}_u\boldsymbol{r}$ 或$(\boldsymbol{r})_u$。

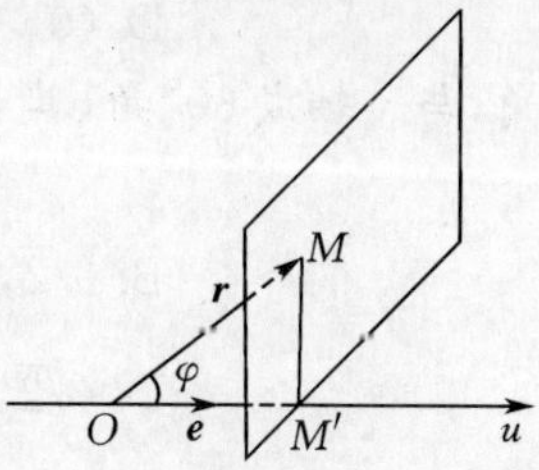

图 7-16

按此定义，向量 $\boldsymbol{a}$ 在直角坐标系 $Oxyz$ 中的坐标 a_x，a_y，a_z 就是 $\boldsymbol{a}$ 在三条坐标轴上的投影，即

$$a_x=\mathrm{Prj}_x\boldsymbol{a},\quad a_y=\mathrm{Prj}_y\boldsymbol{a},\quad a_z=\mathrm{Prj}_z\boldsymbol{a},$$

或 $$a_x=(\boldsymbol{a})_x,\quad a_y=(\boldsymbol{a})_y,\quad a_z=(\boldsymbol{a})_z。$$

因此,向量的投影具有与坐标相同的性质:

(1)$(\boldsymbol{a})_u=|\boldsymbol{a}|\cos\varphi$ 或 $\mathrm{Prj}_u\boldsymbol{a}=|\boldsymbol{a}|\cos\varphi$,其中,$\varphi$ 为向量 $\boldsymbol{a}$ 与 u 轴的夹角;

(2)$(\boldsymbol{a}+\boldsymbol{b})_u=(\boldsymbol{a})_u+(\boldsymbol{b})_u$ 或 $\mathrm{Prj}_u(\boldsymbol{a}+\boldsymbol{b})=\mathrm{Prj}_u\boldsymbol{a}+\mathrm{Prj}_u\boldsymbol{b}$;

(3)$(\lambda\boldsymbol{a})_u=\lambda(\boldsymbol{a})_u$ 或 $\mathrm{Prj}_u(\lambda\boldsymbol{a})=\lambda\mathrm{Prj}_u\boldsymbol{a}$。

例 6 设立方体的一条对角线为 OM,一条棱为 OA,且 $|OA|=a$,求 $\overrightarrow{OA}$ 在 $\overrightarrow{OM}$ 方向上的投影 $\mathrm{Prj}_{\overrightarrow{OM}}\overrightarrow{OA}$。

解 如图 7-17 所示,令 $\angle MOA=\varphi$,有

$$\cos\varphi=\frac{|OA|}{|OM|}=\frac{1}{\sqrt{3}},$$

则 $$\mathrm{Prj}_{\overrightarrow{OM}}\overrightarrow{OA}=|\overrightarrow{OA}|\cos\varphi=\frac{a}{\sqrt{3}}。$$

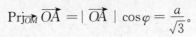

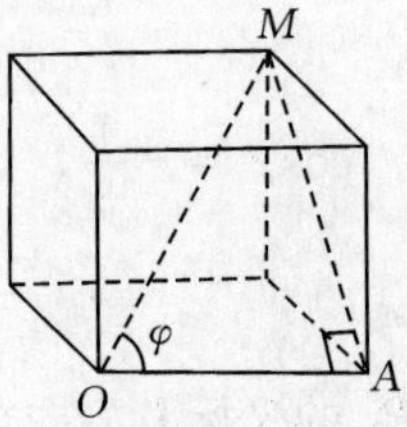

图 7-17

习题 7.1

一、选择题

1. 点 $M(2,-3,1)$ 关于坐标原点的对称点是(　　)。

A. $(-2,3,-1)$　　B. $(-2,-3,-1)$

C. $(2,-3,-1)$　　D. $(-2,3,1)$

2. yOz 平面内与三个已知点 $A(3,1,2)$,$B(4,-2,-2)$ 和 $C(0,5,1)$ 等距离的点是(　　)。

A. $(0,-1-2)$　　B. $(0,1-2)$

C. $(0,1,2)$　　D. $(0,-1,-2)$

3. 点 M 的向径与 x 轴成 $45°$ 角,与 y 轴成 $60°$ 角,其长为 6 个单位,若在 z 轴上的坐标是负值,点 M 的坐标为(　　)。

A. $(3\sqrt{2},3,-3)$　　B. $(\sqrt{2},3,-3)$

C. $\left(\frac{\sqrt{2}}{3},3,-3\right)$　　D. $(\sqrt{2},-3,-3)$

二、填空题

1. 在空间直角坐标系中,指出下列各点在哪个卦限:

$A(1,-2,3)$ 在第________卦限;$B(2,3,-4)$ 在第________卦限;

$C(2,-3,-4)$ 在第________卦限;$D(-2,-3,1)$ 在第________卦限。

2. 已知两点 $M_1(0,1,2)$ 和 $M_2(1,-1,0)$，则 $\overrightarrow{M_1M_2}=$ ________，$-2\overrightarrow{M_1M_2}=$ ________。

3. 已知向量 $\boldsymbol{m}=3\boldsymbol{i}+5\boldsymbol{j}+8\boldsymbol{k}$，$\boldsymbol{n}=2\boldsymbol{i}-4\mathbf{j}-7\boldsymbol{k}$，$\boldsymbol{p}=5\boldsymbol{i}+\boldsymbol{j}-4\boldsymbol{k}$，则向量 $\boldsymbol{a}=4\boldsymbol{m}+3\boldsymbol{n}-\boldsymbol{p}$ 在 x 轴上的投影为________，在 y 轴上的分向量为________。

三、解答题

1. 在平行四边形 $ABCD$ 内，设 $\overrightarrow{AB}=\boldsymbol{a}$，$\overrightarrow{AD}=\boldsymbol{b}$，试用 $\boldsymbol{a}$ 和 $\boldsymbol{b}$ 表示向量 $\overrightarrow{MA}$，$\overrightarrow{MB}$，$\overrightarrow{MC}$ 和 $\overrightarrow{MD}$，这里 M 是平行四边形对角线的交点。

2. 试证：三角形两边中点的连线平行于第三边且等于第三边的一半。

3. 设 $\boldsymbol{u}=\boldsymbol{a}-\boldsymbol{b}+2\boldsymbol{c}$，$\boldsymbol{v}=-\boldsymbol{a}+3\boldsymbol{b}-\boldsymbol{c}$，试用 $\boldsymbol{a},\boldsymbol{b},\boldsymbol{c}$ 表示 $2\boldsymbol{u}-3\boldsymbol{v}$。

4. 已知两个点的位置及其向量为 $\boldsymbol{r}_1(A)$，$\boldsymbol{r}_2(B)$，它们的夹角是 $60°$，求这两个向量的和及差的长度。

5. 已知梯形 $OABC$，其中 CB 平行且等于 OA 的一半，设 M 和 N 各为上底 CB 和下底 OA 的中点，如果 $\overrightarrow{OA}=\boldsymbol{a}$，$\overrightarrow{OC}=\boldsymbol{b}$，试求 $\overrightarrow{CB}$、$\overrightarrow{AB}$ 及 $\overrightarrow{MN}$。

6. 求平行于向量 $\boldsymbol{a}=(6,7,-6)$ 的单位向量。

7. 指出下列各点位置的特殊性质：$A(4,0,0)$；$B(0,-7,0)$；$C(0,-7,2)$；$D(4,0,3)$。

8. 一立方体放置在 xOy 平面上，其底面的中心与原点重合，底面的顶点在 x 轴和 y 轴上，已知立方体的边长为 a，求它各顶点的坐标。

9. 求点 $(4,-3,5)$ 到坐标原点和各坐标轴的距离。

10. 试证以三点 $A(4,1,9)$，$B(10,-1,6)$，$C(2,4,3)$ 为顶点的三角形是等腰直角三角形。

11. 一向量的起点是 $P_1(4,0,5)$，终点是 $P_2(7,1,3)$。求(1) $\overrightarrow{P_1P_2}$ 在各坐标轴上的投影；(2) $\overrightarrow{P_1P_2}$ 的模；(3) $\overrightarrow{P_1P_2}$ 的方向余弦；(4) $\overrightarrow{P_1P_2}$ 的单位向量。

12. 一向量的终点在点 $B(2,-1,7)$ 处，它在三个坐标轴上的投影依次是 $4,-4$ 和 7。求该向量的起点 A 的坐标。

13. 设向量 $\boldsymbol{r}$ 的模是 4，它与投影轴的夹角是 $60°$，求此向量在该轴上的投影。

14. 已知两点 $M_1(2,5,-3)$ 和 $M_2(3,-2,5)$，点 M 在线段 M_1M_2 上，且 $\overrightarrow{M_1M}=3\overrightarrow{MM_2}$，求向量 $\overrightarrow{OM}$ 的坐标。

15. 向量 $\boldsymbol{r}$ 与三坐标轴交成相等的锐角，求此向量的单位向量 $\boldsymbol{e}_r$。

7.2　数量积　向量积　*混合积

7.2.1　两向量的数量积

在许多实际问题中，常要用到两种关于向量的乘法运算，一种是数量积，另一种是向量积，先讨论向量的数量积。

定义 7.1　两向量 $\boldsymbol{a}$ 与 $\boldsymbol{b}$ 的**数量积**等于两向量的模和它们间的夹角 θ 的余弦的乘积，记作 $\boldsymbol{a}\cdot\boldsymbol{b}$。即

$$\boldsymbol{a}\cdot\boldsymbol{b}=|\boldsymbol{a}||\boldsymbol{b}|\cos\theta。\tag{7.6}$$

注意 两个向量的数量积是一个数量。

由于 $|\boldsymbol{b}|\cos\theta$ 是 $\boldsymbol{b}$ 在 $\boldsymbol{a}$ 上的投影，$|\boldsymbol{a}|\cos\theta$ 是 $\boldsymbol{a}$ 在 $\boldsymbol{b}$ 上的投影(图 7-18)。根据定义 7.1 可得

$$\boldsymbol{a}\cdot\boldsymbol{b}=|\boldsymbol{a}||\boldsymbol{b}|\cos\theta=|\boldsymbol{a}|\operatorname{Prj}_{\boldsymbol{a}}\boldsymbol{b}=|\boldsymbol{b}|\operatorname{Prj}_{\boldsymbol{b}}\boldsymbol{a}。$$

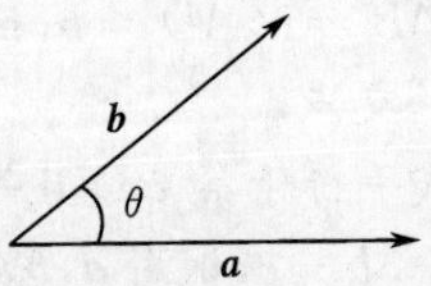

图 7-18

在物理学中，力对物体所做的功可以用数量积来表示。设一物体在常力 $\boldsymbol{F}$ 作用下沿直线从点 M_1 移动到点 M_2，以 $\boldsymbol{s}$ 表示位移向量 $\overrightarrow{M_1M_2}$(图 7-19)，则力 $\boldsymbol{F}$ 所做的功为

$$W=|\boldsymbol{F}||\boldsymbol{s}|\cos\theta,$$

其中，θ 为 $\boldsymbol{F}$ 与 $\boldsymbol{s}$ 间的夹角，所求的功就是 $\boldsymbol{F}\cdot\boldsymbol{s}$，即功等于力与位移的数量积。

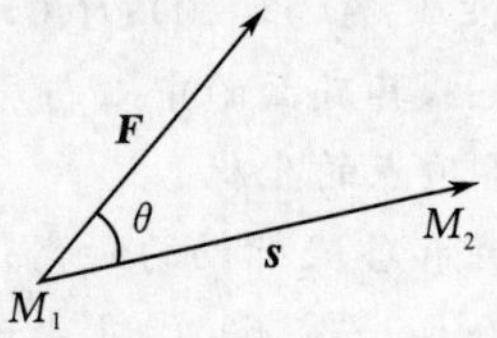

图 7-19

由数量积的定义可以推得以下基本性质：

(1) $\boldsymbol{a}\cdot\boldsymbol{a}=|\boldsymbol{a}|^2$。

这是因为夹角 $\theta=0$，所以

$$\boldsymbol{a}\cdot\boldsymbol{a}=|\boldsymbol{a}||\boldsymbol{a}|\cos 0=|\boldsymbol{a}|^2。$$

(2) 两个非零向量 $\boldsymbol{a}$ 与 $\boldsymbol{b}$ 相互垂直(记作 $\boldsymbol{a}\perp\boldsymbol{b}$) 的充要条件是 $\boldsymbol{a}\cdot\boldsymbol{b}=0$。

这是因为如果 $\boldsymbol{a}\cdot\boldsymbol{b}=0$，由于 $|\boldsymbol{a}|\neq 0$，$|\boldsymbol{b}|\neq 0$，则 $\cos\theta=0$，从而 $\theta=\dfrac{\pi}{2}$，即 $\boldsymbol{a}$ 与 $\boldsymbol{b}$ 相互垂直；反之，如果 $\boldsymbol{a}$ 与 $\boldsymbol{b}$ 相互垂直，则 $\theta=\dfrac{\pi}{2}$，$\cos\theta=0$，于是

$$\boldsymbol{a}\cdot\boldsymbol{b}=|\boldsymbol{a}||\boldsymbol{b}|\cos\theta=0。$$

数量积符合下列运算规律：

(1) 交换律 $\boldsymbol{a}\cdot\boldsymbol{b}=\boldsymbol{b}\cdot\boldsymbol{a}$。

设 $(\widehat{\boldsymbol{a},\boldsymbol{b}})$ 表示向量 $\boldsymbol{a}$ 与 $\boldsymbol{b}$ 的夹角，因为 $\cos(\widehat{\boldsymbol{a},\boldsymbol{b}})=\cos(\widehat{\boldsymbol{b},\boldsymbol{a}})$，由定义可得交换律成立。

(2) 分配律 $\boldsymbol{a}\cdot(\boldsymbol{b}+\boldsymbol{c})=\boldsymbol{a}\cdot\boldsymbol{b}+\boldsymbol{a}\cdot\boldsymbol{c}$。

因为

$$\boldsymbol{a}\cdot(\boldsymbol{b}+\boldsymbol{c})=|\boldsymbol{a}|\operatorname{Prj}_{\boldsymbol{a}}(\boldsymbol{b}+\boldsymbol{c}),$$

由投影定理可知

$$\mathrm{Prj}_{a}(\boldsymbol{b}+\boldsymbol{c})=\mathrm{Prj}_{a}\boldsymbol{b}+\mathrm{Prj}_{a}\boldsymbol{c},$$

所以

$$\begin{aligned}\boldsymbol{a}\cdot(\boldsymbol{b}+\boldsymbol{c})&=|\boldsymbol{a}|(\mathrm{Prj}_{a}\boldsymbol{b}+\mathrm{Prj}_{a}\boldsymbol{c})\\&=|\boldsymbol{a}|\mathrm{Prj}_{a}\boldsymbol{b}+|\boldsymbol{a}|\mathrm{Prj}_{a}\boldsymbol{c}=\boldsymbol{a}\cdot\boldsymbol{b}+\boldsymbol{a}\cdot\boldsymbol{c}。\end{aligned}$$

(3) $(\lambda\boldsymbol{a})\cdot\boldsymbol{b}=\lambda(\boldsymbol{a}\cdot\boldsymbol{b})=\boldsymbol{a}\cdot(\lambda\boldsymbol{b})$ （λ 为常数）。

对 λ 按 $\lambda=0$、$\lambda>0$、$\lambda<0$ 三种情形讨论。

当 $\lambda=0$ 时，上式显然成立。

当 $\lambda>0$ 时，$\lambda\boldsymbol{a}$ 与 $\boldsymbol{a}$ 方向相同，即 $(\widehat{\lambda\boldsymbol{a},\boldsymbol{b}})=(\widehat{\boldsymbol{a},\boldsymbol{b}})$，所以

$$(\lambda\boldsymbol{a})\cdot\boldsymbol{b}=|\lambda\boldsymbol{a}||\boldsymbol{b}|\cos(\widehat{\lambda\boldsymbol{a},\boldsymbol{b}})=\lambda|\boldsymbol{a}||\boldsymbol{b}|\cos(\widehat{\boldsymbol{a},\boldsymbol{b}})=\lambda(\boldsymbol{a}\cdot\boldsymbol{b})。$$

当 $\lambda<0$ 时，$\lambda\boldsymbol{a}$ 与 $\boldsymbol{a}$ 方向相反，即 $(\widehat{\lambda\boldsymbol{a},\boldsymbol{b}})=\pi-(\widehat{\boldsymbol{a},\boldsymbol{b}})$，所以

$$\begin{aligned}(\lambda\boldsymbol{a})\cdot\boldsymbol{b}&=|\lambda\boldsymbol{a}||\boldsymbol{b}|\cos(\widehat{\lambda\boldsymbol{a},\boldsymbol{b}})=|\lambda||\boldsymbol{a}||\boldsymbol{b}|\cos[\pi-(\widehat{\boldsymbol{a},\boldsymbol{b}})]\\&=-\lambda|\boldsymbol{a}||\boldsymbol{b}|[-\cos(\widehat{\boldsymbol{a},\boldsymbol{b}})]=\lambda|\boldsymbol{a}||\boldsymbol{b}|\cos(\widehat{\boldsymbol{a},\boldsymbol{b}})=\lambda(\boldsymbol{a}\cdot\boldsymbol{b})。\end{aligned}$$

同理
$$\boldsymbol{a}\cdot(\lambda\boldsymbol{b})=\lambda(\boldsymbol{a}\cdot\boldsymbol{b})。$$

下面我们来推导数量积的坐标表达式。

由于基本单位向量 $\boldsymbol{i},\boldsymbol{j},\boldsymbol{k}$ 两两互相垂直，所以

$$\boldsymbol{i}\cdot\boldsymbol{j}=\boldsymbol{j}\cdot\boldsymbol{k}=\boldsymbol{k}\cdot\boldsymbol{i}=0,\boldsymbol{j}\cdot\boldsymbol{i}=\boldsymbol{k}\cdot\boldsymbol{j}=\boldsymbol{i}\cdot\boldsymbol{k}=0,$$

又因为 $\boldsymbol{i},\boldsymbol{j},\boldsymbol{k}$ 的模都是 1，所以

$$\boldsymbol{i}\cdot\boldsymbol{i}=\boldsymbol{j}\cdot\boldsymbol{j}=\boldsymbol{k}\cdot\boldsymbol{k}=1。$$

设 $\boldsymbol{a}=a_x\boldsymbol{i}+a_y\boldsymbol{j}+a_z\boldsymbol{k}$，$\boldsymbol{b}=b_x\boldsymbol{i}+b_y\boldsymbol{j}+b_z\boldsymbol{k}$，根据数量积的性质可得

$$\begin{aligned}\boldsymbol{a}\cdot\boldsymbol{b}&=(a_x\boldsymbol{i}+a_y\boldsymbol{j}+a_z\boldsymbol{k})\cdot(b_x\boldsymbol{i}+b_y\boldsymbol{j}+b_z\boldsymbol{k})\\&=a_xb_x\boldsymbol{i}\cdot\boldsymbol{i}+a_xb_y\boldsymbol{i}\cdot\boldsymbol{j}+a_xb_z\boldsymbol{i}\cdot\boldsymbol{k}+a_yb_x\boldsymbol{j}\cdot\boldsymbol{i}+a_yb_y\boldsymbol{j}\cdot\boldsymbol{j}+a_yb_z\boldsymbol{j}\cdot\boldsymbol{k}\\&\quad+a_zb_x\boldsymbol{k}\cdot\boldsymbol{i}+a_zb_y\boldsymbol{k}\cdot\boldsymbol{j}+a_zb_z\boldsymbol{k}\cdot\boldsymbol{k}\\&=a_xb_x+a_yb_y+a_zb_z。\end{aligned}$$

即
$$\boldsymbol{a}\cdot\boldsymbol{b}=a_xb_x+a_yb_y+a_zb_z。\tag{7.7}$$

两个向量的数量积等于它们对应坐标的乘积之和，由于 $\boldsymbol{a}\cdot\boldsymbol{b}=|\boldsymbol{a}||\boldsymbol{b}|\cos\theta$，所以当 $\boldsymbol{a}$、$\boldsymbol{b}$ 都不是零向量时，有

$$\cos\theta=\frac{\boldsymbol{a}\cdot\boldsymbol{b}}{|\boldsymbol{a}||\boldsymbol{b}|}=\frac{a_xb_x+a_yb_y+a_zb_z}{\sqrt{a_x^2+a_y^2+a_z^2}\sqrt{b_x^2+b_y^2+b_z^2}},\tag{7.8}$$

这就是两向量夹角余弦的坐标表示式。从这个公式可以看出用坐标表示时，两向量相互垂直的充分必要条件为

$$a_xb_x+a_yb_y+a_zb_z=0。$$

例 1　设 $\boldsymbol{A}=2\boldsymbol{a}+3\boldsymbol{b}$，$\boldsymbol{B}=3\boldsymbol{a}-\boldsymbol{b}$，$|\boldsymbol{a}|=2$，$|\boldsymbol{b}|=1$，$(\widehat{\boldsymbol{a},\boldsymbol{b}})=\frac{\pi}{3}$。试求：$\boldsymbol{A}\cdot\boldsymbol{B}$；$\mathrm{Prj}_{\boldsymbol{A}}\boldsymbol{B}$ 和 $\mathrm{Prj}_{\boldsymbol{B}}\boldsymbol{A}$。

解
$$\begin{aligned}\boldsymbol{A}\cdot\boldsymbol{B}&=(2\boldsymbol{a}+3\boldsymbol{b})\cdot(3\boldsymbol{a}-\boldsymbol{b})=6\boldsymbol{a}\cdot\boldsymbol{a}+7\boldsymbol{a}\cdot\boldsymbol{b}-3\boldsymbol{b}\cdot\boldsymbol{b}\\&=6|\boldsymbol{a}|^2+7|\boldsymbol{a}||\boldsymbol{b}|\cos(\widehat{\boldsymbol{a},\boldsymbol{b}})-3|\boldsymbol{b}|^2\\&=6\times2^2+7\times2\times1\times\cos\frac{\pi}{3}-3\times1^2=28。\end{aligned}$$

由于
$$\begin{aligned}|\boldsymbol{A}|^2=\boldsymbol{A}\cdot\boldsymbol{A}&=(2\boldsymbol{a}+3\boldsymbol{b})\cdot(2\boldsymbol{a}+3\boldsymbol{b})\\&=4|\boldsymbol{a}|^2+12|\boldsymbol{a}||\boldsymbol{b}|\cos\frac{\pi}{3}+9|\boldsymbol{b}|^2\\&=4\times2^2+12\times2\times1\times\frac{1}{2}+9\times1^2=37,\end{aligned}$$

所以
$$|\boldsymbol{A}|=\sqrt{37}。$$

又由于
$$\begin{aligned}|\boldsymbol{B}|^2=\boldsymbol{B}\cdot\boldsymbol{B}&=(3\boldsymbol{a}-\boldsymbol{b})\cdot(3\boldsymbol{a}-\boldsymbol{b})\\&=9|\boldsymbol{a}|^2-6|\boldsymbol{a}||\boldsymbol{b}|\cos\frac{\pi}{3}+|\boldsymbol{b}|^2\\&=9\times2^2-6\times2\times1\times\frac{1}{2}+1^2=31,\end{aligned}$$

所以
$$|\boldsymbol{B}|=\sqrt{31}。$$

故
$$\mathrm{Prj}_{\boldsymbol{A}}\boldsymbol{B}=\frac{\boldsymbol{A}\cdot\boldsymbol{B}}{|\boldsymbol{A}|}=\frac{28}{\sqrt{37}}=\frac{28\sqrt{37}}{37},$$
$$\mathrm{Prj}_{\boldsymbol{B}}\boldsymbol{A}=\frac{\boldsymbol{A}\cdot\boldsymbol{B}}{|\boldsymbol{B}|}=\frac{28}{\sqrt{31}}=\frac{28\sqrt{31}}{31}。$$

例 2 已知三点 $M(1,1,1)$,$A(2,2,1)$ 和 $B(2,1,2)$,求 $\angle AMB$。

解 作向量$\overrightarrow{MA}$ 及$\overrightarrow{MB}$,$\angle AMB$ 就是向量$\overrightarrow{MA}$ 与$\overrightarrow{MB}$ 的夹角。这里,$\overrightarrow{MA}=(1,1,0)$,$\overrightarrow{MB}=(1,0,1)$,从而
$$\overrightarrow{MA}\cdot\overrightarrow{MB}=1\times1+1\times0+0\times1=1,$$
$$|\overrightarrow{MA}|=\sqrt{1^2+1^2+0^2}=\sqrt{2},\ |\overrightarrow{MB}|=\sqrt{1^2+0^2+1^2}=\sqrt{2}。$$
代入两向量夹角余弦的表达式,得
$$\cos\angle AMB=\frac{\overrightarrow{MA}\cdot\overrightarrow{MB}}{|\overrightarrow{MA}||\overrightarrow{MB}|}=\frac{1}{\sqrt{2}\cdot\sqrt{2}}=\frac{1}{2}。$$
由此得
$$\angle AMB=\frac{\pi}{3}。$$

7.2.2 两向量的向量积

下面讨论向量的另一种乘法运算,即向量积。

定义 7.2 两向量 $\boldsymbol{a}$ 和 $\boldsymbol{b}$ 的向量积规定为
$$\boldsymbol{a}\times\boldsymbol{b}=|\boldsymbol{a}||\boldsymbol{b}|\sin\theta\cdot\boldsymbol{e}。\tag{7.9}$$
其中,θ 为 $\boldsymbol{a}$ 与 $\boldsymbol{b}$ 间的夹角,$\boldsymbol{e}$ 是同时垂直于 $\boldsymbol{a}$ 和 $\boldsymbol{b}$ 的单位向量,其方向按 $\boldsymbol{a}$ 转到 $\boldsymbol{b}$ 的右手规则来确定(图 7-20)。

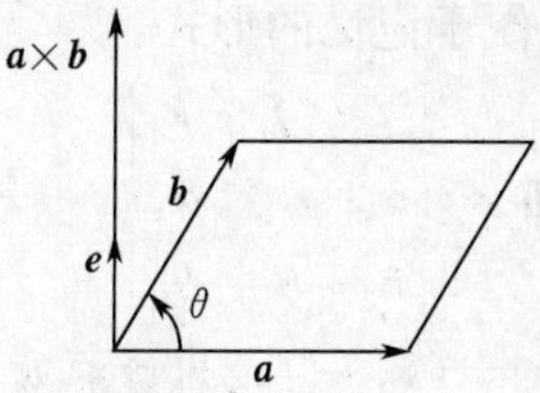

图 7-20

注意　两个向量的向量积是一个向量，并且 $\boldsymbol{a}\times\boldsymbol{b}$ 的模 $|\boldsymbol{a}\times\boldsymbol{b}|=|\boldsymbol{a}||\boldsymbol{b}|\sin\theta$，在几何上表示以 $\boldsymbol{a},\boldsymbol{b}$ 为邻边的平行四边形的面积，$\boldsymbol{a}\times\boldsymbol{b}$ 的方向垂直于这个平行四边形所在的平面。

向量积在物理学中应用很广，比如可用向量臂与受力的向量积表示力矩，再如角速度与臂展向量的向量积是线速度等。

从向量积的定义可以得出下面的性质：

(1)$\boldsymbol{a}\times\lambda\boldsymbol{a}=\boldsymbol{0}$。

这是因为 $\boldsymbol{a}$ 与 $\lambda\boldsymbol{a}$ 的夹角 $\theta=0$，所以 $|\boldsymbol{a}\times\boldsymbol{a}|=|\boldsymbol{a}|^2\sin\theta=0$。

(2) 两个非零向量 $\boldsymbol{a}$ 与 $\boldsymbol{b}$ 互相平行的充分必要条件是 $\boldsymbol{a}\times\boldsymbol{b}=\boldsymbol{0}$。

充分性：如果 $\boldsymbol{a}\times\boldsymbol{b}=\boldsymbol{0}$，由于 $|\boldsymbol{a}|\neq 0$，$|\boldsymbol{b}|\neq 0$，所以 $\sin\theta=0$，从而 $\theta=0$ 或 π，即 $\boldsymbol{a}$ 与 $\boldsymbol{b}$ 互相平行。

必要性：如果 $\boldsymbol{a}$ 与 $\boldsymbol{b}$ 互相平行，则 $\theta=0$ 或 π，即 $\sin\theta=0$，所以 $|\boldsymbol{a}\times\boldsymbol{b}|=|\boldsymbol{a}||\boldsymbol{b}|\sin\theta=0$，即 $\boldsymbol{a}\times\boldsymbol{b}=\boldsymbol{0}$。

向量积符合下列运算规律：

(1)$\boldsymbol{a}\times\boldsymbol{b}=-\boldsymbol{b}\times\boldsymbol{a}$。

由向量积的定义知，$\boldsymbol{a}\times\boldsymbol{b}$ 与 $\boldsymbol{b}\times\boldsymbol{a}$ 的模相等而方向相反，所以上式成立。由此可见向量积不满足交换律。

(2)$(\lambda\boldsymbol{a})\times\boldsymbol{b}=\lambda(\boldsymbol{a}\times\boldsymbol{b})=\boldsymbol{a}\times(\lambda\boldsymbol{b})$　（λ 为常数）。

这个性质可以就 $\lambda=0$，$\lambda>0$ 及 $\lambda<0$ 三种情况由定义直接推出。

(3)$(\boldsymbol{a}+\boldsymbol{b})\times\boldsymbol{c}=\boldsymbol{a}\times\boldsymbol{c}+\boldsymbol{b}\times\boldsymbol{c}$　（分配律），证明从略。

下面来推导向量积的坐标表示式。

对于单位向量 $\boldsymbol{i},\boldsymbol{j},\boldsymbol{k}$，有下列关系式成立：

$$\boldsymbol{i}\times\boldsymbol{i}=\boldsymbol{j}\times\boldsymbol{j}=\boldsymbol{k}\times\boldsymbol{k}=\boldsymbol{0}。$$
$$\boldsymbol{i}\times\boldsymbol{j}=\boldsymbol{k},\boldsymbol{j}\times\boldsymbol{k}=\boldsymbol{i},\boldsymbol{k}\times\boldsymbol{i}=\boldsymbol{j},$$
$$\boldsymbol{j}\times\boldsymbol{i}=-\boldsymbol{k},\boldsymbol{k}\times\boldsymbol{j}=-\boldsymbol{i},\boldsymbol{i}\times\boldsymbol{k}=-\boldsymbol{j}。$$

设 $\boldsymbol{a}=a_x\boldsymbol{i}+a_y\boldsymbol{j}+a_z\boldsymbol{k}$，$\boldsymbol{b}=b_x\boldsymbol{i}+b_y\boldsymbol{j}+b_z\boldsymbol{k}$，则

$$\begin{aligned}\boldsymbol{a}\times\boldsymbol{b}&=(a_x\boldsymbol{i}+a_y\boldsymbol{j}+a_z\boldsymbol{k})\times(b_x\boldsymbol{i}+b_y\boldsymbol{j}+b_z\boldsymbol{k})\\&=a_xb_x(\boldsymbol{i}\times\boldsymbol{i})+a_xb_y(\boldsymbol{i}\times\boldsymbol{j})+a_xb_z(\boldsymbol{i}\times\boldsymbol{k})+a_yb_x(\boldsymbol{j}\times\boldsymbol{i})+a_yb_y(\boldsymbol{j}\times\boldsymbol{j})\\&\quad+a_yb_z(\boldsymbol{j}\times\boldsymbol{k})+a_zb_x(\boldsymbol{k}\times\boldsymbol{i})+a_zb_y(\boldsymbol{k}\times\boldsymbol{j})+a_zb_z(\boldsymbol{k}\times\boldsymbol{k})\\&=(a_yb_z-a_zb_y)\boldsymbol{i}+(a_zb_x-a_xb_z)\boldsymbol{j}+(a_xb_y-a_yb_x)\boldsymbol{k}。\end{aligned}$$

这个公式可以用行列式写成便于记忆的形式：

$$\boldsymbol{a}\times\boldsymbol{b}=\begin{vmatrix}\boldsymbol{i} & \boldsymbol{j} & \boldsymbol{k}\\ a_x & a_y & a_z\\ b_x & b_y & b_z\end{vmatrix}。\tag{7.10}$$

例 3 设 $\boldsymbol{a}=(2,1,-1)$，$\boldsymbol{b}=(1,-1,2)$，计算 $\boldsymbol{a}\times\boldsymbol{b}$。

解 $\boldsymbol{a}\times\boldsymbol{b}=\begin{vmatrix}\boldsymbol{i} & \boldsymbol{j} & \boldsymbol{k}\\ 2 & 1 & -1\\ 1 & -1 & 2\end{vmatrix}=\boldsymbol{i}-5\boldsymbol{j}-3\boldsymbol{k}$。

例 4 已知 $\triangle ABC$ 的顶点分别是 $A(1,2,3)$，$B(3,4,5)$ 和 $C(2,4,7)$，求 $\triangle ABC$ 的面积。

解 由向量积的定义，可知 $\triangle ABC$ 的面积

$$S_{\triangle ABC}=\frac{1}{2}\mid\overrightarrow{AB}\mid\mid\overrightarrow{AC}\mid\sin\angle A=\frac{1}{2}\mid\overrightarrow{AB}\times\overrightarrow{AC}\mid。$$

由于 $\overrightarrow{AB}=(2,2,2)$，$\overrightarrow{AC}=(1,2,4)$，因此

$$\overrightarrow{AB}\times\overrightarrow{AC}=\begin{vmatrix}\boldsymbol{i} & \boldsymbol{j} & \boldsymbol{k}\\ 2 & 2 & 2\\ 1 & 2 & 4\end{vmatrix}=4\boldsymbol{i}-6\boldsymbol{j}+2\boldsymbol{k},$$

于是

$$S_{\triangle ABC}=\frac{1}{2}\mid 4\boldsymbol{i}-6\boldsymbol{j}+2\boldsymbol{k}\mid=\frac{1}{2}\sqrt{4^2+(-6)^2+2^2}=\sqrt{14}。$$

*7.2.3 向量的混合积

前面介绍了两向量的数量积与向量积，对于三个向量，常用到混合积。

定义 7.3 $(\boldsymbol{a}\times\boldsymbol{b})\cdot\boldsymbol{c}$ 称为三向量 $\boldsymbol{a},\boldsymbol{b},\boldsymbol{c}$ 的**混合积**，记作 $[\boldsymbol{a}\ \boldsymbol{b}\ \boldsymbol{c}]$。

下面来推导三向量的混合积的坐标表示式。

设 $\boldsymbol{a}=(a_x,a_y,a_z)$，$\boldsymbol{b}=(b_x,b_y,b_z)$，$\boldsymbol{c}=(c_x,c_y,c_z)$。

因为

$$\boldsymbol{a}\times\boldsymbol{b}=\begin{vmatrix}\boldsymbol{i} & \boldsymbol{j} & \boldsymbol{k}\\ a_x & a_y & a_z\\ b_x & b_y & b_z\end{vmatrix}=\begin{vmatrix}a_y & a_z\\ b_y & b_z\end{vmatrix}\boldsymbol{i}-\begin{vmatrix}a_x & a_z\\ b_x & b_z\end{vmatrix}\boldsymbol{j}+\begin{vmatrix}a_x & a_y\\ b_x & b_y\end{vmatrix}\boldsymbol{k},$$

再按两向量数量积的坐标表示式，便得

$$[\boldsymbol{a}\ \boldsymbol{b}\ \boldsymbol{c}]=(\boldsymbol{a}\times\boldsymbol{b})\cdot\boldsymbol{c}=c_x\begin{vmatrix}a_y & a_z\\ b_y & b_z\end{vmatrix}-c_y\begin{vmatrix}a_x & a_z\\ b_x & b_z\end{vmatrix}+c_z\begin{vmatrix}a_x & a_y\\ b_x & b_y\end{vmatrix}\tag{7.11}$$

或

$$[\boldsymbol{a}\ \boldsymbol{b}\ \boldsymbol{c}]=\begin{vmatrix}a_x & a_y & a_z\\ b_x & b_y & b_z\\ c_x & c_y & c_z\end{vmatrix}。\tag{7.12}$$

向量的混合积有下述几何意义：

以 $\boldsymbol{a},\boldsymbol{b},\boldsymbol{c}$ 为相邻的三条棱作平行六面体(图 7-21)，令 $\boldsymbol{d}=\boldsymbol{a}\times\boldsymbol{b}$，设 $\boldsymbol{d}$ 与 $\boldsymbol{c}$ 的夹角为 θ，则

$$(\boldsymbol{a}\times\boldsymbol{b})\cdot\boldsymbol{c}=\boldsymbol{d}\cdot\boldsymbol{c}=|\boldsymbol{d}||\boldsymbol{c}|\cos\theta。$$

由向量积的定义，$|\boldsymbol{d}|=|\boldsymbol{a}\times\boldsymbol{b}|$ 是以 $\boldsymbol{a}$、$\boldsymbol{b}$ 为邻边的平行四边形的面积，而 $|\boldsymbol{c}|\cos\theta$ 的绝对值恰好是这六面体的高。所以混合积 $[\boldsymbol{a}\,\boldsymbol{b}\,\boldsymbol{c}]=(\boldsymbol{a}\times\boldsymbol{b})\cdot\boldsymbol{c}$ 的绝对值即表示以 $\boldsymbol{a}$、$\boldsymbol{b}$、$\boldsymbol{c}$ 为棱的平行六面体的体积 V，即

$$V=||\boldsymbol{d}||\boldsymbol{c}|\cos\theta|=|(\boldsymbol{a}\times\boldsymbol{b})\cdot\boldsymbol{c}|。$$

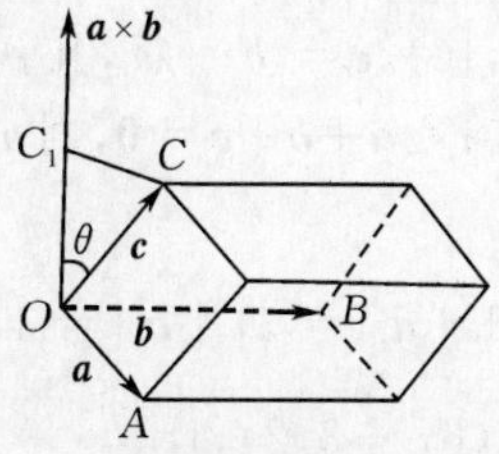

图 7-21

例 5　已知空间内不在一平面上的四点：$A(x_1,y_1,z_1)$，$B(x_2,y_2,z_2)$，$C(x_3,y_3,z_3)$，$D(x_4,y_4,z_4)$。求四面体 $ABCD$ 的体积。

解　由立体几何知道，四面体 $ABCD$ 的体积 V 等于以向量 $\overrightarrow{AB}$，$\overrightarrow{AC}$，$\overrightarrow{AD}$ 为棱的平行六面体的体积的六分之一，因而

$$V=\frac{1}{6}|(\overrightarrow{AB}\times\overrightarrow{AC})\cdot\overrightarrow{AD}|。$$

因为

$$\overrightarrow{AB}=(x_2-x_1,y_2-y_1,z_2-z_1),$$
$$\overrightarrow{AC}=(x_3-x_1,y_3-y_1,z_3-z_1),$$
$$\overrightarrow{AD}=(x_4-x_1,y_4-y_1,z_4-z_1)。$$

所以，四面体的体积 V 等于下式的绝对值：

$$\frac{1}{6}\begin{vmatrix} x_2-x_1 & y_2-y_1 & z_2-z_1 \\ x_3-x_1 & y_3-y_1 & z_3-z_1 \\ x_4-x_1 & y_4-y_1 & z_4-z_1 \end{vmatrix}=\frac{1}{6}D_V。$$

由上例的结果可推得 $A(x_1,y_1,z_1)$，$B(x_2,y_2,z_2)$，$C(x_3,y_3,z_3)$，$D(x_4,y_4,z_4)$ 四点共面(即 $\overrightarrow{AB}$，$\overrightarrow{AC}$，$\overrightarrow{AD}$ 三向量共面)的充分必要条件为 $D_V=0$。

习题 7.2

一、选择题

1. 点 $\boldsymbol{a},\boldsymbol{b}$ 是两个向量，下面结论正确的是(　　)。

A. $\boldsymbol{a}\cdot\boldsymbol{b}$ 是一个向量　　B. $\boldsymbol{a}\times\boldsymbol{b}$ 是一个数

C. $\boldsymbol{a}\cdot\boldsymbol{b}=\boldsymbol{b}\cdot\boldsymbol{a}$　　D. $\boldsymbol{a}\times\boldsymbol{b}=\boldsymbol{b}\times\boldsymbol{a}$

2. 设 $\boldsymbol{a}\perp\boldsymbol{b}$，且 $|\boldsymbol{a}|=5$，$|\boldsymbol{b}|=12$，则 $|\boldsymbol{a}+\boldsymbol{b}|=(\quad)$。

A. 7　　　　B. $\sqrt{13}$　　　　C. 13　　　　D. 17

3. 已知 $|\boldsymbol{a}|=2$，$|\boldsymbol{b}|=\sqrt{2}$，$\boldsymbol{a}\cdot\boldsymbol{b}=2$，则 $|\boldsymbol{a}\times\boldsymbol{b}|=(\quad)$。

A. 2　　　　B. $2\sqrt{2}$　　　　C. $\dfrac{\sqrt{2}}{2}$　　　　D. 1

二、填空题

1. 设 $\boldsymbol{a}=3\boldsymbol{i}-\boldsymbol{j}-2\boldsymbol{k}$，$\boldsymbol{b}=\boldsymbol{i}+2\boldsymbol{j}-\boldsymbol{k}$，则 $\boldsymbol{a}\cdot\boldsymbol{b}=$ ________，$(-2\boldsymbol{a})\cdot 3\boldsymbol{b}=$ ________，$\boldsymbol{a}\times\boldsymbol{b}=$ ________，$\boldsymbol{a}\times 2\boldsymbol{b}=$ ________，$\cos(\widehat{\boldsymbol{a},\boldsymbol{b}})=$ ________。

2. $\boldsymbol{a}=(2,1,2)$，$\boldsymbol{b}=(4,-1,10)$，$\boldsymbol{c}=\boldsymbol{b}-\lambda\boldsymbol{a}$，且 $\boldsymbol{a}\perp\boldsymbol{c}$，则 $\lambda=$ ________。

3. 设 $\boldsymbol{a},\boldsymbol{b},\boldsymbol{c}$ 都是单位向量，且满足 $\boldsymbol{a}+\boldsymbol{b}+\boldsymbol{c}=\boldsymbol{0}$，则 $\boldsymbol{a}\cdot\boldsymbol{b}+\boldsymbol{b}\cdot\boldsymbol{c}+\boldsymbol{c}\cdot\boldsymbol{a}=$ ________。

三、解答题

1. 已知 $\boldsymbol{a},\boldsymbol{b}$ 的夹角 $\varphi=\dfrac{2\pi}{3}$，且 $|\boldsymbol{a}|=3$，$|\boldsymbol{b}|=4$，计算 $(3\boldsymbol{a}-2\boldsymbol{b})\cdot(\boldsymbol{a}+2\boldsymbol{b})$。

2. 已知 $\boldsymbol{a}=(4,-2,4)$，$\boldsymbol{b}=(6,-3,2)$，计算

(1) $(2\boldsymbol{a}-3\boldsymbol{b})\cdot(\boldsymbol{a}+\boldsymbol{b})$；　(2) $|\boldsymbol{a}-\boldsymbol{b}|^2$。

3. 已知四点 $A(1,-2,3)$，$B(4,-4,-3)$，$C(2,4,3)$ 和 $D(8,6,6)$，求向量 $\overrightarrow{AB}$ 在向量 $\overrightarrow{CD}$ 上的投影。

4. 求任意两坐标平面上坐标轴间夹角的分角线的交角。

5. 若向量 $\boldsymbol{a}+3\boldsymbol{b}$ 垂直于向量 $7\boldsymbol{a}-5\boldsymbol{b}$，向量 $\boldsymbol{a}-4\boldsymbol{b}$ 垂直于向量 $7\boldsymbol{a}-2\boldsymbol{b}$，求 $\boldsymbol{a}$ 和 $\boldsymbol{b}$ 的夹角。

6. 求与向量 $\boldsymbol{a}=2\boldsymbol{i}-\boldsymbol{j}+2\boldsymbol{k}$ 共线且满足方程 $\boldsymbol{a}\cdot\boldsymbol{x}=-18$ 的向量 $\boldsymbol{x}$（提示：利用向量数乘的定义）。

7. 已知 $\boldsymbol{a}+\boldsymbol{b}+\boldsymbol{c}=\boldsymbol{0}$，$|\boldsymbol{a}|=3$，$|\boldsymbol{b}|=5$，$|\boldsymbol{c}|=7$，求 $\boldsymbol{a}$、$\boldsymbol{b}$ 间的夹角 α。

8. 已知向量 $\boldsymbol{a}$ 和 $\boldsymbol{b}$ 互相垂直，且 $|\boldsymbol{a}|=3$，$|\boldsymbol{b}|=4$，计算

(1) $|(\boldsymbol{a}+\boldsymbol{b})\times(\boldsymbol{a}-\boldsymbol{b})|$；　(2) $|(3\boldsymbol{a}-\boldsymbol{b})\times(\boldsymbol{a}-2\boldsymbol{b})|$。

9. 若 $\boldsymbol{a}=\boldsymbol{i}+3\boldsymbol{j}+5\boldsymbol{k}$，$\boldsymbol{b}=5\boldsymbol{i}+3\boldsymbol{j}-\boldsymbol{k}$，计算 $\boldsymbol{a}\times\boldsymbol{b}$。

10. 求垂直于向量 $3\boldsymbol{i}-4\boldsymbol{j}-\boldsymbol{k}$ 和 $2\boldsymbol{i}-\boldsymbol{j}+\boldsymbol{k}$ 的单位向量，并求上述二向量间夹角的正弦。

11. 一平行四边形以向量 $\boldsymbol{a}=(2,1,-1)$ 和 $\boldsymbol{b}=(1,-2,1)$ 为边，求其两条对角线夹角的正弦。

12. 求同时垂直于向量 $\boldsymbol{a}=(2,3,4)$ 和横轴的单位向量。

13. 四面体的顶点坐标分别为 $(1,1,1)$，$(1,2,3)$，$(1,1,2)$ 和 $(3,-1,2)$，求四面体的表面积。

14. 求平行四边形的面积，若已知其对角线为向量 $\boldsymbol{c}=\boldsymbol{m}+2\boldsymbol{n}$ 及 $\boldsymbol{d}-3\boldsymbol{m}\quad 4\boldsymbol{n}$，而 $|\boldsymbol{m}|=1$，$|\boldsymbol{n}|=2$，$(\widehat{\boldsymbol{m},\boldsymbol{n}})=30°$。

*15. 求由向量 $\overrightarrow{OA}=(1,1,1)$，$\overrightarrow{OB}=(0,1,1)$ 和 $\overrightarrow{OC}=(-1,0,1)$ 所决定的平行六面体的体积。

*16. 试求 $[(\boldsymbol{j}+\boldsymbol{k})(\boldsymbol{k}+\boldsymbol{i})(\boldsymbol{i}+\boldsymbol{j})]$。

*17. 证明向量 $\boldsymbol{a}=(-1,3,2)$，$\boldsymbol{b}=(2,-3,-4)$，$\boldsymbol{c}=(-3,12,6)$ 在同一平面上。

7.3　平面与直线的常用方程

在本节里，我们以向量为工具，在空间直角坐标系中建立平面和直线的方程。

7.3.1　平面及其方程

1. 平面的点法式方程

由立体几何知道，过空间一点可以作而且只能作一个平面垂直于一条已知直线，下面就利用这些条件来确定平面的方程。

如果一个非零向量垂直于一个平面，这个向量就称为该平面的**法向量**。显然，平面上的任一向量都与该平面的法向量垂直。

设 $M_0(x_0,y_0,z_0)$ 为平面 π 上的一定点，向量 $\boldsymbol{n}=(A,B,C)$ 为平面 π 的一个法向量（图 7-22），下面建立平面的方程。

空间一点 $M(x,y,z)$ 在平面 π 上的充分必要条件是 $\overrightarrow{M_0M}$ 与 $\boldsymbol{n}$ 垂直，即它们的数量积等于零：

$$\overrightarrow{M_0M}\cdot\boldsymbol{n}=0。$$

由于

$$\overrightarrow{M_0M}=(x-x_0,y-y_0,z-z_0),\boldsymbol{n}=(A,B,C), \tag{7.13}$$

则

$$A(x-x_0)+B(y-y_0)+C(z-z_0)=0。 \tag{7.14}$$

方程(7.14) 称为平面的**点法式方程**。

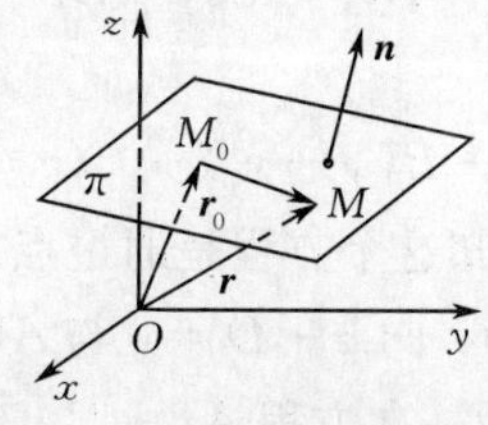

图 7-22

因为平面 π 上任一点的坐标都满足上述方程，不在平面 π 上的点的坐标都不满足方程。所以上述点法式方程就是所求平面的方程，这个方程的条件是已知一定点 $M_0(x_0,y_0,z_0)$ 和一个法向量。

例 1　已知点 $A\left(1,-1,-\dfrac{1}{2}\right)$，$B\left(-1,0,\dfrac{5}{2}\right)$，求过点 A 且垂直于 AB 连线的平面方程。

解　由题意，所求平面垂直于 AB 连线，故可取 $\overrightarrow{AB}$ 为平面的法向量，即 $\boldsymbol{n}=\overrightarrow{AB}=(-2,1,3)$。

根据平面的点法式方程，所求平面方程为

$$(-2)(x-1)+1(y+1)+3\left(z+\frac{1}{2}\right)=0,$$

即
$$4x-2y-6z-9=0。$$

例 2 求过三点 $M_1(2,-1,4)$，$M_2(-1,3,-2)$，$M_3(0,2,3)$ 的平面方程。

解 由于所求平面的法向量 $\boldsymbol{n}$ 与向量 $\overrightarrow{M_1M_2}$、$\overrightarrow{M_1M_3}$ 都垂直，而 $\overrightarrow{M_1M_2}=(-3,4,-6)$，$\overrightarrow{M_1M_3}=(-2,3,-1)$，所以可取它们的向量积为 $\boldsymbol{n}$：

$$\boldsymbol{n}=\overrightarrow{M_1M_2}\times\overrightarrow{M_1M_3}=\begin{vmatrix}\boldsymbol{i} & \boldsymbol{j} & \boldsymbol{k}\\ -3 & 4 & -6\\ -2 & 3 & -1\end{vmatrix}=14\boldsymbol{i}+9\boldsymbol{j}-\boldsymbol{k}。$$

根据平面的点法式方程，得所求平面的方程为

$$14(x-2)+9(y+1)-(z-4)=0,$$

即
$$14x+9y-z-15=0。$$

2. 平面的一般式方程

将平面的点法式方程化简，得

$$Ax+By+Cz+D=0, \tag{7.15}$$

其中，$D=-Ax_0-By_0-Cz_0$，可见点法式方程是 x,y,z 的一次方程。所以任何平面都可以用三元一次方程来表示。

反过来，对于任给的一个三元一次方程：

$$Ax+By+Cz+D=0,$$

任取满足该方程的一组解 x_0,y_0,z_0，则

$$Ax_0+By_0+Cz_0+D=0。$$

将该两个方程相减，得

$$A(x-x_0)+B(y-y_0)+C(z-z_0)=0,$$

把它与点法式方程相比较，便知这个方程是通过点 $M_0(x_0,y_0,z_0)$ 且以 $\boldsymbol{n}=(A,B,C)$ 为法向量的平面方程。因为 $Ax+By+Cz+D=0$ 与 $A(x-x_0)+B(y-y_0)+C(z-z_0)=0$ 同解，所以得知：任何一个三元一次方程 $Ax+By+Cz+D=0$ 的图形是一个平面。方程 $Ax+By+Cz+D=0$ 称为**平面的一般式方程**。其中，x,y,z 的系数就是该平面的法向量 $\boldsymbol{n}$ 的坐标，即 $\boldsymbol{n}=(A,B,C)$。以后若无特别声明，所求平面方程都应该化为平面的一般形式。

下面来讨论一般式方程 $Ax+By+Cz+D=0$ 中的系数 A,B,C 和常数 D 等于零时的情况。

(1) 当 $D=0$ 时，因为原点 $(0,0,0)$ 的坐标满足方程，所以方程 $Ax+By+Cz=0$ 表示通过原点的平面。

(2) 当 $A=0$ 时，方程化为 $By+Cz+D=0$，平面的一个法向量 $\boldsymbol{n}=(0,B,C)$，因为向量在 x 轴上的投影为零(即 $\boldsymbol{n}\perp x$ 轴)，所以平面 $By+Cz+D=0$ 平行于 x 轴。同理，方

程 $Ax+Cz+D=0$ 和方程 $Ax+By+D=0$ 分别表示平行于 y 轴和平行于 z 轴的平面。

(3) 当 $A=0$、$D=0$ 时，方程 $By+Cz=0$ 表示通过 x 轴的平面。同理，$Ax+Cz=0$ 和 $Ax+By=0$ 分别表示通过 y 轴和 z 轴的平面。

(4) 当 $A=0$、$B=0$ 时，方程化为 $Cz+D=0$，因为此平面的法向量 $\boldsymbol{n}=(0,0,C)$ 同时垂直于 x 轴和 y 轴(即垂直于 xOy 坐标面)，所以平面 $Cz+D=0$ 平行于坐标面 xOy。同理，$Ax+D=0$ 和 $By+D=0$ 是分别平行于坐标面 yOz 和坐标面 zOx 的平面。

(5) 当 $A=0$、$B=0$、$D=0$ 时，方程化为 $z=0$，即 xOy 坐标面。同理 $x=0$ 和 $y=0$ 分别表示 yOz 和 zOx 坐标面。

例 3　设一平面通过 x 轴和点 $M_0(4,-3,-1)$，求它的方程。

解　因为所求平面通过 x 轴，可设其方程为 $By+Cz=0$。用点 M_0 的坐标代入上式，得 $-3B-C=0$，解得 $C=-3B$，代回原方程并化简，得所求平面方程为

$$y-3z=0。$$

例 4　设一平面与 x、y、z 轴的交点依次为 $P(a,0,0)$，$Q(0,b,0)$，$R(0,0,c)$ 三点(图 7-23)，求这个平面的方程(其中 $a\neq 0$，$b\neq 0$，$c\neq 0$)。

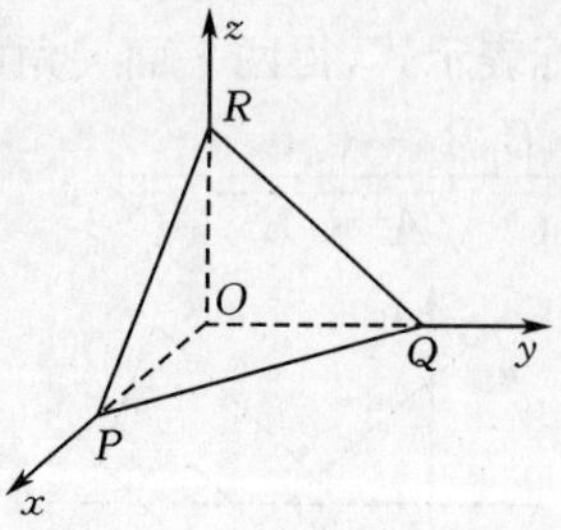

图 7-23

解　设所求平面的方程为

$$Ax+By+Cz+D=0。$$

因 P,Q,R 三点都在这平面上，所以点 P,Q,R 的坐标都满足所设方程，即有

$$\begin{cases} aA+D=0, \\ bB+D=0, \\ cC+D=0, \end{cases}$$

解得
$$A=-\frac{D}{a},B=-\frac{D}{b},C=-\frac{D}{c}。$$

以此代入所设方程并除以 $D(D\neq 0)$，便得所求的平面方程为

$$\frac{x}{a}+\frac{y}{b}+\frac{z}{c}=1。\tag{7.16}$$

方程(7.16)叫做平面的**截距式方程**，而 a、b、c 依次叫做平面在 x、y、z 轴上的**截距**。

此例也可以这样解得：设 $M(x,y,z)$ 为平面上任一点，因为四点 $M(x,y,z)$ 及 P,Q,R 共面，所以

$$\begin{vmatrix} x-a & y & z \\ -a & b & 0 \\ -a & 0 & c \end{vmatrix} = 0,$$

化简后得
$$\frac{x}{a}+\frac{y}{b}+\frac{z}{c}=1。$$

由此可以进一步得出，已知平面上三个不在一条直线上的点 $M_1(x_1,y_1,z_1)$，$M_2(x_2,y_2,z_2)$，$M_3(x_3,y_3,z_3)$，则该平面的方程为：

$$\begin{vmatrix} x-x_1 & y-y_1 & z-z_1 \\ x_2-x_1 & y_2-y_1 & z_2-z_1 \\ x_3-x_1 & y_3-y_1 & z_3-z_1 \end{vmatrix} = 0。\tag{7.17}$$

3. 两平面的夹角

设已知两平面 π_1 与 π_2 的方程为 $A_1x+B_1y+C_1z+D_1=0$ 和 $A_2x+B_2y+C_2z+D_2=0$。它们的法向量分别为 $\boldsymbol{n}_1=(A_1,B_1,C_1)$ 和 $\boldsymbol{n}_2=(A_2,B_2,C_2)$。

如果这两个平面相交，它们之间有两个互补的二面角(图 7-24)，其中一个与两平面的法向量 $\boldsymbol{n}_1$ 与 $\boldsymbol{n}_2$ 的夹角 θ 相等。所以称两平面的法向量的夹角(通常指锐角)为**两平面的夹角**。根据两向量夹角余弦的坐标表示式，得两平面夹角的余弦为

$$\cos\theta=\frac{|A_1A_2+B_1B_2+C_1C_2|}{\sqrt{A_1^2+B_1^2+C_1^2}\sqrt{A_2^2+B_2^2+C_2^2}}。\tag{7.18}$$

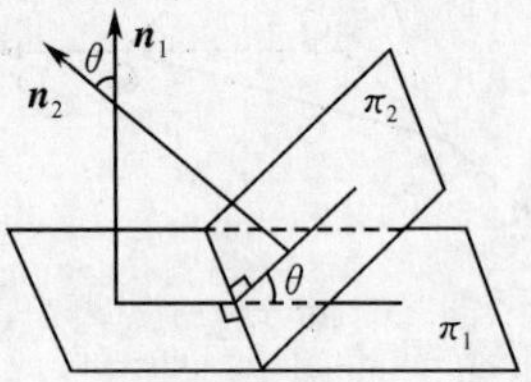

图 7-24

由这一公式可推出两平面 π_1 与 π_2 互相垂直的充分必要条件是

$$A_1A_2+B_1B_2+C_1C_2=0。\tag{7.19}$$

由于两平面互相平行相当于它们的法向量互相平行，所以平面 π_1 与 π_2 互相平行的充分必要条件是

$$\frac{A_1}{A_2}=\frac{B_1}{B_2}=\frac{C_1}{C_2}。\tag{7.20}$$

例 5 求两平面 $x-y+2z-6=0$ 和 $2x+y+z-5=0$ 的夹角。

解 由公式有

$$\cos\theta=\frac{|1\times2+(-1)\times1+2\times1|}{\sqrt{1^2+(-1)^2+2^2}\cdot\sqrt{2^2+1^2+1^2}}=\frac{1}{2}。$$

因此，所求夹角 $\theta=\frac{\pi}{3}$。

例 6 一平面通过点 $P_1(1,1,1)$ 和点 $P_2(0,1,-1)$，且垂直于平面 $x+y+z=0$，求

这个平面的方程。

解　平面 $x+y+z=0$ 的法向量为 $\boldsymbol{n}_1=(1,1,1)$，又向量 $\overrightarrow{P_1P_2}=(-1,0,-2)$ 在所求平面上。设所求平面的法向量为 $\boldsymbol{n}$，则 $\boldsymbol{n}$ 同时垂直于向量 $\overrightarrow{P_1P_2}$ 及 $\boldsymbol{n}_1$，所以可取

$$\boldsymbol{n}=\boldsymbol{n}_1\times\overrightarrow{P_1P_2}=(1,1,1)\times(-1,0,-2)=(-2,1,1),$$

代入点法式方程，得所求平面方程为

$$-2(x-1)+1(y-1)+1(z-1)=0,$$

即
$$2x-y-z=0。$$

4. 点到平面的距离

已知一平面 π 的方程为 $Ax+By+Cz+D=0$，$M_1(x_1,y_1,z_1)$ 为平面外一已知点，下面求点 M_1 到平面 π 的距离 d（图 7-25）。

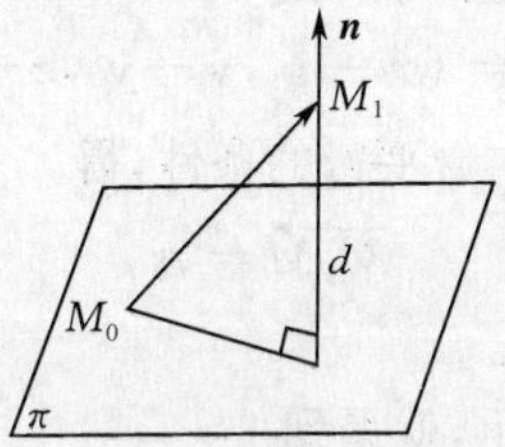

图 7-25

在平面 π 上任取一点 $M_0(x_0,y_0,z_0)$，由图可知，点 M_1 与平面 π 间的距离 d 就是向量 $\overrightarrow{M_0M_1}$ 在平面法向量 $\boldsymbol{n}=(A,B,C)$ 上投影的绝对值。根据数量积的定义得：

$$d=|\operatorname{Prj}_{\boldsymbol{n}}\overrightarrow{M_0M_1}|=\frac{|\overrightarrow{M_0M_1}\cdot\boldsymbol{n}|}{|\boldsymbol{n}|}$$
$$=\frac{|A(x_1-x_0)+B(y_1-y_0)+C(z_1-z_0)|}{\sqrt{A^2+B^2+C^2}}。$$

由于 $M_0(x_0,y_0,z_0)$ 在平面 π 上，故 $Ax_0+By_0+Cz_0+D=0$。代入上式得

$$d=\frac{|Ax_1+By_1+Cz_1+D|}{\sqrt{A^2+B^2+C^2}}。$$

例 7　在 Oy 轴上求一点，使之与两平面 $2x-y+z-7=0$ 及 $x+y+2z-11=0$ 等距离。

解　设所求点为 $(0,y,0)$，依题意及点到平面的距离公式，有

$$\frac{|2\times0-y+1\times0-7|}{\sqrt{2^2+(-1)^2+1^2}}=\frac{|1\times0+y+2\times0-11|}{\sqrt{1^2+1^2+2^2}},$$

即
$$|-y-7|=|y-11|\text{ 或 }-y-7=\pm(y-11),$$

解得 $y=2$，故所求点为 $(0,2,0)$。

7.3.2　直线及其方程

1. 空间直线的点向式及参数式方程

如果一个非零向量平行于一条已知直线，这个向量就称为该直线的**方向向量**。显然，

直线上任一向量都平行于该直线的方向向量。

当直线 L 上的一点 $M_0(x_0,y_0,z_0)$ 和它的一个方向向量 $\boldsymbol{s}=(m,n,p)$ 已知时，直线 L 的位置就完全确定了(图 7-26)。下面建立该直线的方程。

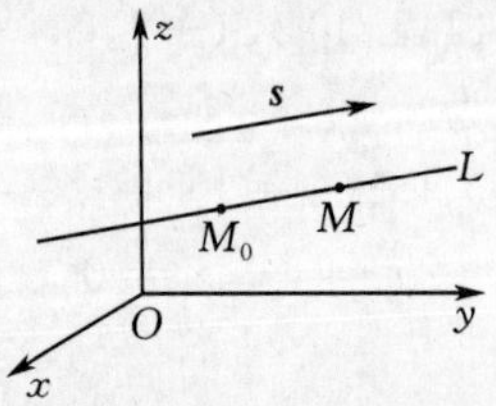

图 7-26

设 $M(x,y,z)$ 为直线 L 上的任一点，则

$$\overrightarrow{M_0M}=(x-x_0,y-y_0,z-z_0)。$$

由于 $\overrightarrow{M_0M}$ 与 $\boldsymbol{s}$ 平行，根据两向量平行的条件，得

$$\overrightarrow{M_0M}=t\boldsymbol{s}, \tag{7.21}$$

其中，t 随点 M 的位置变化而变化。

将上式用向量的坐标形式表示，就得到

$$\begin{cases}x=x_0+mt,\\ y=y_0+nt,\\ z=z_0+pt。\end{cases} \tag{7.22}$$

这个方程组称为直线 L 的**参数式方程**，t 为参变量。

从直线的参数式方程中消去参数 t，就可得到方程

$$\frac{x-x_0}{m}=\frac{y-y_0}{n}=\frac{z-z_0}{p}。 \tag{7.23}$$

这个方程称为直线的**点向式(或对称式)方程**。当 m,n,p 中有一个为零时，例如，$m=0$，应理解为

$$\begin{cases}x-x_0=0,\\ \dfrac{y-y_0}{n}=\dfrac{z-z_0}{p},\end{cases}$$

当 m,n,p 中有两个为零时，例如，$m=n=0$，应理解为

$$\begin{cases}x-x_0=0,\\ y-y_0=0。\end{cases}$$

例 8 一直线经过两点 $M_1(x_1,y_1,z_1)$、$M_2(x_2,y_2,z_2)$，求该直线的点向式方程。

解 已知直线经过点 M_1 及 M_2，则向量 $\overrightarrow{M_1M_2}$ 在此直线上，可取为直线的方向向量，即

$$\boldsymbol{s}=\overrightarrow{M_1M_2}=(x_2-x_1,y_2-y_1,z_2-z_1),$$

由直线的点向式方程得

$$\frac{x-x_1}{x_2-x_1}=\frac{y-y_1}{y_2-y_1}=\frac{z-z_1}{z_2-z_1}。$$

这个方程也称为直线的**两点式方程**。

向量 $\boldsymbol{s}$ 的方向余弦为

$$\cos\alpha=\frac{m}{\sqrt{m^2+n^2+p^2}},\quad \cos\beta=\frac{n}{\sqrt{m^2+n^2+p^2}},\quad \cos\gamma=\frac{p}{\sqrt{m^2+n^2+p^2}}。$$

因此

$$\frac{m}{\cos\alpha}=\frac{n}{\cos\beta}=\frac{p}{\cos\gamma},\tag{7.24}$$

即方向向量 $\boldsymbol{s}=(m,n,p)$ 的坐标 m、n、p 是一组与方向余弦成比例的数，称 m、n、p 为直线的一组**方向数**。

2. 空间直线的一般式方程

空间直线可以看作两个平面的交线。设相交两平面方程为

$$A_1x+B_1y+C_1z+D_1=0 \text{ 和 } A_2x+B_2y+C_2z+D_2=0,$$

其中，系数 A_1、B_1、C_1 与 A_2、B_2、C_2 不成比例。

如果 L 是这两平面的交线，则 L 上任一点 $P(x,y,z)$ 必同时在这两平面上，因而 P 的坐标必同时满足方程组

$$\begin{cases}A_1x+B_1y+C_1z+D_1=0,\\ A_2x+B_2y+C_2z+D_2=0。\end{cases}\tag{7.25}$$

反之，坐标同时满足上述方程组的点 P 必同时在这两个平面上，因而 P 是这两平面交线上的点。所以上述方程组就是表示这两平面的交线，称为直线的**一般式方程**。

由直线的一般式方程不易看出直线的方向向量和它所经过的点，所以常需要将一般式转化为点向式或参数式。转化的方法是：先由一般式任意求出直线上的一个点 $M_0(x_0,y_0,z_0)$，再求直线的任一个方向向量 $\boldsymbol{s}=(m,n,p)$，代入参数式或点向式，就得所转化的形式。由于 $\boldsymbol{s}$ 平行于一般式中两平面的交线，所以 $\boldsymbol{s}$ 同时垂直于两平面的法向量 $\boldsymbol{n}_1=(A_1,B_1,C_1)$ 和 $\boldsymbol{n}_2=(A_2,B_2,C_2)$，因此可取

$$\boldsymbol{s}=\boldsymbol{n}_1\times\boldsymbol{n}_2。$$

例 9　将直线方程

$$\begin{cases}2x-3y+z-5=0,\\ 3x+y-2z-2=0\end{cases}$$

化为点向式及参数式。

解　先求出此直线上的任一点。不妨令 $z=0$，代入原方程组得解 $x=1$，$y=-1$。点 $(1,-1,0)$ 就是此直线上的一点。再求直线的方向向量，

$$\boldsymbol{s}=\boldsymbol{n}_1\times\boldsymbol{n}_2=\begin{vmatrix}\boldsymbol{i} & \boldsymbol{j} & \boldsymbol{k}\\ 2 & -3 & 1\\ 3 & 1 & -2\end{vmatrix}=(5,7,11)。$$

因此，直线的点向式方程为

$$\frac{x-1}{5}=\frac{y+1}{7}=\frac{z}{11}。$$

直线的参数式方程为

$$x=1+5t,\ y=-1+7t,\ z=11t。$$

3. 空间两直线间的夹角

设已知两直线 L_1 和 L_2 的点向式方程分别为

$$\frac{x-x_1}{m_1}=\frac{y-y_1}{n_1}=\frac{z-z_1}{p_1}$$

及
$$\frac{x-x_2}{m_2}=\frac{y-y_2}{n_2}=\frac{z-z_2}{p_2}。$$

则两直线的方向向量 $\boldsymbol{s}_1=(m_1,n_1,p_1)$ 与 $\boldsymbol{s}_2=(m_2,n_2,p_2)$ 的夹角就是**两直线的夹角** θ,但只取 $0\leqslant\theta\leqslant\frac{\pi}{2}$,所以

$$\cos\theta=\frac{|m_1m_2+n_1n_2+p_1p_2|}{\sqrt{m_1^2+n_1^2+p_1^2}\cdot\sqrt{m_2^2+n_2^2+p_2^2}}。\tag{7.26}$$

由此即可推出两直线互相垂直的充分必要条件是

$$m_1m_2+n_1n_2+p_1p_2=0。\tag{7.27}$$

两直线互相平行的充分必要条件是

$$\frac{m_1}{m_2}=\frac{n_1}{n_2}=\frac{p_1}{p_2}。\tag{7.28}$$

例 10　求直线 L_1:$\frac{x-1}{1}=\frac{y}{-4}=\frac{z+3}{1}$ 和直线 L_2:$\frac{x}{2}=\frac{y+2}{-2}=\frac{z}{-1}$ 的夹角。

解　直线 L_1 的方向向量为 $\boldsymbol{s}_1=(1,-4,1)$,直线 L_2 的方向向量为 $\boldsymbol{s}_2=(2,-2,-1)$,则直线 L_1 与 L_2 的夹角 θ 的余弦为

$$\cos\theta=\frac{|1\times2+(-4)\times(-2)+1\times(-1)|}{\sqrt{1^2+(-4)^2+1^2}\cdot\sqrt{2^2+(-2)^2+(-1)^2}}=\frac{\sqrt{2}}{2},$$

得
$$\theta=\frac{\pi}{4}。$$

4. 直线与平面的夹角

一条直线 L 与平面 π 之间的夹角是指这条直线与它在平面上的投影直线 l 所成的夹角。显然 $0\leqslant\varphi\leqslant\frac{\pi}{2}$(图 7-27)。

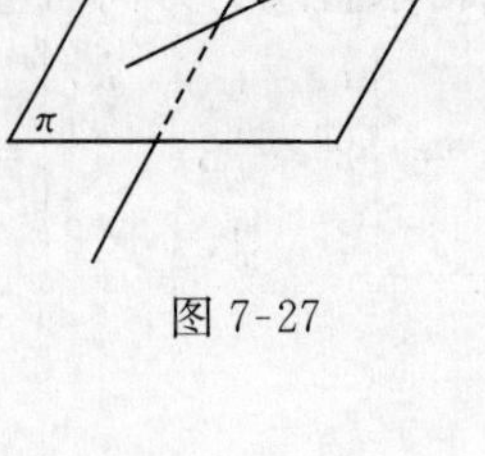

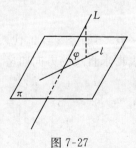

图 7-27

设直线 L 的方程为

$$\frac{x-x_0}{m}=\frac{y-y_0}{n}=\frac{z-z_0}{p},$$

平面 π 的方程为

$$Ax+By+Cz+D=0。$$

因直线的方向向量 $\boldsymbol{s}=(m,n,p)$ 与平面的法向量 $\boldsymbol{n}=(A,B,C)$ 的夹角 $(\widehat{\boldsymbol{s},\boldsymbol{n}})=\frac{\pi}{2}\pm\varphi$，又因

$$\sin\varphi=|\cos(\widehat{\boldsymbol{s},\boldsymbol{n}})|,$$

根据二向量夹角余弦的坐标表示式，有

$$\sin\varphi=\frac{|Am+Bn+Cp|}{\sqrt{A^2+B^2+C^2}\sqrt{m^2+n^2+p^2}}。\tag{7.29}$$

因为直线与平面平行相当于直线的方向向量与平面的法向量垂直，所以直线 L 与平面 π 平行的充分必要条件为

$$Am+Bn+Cp=0。\tag{7.30}$$

直线 L 与平面垂直相当于直线的方向向量与平面的法向量平行，所以直线 L 与平面 π 垂直的充分必要条件为

$$\frac{A}{m}=\frac{B}{n}=\frac{C}{p}。\tag{7.31}$$

例 11　求过点 $(1,2,3)$ 且平行于向量 $\boldsymbol{s}=(1,-4,1)$ 的直线与平面 $x+y+z=1$ 的交点和夹角 φ。

解　直线的方程是

$$\frac{x-1}{1}=\frac{y-2}{-4}=\frac{z-3}{1},$$

写成参数式

$$x=1+t,\quad y=2-4t,\quad z=3+t。$$

代入平面方程中，得

$$(1+t)+(2-4t)+(3+t)=1。$$

解得 $t=\frac{5}{2}$，将 t 值代入直线的参数式方程中，得

$$x=\frac{7}{2},\quad y=-8,\quad z=\frac{11}{2}。$$

故所求交点的坐标是 $\left(\frac{7}{2},-8,\frac{11}{2}\right)$。

下面求夹角：

$$\sin\varphi=\frac{|1\times1+1\times(-4)+1\times1|}{\sqrt{1^2+1^2+1^2}\cdot\sqrt{1^2+(-4)^2+1^2}}=\frac{2}{3\sqrt{6}}=\frac{\sqrt{6}}{9},$$

得
$$\varphi = \arcsin\frac{\sqrt{6}}{9}。$$

例 12　求过点(2,1,3)且与直线$\frac{x+1}{3}=\frac{y-1}{2}=\frac{z}{-1}$垂直相交的直线的方程。

解　先作一平面过点(2,1,3)且垂直于已知直线，那么这个平面的方程应为
$$3(x-2)+2(y-1)-(z-3)=0。$$
再求已知直线与这个平面的交点。已知直线的参数方程为
$$x=-1+3t,\ y=1+2t,\ z=-t,$$
将此式代入前式中，求得$t=\frac{3}{7}$。从而求得交点为$\left(\frac{2}{7},\frac{13}{7},-\frac{3}{7}\right)$。以点(2,1,3)为起点，点$\left(\frac{2}{7},\frac{13}{7},-\frac{3}{7}\right)$为终点的向量
$$\left(\frac{2}{7}-2,\frac{13}{7}-1,-\frac{3}{7}-3\right)=-\frac{6}{7}(2,-1,4)$$
是所求直线的一个方向向量，故所求直线的方程为
$$\frac{x-2}{2}=\frac{y-1}{-1}=\frac{z-3}{4}。$$

设直线 L 由两个不平行的平面 π_1、π_2 确定：
$$\pi_1: A_1x+B_1y+C_1z+D_1=0,$$
$$\pi_2: A_2x+B_2y+C_2z+D_2=0,$$
则过 π_1 与 π_2 交线的全体平面叫做由 π_1 和 π_2 确定的**平面束**。可以证明这个平面束方程为
$$(A_1x+B_1y+C_1z+D_1)+\lambda(A_2x+B_2y+C_2z+D_2)=0, \tag{7.32}$$
其中，λ 为任意常数(实际上，平面束方程(7.32)缺少平面 π_2)。

例 13　求直线$\begin{cases}x+y-z-1=0,\\x-y+z+1=0\end{cases}$在平面 $x+y+z=0$ 上的投影直线的方程。

解　过直线$\begin{cases}x+y-z-1=0,\\x-y+z+1=0\end{cases}$的平面束(即过该直线的所有平面)的方程为
$$(x+y-z-1)+\lambda(x-y+z+1)=0(\lambda\text{ 为任意常数}),$$
即
$$(1+\lambda)x+(1-\lambda)y+(-1+\lambda)z+(-1+\lambda)=0。$$
要求 λ 这个待定常数，由这个平面与平面 $x+y+z=0$ 垂直的条件来决定，即
$$(1+\lambda)\cdot 1+(1-\lambda)\cdot 1+(-1+\lambda)\cdot 1=0。$$
由此得 $\lambda=-1$，并代入平面束方程，得投影平面的方程为
$$y-z-1=0。$$
所以投影直线的方程为
$$\begin{cases}y-z-1=0,\\x+y+z=0。\end{cases}$$

习题 7.3

一、选择题

1. 设平面方程为 $Ax + Cz + D = 0$，其中 A,C,D 均不为零，则平面(　　)。

A. 平行于 x 轴　　B. 平行于 y 轴

C. 经过 x 轴　　D. 经过 y 轴

2. 直线 L 的方程是$\frac{x-5}{3} = \frac{y-1}{2} = \frac{z}{-4}$，则(　　)。

A. 直线过点$(3,2,-4)$　　B. 过点$(-5,-1,0)$

C. 直线与向量$(5,1,0)$ 平行　　D. 直线与向量$(6,4,-8)$ 平行

3. 直线$\frac{x+3}{-2} = \frac{y+3}{-7} = \frac{z}{3}$和平面 $4x - 2y + z - 3 = 0$ 的关系是(　　)。

A. 相交但不垂直　　B. 垂直

C. 平行　　D. 直线在平面上

二、填空题

1. 过点 $M(2,9,-6)$ 且与连接坐标原点及点 M 的线段 OM 垂直的平面方程是__________。

2. 点$(1,2,1)$ 到平面 $x + 2y + 2z - 10 = 0$ 的距离为__________。

3. 过点$(4,-1,3)$ 且平行于直线$\frac{x-3}{2} = \frac{y}{1} = \frac{z-1}{5}$的直线方程是__________。

三、解答题

1. 求过点$(4,1,-2)$ 且与平面 $3x - 2y + 6z - 11 = 0$ 平行的平面方程。

2. 设平面过点$(1,2,-1)$，而在 x 轴和 z 轴上的截距都等于在 y 轴上的截距的 2 倍，求此平面方程。

3. 求两平行平面 $2x + 3y - 5z - 7 = 0$ 与 $2x + 3y - 5z + 8 = 0$ 间的距离。

4. 在 x 轴上求出与平面 $20x + 9y + 12z - 19 = 0$ 和 $15x - 12y + 16z - 9 = 0$ 等距离的点。

5. 试求 $2x - z + 12 = 0$ 与 $x + 3y + 17 = 0$ 所成的两个二面角的平分面方程。

6. 通过两点$(1,1,1)$ 和$(2,2,2)$ 作垂直于平面 $x + y - z = 0$ 的平面。

7. 决定参数 k 的值，使平面 $x + ky - 2z = 9$ 适合下列条件。

(1) 经过点$(5,-4,6)$；　(2) 与平面 $2x - 3y + z = 0$ 成$\frac{\pi}{4}$的角。

8. 确定下列方程中的 l 和 m。

(1) 平面 $2x + ly + 3z - 5 = 0$ 和平面 $mx - 6y - z + 2 = 0$ 平行；

(2) 平面 $3x - 5y + lz - 3 = 0$ 和平面 $x + 3y + 2z + 5 = 0$ 垂直。

9. 通过点$(1,-1,1)$ 作垂直于两平面 $x - y + z - 1 = 0$ 和 $2x + y + z + 1 = 0$ 的平面。

10. 求直线$\begin{cases} 2x + 3y - z - 4 = 0, \\ 3x - 5y + 2z + 1 = 0 \end{cases}$的点向式方程和参数方程。

11. 求直线$\frac{x+2}{2}=\frac{y-1}{3}=\frac{z-3}{2}$与平面$x+2y-2z+6=0$的交点。

12. 求下列直线的夹角。

(1) $\begin{cases}2x-2y-z+3=0,\\x+2y-2z+1=0\end{cases}$和$\begin{cases}4x+y+3z-21=0,\\2x+2y-3z+15=0;\end{cases}$

(2) $\frac{x-2}{4}=\frac{y-3}{-12}=\frac{z-1}{3}$和$\frac{x}{2}=\frac{y-3}{-1}=\frac{z-8}{-2}$。

13. 求满足下列各组条件的直线方程。

(1) 经过点$(2,-3,4)$且与平面$3x-y+2z-4=0$垂直;

(2) 过点$(0,2,4)$且与两平面$x+2z=1$和$y-3z=2$平行;

(3) 过点$(-1,2,1)$且与直线$\frac{x}{2}=\frac{y-3}{-1}=\frac{z-1}{3}$平行。

14. 试确定下列各题中直线与平面间的关系。

(1) $\frac{x+3}{-2}=\frac{y+4}{-7}=\frac{z}{3}$和$4x-2y-2z=3$;

(2) $\frac{x}{3}=\frac{y}{-2}=\frac{z}{7}$和$3x-2y+7z=8$。

15. 求过点$(1,-2,1)$且垂直于直线$\begin{cases}x-2y+z-3=0,\\x+y-z+2=0\end{cases}$的平面方程。

16. 求过点$M(1,-2,3)$和两平面$2x-3y+z=3$,$x+3y+2z+1=0$的交线的平面方程。

17. 求点$(-1,2,0)$在平面$x+2y-z+1=0$上的投影。

18. 决定k值,使两直线$\frac{x-1}{k}=\frac{y+4}{5}=\frac{z-3}{-3}$和$\frac{x+3}{3}=\frac{y-9}{-4}=\frac{z+14}{7}$相交,并求交点和它们所决定的平面的方程。

19. 求与两平面$x-4z=3$和$2x-y-5z=1$的交线平行,且过点$(-3,2,5)$的直线的方程。

7.4 曲面及其方程

7.4.1 曲面方程的概念

像在平面解析几何中把平面曲线当作动点的轨迹一样,在空间解析几何中,任何曲面都可看作点的几何轨迹。在这样的意义下,如果曲面S和方程

$$F(x,y,z)=0 \tag{7.33}$$

之间存在下面关系:曲面S上的点的坐标都满足方程$F(x,y,z)=0$,而不在曲面S上的点的坐标都不满足这个方程,就称方程$F(x,y,z)=0$为**曲面S的方程**。同时,曲面S也叫做

方程 $F(x,y,z)=0$ 的图形。

下面讨论几种常见的曲面方程。

例 1　一动点 M 与二定点 $A(2,-3,2)$ 及 $B(1,4,-2)$ 等距离，求动点轨迹的方程。

解　设动点 M 的坐标为 (x,y,z)，按题意有 $|MA|=|MB|$，根据两点的距离公式得

$$\sqrt{(x-2)^2+(y+3)^2+(z-2)^2}=\sqrt{(x-1)^2+(y-4)^2+(z+2)^2},$$

两边平方化简后得

$$x-7y+4z+2=0。$$

这个方程代表一个平面，它是线段 AB 的垂直平分面。

例 2　求以点 $M_0(x_0,y_0,z_0)$ 为球心，以 R 为半径的球面方程。

解　将球面看作空间中与定点等距离的点的轨迹，设 $M(x,y,z)$ 是球面上的任一点，则 $|M_0M|=R$。

由于

$$|M_0M|=\sqrt{(x-x_0)^2+(y-y_0)^2+(z-z_0)^2},$$

所以

$$\sqrt{(x-x_0)^2+(y-y_0)^2+(z-z_0)^2}=R,$$

两边平方，得

$$(x-x_0)^2+(y-y_0)^2+(z-z_0)^2=R^2。\tag{7.34}$$

显然，球面上的点的坐标满足这个方程；而不在球面上的点的坐标不满足这个方程，所以上述方程就是以 $M_0(x_0,y_0,z_0)$ 为球心，以 R 为半径的球面方程。如果 M_0 点为原点，则

$$x_0=y_0=z_0=0,$$

此时球面方程为

$$x^2+y^2+z^2=R^2。\tag{7.35}$$

方程(7.34)也可以写成

$$x^2+y^2+z^2-2x_0x-2y_0y-2z_0z+x_0^2+y_0^2+z_0^2-R^2=0。$$

由此可以看出，球面的方程是关于 x,y,z 的二次方程，它的 x^2,y^2,z^2 三项的系数相等，并且方程中无 xy,yz,zx 项。

反之，利用配方，可以证明满足上述条件的二次方程

$$x^2+y^2+z^2+Ax+By+Cz+D=0\tag{7.36}$$

在空间中一般表示一个球面。

例 3　方程 $x^2+y^2+z^2+6x-8y=0$ 表示怎样的曲面？

解　经配方后，方程可以写成

$$(x+3)^2+(y-4)^2+z^2=25,$$

可见上述方程表示一个球面，球心在点 $(-3,4,0)$ 上，半径为 5。

例 4　球的一条直径的两端点坐标分别为(1, −2,3) 和(−3,4,1),求此球面方程。

解　由于平面解析几何中关于定比分点及线段中点坐标的公式在空间也成立,所以所求球面的球心坐标为

$$x=\frac{1+(-3)}{2}=-1,\quad y=\frac{-2+4}{2}=1,\quad z=\frac{3+1}{2}=2,$$

球半径为

$$R=\sqrt{(1+1)^2+(-2-1)^2+(3-2)^2}=\sqrt{14},$$

所以球面方程为

$$(x+1)^2+(y-1)^2+(z-2)^2=14。$$

7.4.2　旋转曲面

一平面曲线C绕同一平面上的定直线l旋转一周所成的曲面称为**旋转曲面**。曲线C称为旋转曲面的**母线**,直线l称为旋转曲面的**旋转轴**。

设在yOz面上有一已知曲线C,它的方程为$f(y,z)=0$,将该曲线绕z轴旋转一周,就得到一个以z轴为轴的旋转曲面。现在来求这个旋转曲面的方程(图 7-28)。

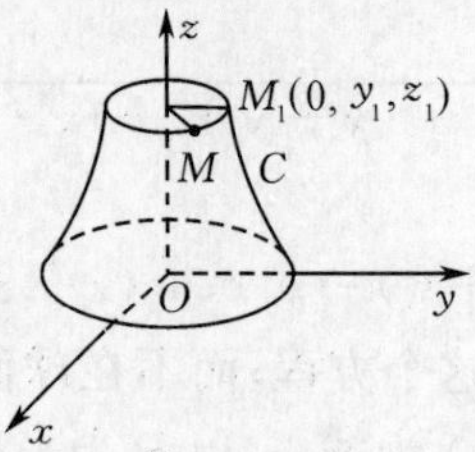

图 7-28

在旋转面上任取一点$M(x,y,z)$,设这点是由母线C上的点$M_1(0,y_1,z_1)$绕z轴旋转而得到的圆曲线上的一点。点M与M_1的z坐标相同,且它们到z轴的距离相等,所以

$$\begin{cases} z=z_1, \\ \sqrt{x^2+y^2}=|y_1|。\end{cases}$$

因为点M_1在曲线C上,所以

$$f(y_1,z_1)=0。$$

将上述z_1,y_1的关系式代入这个方程中,得

$$f(\pm\sqrt{x^2+y^2},z)=0。\tag{7.37}$$

因此,旋转曲面上任何点M的坐标x,y,z都满足方程(7.37),如果点$M(x,y,z)$不在旋转曲面上,它的坐标就不满足方程(7.37),所以方程(7.37) 就是所求旋转曲面的方程。

同理,曲线C绕y轴旋转一周,所得旋转曲面方程为

$$f(y,\pm\sqrt{x^2+z^2})=0。\tag{7.38}$$

例 5　一直线绕与之相交的一条定直线旋转一周就得到**圆锥面**。动直线与定直线的交点叫做圆锥面的**顶点**,动直线与定直线所成的角度叫做圆锥面的**半顶角**。现在来求顶点

在坐标原点、对称轴(旋转轴)为 z 轴、半顶角为 $\alpha\left(0<\alpha<\frac{\pi}{2}\right)$ 的圆锥面的方程。

解　将 yOz 面上的直线 $y=z\tan\alpha$ 绕 z 轴旋转一周就得到顶点在原点,半顶角为 α 的圆锥面(图 7-29)。

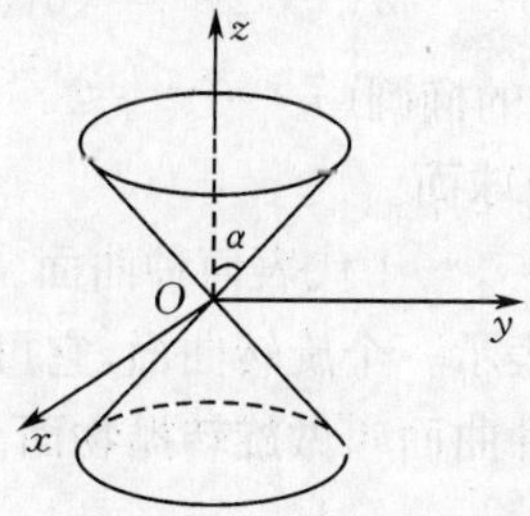

图 7-29

根据上面的结论,只要将方程 $y=z\tan\alpha$ 的 y 用 $\pm\sqrt{x^2+y^2}$ 代替,就得到这个圆锥面的方程为

$$\pm\sqrt{x^2+y^2}=z\tan\alpha,$$

两边平方,得

$$k^2(x^2+y^2)=z^2,$$

其中,$k=\frac{1}{\tan\alpha}$。

另外指出,有时会遇到方程 $ax^2+by^2=z^2(a,b>0)$ 所表示的曲面,这种曲面称为**椭圆锥面**,当 $a=b$ 时,就是圆锥面。

例 6　将 xOz 面上的双曲线 $\frac{x^2}{a^2}-\frac{z^2}{c^2}=1$ 分别绕 x 轴和 z 轴旋转一周,求所成的旋转曲面方程。

解　绕 x 轴旋转所成的旋转曲面方程为

$$\frac{x^2}{a^2}-\frac{y^2+z^2}{c^2}=1。\tag{7.39}$$

这个曲面叫做**旋转双叶双曲面**。

绕 z 轴旋转所成的旋转曲面方程为

$$\frac{x^2+y^2}{a^2}-\frac{z^2}{c^2}=1。\tag{7.40}$$

这个曲面叫做**旋转单叶双曲面**。

例 7　一动点与点(1,0,0)的距离为其与平面 $x+4=0$ 的距离的 $\frac{1}{\sqrt{2}}$,求其轨迹方程,并指出它是什么曲面。

解　设动点为 $M(x,y,z)$,依题意

$$\sqrt{(x-1)^2+(y-0)^2+(z-0)^2}=\frac{1}{\sqrt{2}}\mid x+4\mid,$$

两边平方化简后，得

$$x^2+2y^2+2z^2-12x-14=0,$$

经配方后，得

$$(x-6)^2+2y^2+2z^2=(5\sqrt{2})^2。$$

这个曲面可看作由 xOz 面上的椭圆 $(x-6)^2+2z^2=(5\sqrt{2})^2$ 绕 x 轴旋转一周所成的旋转曲面。这种曲面叫做**旋转椭球面**。

例 8 试判定方程 $x^2+y^2=z-1$ 代表何种曲面。

解 方程 $x^2+y^2=z-1$ 表示一个旋转曲面，它可由 yOz 面上的抛物线 $y^2=z-1$ 绕 z 轴旋转所形成(图 7-30)，这种曲面叫做**旋转抛物面**。

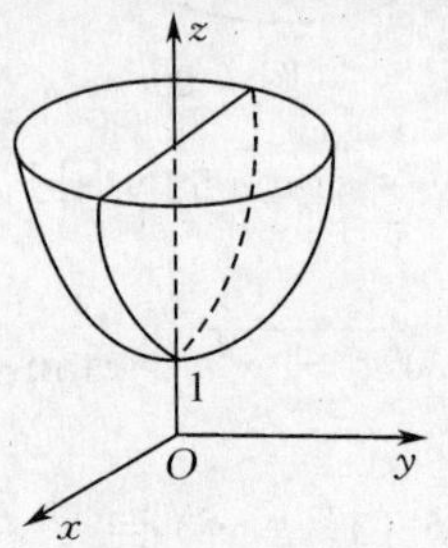

图 7-30

7.4.3 柱面

先看一个实例：方程 $x^2+y^2=R^2$ 表示怎样的曲面？

方程 $x^2+y^2=R^2$ 在 xOy 面上表示圆心在原点 O、半径为 R 的圆。在空间直角坐标系中，这个方程不含竖坐标 z，即不论空间点的竖坐标 z 怎样，只要它的横坐标 x 和纵坐标 y 能满足这个方程，那么这些点就在这个曲面上。

这就是说，凡是通过 xOy 面内圆 $x^2+y^2=R^2$ 上一点 $M(x,y,0)$，且平行于 z 轴的直线 l 都在这个曲面上，因此，这个曲面可以看作是由平行于 z 轴的直线 l 沿 xOy 面上的圆 $x^2+y^2=R^2$ 移动而形成的。这个曲面叫做**圆柱面**(图 7-31)。xOy 面上的圆 $x^2+y^2=R^2$ 叫做它的**准线**，平行于 z 轴的直线 l 叫做它的**母线**。

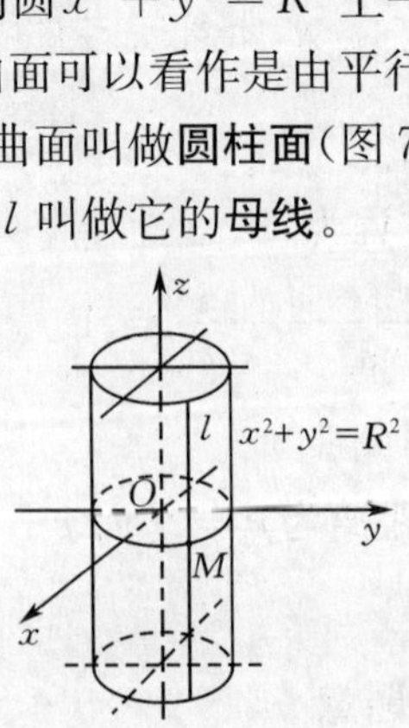

图 7-31

一般地，平行于定直线并沿定曲线 C 移动的直线 L 形成的轨迹叫做**柱面**，定曲线 C 叫做**柱面的准线**，动直线 L 叫做**柱面的母线**。

从实例可以看出，不含 z 的方程 $x^2+y^2=R^2$ 在空间直角坐标系中表示圆柱面，它的母线平行于 z 轴，它的准线是 xOy 面上的圆 $x^2+y^2=R^2$。

类似地，方程 $y^2=2x$ 在空间表示母线平行于 z 轴的柱面，它的准线是 xOy 面上的抛物线 $y^2=2x$，该柱面叫做**抛物柱面**(图 7-32)。

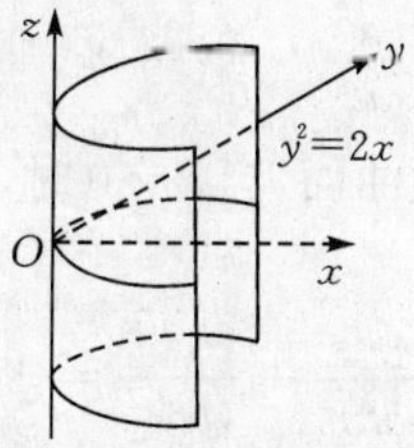

图 7-32

又如，方程 $x-y=0$ 表示母线平行于 z 轴的柱面，其准线是 xOy 面上的直线 $x-y=0$，所以它在空间表示过 z 轴的平面(图 7-33)。

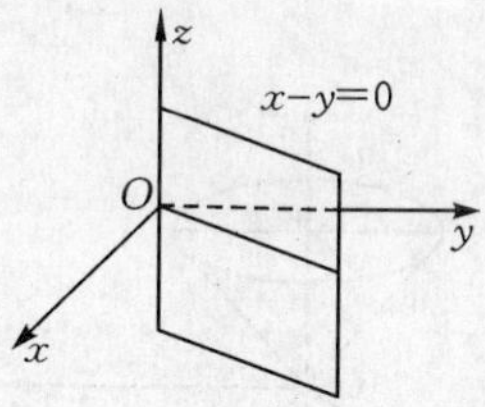

图 7-33

一般地，只含 x、y 而缺 z 的方程 $F(x,y)=0$ 在空间直角坐标系中表示母线平行于 z 轴的柱面，其准线是 xOy 面上的曲线 C：$F(x,y)=0$。

类似可知，只含 x、z 而缺 y 的方程 $G(x,z)=0$ 和只含 y、z 而缺 x 的方程 $H(y,z)=0$ 分别表示母线平行于 y 轴和母线平行于 x 轴的柱面。

再如，方程 $x-z=0$ 表示母线平行于 y 轴的柱面，其准线是 xOz 面上的直线 $x-z=0$。它是过 y 轴的平面(图 7-34)。

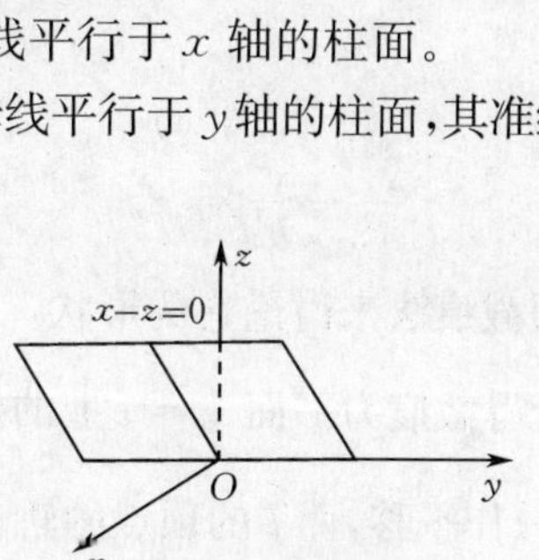

图 7-34

7.4.4　二次曲面

三元二次方程 $Ax^2+By^2+Cz^2+Dxy+Eyz+Fzx+Gx+Hy+Iz+J=0$ (A、B、C、D、E、F 不全为 0) 所表示的曲面称为**二次曲面**，一次方程 $F(x,y,z)=0$ 即平面称为

一次曲面。

如果适当选取空间直角坐标系，可得到它们的标准方程。下面根据它们的标准方程来讨论二次曲面的形状。

1. 椭圆锥面

椭圆锥面的标准方程是

$$\frac{x^2}{a^2}+\frac{y^2}{b^2}=z^2。\tag{7.41}$$

用垂直于 z 轴的平面 $z=t$ 截此曲面，当 $t=0$ 时，得一点 $(0,0,0)$；当 $t\neq 0$ 时，得平面 $z=t$ 上的椭圆

$$\frac{x^2}{(at)^2}+\frac{y^2}{(bt)^2}=1。$$

当 t 变化时，上式表示一族长短轴比例不变的椭圆，当 $|t|$ 从大到小并变为 0 时，这族椭圆从大到小并缩为一点。综合上述讨论，可得椭圆锥面的形状如图 7-35 所示。

平面 $z=t$ 与曲面 $F(x,y,z)=0$ 的交线称为**截痕**。通过综合截痕的变化来了解曲面形状的方法称为**截痕法**。

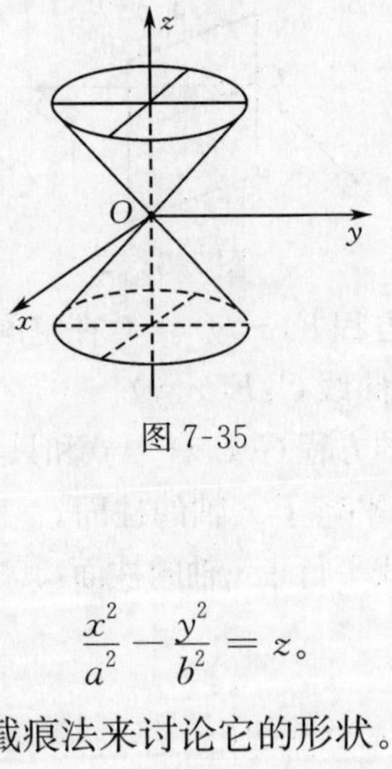

图 7-35

2. 双曲抛物面

双曲抛物面的标准方程是

$$\frac{x^2}{a^2}-\frac{y^2}{b^2}=z。\tag{7.42}$$

双曲抛物面又称**马鞍面**。用截痕法来讨论它的形状。

用平面 $x=t$ 截此曲面，所得截痕为平面 $x=t$ 上的抛物线 l：$-\frac{y^2}{b^2}=z-\frac{t^2}{a^2}$；当 t 变化时，截痕 l 的形状不变，位置只作平移，而 l 的顶点的轨迹 L 为平面 $y=0$ 上的抛物线

$$z=\frac{x^2}{a^2}。$$

因此，以 l 为母线，L 为准线，母线 l 的顶点在准线 L 上滑动，且母线作平行移动，这样就得到双曲抛物面(图 7-36)：

$$\frac{x^2}{a^2}-\frac{y^2}{b^2}=z。$$

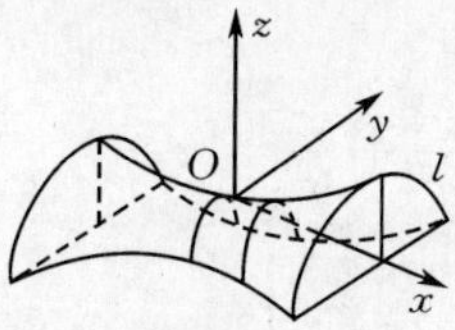

图 7-36

常见的二次曲面还有如下几种，也可用截痕法加以讨论。

3. 椭球面(图 7-37)

椭球面的标准方程是 $$\frac{x^2}{a^2}+\frac{y^2}{b^2}+\frac{z^2}{c^2}=1。\tag{7.43}$$

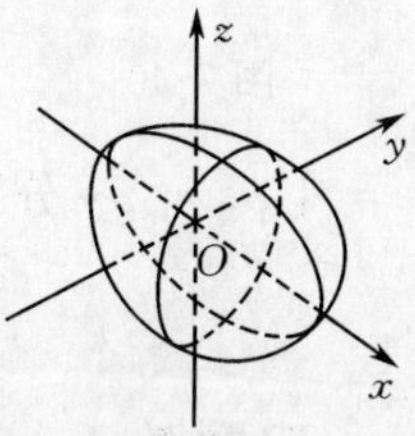

图 7-37

4. 单叶双曲面(图 7-38)

单叶双曲面的标准方程是 $$\frac{x^2}{a^2}+\frac{y^2}{b^2}-\frac{z^2}{c^2}=1。\tag{7.44}$$

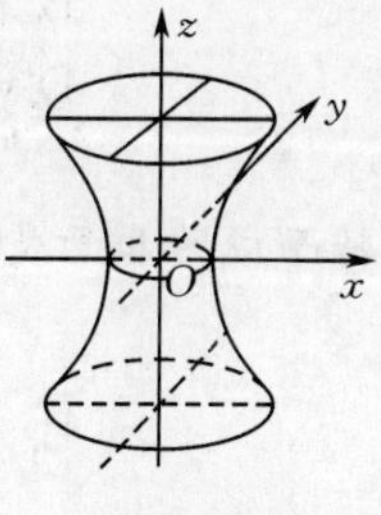

图 7-38

5. 双叶双曲面(图 7-39)

双叶双曲面的标准方程是 $$\frac{x^2}{a^2}-\frac{y^2}{b^2}-\frac{z^2}{c^2}=1。\tag{7.45}$$

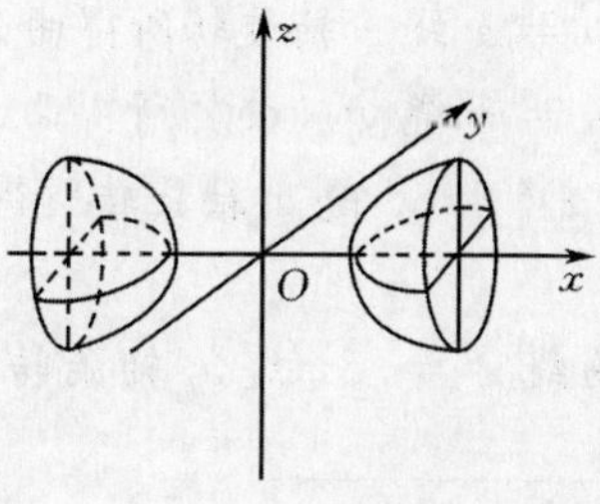

图 7-39

6. 椭圆抛物面(图 7-40)

椭圆抛物面的标准方程是 $\dfrac{x^2}{a^2}+\dfrac{y^2}{b^2}=z$。(7.46)

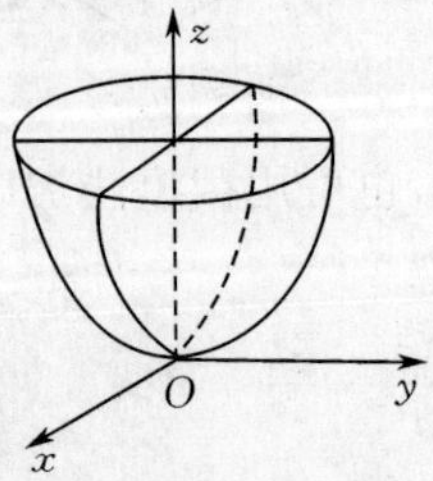

图 7-40

此外,方程$\dfrac{x^2}{a^2}+\dfrac{y^2}{b^2}=1$、$\dfrac{x^2}{a^2}-\dfrac{y^2}{b^2}=1$、$x^2=ay$ 分别是以二次曲线为准线的**椭圆柱面**、**双曲柱面**、**抛物柱面**的方程。

习题 7.4

一、选择题

1. 方程$\dfrac{x^2}{2}+\dfrac{y^2}{3}+3z^2=1$ 表示的曲面是(   )。

A. 单叶双曲面　　B. 椭球面

C. 球面　　D. 柱面

2. 曲线$\begin{cases}\dfrac{x^2}{4}-\dfrac{z^2}{5}=1,\\ y=0\end{cases}$绕 z 轴旋转而成的曲面是(   )。

A. $\dfrac{x^2+y^2}{4}-\dfrac{z^2}{5}=1$　　B. $\dfrac{x^2}{4}-\dfrac{y^2+z^2}{5}=1$

C. $\dfrac{(x+y)^2}{4}-\dfrac{z^2}{5}=1$　　D. $\dfrac{x^2}{4}-\dfrac{(y+z)^2}{5}=1$

3. 方程$(z-a)^2=x^2+y^2$ 表示(   )。

A. xOz 平面上的直线$(z-a)^2=x^2$ 绕 y 轴旋转所得曲面

B. xOz 平面上的直线 $z-a=x$ 绕 z 轴旋转所得曲面

C. yOz 平面上的直线 $z-a=y$ 绕 y 轴旋转所得曲面

D. yOz 平面上的直线$(z-a)^2=y^2$ 绕 x 轴旋转所得曲面

二、填空题

1. 将 xOz 坐标面上的抛物线 $z^2=5x$ 绕 x 轴旋转一周所生成的旋转曲面方程为____________,此曲面叫做__________。

2. 设圆锥面的方程为 $z=\sqrt{x^2+y^2}$,则该圆锥面的半顶角是________。

3. 方程 $y^2=2x$ 表示母线平行于________轴的柱面，它的准线是____________，该柱面叫做____________。

三、解答题

1. 建立以点 $(1,3,-2)$ 为球心，且通过坐标原点的球面方程。

2. 一动点与两定点 $(2,3,1)$ 和 $(4,5,6)$ 等距离，求此动点的轨迹方程。

3. 方程 $r^2+y^2+z^2-2x+4y+2z=0$ 表示什么曲面？

4. 求与坐标原点 O 及点 $(2,3,4)$ 的距离之比为 $1:2$ 的点的全体所组成的曲面的方程，它表示怎样的曲面？

5. 将 xOy 坐标面上的双曲线 $4x^2-9y^2=36$ 分别绕 x 轴及 y 轴旋转一周，求所生成的旋转曲面的方程。

6. 画出下列各方程所表示的曲面。

(1) $\left(x-\frac{a}{2}\right)^2+y^2=\left(\frac{a}{2}\right)^2$；　(2) $-\frac{x^2}{4}+\frac{y^2}{9}=1$；

(3) $\frac{x^2}{9}+\frac{z^2}{4}=1$；　(4) $y^2-z=0$。

7. 指出下列方程在平面、空间解析几何中，分别表示什么图形。

(1) $x=2$；　(2) $y=x+1$；

(3) $x^2+y^2=4$；　(4) $x^2-y^2=1$。

8. 说明下列旋转曲面是怎样形成的。

(1) $\frac{x^2}{4}+\frac{y^2}{9}+\frac{z^2}{9}=1$；　(2) $x^2-\frac{y^2}{4}+z^2=1$；

(3) $x^2-y^2-z^2=1$；　(4) $(z-a)^2=x^2+y^2$。

9. 画出下列方程所表示的曲面。

(1) $4x^2+y^2-z^2=4$；　(2) $x^2-y^2-4z^2=4$。

7.5　空间曲线及其方程

7.5.1　空间曲线的一般方程

空间直线可以看作两个平面的交线，类似地，空间曲线也可以看作两个曲面的交线。如果两个曲面的方程为

$$F(x,y,z)=0 \text{ 和 } G(x,y,z)=0,$$

它们的交线为 C，因为曲线 C 上的任何点的坐标应同时满足这两个曲面的方程，所以应满足方程组

$$\begin{cases} F(x,y,z)=0, \\ G(x,y,z)=0。 \end{cases} \tag{7.47}$$

反过来，如果点 M 不在曲线 C 上，那么它不可能同时在两个曲面上，所以它的坐标不

满足方程组(7.47)。因此,曲线 C 可以用方程组(7.47)来表示。方程组(7.47)叫做**空间曲线 C 的一般方程**。

例 1 方程组

$$\begin{cases} x^2+y^2+z^2=2, \\ z=1 \end{cases}$$

表示平面 $z=1$ 与以原点为球心、$\sqrt{2}$ 为半径的球面的交线,如果将 $z=1$ 代入第一个方程中,得 $x^2+y^2=1$,所以这条曲线是平面 $z=1$ 上以(0,0,1)为圆心的单位圆(图 7-41)。

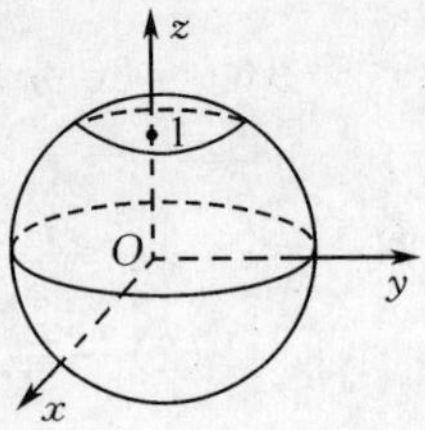

图 7-41

例 2 方程组

$$\begin{cases} x^2+y^2-ax=0, \\ x^2+y^2+z^2=a^2 \quad (a>0) \end{cases}$$

表示球心在原点、半径为 a 的球面与圆柱面 $x^2+y^2-ax=0$,即 $\left(x-\frac{a}{2}\right)^2+y^2=\left(\frac{a}{2}\right)^2$ 的交线(图 7-42)。

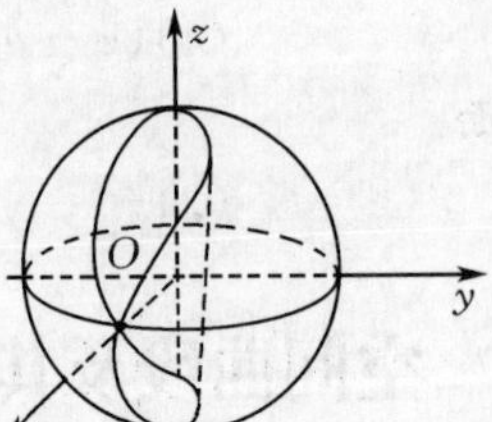

图 7-42

例 3 方程组

$$\begin{cases} x^2+y^2=1, \\ 2x+3z=6 \end{cases}$$

中第一个方程表示母线平行于 z 轴的圆柱面,其准线是 xOy 面上的圆,圆心在原点 O,半径为 1。第二个方程表示一个母线平行于 y 轴的柱面,由于它的准线是 zOx 面上的直线,因此它是一个平面。方程组就表示上述平面与圆柱面的交线(请读者自行画图)。

7.5.2 空间曲线的参数方程

前面介绍了空间直线的参数方程,对于空间曲线,除了上述的一般式方程外,也可以用参数式表示。将空间曲线 C 上的点的坐标 x,y,z 用同一参变量 t 的函数来表示：

$$\begin{cases} x = x(t), \\ y = y(t), \\ z = z(t), \end{cases} \tag{7.48}$$

其中，$t_1 \leqslant t \leqslant t_2$。当给定 t 一个值时，由方程组(7.48)就得到曲线 C 上的一个点的坐标，当 t 在区间 $[t_1, t_2]$ 上变动时，就可得到曲线 C 上的所有点。方程组(7.48)称为**空间曲线的参数方程**。

例 4　设空间一动点 M 在圆柱面 $x^2 + y^2 = a^2$ 上以角速度 ω 绕 z 轴旋转，同时又以线速度 v 沿平行于 z 轴的正方向上升(其中 ω, v 都是常数)，则动点 M 的轨迹称为**螺旋线**，试求螺旋线的参数方程。

解　取时间 t 为参数。设运动开始时($t = 0$)动点的位置在 $A(a,0,0)$，经过时间 t，动点的位置在 $M(x,y,z)$(图 7-43)，点 M 在 xOy 面上的投影为 M'，M' 的坐标为$(x,y,0)$，由于 $\angle AOM' = \omega t$，所以

$$\begin{cases} x = a\cos\omega t, \\ y = a\sin\omega t。 \end{cases}$$

因为动点同时以线速度 v 沿平行于 z 轴的正方向上升，所以

$$z = M'M = vt。$$

因此，螺旋线的参数方程为

$$\begin{cases} x = a\cos\omega t, \\ y = a\sin\omega t, \\ z = vt。 \end{cases}$$

如果令 $\theta = \omega t$，以 θ 为参数，则螺旋线的参数方程为

$$\begin{cases} x = a\cos\theta, \\ y = a\sin\theta, \\ z = b\theta, \end{cases}$$

其中，$b = \dfrac{v}{\omega}$。

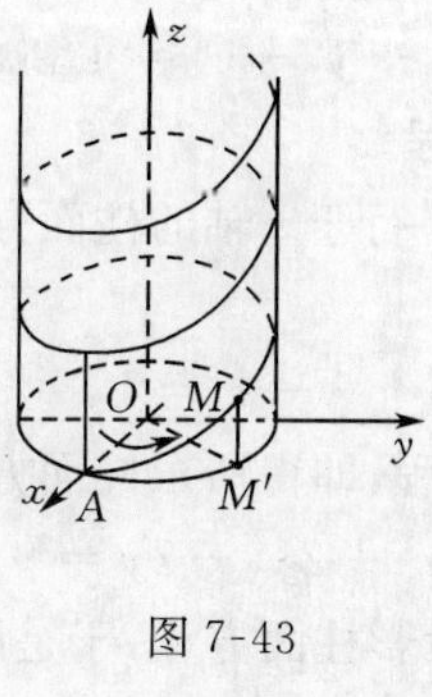

图 7-43

螺旋线是实践中常用的曲线。螺丝钉的螺纹就是这种曲线。

从螺旋线的参数方程可以看到，当θ从任一值θ_0变到$\theta_0+2\pi$时，螺旋线上的点(x,y,z)从$(a\cos\theta_0,a\sin\theta_0,b\theta_0)$变到$(a\cos(\theta_0+2\pi),a\sin(\theta_0+2\pi),b(\theta_0+2\pi))=(a\cos\theta_0,a\sin\theta_0,b\theta_0+2\pi b)$，可见动点$M$刚好在圆柱面上由原来的位置垂直升高了一段距离$h=2\pi b$，这段距离$h$称为**螺距**。

7.5.3　空间曲线在坐标面上的投影

设空间曲线C的一般方程为

$$\begin{cases}F(x,y,z)=0,\\G(x,y,z)=0。\end{cases}$$

现在来研究由方程组消去变量z后所得的方程

$$H(x,y)=0。\tag{7.49}$$

由于方程(7.49)是由方程组(7.47)消去z后所得的结果，因此当x、y和z满足方程组(7.47)时，前两个数x、y必定满足方程(7.49)，这说明曲线C上的所有点都在由方程(7.49)所表示的曲面上。

前面已经讨论过，方程(7.49)表示一个母线平行于z轴的柱面。由上面的讨论可知，这柱面必定包含曲线C。以曲线C为准线、母线平行于z轴(即垂直于xOy面)的柱面叫做曲线C关于xOy面的**投影柱面**，投影柱面与xOy面的交线叫做空间曲线C在xOy面上的**投影曲线**，或简称**投影**。因此，方程(7.49)所表示的柱面必定包含投影柱面，而方程组

$$\begin{cases}H(x,y)=0,\\z=0\end{cases}\tag{7.50}$$

所表示的曲线必定包含空间曲线C在xOy面上的投影。

同理，消去方程组(7.47)中的变量x或变量y，再分别与$x=0$或$y=0$联立，就可得到包含曲线C在yOz面上或xOz面上的投影的曲线方程：

$$\begin{cases}R(y,z)=0,\\x=0\end{cases}\tag{7.51}$$

或

$$\begin{cases}T(x,z)=0,\\y=0。\end{cases}\tag{7.52}$$

例 5　已知两球面的方程为$x^2+y^2+z^2=1$和$x^2+(y-1)^2+(z-1)^2=1$，求它们的交线C在xOy面上的投影方程。

解　先求包含交线C而母线平行于z轴的柱面方程，联立两个方程消去z，即两方程相减，得

$$y+z=1。$$

将$z=1-y$代入其中一个方程，即得所求柱面方程为

$$x^2+2y^2-2y=0。$$

这就是交线C关于xOy坐标面的投影柱面方程，于是两球面的交线在xOy面上的投影方

程是

$$\begin{cases} x^2 + 2y^2 - 2y = 0, \\ z = 0。 \end{cases}$$

例 6　求曲线

$$\begin{cases} x^2 + y^2 + z^2 = 1, \\ z = \dfrac{1}{2} \end{cases}$$

关于 xOy 及 yOz 坐标面的投影柱面方程。

解　消去 z 得曲线关于 xOy 坐标面的投影柱面方程为

$$x^2 + y^2 = \frac{3}{4}。$$

因为曲线在平面 $z = \frac{1}{2}$ 上，这平面垂直于 yOz 坐标面，所以平面 $z = \frac{1}{2}$ 就是曲线关于 yOz 坐标面的投影柱面。

例 7　设一个立体由上半球面 $z = \sqrt{4 - x^2 - y^2}$ 和锥面 $z = \sqrt{3(x^2 + y^2)}$ 所围成(图 7-44)，求它在 xOy 面上的投影。

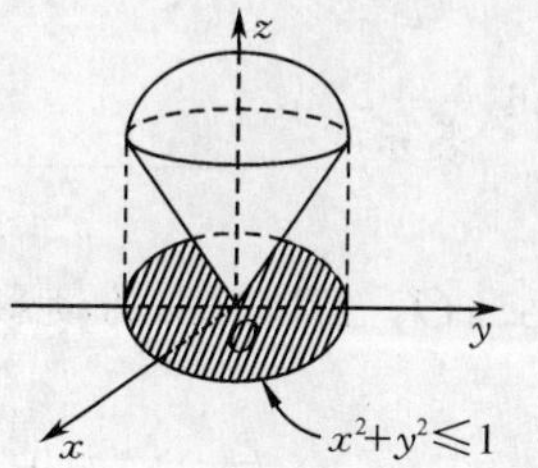

图 7-44

解　上半球面和锥面的交线为

$$C:\begin{cases} z = \sqrt{4 - x^2 - y^2}, \\ z = \sqrt{3(x^2 + y^2)}。 \end{cases}$$

由上述方程组消去 z，得到 $x^2 + y^2 = 1$。这是一个母线平行于 z 轴的圆柱面，可以看出，这恰好是交线 C 关于 xOy 面的投影柱面，因此交线 C 在 xOy 面上的投影曲线为

$$\begin{cases} x^2 + y^2 = 1, \\ z = 0。 \end{cases}$$

这是 xOy 面上的一个圆。于是，所求立体在 xOy 面上的投影，就是该圆在 xOy 面上所围的部分：

$$x^2 + y^2 \leqslant 1。$$

在以后的重积分和曲面积分的计算中，往往需要确定一个立体或曲面在坐标面上的投影，此时就要用到投影柱面和投影曲线。

习题 7.5

一、选择题

1. 方程 $\begin{cases} x^2+y^2-2x=0, \\ x+z=1 \end{cases}$ 代表的图形是(　　)。

A. 椭圆　　B. 抛物线　　C. 双曲线　　D. 直线

2. 球面 $x^2+y^2+z^2=9$ 与平面 $x+y+z=1$ 的交线在 xOy 面上的投影方程是(　　)。

A. $x^2+y^2+(1-x-y)^2=9$　　B. $x^2+(1-x-z)^2+z^2=9$

C. $(1-y-z)^2+y^2+z^2=9$　　D. $\begin{cases} x^2+y^2+(1-x-y)^2=9, \\ z=0 \end{cases}$

3. 曲面 $x^2-y^2=z$ 在 xOz 面上的截痕是(　　)。

A. $x^2=z$　　B. $\begin{cases} y^2=-z, \\ x=0 \end{cases}$

C. $\begin{cases} x^2-y^2=0, \\ z=0 \end{cases}$　　D. $\begin{cases} x^2=z, \\ y=0 \end{cases}$

二、填空题

1. 方程 $\begin{cases} x^2+4y^2+9z^2=36, \\ y=1 \end{cases}$ 表示____________。

2. 曲线 $\begin{cases} x^2+y^2+z^2=5, \\ z=1 \end{cases}$ 在 xOy 坐标面上的投影曲线方程为____________。

3. 曲线 $\begin{cases} x^2+y^2+z^2=1, \\ x^2+(y-1)^2+(z-1)^2=1 \end{cases}$ 在 yOz 面上的投影方程为____________。

三、解答题

1. 画出下列曲线在第一卦限内的图形。

(1) $\begin{cases} z=\sqrt{4-x^2-y^2}, \\ x-y=0; \end{cases}$　　(2) $\begin{cases} x^2+y^2=a^2, \\ x^2+z^2=a^2。 \end{cases}$

2. 指出下列方程组在平面、空间解析几何中分别表示什么图形。

(1) $\begin{cases} y=5x+1, \\ y=2x-3; \end{cases}$　　(2) $\begin{cases} \dfrac{x^2}{4}+\dfrac{y^2}{9}=1, \\ y=3。 \end{cases}$

3. 分别求母线平行于 x 轴及 y 轴而且通过曲线

$$\begin{cases} 2x^2+y^2+z^2=16, \\ x^2+z^2-y^2=0 \end{cases}$$

的柱面方程。

4. 求球面 $x^2+y^2+z^2=9$ 与平面 $x+z=1$ 的交线在 xOy 面上的投影方程。

5. 将下列曲线的一般方程化为参数方程。

(1) $\begin{cases} x^2 + y^2 + z^2 = 9, \\ y = x; \end{cases}$　　(2) $\begin{cases} (x-1)^2 + y^2 + (z+1)^2 = 4, \\ z = 0。\end{cases}$

6. 求螺旋线 $x = a\cos\theta, y = a\sin\theta, z = b\theta$ 在三个坐标面上的投影曲线的直角坐标方程。

7. 求上半球 $0 \leqslant z \leqslant \sqrt{a^2 - x^2 - y^2}$ 与圆柱体 $x^2 + y^2 \leqslant ax(a > 0)$ 的公共部分在 xOy 面上和 xOz 面上的投影。

8. 求旋转抛物面 $z = x^2 + y^2 (0 \leqslant z \leqslant 4)$ 在三个坐标面上的投影。

基础练习七

一、判断题

1. 任何向量都有确定的方向。（　）

2. 若 $|\boldsymbol{a}| \neq 0$，则 $\boldsymbol{a} \times \boldsymbol{a} \neq \boldsymbol{0}$。（　）

3. 若 $\boldsymbol{a}, \boldsymbol{b}, \boldsymbol{c}$ 均为非零向量，且 $\boldsymbol{a} \cdot \boldsymbol{c} = \boldsymbol{b} \cdot \boldsymbol{c}$，则 $\boldsymbol{a} = \boldsymbol{b}$。（　）

4. 凡三元方程都表示空间一曲面。（　）

5. “$x = 1$”表示 x 轴上坐标为 1 的点。（　）

二、选择题

1. 在直角坐标系中，点 $M(a,b,c)$ 关于 x 轴对称点的坐标是（　）。

A. $(a,b,-c)$　　B. $(a,-b,c)$

C. $(a,-b,-c)$　　D. $(-a,-b,c)$

2. 将下列向量的起点移到同一点，终点构成一个球面的是（　）。

A. 平行于同一平面的所有向量　　B. 平行于同一平面的所有单位向量

C. 空间中所有向量　　D. 空间中所有单位向量

3. 在空间直角坐标系中，方程 $3x + 5y = 0$ 的图形表示（　）。

A. 通过原点的直线　　B. 垂直于 z 轴的直线

C. 垂直于 z 轴的平面　　D. 通过 z 轴的平面

4. 下列平面中与直线 $\dfrac{x+1}{3} = \dfrac{y+2}{-1} = \dfrac{z-3}{-2}$ 垂直的是（　）。

A. $x - 5y + 4z - 12 = 0$　　B. $2x - y - z - 6 = 0$

C. $3x + y + 2z - 17 = 0$　　D. $\dfrac{x}{2} - \dfrac{y}{6} - \dfrac{z}{3} = 1$

5. 曲面 $x^2 + 2y^2 + 2z^2 = 29$ 上的点 $(5,1,1)$ 处平行于平面 $x + 4y + 3z = 0$ 的切平面方程为（　）。

A. $x + 4y + 3z = \pm 10$　　B. $x + 4y - 3z = \pm 12$

C. $x + 4y + 3z = 12$　　D. $x + 2y - 4z = \pm 10$

6. 曲线 Γ: $\begin{cases} \dfrac{x^2}{16}+\dfrac{y^2}{4}-\dfrac{z^2}{5}=1, \\ x-2z+3=0 \end{cases}$ 在 xOy 平面上的投影柱面的方程为(　　)。

A. $x^2+20y^2-24x-116=0$　　B. $4y^2+4z^2-16z-9=0$

C. $\begin{cases} x^2+20y^2-24x-116=0, \\ z=0 \end{cases}$　　D. $\begin{cases} 4y^2+4z^2-16z-9=0, \\ x=0 \end{cases}$

7. 方程 $\begin{cases} \dfrac{y^2}{9}-\dfrac{z^2}{4}=1, \\ x=2 \end{cases}$ 表示(　　)。

A. 双曲柱面与平面 $x=2$ 的交线　　B. 双曲柱面

C. 双叶双曲面　　D. 双叶双曲面与平面 $x=2$ 的交线

8. 曲面 $z=\sqrt{x}+y^2$ 的图形关于(　　)。

A. yOz 面对称　　B. xOy 面对称

C. xOz 面对称　　D. 原点对称

三、填空题

1. 设 $\boldsymbol{a}=(2,5,-1)$，$\boldsymbol{b}=(1,3,2)$，当 λ 与 μ 的关系为______时，才有 $\lambda\boldsymbol{a}+\mu\boldsymbol{b}$ 与 z 轴垂直。

2. 球面 $x^2+y^2+z^2+2x-6y-2z-100=0$ 的半径 $R=$ ______。

3. 到 $(a,0,0)$ 与平面 $x=-a(a\neq 0)$ 距离相等的点所满足的方程为______，它叫做______。

4. 平面 $x-2y-3z+6=0$ 与三坐标面围成的四面体的体积为______。

5. 如果点 $P(2,-1,-1)$ 关于平面 π 的对称点为 $P'(-2,3,11)$，那么 π 的方程为______。

6. 已知直线 $\begin{cases} x-2y+z-1=0, \\ \lambda x+2y+3z+1=0 \end{cases}$ 与 x 轴相交，则 $\lambda=$ ______。

7. 已知 $2x+my-z+11=0$ 与 $mx-y-z=1$ 垂直，则 $m=$ ______。

8. 母线平行于 y 轴，准线为 $\begin{cases} z=x^2+y^2, \\ y=2 \end{cases}$ 的柱面方程为______。

四、解答题

1. 设 $|\boldsymbol{a}+\boldsymbol{b}|=|\boldsymbol{a}-\boldsymbol{b}|$，$\boldsymbol{a}=(3,-5,8)$，$\boldsymbol{b}=(-1,1,z)$，求 z。

2. 求与三个点 $A(3,7,-4)$，$B(-5,7,-4)$，$C(-5,1,-4)$ 等距离的点的轨迹。

3. 求：(1) 点 $P(0,-1,1)$ 到直线 L: $\begin{cases} y+2=0, \\ x+2z-7=0 \end{cases}$ 的距离；

(2) 过点 $P(0,-1,1)$ 垂直并相交于直线 L 的直线方程。

4. 求直线 $\begin{cases} 2x-4y+z=0, \\ 3x-y-2z-9=0 \end{cases}$ 在平面 $4x-y+z=1$ 上的投影直线方程。

5. 求过点 $A(-1,0,4)$ 且与直线 $L_1:\begin{cases}x+2y-z=0,\\ x+2y+2z+4=0\end{cases}$ 垂直，又与平面 $\pi_1:3x-4y+z-10=0$ 平行的直线方程。

6. 证明下列结论。

(1) 对于任何向量 $\boldsymbol{a}$ 与 $\boldsymbol{b}$，恒有 $|\boldsymbol{a}\cdot\boldsymbol{b}|\leqslant|\boldsymbol{a}|\cdot|\boldsymbol{b}|$，当且仅当 $\boldsymbol{a}$ 与 $\boldsymbol{b}$ 平行时等号成立；

(2) 对于任何实数 a_1,a_2,a_3,b_1,b_2,b_3，恒有不等式

$$|a_1b_1+a_2b_2+a_3b_3|\leqslant\sqrt{a_1^2+a_2^2+a_3^2}\sqrt{b_1^2+b_2^2+b_3^2}$$

成立，并指出等号成立的条件。

提高练习七

一、判断题

1. 与直线 l 共线的单位向量不唯一。（　　）

2. $\boldsymbol{a}\times\boldsymbol{b}=|\boldsymbol{a}||\boldsymbol{b}|\sin(\widehat{\boldsymbol{a},\boldsymbol{b}})$。（　　）

3. 若 $\boldsymbol{a}\neq\boldsymbol{0},\boldsymbol{b}\neq\boldsymbol{0}$，则 $|\boldsymbol{a}-\boldsymbol{b}|=\big||\boldsymbol{a}|-|\boldsymbol{b}|\big|$ 的充分必要条件是 $\boldsymbol{a}\parallel\boldsymbol{b}$。（　　）

4. 若曲面方程中仅含有两个坐标的平方项，则它为旋转曲面的方程。（　　）

5. 平面 $x-y+2z-6=0$ 与平面 $2x+y+z-5=0$ 的夹角为 $\frac{2\pi}{3}$。（　　）

二、选择题

1. 向量 $\boldsymbol{a}=(1,1,1),\boldsymbol{b}=(1,2,1),\boldsymbol{c}=(1,1,2)$ 的关系正确的是（　　）。

A. 共面　　B. 异面　　C. 平行　　D. 重合

2. 向量 $\boldsymbol{a},\boldsymbol{b},\boldsymbol{c}$ 两两垂直，且 $|\boldsymbol{a}|=1$，$|\boldsymbol{b}|=2$，$|\boldsymbol{c}|=3$，则 $\boldsymbol{s}=\boldsymbol{a}+\boldsymbol{b}+\boldsymbol{c}$ 的模是（　　）。

A. 6　　B. 14　　C. $\sqrt{14}$　　D. 0

3. 已知 $\boldsymbol{a}$、$\boldsymbol{b}$ 都是非零向量，且满足关系式 $|\boldsymbol{a}-\boldsymbol{b}|=|\boldsymbol{a}+\boldsymbol{b}|$，则有（　　）。

A. $\boldsymbol{a}\cdot\boldsymbol{b}=0$　　B. $\boldsymbol{a}\times\boldsymbol{b}=\boldsymbol{0}$

C. $\boldsymbol{a}+\boldsymbol{b}=\boldsymbol{0}$　　D. $\boldsymbol{a}-\boldsymbol{b}=\boldsymbol{0}$

4. 空间两直线 $L_1:\begin{cases}4x+y+3z=0,\\ 2x+3y+2z=9,\end{cases}$ $L_2:\begin{cases}3x-2y+z=-5,\\ x-3y-2z=3,\end{cases}$ 则（　　）。

A. L_1 与 L_2 重合

B. L_1 与 L_2 平行，但不重合

C. L_1 与 L_2 异面

D. L_1 与 L_2 仅有一个公共点，从而它们在同一平面上

5. 过点 $P(1,0,1)$ 且与两条直线 $L_1:\frac{x}{1}=\frac{y+1}{1}=\frac{z+1}{0}$ 和 $L_2:\frac{x-1}{1}=\frac{y-2}{0}=$

$\frac{z-3}{1}$都相交的直线的方向向量可取为(　　)。

A. $(-1,1,2)$　　B. $(-1,1,-2)$　　C. $(1,1,-2)$　　D. $(1,1,2)$

6. 过点$(-1,2,3)$垂直于直线$\frac{x}{4}=\frac{y}{5}=\frac{z}{6}$且平行于平面$7x+8y+9z+10=0$的直线是(　　)。

A. $\frac{x+1}{1}=\frac{y-2}{-2}=\frac{z-3}{1}$　　B. $\frac{x+1}{1}=\frac{y-2}{2}=\frac{z-3}{1}$

C. $\frac{x+1}{-1}=\frac{y-2}{-2}=\frac{z-3}{1}$　　D. $\frac{x-1}{1}=\frac{y+2}{-2}=\frac{z+3}{1}$

7. 下列曲面中不是关于原点中心对称的是(　　)。

A. 旋转椭球面$\frac{y^2}{a^2}+\frac{x^2+z^2}{b^2}=1$　　B. 椭圆抛物面$z=x^2+2y^2$

C. 旋转双叶双曲面$\frac{y^2}{a^2}-\frac{x^2+z^2}{b^2}=1$　　D. 单叶旋转双曲面$\frac{y^2+x^2}{a^2}-\frac{z^2}{b^2}=1$

8. 曲面$\frac{x^2}{4}+\frac{y^2}{25}-\frac{z^2}{9}=1$与平面$z=3$的交线是(　　)。

A. 椭圆　　B. 双曲线

C. 抛物线　　D. 两条相交的直线

三、填空题

1. 若$|\boldsymbol{a}|=5$，$|\boldsymbol{b}|=8$，且$(\widehat{\boldsymbol{a},\boldsymbol{b}})=60°$，则$|\boldsymbol{a}-\boldsymbol{b}|=$______。

2. 已知向量$\overrightarrow{OM}$的模为10，与x轴正向夹角为45°，与y轴的夹角为60°，则向量$\overrightarrow{OM}=$______。

3. 向量$\boldsymbol{m}=(a_x,a_y,a_z)$，$\boldsymbol{n}=(b_x,b_y,b_z)$，$\boldsymbol{p}=(c_x,c_y,c_z)$。则$\boldsymbol{a}=4\boldsymbol{m}+3\boldsymbol{n}-\boldsymbol{p}$在$x$轴上的投影是______。

4. 过点$(1,1,1)$且与直线$\begin{cases}x+2y+3z=5,\\4x+5y+6z=8\end{cases}$垂直的平面方程为______。

5. 直线$\begin{cases}3x-2y+5z+1=0,\\2y+z=0\end{cases}$与$\begin{cases}2y+5z+3=0,\\y-z+1=0\end{cases}$的夹角为______。

6. 动点到两定点$P(c,0,0)$和$Q(-c,0,0)$的距离之和为$2a\ (a>c>0)$，则动点的轨迹是______。

7. $\frac{x^2}{9}-y^2+\frac{z^2}{9}=1$所表示的曲面称为______，它是由$xOy$面上的曲线______绕______轴旋转而成的，或是yOz面上的曲线______绕______轴旋转而成的。

8. 曲线$\begin{cases}x=2z^2,\\y=0\end{cases}$绕$z$轴旋转一周，其方程为______。

四、解答题

1. 设 $|\boldsymbol{a}|=\sqrt{3}$，$|\boldsymbol{b}|=1$，$(\widehat{\boldsymbol{a},\boldsymbol{b}})=\dfrac{\pi}{6}$，求 $\boldsymbol{a}+\boldsymbol{b}$ 与 $\boldsymbol{a}-\boldsymbol{b}$ 的夹角。

2. 设 $\boldsymbol{A}=2\boldsymbol{a}+\boldsymbol{b}$，$\boldsymbol{B}=k\boldsymbol{a}+\boldsymbol{b}$，其中 $|\boldsymbol{a}|=1$，$|\boldsymbol{b}|=2$，且 $\boldsymbol{a}\perp\boldsymbol{b}$，问：

(1)k 为何值时，$\boldsymbol{A}\perp\boldsymbol{B}$；

(2)k 为何值时，以 $\boldsymbol{A}$ 与 $\boldsymbol{B}$ 为邻边的平行四边形的面积为 6。

3. 已知坐标原点 O 到平面的距离 $p>0$，且知原点 O 到平面垂线的方向角为 α、β、γ，求证此平面的方程为 $x\cos\alpha+y\cos\beta+z\cos\gamma=p$。

4. 求过点 $(1,2,1)$ 且与两直线 $L_1:\begin{cases}x+2y-z+1=0,\\x-y+z-1=0\end{cases}$ 和 $L_2:\begin{cases}2x-y+z=0,\\x-y+z=0\end{cases}$ 平行的平面方程。

5. 已知直线 $L:\begin{cases}2y+3z-5=0,\\x-2y-z+7=0。\end{cases}$ 求：

(1) 直线在 yOz 平面上的投影方程；

(2) 直线在 xOy 平面上的投影方程；

(3) 直线在平面 $\pi:x-y+3z+8=0$ 上的投影方程。

6. 求中心点在直线 $\begin{cases}2x+4y-z-7=0,\\4x+5y+z-14=0\end{cases}$ 上且通过点 $A(0,3,3)$ 和点 $B(-1,3,4)$ 的球面方程。

第 8 章　多元函数微分学

在前面的章节中，研究的函数关系 $y = f(x)$，是因变量 y 与一个自变量 x 之间的关系，因变量的确定只依赖于一个自变量。但在自然科学与工程技术问题中，常常会遇到含有两个或更多个自变量的函数，即**多元函数**。例如圆柱体的体积 V 是由底半径 r 和高 h 确定的函数

$$V = \pi r^2 h。$$

若给定了 r 和 h 的一组数值，则圆柱体的体积 V 就唯一确定了。又如市场上手机的需求量不仅同价格有关，而且同消费者的个人收入、爱好及同类通讯器材的价格等因素有关，也就是说手机的需求量是上述这些变量的函数。本章将在一元函数微分学的基础上讨论多元函数微分学。讨论中将以二元函数微分学为主，然后把讨论的结果推广到一般的多元函数上去。

8.1　多元函数的极限与连续

8.1.1　平面点集和区域

在一元函数概念中，一元函数的定义域是数轴上的点集。但对二元函数，由于自变量多了一个，它的定义域很自然地要扩充到平面上的点集，因此有必要简单介绍一下平面点集和区域的基本概念。

1. 平面点集

平面点集是指平面上满足某个条件 P 的一切点构成的集合。一般用字母 E 表示，记作 $E = \{(x,y) \mid (x,y) \text{ 满足 } P\}$。

例 1　平面上以原点为中心，以 1 为半径的圆的内部就是一个平面点集(图 8-1)，它可写成

$$E = \{(x,y) \mid x^2 + y^2 < 1\}。$$

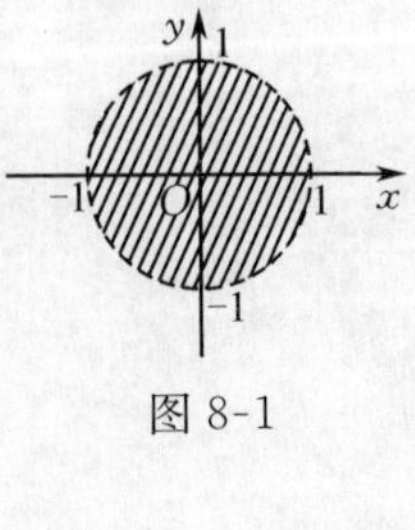

图 8-1

由平面解析几何知道，平面上的两个点 $A(x_1,y_1)$、$B(x_2,y_2)$ 之间的距离 $\rho(A,B)$ 是用公式

$$\rho(A,B)=\sqrt{(x_1-x_2)^2+(y_1-y_2)^2}$$

计算的。有了距离公式，我们也可引入平面上某点的邻域的概念。

2. 邻域

以点 $P_0(x_0,y_0)$ 为中心，以 $\delta>0$ 为半径的圆的内部的点的全体，即集合

$$U(P_0,\delta)=\{(x,y)\mid\sqrt{(x-x_0)^2+(y-y_0)^2}<\delta\}$$

叫做点 P_0 的 δ **邻域**，并称 P_0 为邻域的中心，δ 为邻域的半径(图 8-2)。

点 P_0 的去心 δ 邻域，记作 $\mathring{U}(P_0,\delta)$，即

$$\mathring{U}(P_0,\delta)=\{P\mid 0<|PP_0|<\delta\}。$$

如果不需要强调邻域的半径 δ，则用 $U(P_0)$ 表示点 P_0 的某个邻域，用 $\mathring{U}(P_0)$ 表示点 P_0 的某个去心邻域。

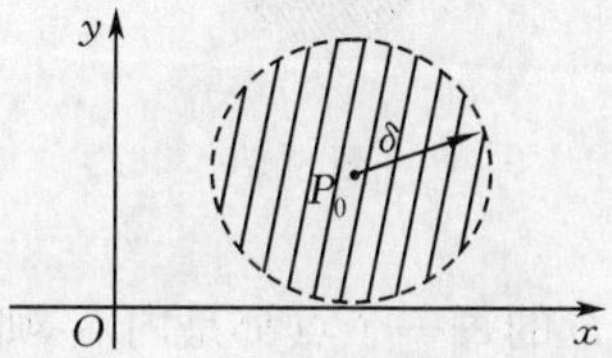

图 8-2

有了邻域概念，再定义点集的内点、外点、边界点及聚点。

3. 内点、外点、边界点、聚点

(1) 内点　设有点集 E 和属于 E 的一点 P_0，如果存在 P_0 的一个邻域，此邻域内的点都属于 E，则称 P_0 为点集 E 的**内点**(图 8-3)。

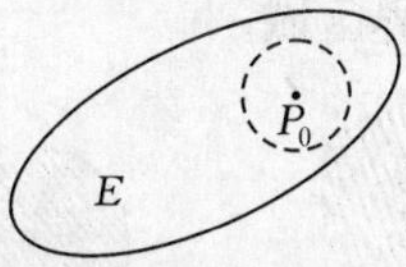

图 8-3

(2) 外点　设有点集 E 和不属于 E 的一点 P_0，如果存在 P_0 的一个邻域，此邻域内的点都不属于 E，则称 P_0 为点集 E 的**外点**(图 8-4)。

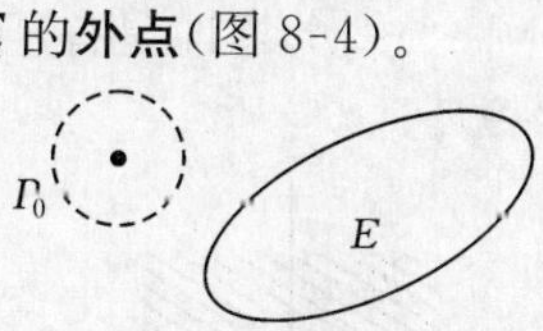

图 8-4

(3) 边界点　设有点集 E 和一点 P_0，P_0 可以属于 E，也可以不属于 E，如果 P_0 的任何一个邻域内既有属于 E 的点又有不属于 E 的点，则称 P_0 为点集 E 的**边界点**。点集 E 的边界点的全体，称为点集 E 的**边界**(图 8-5)。

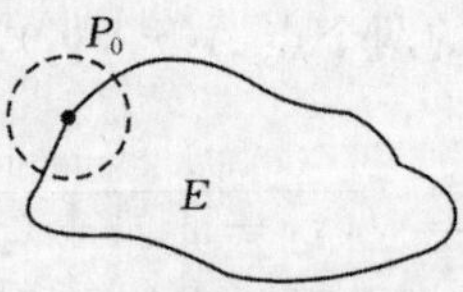

图 8-5

(4) 聚点 E 为一点集，P_0 为一个点(可以属于点集 E，也可不属于 E)，若 P_0 的任一去心邻域 $\mathring{U}(P_0,\delta)$ 内至少有一个点 P 属于 E，则称 P_0 为 E 的一个**聚点**。

由定义可知，内点、边界点是聚点，外点不是聚点。

例 2 平面点集 $E=\{(x,y)\mid 4<x^2+y^2\leqslant 16\}$，则 $x^2+y^2=4$ 与 $x^2+y^2=16$ 所围成的圆环内部是 E 的内点，小圆内部及大圆外部的点是 E 的外点，圆周 $x^2+y^2=4$ 及 $x^2+y^2=16$ 都是 E 的边界(图 8-6)。点集 E 以及它的边界上的一切点都是 E 的聚点。

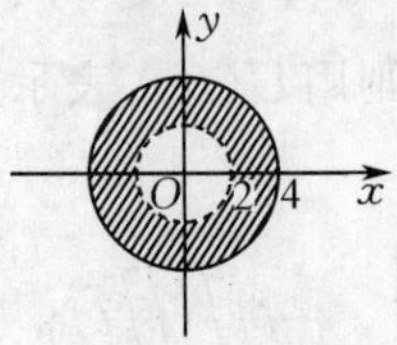

图 8-6

4. 区域

(1) 开集 如果一个点集 E 的每一个点都是内点，则称它为**开集**。

(2) 开区域 如果对于开集 E 中任意二点 P_1,P_2，都有 E 中的折线把这两点连接起来，则称这样的开集为**开区域**(图 8-7) 或称**连通开集**。

(3) 闭区域 开区域 E 加上 E 的边界，称为**闭区域**(图 8-8)。

开区域和闭区域统称为**区域**。

(4) 有界区域、无界区域 如果区域 E 可以包含在以原点为中心的某一个圆内，则称它是一个**有界区域**，否则，就称为**无界区域**。

图 8-7

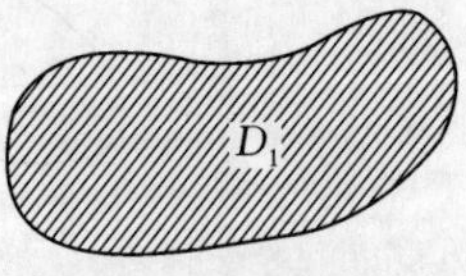

图 8-8

例 3 平面点集 $E_1=\{(x,y)\mid x^2+y^2\leqslant 1\}$ 是有界闭区域，而平面点集 $E_2=\{(x,y)\mid x^2+y^2>1\}$ 是无界开区域(图 8-9)。

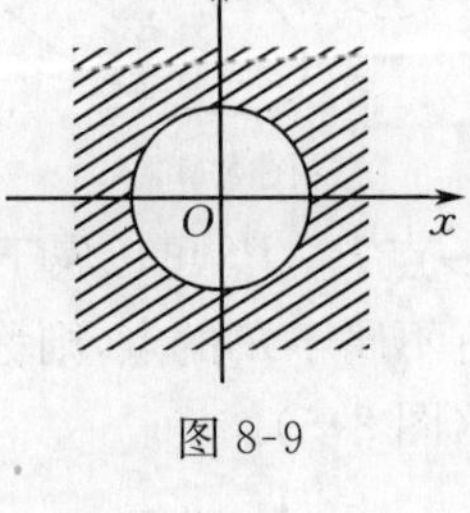

图 8-9

8.1.2　多元函数的概念

在很多自然现象及实际问题中，常遇到多个变量之间的依赖关系，举例如下：

例 4　设有一个长方体，其高为 h，底面是边长为 b 的正方形，则其体积为

$$V = b^2 h \quad (b > 0, h > 0)。$$

这里，当 b, h 在集合 $\{(b,h) \mid b > 0, h > 0\}$ 内取定一对值 (b,h) 时，V 的对应值就随之确定。

例 5　一种商品的销售量 Q，不仅依赖于售价 P，而且依赖于需要此种商品的人数 N，以及个人平均收入 I。设此种商品的销售量 Q 与 P, N, I 的关系是

$$Q = aN + bI - cP。$$

其中，a, b, c 均为正常数。这里，当 N, I, P 在集合 $\{(N,I,P) \mid N > 0, I > 0, P > 0\}$ 内取定一组值时，Q 的对应值就随之确定。

上面两个例子具体意义虽各不相同，但它们却有共同的性质，抽出这些共性可得出二元函数的定义：

定义 8.1　设 D 是平面上的一个点集，如果对于每个点 $P(x,y) \in D$，变量 z 按照一定法则总有确定的值与它对应，则称 z 是变量 x, y 的**二元函数**(或点 P 的函数)，记为

$$z = f(x,y) \ (或\ z = f(P))。$$

点集 D 称为该函数的**定义域**，x, y 称为**自变量**，z 称为**因变量**。

数集

$$\{z \mid z = f(x,y), (x,y) \in D\}$$

称为该函数的**值域**。

z 是 x, y 的函数也可记为 $z = z(x,y)$，$z = \varphi(x,y)$ 等。

类似地，可以定义三元函数 $u = f(x,y,z)$ 以及三元以上的函数。一般地，把定义 8.1 中的平面点集 D 换成 n 维空间内的点集 D，则可类似地定义 n 元函数 $u = f(x_1, x_2, \cdots, x_n)$。$n$ 元函数也可简记为 $u = f(P)$，这里点 $P(x_1, x_2, \cdots, x_n) \in D$。当 $n = 1$ 时，n 元函数就是一元函数。当 $n \geqslant 2$ 时，n 元函数统称为多元函数。

关于多元函数的定义域，与一元函数相类似，自然是使函数有意义的一切点组成的平面点集。下面举几个二元函数的例子，讨论它们的定义域。

例 6　函数 $z = \dfrac{1}{x^2 + y^2}$ 的定义域 D 为 $x^2 + y^2 \neq 0$，即在平面上除去原点 $(0,0)$ 外的部分，或表示为 $D = \{(x,y) \mid x^2 + y^2 \neq 0\}$(图 8-10)。这是一个无界开区域。

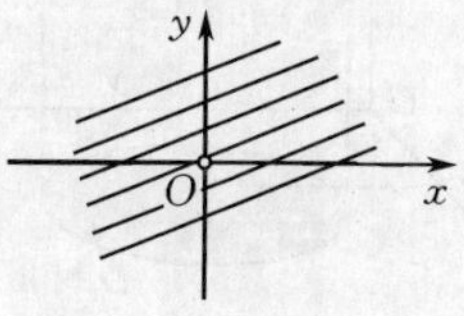

图 8-10

例 7　函数 $z=\ln(x+y-1)$ 的定义域 D 为 $x+y>1$，即为直线 $x+y=1$ 的右上方的平面部分(图 8-11) 或表示为 $D=\{(x,y)\mid x+y>1\}$。这是一个无界开区域。

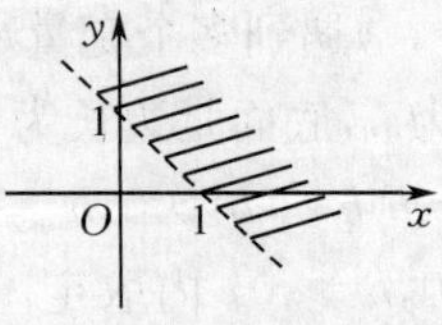

图 8-11

例 8　函数 $z=\arcsin\dfrac{x}{5}+\arcsin\dfrac{y}{4}$ 的定义域 D 由不等式 $\begin{cases}-1\leqslant\dfrac{x}{5}\leqslant 1,\\ -1\leqslant\dfrac{y}{4}\leqslant 1\end{cases}$ 来决定，即 D 为满足 $\begin{cases}-5\leqslant x\leqslant 5,\\ -4\leqslant y\leqslant 4\end{cases}$ 的点 (x,y) 的全体，或表示为 $D=\{(x,y)\mid -5\leqslant x\leqslant 5,-4\leqslant y\leqslant 4\}$(图 8-12)。这是一个有界闭区域。

例 9　函数 $z=\dfrac{1}{\sqrt{R^2-x^2-y^2}}$ 的定义域为 $\{(x,y)\mid x^2+y^2<R^2\}$，是 xOy 平面上由圆 $x^2+y^2=R^2$(不包括圆周) 围成的有界开区域(图 8-13)。

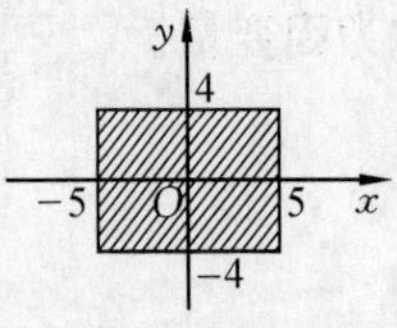

图 8-12

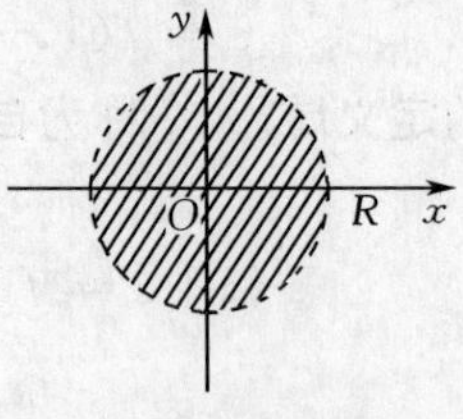

图 8-13

二元函数的几何意义：一元函数 $y=f(x)$ 通常表示 xOy 平面上的一条曲线。二元函数 $z=f(x,y),(x,y)\in D$，它的定义域 D 是 xOy 平面上的一个区域。对于 D 中任意一点 $M(x,y)$，必有唯一的数 z 与其对应。因此，三元有序数组 $(x,y,z)=(x,y,f(x,y))$ 就确定了空间的一个点 $P(x,y,f(x,y))$，所有这样确定的点的集合就是函数 $z=f(x,y)$ 的图形，通常是一个曲面(图 8-14)。

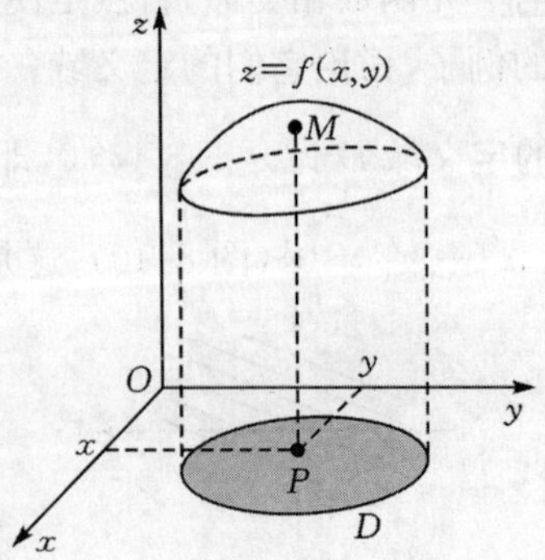

图 8-14

例 10　函数$z=c\sqrt{1-\frac{x^2}{a^2}-\frac{y^2}{b^2}}$($a,b,c$均大于零)的图形,表示以原点为中心的三条半轴都在坐标轴上的上半椭球面(图 8-15)。

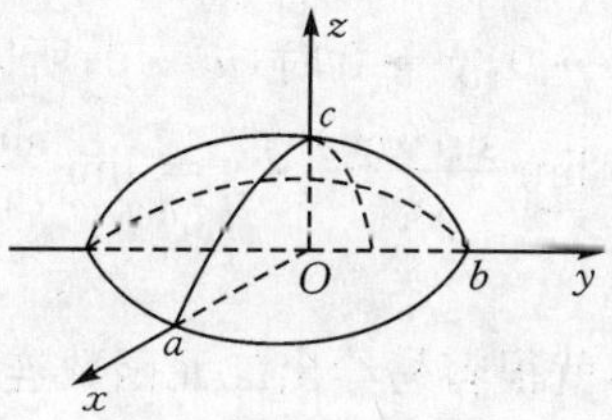

图 8-15

8.1.3　多元函数的连续性

1. 二元函数的极限

定义 8.2　设$z=f(x,y)$在平面点集D内有定义,点$P_0(x_0,y_0)$是D的**聚点**。如果当点$P(x,y)\in D$无限接近于点$P_0(x_0,y_0)$时,恒有$|f(P)-A|<\varepsilon$(ε是指任意小的正数),则称A为函数$z=f(x,y)$当$(x,y)\to(x_0,y_0)$时的极限,记为

$$\lim_{\substack{x\to x_0\\y\to y_0}} f(x,y)=A,$$

或

$$\lim_{P\to P_0} f(P)=A。$$

注意　在一元函数$y=f(x)$的极限定义中,点x只是沿x轴趋向于点x_0,但在二元函数极限定义中,要求$P(x,y)$以任意方式趋向于P_0。如果点P只取某些特殊方式,例如,沿平行于坐标轴的直线或沿某一条曲线趋向于点P_0,即使这时函数趋向于某一确定值,我们也不能断定函数极限就一定存在。

因此,如果点P沿不同路径趋向于点P_0时,函数趋向于不同的值,则函数的极限一定不存在。

例 11　考察函数$f(x,y)=\begin{cases}\dfrac{xy}{x^2+y^2} & (x,y\text{不同时为}0),\\ 0 & (x=y=0)\end{cases}$当$(x,y)\to(0,0)$时的极限是否存在。

解　显然,当点(x,y)沿x轴(此时$x\neq 0,y=0$)趋于原点$(0,0)$时,有

$$\lim_{\substack{x\to 0\\y=0}} f(x,y)=\lim_{x\to 0} f(x,0)=\lim_{x\to 0} 0=0。$$

同样,当点P沿y轴(此时$x=0,y\neq 0$)趋于原点$(0,0)$时,有

$$\lim_{\substack{x=0\\y\to 0}} f(x,y)=\lim_{y\to 0} f(0,y)=\lim_{y\to 0} 0=0。$$

然而当点P沿直线$y=kx$趋近于原点$(0,0)$时,有

$$\lim_{\substack{x\to 0\\y=kx}} f(x,y)=\lim_{x\to 0} f(x,kx)=\lim_{x\to 0}\frac{kx^2}{x^2+k^2x^2}=\frac{k}{1+k^2}。$$

随着 k 的取值不同,极限值也不同,故极限 $\lim\limits_{\substack{x\to 0\\ y\to 0}} f(x,y)$ 不存在。

例 12　求 $\lim\limits_{\substack{x\to 0\\ y\to 0}} \dfrac{\sin(xy)}{x}$。

解　令 $u=xy$,因为当 $x\to 0,y\to 0$ 时,$u\to 0$,所以

$$\lim_{\substack{x\to 0\\ y\to 0}} \frac{\sin(xy)}{x}=\lim_{\substack{x\to 0\\ y\to 0}} \frac{\sin(xy)}{xy}\cdot y=\lim_{u\to 0}\frac{\sin u}{u}\cdot\lim_{y\to 0} y=0。$$

2. 二元函数的连续性

有了二元函数极限的定义,就很容易给出二元函数连续的定义。

定义 8.3　设函数 $z=f(x,y)$ 在点 $P_0(x_0,y_0)$ 的一个邻域内有定义,如果当点 $P(x,y)$ 趋向于点 $P_0(x_0,y_0)$ 时,函数 $z=f(x,y)$ 的极限存在,且等于它在点 P_0 处的函数值,即

$$\lim_{\substack{x\to x_0\\ y\to y_0}} f(x,y)=f(x_0,y_0), \tag{8.1}$$

或

$$\lim_{P\to P_0} f(P)=f(P_0)。$$

则称函数 $z=f(x,y)$ **在点** $P_0(x_0,y_0)$ **处连续**。

若令 $x=x_0+\Delta x,y=y_0+\Delta y$,则当 $x\to x_0$ 时,$\Delta x\to 0$;当 $y\to y_0$ 时,$\Delta y\to 0$。因此,(8.1) 式可以改写成

$$\lim_{\substack{\Delta x\to 0\\ \Delta y\to 0}}[f(x_0+\Delta x,y_0+\Delta y)-f(x_0,y_0)]=0,$$

其中,$f(x_0+\Delta x,y_0+\Delta y)-f(x_0,y_0)$ 称为当自变量 x,y 分别有增量 $\Delta x,\Delta y$ 时函数 $z=f(x,y)$ 的**全增量**。记为 Δz,即

$$\Delta z=f(x_0+\Delta x,y_0+\Delta y)-f(x_0,y_0)。\tag{8.2}$$

利用全增量的概念,连续的概念可用另一形式定义。

定义 8.4　设函数 $z=f(x,y)$ 在点 $P_0(x_0,y_0)$ 的一个邻域内有定义,若当自变量 x,y 的增量 $\Delta x,\Delta y$ 趋向于零时,对应的函数的全增量 Δz 也趋向于零,即

$$\lim_{\substack{\Delta x\to 0\\ \Delta y\to 0}}\Delta z=0。\tag{8.3}$$

则称函数 $z=f(x,y)$ **在点** (x_0,y_0) **处连续**。

因为当 $\Delta x\to 0,\Delta y\to 0$ 时,

$$\rho=\sqrt{(x-x_0)^2+(y-y_0)^2}=\sqrt{(\Delta x)^2+(\Delta y)^2}\to 0,$$

所以(8.3) 式又可改写成

$$\lim_{\rho\to 0}\Delta z=0。\tag{8.4}$$

如果函数 $z=f(x,y)$ 在区域 D 内各点都连续,则称函数 $z=f(x,y)$ **在区域 D 内连续**。

定义 8.5　设函数 $z=f(x,y)$ 的定义域为 D,$P_0(x_0,y_0)$ 是 D 的聚点。如果函数 $f(x,y)$ 在点 $P_0(x_0,y_0)$ 处不连续,则称 $P_0(x_0,y_0)$ 为函数 $f(x,y)$ 的**间断点**。

例如,函数 $f(x,y)=\begin{cases}\dfrac{xy}{x^2+y^2}, & x,y\text{ 不同时为 }0,\\ 0, & x=y=0,\end{cases}$ 点 $(0,0)$ 是它的间断点。

与一元函数类似，利用多元函数的极限运算法则可以证明：多元连续函数的和、差、积、商（在分母不为零时）仍是连续函数，多元连续函数的复合函数也是连续函数。

与一元初等函数类似，一个**多元初等函数**是指能用一个式子表示的多元函数，这个式子是由常数及具有不同自变量的一元基本初等函数经过有限次的四则运算和复合运算而得到的。例如，$\dfrac{x+y-1}{1+x^2}$，$\tan(x+y^2-z)$，$\ln(2x-y^2+3)$ 等都是多元初等函数。

根据连续函数的和、差、枳、商的连续性以及连续函数的复合函数的连续性，再利用基本初等函数的连续性，可以得出：**一切多元初等函数在其定义区域内是连续的**。所谓**定义区域**是指包含在定义域内的开区域或闭区域。

由多元初等函数的连续性，如果要求某个函数在点 P_0 的极限，而且该点又在此函数的定义区域内，则极限值就是函数在该点的函数值。即

$$\lim_{P\to P_0} f(P)=f(P_0)。$$

例 13　求 $\lim\limits_{\substack{x\to 1\\ y\to 2}}\dfrac{x+y}{x^2-xy+y^2}$。

解　函数 $f(x,y)=\dfrac{x+y}{x^2-xy+y^2}$ 是初等函数，其定义域为 $D=\{(x,y)\mid x^2-xy+y^2\neq 0\}$，$P_0(1,2)$ 为 D 的内点，故存在点 P_0 的某一邻域 $U(P_0)\subset D$，又 $U(P_0)$ 是 $f(x,y)$ 的一个定义区域，因此

$$\lim_{\substack{x\to 1\\ y\to 2}}\frac{x+y}{x^2-xy+y^2}=f(1,2)=1。$$

例 14　求 $\lim\limits_{\substack{x\to 0\\ y\to 0}}\dfrac{\sqrt{xy+1}-1}{xy}$。

解　$$\lim_{\substack{x\to 0\\ y\to 0}}\frac{\sqrt{xy+1}-1}{xy}=\lim_{\substack{x\to 0\\ y\to 0}}\frac{xy+1-1}{xy(\sqrt{xy+1}+1)}=\lim_{\substack{x\to 0\\ y\to 0}}\frac{1}{\sqrt{xy+1}+1}=\frac{1}{2}。$$

8.1.4　有界闭区域上连续函数的性质

1. 最大值、最小值定理

定理 8.1　在有界闭区域 D 上的二元连续函数 $f(x,y)$，在 D 上一定有最大值和最小值。这就是说，在 D 上至少有一点 P_1 及另一点 P_2，使得 $f(P_1)$ 为最大值而 $f(P_2)$ 为最小值，即对于一切点 $P\in D$，有

$$f(P_2)\leqslant f(P)\leqslant f(P_1)\quad (P_1,P_2\in D)。$$

2. 介值定理

定理 8.2　在有界闭区域 D 上连续的二元函数 $f(x,y)$，如果在 D 上取得两个不同的函数值，则它在 D 上取得介于这两个值之间的任何值至少一次。即若有 $P_1,P_2\in D$ 且 $f(P_1)<f(P_2)$，当 $f(P_1)<m<f(P_2)$ 时，则 D 内至少有一点 P，使得 $f(P)=m$ 成立。

推论　（零点定理）若函数 $f(x,y)$ 在有界闭区域 D 上连续，且它在 D 上取得的两个不同函数值中，一个大于零，另一个小于零，则至少存在一点 $(\zeta,\eta)\in D$，使 $f(\zeta,\eta)=0$。

这两个定理的证明从略。

习题 8.1

一、选择题

1. 设 $z_1=(\sqrt{x-y})^2$，$z_2=x-y$，$z_3=\sqrt{(x-y)^2}$，则（ ）。

A. z_1 与 z_2 是相同函数　　B. z_1 与 z_3 是相同函数

C. z_2 与 z_3 是相同函数　　D. 其中任何两个都不是相同函数

2. 函数 $z=\dfrac{1}{\sin x\cdot\sin y}$ 的所有间断点是（ ）。

A. $x=y=2n\pi(n=1,2,3,\cdots)$

B. $x=y=n\pi(n=1,2,3,\cdots)$

C. $x=y=m\pi(m=0,\pm1,\pm2,\cdots)$

D. $x=n\pi,y=m\pi(n=0,\pm1,\pm2,\cdots;m=0,\pm1,\pm2,\cdots)$

3. 函数 $f(x,y)=\sin(x^2+y)$ 在点 $(0,0)$ 处（ ）。

A. 无定义　　B. 无极限

C. 有极限但不连续　　D. 连续

二、填空题

1. 已知函数 $f(u,v)=u^v$，则 $f(xy,x+y)=$ ________。

2. 函数 $z=x+y$ 的定义域为________。

3. $\lim\limits_{\substack{x\to0\\y\to0}}\dfrac{e^x\cos y}{1+x+y}=$ ________。

三、解答题

1. 已知函数 $f(u,v,w)=u^w+w^{u+v}$，试求：$f(x+y,x-y,xy)$。

2. 设 $F(x,y)=\sqrt{x^4+y^4}-2xy$，证明：$F(tx,ty)=t^2F(x,y)$。

3. 求下列各函数的定义域。

(1) $z=\dfrac{4}{x+y}$；　　(2) $z=\ln xy$；

(3) $z=\dfrac{1}{\sqrt{x+y}}+\dfrac{1}{\sqrt{x-y}}$；　　(4) $z=\sqrt{1-\dfrac{x^2}{a^2}-\dfrac{y^2}{b^2}}$；

(5) $z=\sqrt{x-\sqrt{y}}$；　　(6) $z=\arcsin\dfrac{x^2+y^2}{4}+\text{arcsec}(x^2+y^2)$。

4. 求下列各极限。

(1) $\lim\limits_{\substack{x\to0\\y\to0}}\dfrac{\ln(1+xe^y)}{x}$；　　(2) $\lim\limits_{\substack{x\to0\\y\to0}}(1+xy)^{\frac{1}{x}}$；

(3) $\lim\limits_{\substack{x\to0\\y\to0}}\dfrac{2-\sqrt{xy+4}}{xy}$；　　(4) $\lim\limits_{\substack{x\to0\\y\to0}}\dfrac{1-\cos(x^2+y^2)}{(x^2+y^2)x^2y^2}$；

(5) $\lim\limits_{\substack{x\to 1\\ y\to 0}} \dfrac{\ln(x+e^y)}{\sqrt{x^2+y^2}}$；　　(6) $\lim\limits_{\substack{x\to\infty\\ y\to a}} \left(1+\dfrac{1}{x}\right)^{\frac{x^2}{x+y}}$。

5. 证明下列极限不存在。

(1) $\lim\limits_{\substack{x\to 0\\ y\to 0}} \dfrac{x^2 y}{x^4+y^2}$；　　(2) $\lim\limits_{\substack{x\to 0\\ y\to 0}} \dfrac{\sqrt{xy+1}-1}{x+y}$。

6. 下列函数在何处是间断的？

(1) $z=\begin{cases}\dfrac{x^2 y}{x^4+y^2} & (x,y \text{ 不同时为零}),\\ 0 & (x=y=0);\end{cases}$　　(2) $z=\dfrac{y^2+2x}{y^2-2x}$。

8.2　偏导数与全微分

8.2.1　偏导数

1. 偏导数的概念

在一元函数微分学中，曾经研究过函数 $y=f(x)$ 的导数，即函数 y 对于自变量 x 的变化率

$$\frac{dy}{dx}=\lim_{\Delta x\to 0}\frac{f(x+\Delta x)-f(x)}{\Delta x}$$

为函数 $y=f(x)$ 在 x 处的导数，也是函数增量 $f(x+\Delta x)-f(x)$ 与自变量的增量 Δx 之比当 $\Delta x\to 0$ 时的极限。

对于多元函数，也常常遇到研究它对某个自变量的变化率的问题，这就产生了偏导数的概念。

下面以二元函数 $z=f(x,y)$ 为例来讨论偏导数的概念。

定义 8.6　设函数 $z=f(x,y)$ 在 $y=y_0$，$x\in(x_0-\delta,x_0+\delta)$ 内有定义，$x_0+\Delta x\in(x_0-\delta,x_0+\delta)$，则增量 $f(x_0+\Delta x,y_0)-f(x_0,y_0)$ 称为函数 z 对 x 的**偏增量**。记为 $\Delta_x z$，即

$$\Delta_x z=f(x_0+\Delta x,y_0)-f(x_0,y_0)。$$

如果当 $\Delta x\to 0$ 时，比值 $\dfrac{\Delta_x z}{\Delta x}$ 的极限存在，则称此极限值为函数 $z=f(x,y)$ 在点 (x_0,y_0) 处**对 x 的偏导数**，记作

$$\left.\frac{\partial z}{\partial x}\right|_{\substack{x=x_0\\ y=y_0}},\quad \left.\frac{\partial f}{\partial x}\right|_{\substack{x=x_0\\ y=y_0}},\quad \left.z_x'\right|_{\substack{x=x_0\\ y=y_0}} \text{ 或 } f_x'(x_0,y_0)。$$

即

$$f_x'(x_0,y_0)=\lim_{\Delta x\to 0}\frac{\Delta_x z}{\Delta x}=\lim_{\Delta x\to 0}\frac{f(x_0+\Delta x,y_0)-f(x_0,y_0)}{\Delta x}。$$

同样，$z=f(x,y)$ 在点 (x_0,y_0) 处**对 y 的偏导数**定义为

$$\lim_{\Delta y\to 0}\frac{\Delta_y z}{\Delta y}=\lim_{\Delta y\to 0}\frac{f(x_0,y_0+\Delta y)-f(x_0,y_0)}{\Delta y}。$$

其中，$\Delta_y z=f(x_0,y_0+\Delta y)-f(x_0,y_0)$，记作

$$\left.\frac{\partial z}{\partial y}\right|_{\substack{x=x_0\\y=y_0}},\quad \left.\frac{\partial f}{\partial y}\right|_{\substack{x=x_0\\y=y_0}},\quad \left.z'_y\right|_{\substack{x=x_0\\y=y_0}} \text{ 或 } f'_y(x_0,y_0)。$$

如果 $f(x,y)$ 在区域 D 内每一点 (x,y) 处对 x 的偏导数都存在，那么这个偏导数是 x，y 的函数，此函数称为函数 $z=f(x,y)$ 对**自变量 x 的偏导函数**，记作

$$\frac{\partial z}{\partial x},\quad \frac{\partial f}{\partial x},\quad z'_x \text{ 或 } f'_x(x,y)。$$

类似地，可以定义函数 $z=f(x,y)$ 对**自变量 y 的偏导函数**，记作

$$\frac{\partial z}{\partial y},\quad \frac{\partial f}{\partial y},\quad z'_y \text{ 或 } f'_y(x,y)。$$

在不致混淆的情况下，偏导函数也称**偏导数**。

2. 偏导数的求法

由偏导数的定义可以看出，对某一个变量求偏导，就是将其余变量看作常数，而只对该变量求导即可。求法与一元函数的微分法相同。

例 1　求 $z=\ln\frac{y}{x}$ 的偏导数$\frac{\partial z}{\partial x},\frac{\partial z}{\partial y}$。

解　把 y 看作常数，对 x 求导得

$$\frac{\partial z}{\partial x}=\frac{x}{y}\cdot\left(-\frac{y}{x^2}\right)=-\frac{1}{x}。$$

把 x 看作常数，对 y 求导得

$$\frac{\partial z}{\partial y}=\frac{x}{y}\cdot\frac{1}{x}=\frac{1}{y}。$$

例 2　设 $f(x,y)=x+y-\sqrt{x^2+y^2}$，求 $f'_x(3,4)$，$f'_y(0,5)$。

解　$f'_x(x,y)=1-\dfrac{x}{\sqrt{x^2+y^2}}$，　$f'_y(x,y)=1-\dfrac{y}{\sqrt{x^2+y^2}}$。

$$f'_x(3,4)=1-\frac{3}{\sqrt{3^2+4^2}}=1-\frac{3}{5}=\frac{2}{5}。$$

$$f'_y(0,5)=1-\frac{5}{\sqrt{0^2+5^2}}=0。$$

例 3　设 $z=e^{-x}\sin(x+2y)$，求 z 在点 $\left(0,\frac{\pi}{4}\right)$ 处的偏导数。

解

$$\frac{\partial z}{\partial x}=-e^{-x}\sin(x+2y)+e^{-x}\cos(x+2y)。$$

$$\frac{\partial z}{\partial y}=2e^{-x}\cos(x+2y)。$$

于是
$$\left.\frac{\partial z}{\partial x}\right|_{\substack{x=0\\y=\frac{\pi}{4}}}=-\sin\frac{\pi}{2}+\cos\frac{\pi}{2}=-1,$$
$$\left.\frac{\partial z}{\partial y}\right|_{\substack{x=0\\y=\frac{\pi}{4}}}=2\cos\frac{\pi}{2}=0。$$

例 4　设 $u=\sqrt{x^2+y^2+z^2}$，求证：$\left(\frac{\partial u}{\partial x}\right)^2+\left(\frac{\partial u}{\partial y}\right)^2+\left(\frac{\partial u}{\partial z}\right)^2=1$。

证　$\frac{\partial u}{\partial x}=\frac{1}{2\sqrt{x^2+y^2+z^2}}\cdot(x^2+y^2+z^2)'_x=\frac{x}{\sqrt{x^2+y^2+z^2}}=\frac{x}{u}$。

同理，得 $\frac{\partial u}{\partial y}=\frac{y}{u}$，$\frac{\partial u}{\partial z}=\frac{z}{u}$，代入等式左边得
$$\left(\frac{\partial u}{\partial x}\right)^2+\left(\frac{\partial u}{\partial y}\right)^2+\left(\frac{\partial u}{\partial z}\right)^2=\frac{x^2+y^2+z^2}{u^2}=\frac{u^2}{u^2}=1,$$
所以有
$$\left(\frac{\partial u}{\partial x}\right)^2+\left(\frac{\partial u}{\partial y}\right)^2+\left(\frac{\partial u}{\partial z}\right)^2=1。$$

例 5　求函数 $z=f(x,y)=\begin{cases}\frac{xy}{x^2+y^2} & (x,y\text{ 不同时为零}),\\ 0 & (x=y=0)\end{cases}$ 在原点 $(0,0)$ 处的偏导数。

解　求 $z=f(x,y)$ 在 $(0,0)$ 处的两个偏导数，必须分别按定义计算
$$\left.\frac{\partial z}{\partial x}\right|_{\substack{x=0\\y=0}}=\lim_{\Delta x\to 0}\frac{f(0+\Delta x,0)-f(0,0)}{\Delta x}=\lim_{\Delta x\to 0}\frac{\frac{(0+\Delta x)\cdot 0}{(0+\Delta x)^2+0^2}-0}{\Delta x}=0,$$
$$\left.\frac{\partial z}{\partial y}\right|_{\substack{x=0\\y=0}}=\lim_{\Delta y\to 0}\frac{f(0,0+\Delta y)-f(0,0)}{\Delta y}=\lim_{\Delta y\to 0}\frac{\frac{0\cdot(0+\Delta y)}{0^2+(0+\Delta y)^2}-0}{\Delta y}=0。$$

注意　可导的一元函数一定是连续函数，对于多元函数，是否还有类似的结论呢？答案是否定的。例 5 中的函数在 $(0,0)$ 点的两个偏导数都存在，但在 $(0,0)$ 点是不连续的（8.1 节例 11）。这就说明对二元函数，即使两个偏导数都存在也保证不了这个函数的连续性。可见，多元函数的理论除与一元函数的理论有许多类似之处外，也还会产生一些本质的差别。

3. 偏导数的几何意义

我们知道，一元函数 $y=f(x)$ 的导数的几何意义是曲线 $y=f(x)$ 在点 (x_0,y_0) 处切线的斜率，而二元函数 $z=f(x,y)$ 在点 (x_0,y_0) 的偏导数有下述几何意义。

设 $M_0(x_0,y_0,f(x_0,y_0))$ 为曲面 $z=f(x,y)$ 上的一点，过 M_0 作平面 $y=y_0$，截此曲面得一曲线，此曲线在平面 $y=y_0$ 上的方程为 $z=f(x,y_0)$，则导数 $\left.\frac{\mathrm{d}}{\mathrm{d}x}f(x,y_0)\right|_{x=x_0}$，即偏导数 $f'_x(x_0,y_0)$ 就是该曲线在点 M_0 处的切线 M_0T_x 对 x 轴的斜率（图 8-16）。同样，偏

导数 $f_y'(x_0, y_0)$ 的几何意义是曲面 $z=f(x,y)$ 被平面 $x=x_0$ 所截得的曲线 $z=f(x_0,y)$ 在点 M_0 处的切线 M_0T_y 对 y 轴的斜率。

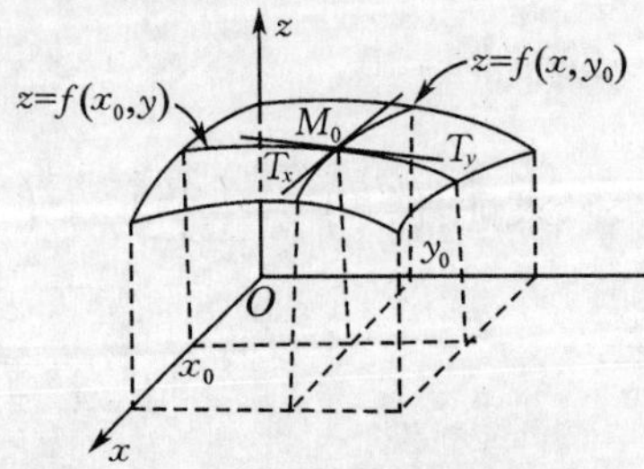

图 8-16

4. 高阶偏导数

设函数 $z=f(x,y)$ 在区域 D 内具有偏导数

$$\frac{\partial z}{\partial x}=f_x'(x,y),\quad \frac{\partial z}{\partial y}=f_y'(x,y),$$

那么在 D 内 $f_x'(x,y)$，$f_y'(x,y)$ 都是 x,y 的函数。如果这两个函数的偏导数也存在，则称它们是函数 $z=f(x,y)$ 的**二阶偏导数**，按照对变量求导次序的不同有下列四个二阶偏导数，分别记为

$$\frac{\partial}{\partial x}\left(\frac{\partial z}{\partial x}\right)=\frac{\partial^2 z}{\partial x^2}=f_{xx}''(x,y),$$

$$\frac{\partial}{\partial y}\left(\frac{\partial z}{\partial x}\right)=\frac{\partial^2 z}{\partial x\partial y}=f_{xy}''(x,y),$$

$$\frac{\partial}{\partial x}\left(\frac{\partial z}{\partial y}\right)=\frac{\partial^2 z}{\partial y\partial x}=f_{yx}''(x,y),$$

$$\frac{\partial}{\partial y}\left(\frac{\partial z}{\partial y}\right)=\frac{\partial^2 z}{\partial y^2}=f_{yy}''(x,y)。$$

其中，f_{xy}''，f_{yx}'' 称为**混合偏导数**。

二阶及二阶以上的偏导数统称为**高阶偏导数**。

例 6　求 $z=x\ln(x+y)$ 的二阶偏导数。

解　$\dfrac{\partial z}{\partial x}=\ln(x+y)+\dfrac{x}{x+y}$，$\dfrac{\partial z}{\partial y}=\dfrac{x}{x+y}$，

$$\frac{\partial^2 z}{\partial x^2}=\frac{1}{x+y}+\frac{x+y-x}{(x+y)^2}=\frac{x+2y}{(x+y)^2},\quad \frac{\partial^2 z}{\partial y^2}=-\frac{x}{(x+y)^2}。$$

$$\frac{\partial^2 z}{\partial x\partial y}=\frac{1}{x+y}-\frac{x}{(x+y)^2}=\frac{y}{(x+y)^2},\quad \frac{\partial^2 z}{\partial y\partial x}=\frac{x+y-x}{(x+y)^2}=\frac{y}{(x+y)^2}。$$

注意　例 6 中二阶混合偏导数 $\dfrac{\partial^2 z}{\partial x\partial y}$ 与 $\dfrac{\partial^2 z}{\partial y\partial x}$ 都是相等的，但在许多情况下它们并不相等，也就是说两者相等是要有一定条件的，为此，给出下面的定理。

定理 8.3　如果函数 $z=f(x,y)$ 的两个二阶混合偏导数 $\dfrac{\partial^2 z}{\partial y\partial x}$ 及 $\dfrac{\partial^2 z}{\partial x\partial y}$ 在区域 D 内连

续，那么，在该区域内这两个二阶混合偏导数必相等。

换句话说，二阶混合偏导数在连续的条件下与求导的次序无关。此定理的证明从略。

例 7　设 $z=\ln(\mathrm{e}^x+\mathrm{e}^y)$，试证 $\dfrac{\partial^2 z}{\partial x^2}\cdot\dfrac{\partial^2 z}{\partial y^2}-\left(\dfrac{\partial^2 z}{\partial x\partial y}\right)^2=0$。

证
$$\frac{\partial z}{\partial x}=\frac{\mathrm{e}^x}{\mathrm{e}^x+\mathrm{e}^y},\quad \frac{\partial z}{\partial y}=\frac{\mathrm{e}^y}{\mathrm{e}^x+\mathrm{e}^y},$$
$$\frac{\partial^2 z}{\partial x^2}=\frac{\mathrm{e}^x(\mathrm{e}^x+\mathrm{e}^y)-\mathrm{e}^x\mathrm{e}^x}{(\mathrm{e}^x+\mathrm{e}^y)^2}=\frac{\mathrm{e}^x\mathrm{e}^y}{(\mathrm{e}^x+\mathrm{e}^y)^2},$$
$$\frac{\partial^2 z}{\partial x\partial y}=-\frac{\mathrm{e}^x\mathrm{e}^y}{(\mathrm{e}^x+\mathrm{e}^y)^2},$$
$$\frac{\partial^2 z}{\partial y^2}=\frac{\mathrm{e}^y(\mathrm{e}^x+\mathrm{e}^y)-\mathrm{e}^y\mathrm{e}^y}{(\mathrm{e}^x+\mathrm{e}^y)^2}=\frac{\mathrm{e}^x\mathrm{e}^y}{(\mathrm{e}^x+\mathrm{e}^y)^2}。$$

所以
$$\frac{\partial^2 z}{\partial x^2}\cdot\frac{\partial^2 z}{\partial y^2}-\left(\frac{\partial^2 z}{\partial x\partial y}\right)^2=\frac{(\mathrm{e}^x\mathrm{e}^y)^2}{(\mathrm{e}^x+\mathrm{e}^y)^4}-\left[\frac{-\mathrm{e}^x\mathrm{e}^y}{(\mathrm{e}^x+\mathrm{e}^y)^2}\right]^2=0。$$

8.2.2　全微分

类似于一元函数的微分概念，对二元函数也可引入全微分的概念。为此，先看下面的例子：

设矩形的长和宽分别用 x,y 表示，则此矩形的面积为 $A=xy$。

若测量 x,y 时产生误差 $\Delta x,\Delta y$，那么该矩形面积产生的误差为
$$\Delta A=(x+\Delta x)(y+\Delta y)-xy=y\Delta x+x\Delta y+\Delta x\Delta y。$$

上式右端包含两部分，一部分是 $y\Delta x+x\Delta y$(图 8-17)，它是关于 $\Delta x,\Delta y$ 的线性函数。另一部分是 $\Delta x\Delta y$，当 $\Delta x\to 0,\Delta y\to 0$ 时，即当 $\rho=\sqrt{(\Delta x)^2+(\Delta y)^2}\to 0$ 时，$\Delta x\Delta y$ 是比 ρ 高阶的无穷小量。因此，如果略去 $\Delta x\Delta y$，而用 $y\Delta x+x\Delta y$ 近似表示 ΔA，则其差 $\Delta A-(y\Delta x+x\Delta y)=\Delta x\Delta y$ 是一个比 ρ 高阶的无穷小量。以后把这个线性函数 $y\Delta x+x\Delta y$ 就叫做函数 $A=xy$ 在点 (x,y) 的全微分。并把二元函数 $A=xy$ 关于自变量在点 (x,y) 的改变量 $\Delta x,\Delta y$ 相应的改变量 ΔA 叫做 A 在点 (x,y) 的全增量，下面给出一般二元函数全微分的定义：

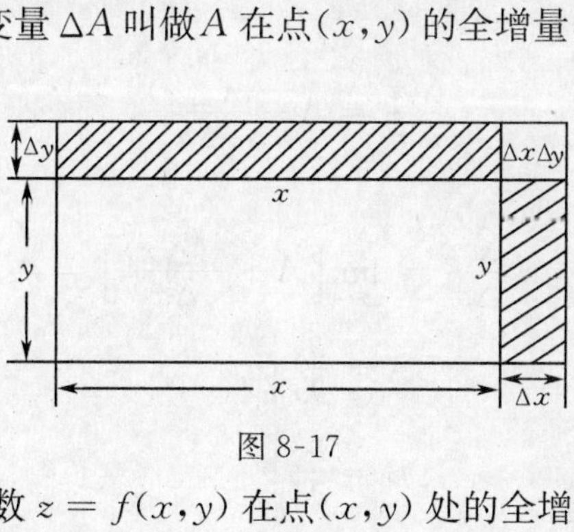

图 8-17

定义 8.7　若二元函数 $z=f(x,y)$ 在点 (x,y) 处的全增量 Δz 可表示为

$$\Delta z = f(x+\Delta x, y+\Delta y) - f(x,y) = A\Delta x + B\Delta y + o(\rho)。$$

其中，A,B 仅与 x,y 有关，而与 $\Delta x,\Delta y$ 无关，$\rho=\sqrt{(\Delta x)^2+(\Delta y)^2}$，$o(\rho)$ 表示关于 ρ 的高阶无穷小量，则称**函数 $z=f(x,y)$ 在点 (x,y) 可微**，并称 $A\Delta x+B\Delta y$ 为 $f(x,y)$ 在点 (x,y) 的**全微分**，记为 $\mathrm{d}z$ 或 $\mathrm{d}f(x,y)$，即

$$\mathrm{d}z = A\Delta x + B\Delta y。$$

此时，也称**函数 $z=f(x,y)$ 在点 (x_0,y_0) 处可微**。

如果函数 $z=f(x,y)$ 在区域 D 内每一点都可微，则称**函数 $z=f(x,y)$ 在区域 D 内可微**。

定理 8.4　如果函数 $z=f(x,y)$ 在点 (x_0,y_0) 处可微，则函数 $z=f(x,y)$ 在点 (x_0,y_0) 处连续。

证　由函数 $z=f(x,y)$ 在点 (x_0,y_0) 处可微，可得

$$\Delta z = A\Delta x + B\Delta y + o(\rho)。$$

则
$$\lim_{\substack{\Delta x\to 0\\ \Delta y\to 0}}\Delta z = \lim_{\substack{\Delta x\to 0\\ \Delta y\to 0}}(A\Delta x+B\Delta y)+\lim_{\rho\to 0}o(\rho)=0。$$

即函数 $z=f(x,y)$ 在点 (x_0,y_0) 处连续。

定理 8.4 也告诉我们，如果 $f(x,y)$ 在 (x_0,y_0) 处不连续，则 $f(x,y)$ 在 (x_0,y_0) 处不可微。

如果函数在点 (x_0,y_0) 处可微，如何求 A,B 呢？

定理 8.5　（可微的必要条件）如果函数 $z=f(x,y)$ 在点 (x_0,y_0) 处可微，则函数 $z=f(x,y)$ 在点 (x_0,y_0) 处的偏导数 $\dfrac{\partial z}{\partial x},\dfrac{\partial z}{\partial y}$ 存在，且

$$A=\left.\frac{\partial z}{\partial x}\right|_{(x_0,y_0)},\quad B=\left.\frac{\partial z}{\partial y}\right|_{(x_0,y_0)}。$$

证　因为函数 $z=f(x,y)$ 在点 (x_0,y_0) 处可微，所以其全增量可以表示为

$$\Delta z = A\Delta x + B\Delta y + o(\rho),$$

其中，A,B 与 $\Delta x,\Delta y$ 无关。

上式对任意的 $\Delta x,\Delta y$ 都成立，则当 $\Delta y=0$ 时也成立，这时全增量转化为偏增量

$$\Delta_x z = f(x_0+\Delta x, y_0) - f(x_0,y_0) = A\Delta x + o(\rho) = A\Delta x + o(\Delta x)。$$

因此
$$\frac{\Delta_x z}{\Delta x} = A + \frac{o(\Delta x)}{\Delta x},$$

从而
$$\lim_{\Delta x\to 0}\frac{\Delta_x z}{\Delta x} = \lim_{\Delta x\to 0}\left[A+\frac{o(\Delta x)}{\Delta x}\right] = A。$$

即
$$A=\left.\frac{\partial z}{\partial x}\right|_{(x_0,y_0)}。$$

同理可证
$$B=\left.\frac{\partial z}{\partial y}\right|_{(x_0,y_0)}。$$

由此可知，当 $z=f(x,y)$ 在点 (x_0,y_0) 处可微时，必有

$$\mathrm{d}z=\left.\frac{\partial z}{\partial x}\right|_{(x_0,y_0)}\Delta x+\left.\frac{\partial z}{\partial y}\right|_{(x_0,y_0)}\Delta y。$$

像一元函数一样，规定 $\Delta x=\mathrm{d}x,\Delta y=\mathrm{d}y$，则

$$\mathrm{d}z=\left.\frac{\partial z}{\partial x}\right|_{(x_0,y_0)}\mathrm{d}x+\left.\frac{\partial z}{\partial y}\right|_{(x_0,y_0)}\mathrm{d}y。\tag{8.5}$$

如果定义自变量 x,y 的全微分为 $\mathrm{d}x=\Delta x,\mathrm{d}y=\Delta y$，则在点 (x,y) 的全微分可写成

$$\mathrm{d}z=\frac{\partial z}{\partial x}\mathrm{d}x+\frac{\partial z}{\partial y}\mathrm{d}y。$$

上式称为**全微分公式**。

一元函数中，可微与可导是等价的，但在多元函数里，这个结论并不成立。例如，

$$z=f(x,y)=\begin{cases}\dfrac{xy}{x^2+y^2}, & x^2+y^2\neq 0,\\ 0, & x^2+y^2=0,\end{cases}$$

在点 $(0,0)$ 处的两个偏导数存在，但是 $z=f(x,y)$ 在点 $(0,0)$ 处不连续（见本节例 5 和 8.1 节例 11），由定理 8.4 可知 $z=f(x,y)$ 在点 $(0,0)$ 处不可微。因此，两个偏导数存在只是函数可微的必要条件，那么，全微分存在的充分条件是什么呢？

定理 8.6　（可微的充分条件）如果函数 $z=f(x,y)$ 在点 (x_0,y_0) 的某一邻域内偏导数 $\frac{\partial z}{\partial x},\frac{\partial z}{\partial y}$ 连续，则函数 $z=f(x,y)$ 在点 (x_0,y_0) 处可微。（证明略）

常见的二元函数一般都满足定理 8.4 的条件，从而它们都是可微函数。

二元函数全微分的概念可以类似地推广到二元以上函数。例如三元函数 $u=f(x,y,z)$，如果三个偏导数 $\frac{\partial u}{\partial x},\frac{\partial u}{\partial y},\frac{\partial u}{\partial z}$ 连续，则它可微且其全微分为

$$\mathrm{d}u=\frac{\partial u}{\partial x}\mathrm{d}x+\frac{\partial u}{\partial y}\mathrm{d}y+\frac{\partial u}{\partial z}\mathrm{d}z。$$

例 8　求函数 $z=\arcsin\frac{x}{y}$ 的全微分 $\mathrm{d}z(y>0)$。

解　由

$$\frac{\partial z}{\partial x}=\frac{1}{\sqrt{1-\frac{x^2}{y^2}}}\cdot\frac{1}{y}=\frac{1}{\sqrt{y^2-x^2}},$$

$$\frac{\partial z}{\partial y}=\frac{1}{\sqrt{1-\frac{x^2}{y^2}}}\cdot\left(-\frac{x}{y^2}\right)=-\frac{x}{y\sqrt{y^2-x^2}},$$

得

$$\mathrm{d}z=\frac{1}{\sqrt{y^2-x^2}}\mathrm{d}x-\frac{x}{y\sqrt{y^2-x^2}}\mathrm{d}y=\frac{y\mathrm{d}x-x\mathrm{d}y}{y\sqrt{y^2-x^2}}。$$

例 9　求函数 $u=\mathrm{e}^{x(x^2+y^2+z^2)}$ 的全微分 $\mathrm{d}u$。

解　由
$$\frac{\partial u}{\partial x}=(3x^2+y^2+z^2)\mathrm{e}^{x(x^2+y^2+z^2)},$$
$$\frac{\partial u}{\partial y}=2xy\mathrm{e}^{x(x^2+y^2+z^2)},\quad \frac{\partial u}{\partial z}=2xz\mathrm{e}^{x(x^2+y^2+z^2)},$$
得
$$\mathrm{d}u=\mathrm{e}^{x(x^2+y^2+z^2)}[(3x^2+y^2+z^2)\mathrm{d}x+2xy\mathrm{d}y+2xz\mathrm{d}z]。$$

习题 8.2

一、选择题

1. 设 $z=f(x,y)$，则 $\left.\frac{\partial z}{\partial x}\right|_{(x_0,y_0)}=$(　　)。

A. $\lim\limits_{\Delta x\to 0}\frac{f(x_0+\Delta x,y_0+\Delta y)-f(x_0,y_0)}{\Delta x}$　　B. $\lim\limits_{\Delta x\to 0}\frac{f(x_0+\Delta x,y_0)-f(x_0,y_0)}{\Delta x}$

C. $\lim\limits_{\Delta x\to 0}\frac{f(x_0+\Delta x,y)-f(x_0,y_0)}{\Delta x}$　　D. $\lim\limits_{\Delta x\to 0}\frac{f(x_0+\Delta x,y_0)}{\Delta x}$

2. 函数 $f(x,y)$ 在点 (x_0,y_0) 偏导数存在是 $f(x,y)$ 在该点连续的(　　)。

A. 充分条件　　B. 必要条件

C. 充要条件　　D. 既非充分也非必要条件

3. 设 $f(x,y)=\ln\left(x+\frac{y}{2x}\right)$，则 $f'_y(1,0)=$(　　)。

A. 1　　B. $\frac{1}{2}$　　C. 2　　D. 0

二、填空题

1. 设 $z=\mathrm{e}^{-\left(\frac{1}{x}+\frac{1}{y}\right)}$，则 $x^2\frac{\partial z}{\partial x}+y^2\frac{\partial z}{\partial y}=$_________。

2. 曲线 $\begin{cases}z=\frac{x^2+y^2}{4}\\ y=4\end{cases}$ 在点(2,4,5)处的切线与横轴正向所成的角度是________。

3. 已知二元函数 $z=\ln(1+x^2+y^2)$，则 $\mathrm{d}z|_{(1,2)}=$________________。

三、解答题

1. 求下列函数的偏导数。

(1) $z=\frac{y}{x}$；　　(2) $z=\arctan\frac{y}{x}$；

(3) $z=\ln\left(\frac{1}{\sqrt[3]{x}}-\frac{1}{\sqrt[3]{y}}\right)$；　　(4) $z=(\sin x)^{\cos y}$；

(5) $u=\frac{2x-t}{x+2t}$；　　(6) $z=\ln\sin(x-2y)$；

(7) $z=\ln\tan\frac{x}{y}$；　　(8) $z=\left(\frac{1}{3}\right)^{-\frac{y}{x}}$。

2. 设 $z=\ln(\sqrt{x}+\sqrt{y})$，证明：$x\frac{\partial z}{\partial x}+y\frac{\partial z}{\partial y}=\frac{1}{2}$。

3. 设 $z = e^{\frac{x}{y^2}}$，求证：$2x\frac{\partial z}{\partial x} + y\frac{\partial z}{\partial y} = 0$。

4. 设 $z = \sqrt{x}\sin\frac{y}{x}$，求证：$x\frac{\partial z}{\partial x} + y\frac{\partial z}{\partial y} = \frac{z}{2}$。

5. 求曲线 $\begin{cases} z = \sqrt{1 + x^2 + y^2}, \\ x = 1 \end{cases}$ 在点 $(1,1,\sqrt{3})$ 处的切线与 y 轴的正向所成的角度。

6. 求下列函数的 $\frac{\partial^2 z}{\partial x^2}$，$\frac{\partial^2 z}{\partial x \partial y}$，$\frac{\partial^2 z}{\partial y^2}$。

(1) $z = x^3 y - xy$；　(2) $z = x^3 + x^2 y + xy^2 + y^3$；

(3) $z = \arcsin(xy)$。

7. 设 $z = x^y$，验证：$\frac{\partial^2 z}{\partial x \partial y} = \frac{\partial^2 z}{\partial y \partial x}$。

8. 设 $f(x,y,z) = xy^2 + yz^2 + zx^2$，求 $f''_{xx}(0,0,1)$，$f''_{xz}(1,0,2)$，$f''_{yz}(0,-1,0)$ 及 $f^{(3)}_{zzx}(2,0,1)$。

9. 求下列函数的全微分。

(1) $z = x^2 y$；　(2) $u = \frac{s+t}{s-t}$；

(3) $z = x\ln y$；　(4) $z = \frac{x}{\sqrt{x^2 + y^2}}$。

10. 求函数 $z = \sqrt{\frac{y}{x}}$ 在 $(1,4)$ 点的全微分。

11. 求函数 $z = x^2 y^3$ 当 $x = 2, y = -1, \Delta x = 0.02, \Delta y = -0.01$ 时的全微分及全增量。

12. 求函数 $z = \frac{y}{x}$ 当 $x = 2, y = 1, \Delta x = 0.1, \Delta y = 0.2$ 时的全微分及全增量。

13. 求下列各函数的偏导数和全微分。

(1) $z = \frac{xy}{x-y}$；　(2) $z = \arcsin(y\sqrt{x})$；

(3) $z = \sin xy$；　(4) $u = \frac{y}{x} + \frac{z}{y} - \frac{x}{z}$；

(5) $u = x^{yz}$。

8.3　多元复合函数的求导法则

8.3.1　多元函数求导的链式法则

设函数 $z = f(u,v)$ 是变量 u,v 的函数，而 u,v 又是变量 x,y 的函数，$u = \varphi(x,y)$，$v = \psi(x,y)$，因而

$$z = f[\varphi(x,y), \psi(x,y)]$$

是 x,y 的复合函数。

定理 8.7　如果函数 $u=\varphi(x,y)$ 及 $v=\psi(x,y)$ 在点 (x,y) 的偏导数 $\frac{\partial u}{\partial x},\frac{\partial u}{\partial y}$ 及 $\frac{\partial v}{\partial x}$，$\frac{\partial v}{\partial y}$ 都存在，且在对应于 (x,y) 的点 (u,v) 处，函数 $z=f(u,v)$ 可微，则复合函数 $z=f[\varphi(x,y),\psi(x,y)]$ 对 x 及 y 的偏导数存在，且

$$\frac{\partial z}{\partial x}=\frac{\partial z}{\partial u}\frac{\partial u}{\partial x}+\frac{\partial z}{\partial v}\frac{\partial v}{\partial x},\quad \frac{\partial z}{\partial y}=\frac{\partial z}{\partial u}\frac{\partial u}{\partial y}+\frac{\partial z}{\partial v}\frac{\partial v}{\partial y}。$$

证　给 x 以改变量 $\Delta x(\Delta x\neq 0)$，让 y 保持不变，则 u,v 各得到改变量 $\Delta_x u,\Delta_x v$，从而函数 $z=f(u,v)$ 也得到改变量 $\Delta_x z$。由于 $f(u,v)$ 可微，所以

$$\Delta_x z=\frac{\partial z}{\partial u}\cdot\Delta_x u+\frac{\partial z}{\partial v}\cdot\Delta_x v+o(\rho)。\tag{8.6}$$

其中，$\rho=\sqrt{(\Delta_x u)^2+(\Delta_x v)^2}$，且 $\lim\limits_{\rho\to 0}\frac{o(\rho)}{\rho}=0$。在(8.6)式两边同除以 $\Delta x(\Delta x\neq 0)$，得

$$\frac{\Delta_x z}{\Delta x}=\frac{\partial z}{\partial u}\cdot\frac{\Delta_x u}{\Delta x}+\frac{\partial z}{\partial v}\cdot\frac{\Delta_x v}{\Delta x}+\frac{o(\rho)}{\Delta x}。\tag{8.7}$$

因为 $u=\varphi(x,y),v=\psi(x,y)$ 的偏导数存在，所以 $\Delta x\to 0$ 时，$\rho\to 0$，且

$$\lim_{\Delta x\to 0}\frac{\Delta_x u}{\Delta x}=\frac{\partial u}{\partial x},\quad \lim_{\Delta x\to 0}\frac{\Delta_x v}{\Delta x}=\frac{\partial v}{\partial x},\tag{8.8}$$

$$\begin{aligned}\lim_{\Delta x\to 0}\frac{o(\rho)}{\Delta x}&=\lim_{\Delta x\to 0}\frac{o(\rho)}{\rho}\cdot\frac{\rho}{\Delta x}=\lim_{\rho\to 0}\frac{o(\rho)}{\rho}\cdot\lim_{\Delta x\to 0}\sqrt{\left(\frac{\Delta_x u}{\Delta x}\right)^2+\left(\frac{\Delta_x v}{\Delta x}\right)^2}\\&=0\cdot\sqrt{\left(\frac{\partial u}{\partial x}\right)^2+\left(\frac{\partial v}{\partial x}\right)^2}=0。\end{aligned}\tag{8.9}$$

于是，当 $\Delta x\to 0$ 时，(8.7) 式右边的极限存在，左边的极限也存在，所以(8.7) 式两边取极限，再由(8.8) 和(8.9) 式可得

$$\frac{\partial z}{\partial x}=\frac{\partial z}{\partial u}\frac{\partial u}{\partial x}+\frac{\partial z}{\partial v}\frac{\partial v}{\partial x}。\tag{8.10}$$

同理可得

$$\frac{\partial z}{\partial y}=\frac{\partial z}{\partial u}\frac{\partial u}{\partial y}+\frac{\partial z}{\partial v}\frac{\partial v}{\partial y}。$$

例 1　设 $z=u^v,u=3x^2+y^2,v=4x+2y$，求 $\frac{\partial z}{\partial x},\frac{\partial z}{\partial y}$。

解　$\frac{\partial z}{\partial u}=vu^{v-1},\ \frac{\partial z}{\partial v}=u^v\ln u,\ \frac{\partial u}{\partial x}=6x,\ \frac{\partial u}{\partial y}=2y,\ \frac{\partial v}{\partial x}=4,\ \frac{\partial v}{\partial y}=2,$

则

$$\begin{aligned}\frac{\partial z}{\partial x}&=vu^{v-1}\cdot 6x+u^v\ln u\cdot 4\\&=6x(4x+2y)(3x^2+y^2)^{4x+2y-1}+4(3x^2+y^2)^{4x+2y}\ln(3x^2+y^2),\\\frac{\partial z}{\partial y}&=vu^{v-1}\cdot 2y+u^v\ln u\cdot 2\\&=2y(4x+2y)(3x^2+y^2)^{4x+2y-1}+2(3x^2+y^2)^{4x+2y}\ln(3x^2+y^2)。\end{aligned}$$

特别地，如果 $z=f(u,v)$，而 $u=\varphi(x)$，$v=\psi(x)$，则 z 就是 x 的一元函数。

$$z=f[\varphi(x),\psi(x)]。$$

这时，z 对 x 的导数称为**全导数**，即

$$\frac{\mathrm{d}z}{\mathrm{d}x}=\frac{\partial z}{\partial u}\frac{\mathrm{d}u}{\mathrm{d}x}+\frac{\partial z}{\partial v}\frac{\mathrm{d}v}{\mathrm{d}x}。\tag{8.11}$$

应用公式(8.10)与(8.11)时，可通过图 8-18 及图 8-19 表示函数的复合关系和求导的运算途径。例如在图 8-19 中，一方面，从 z 引出的两个箭头指向 u，v，表示 z 是 u 和 v 的函数；同理，u 与 v 又同是 x 的函数。另一方面，从 z 到 x 的途径有两条，表示 z 对 x 的偏导数包括两项；每条途径由两个箭头组成，表示每项由两个导数相乘而得，其中，每个箭头表示一个变量对某变量的偏导数，如 $z\to u$，$u\to x$ 分别表示 $\frac{\partial z}{\partial u}$，$\frac{\partial u}{\partial x}$。

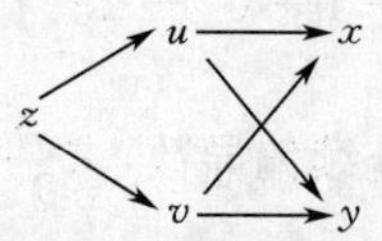

图 8-18

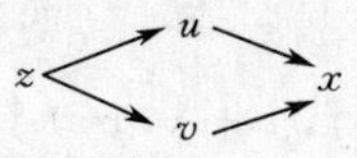

图 8-19

当 $z=f(u,v,w)$，$u=\varphi(x,y)$，$v=\psi(x,y)$，$w=\omega(x,y)$ 时，则其求导公式可参考关系图 8-20。

$$\frac{\partial z}{\partial x}=\frac{\partial z}{\partial u}\frac{\partial u}{\partial x}+\frac{\partial z}{\partial v}\frac{\partial v}{\partial x}+\frac{\partial z}{\partial w}\frac{\partial w}{\partial x},\quad \frac{\partial z}{\partial y}=\frac{\partial z}{\partial u}\frac{\partial u}{\partial y}+\frac{\partial z}{\partial v}\frac{\partial v}{\partial y}+\frac{\partial z}{\partial w}\frac{\partial w}{\partial y}。$$

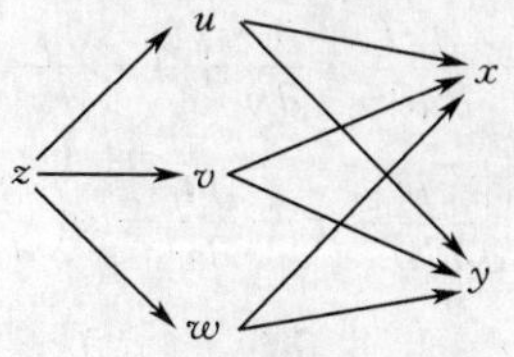

图 8-20

又如 $z=f(u,v)$，$u=\varphi(x,y,t)$，$v=\psi(x,y,t)$，则如图 8-21 所示，有

$$\frac{\partial z}{\partial x}=\frac{\partial z}{\partial u}\frac{\partial u}{\partial x}+\frac{\partial z}{\partial v}\frac{\partial v}{\partial x},\quad \frac{\partial z}{\partial y}=\frac{\partial z}{\partial u}\frac{\partial u}{\partial y}+\frac{\partial z}{\partial v}\frac{\partial v}{\partial y},\quad \frac{\partial z}{\partial t}=\frac{\partial z}{\partial u}\frac{\partial u}{\partial t}+\frac{\partial z}{\partial v}\frac{\partial v}{\partial t}。$$

在复合函数的求导过程中，如果其中出现某一个中间变量是一元函数，则涉及它的偏导数记号应改为一元函数的导数记号。例如，$z=f(u,v)$，而 $u=\varphi(x,y)$，$v=\psi(x)$，则

$$\frac{\partial z}{\partial x}=\frac{\partial z}{\partial u}\frac{\partial u}{\partial x}+\frac{\partial z}{\partial v}\frac{\mathrm{d}v}{\mathrm{d}x},\qquad \frac{\partial z}{\partial y}=\frac{\partial z}{\partial u}\frac{\partial u}{\partial y}。$$

图 8-22 中 z 通往 y 的途径只有一条，因此 $\frac{\partial z}{\partial y}$ 只有一项。

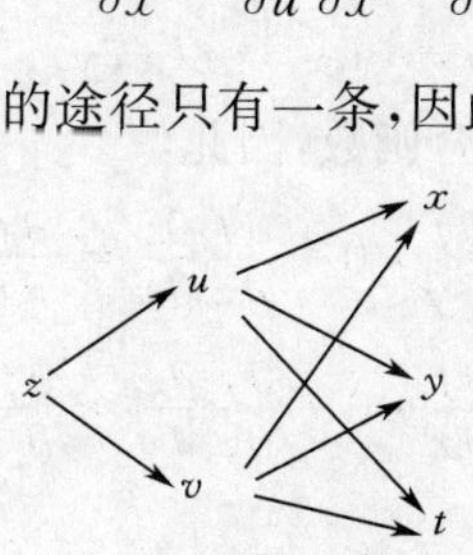

图 8-21

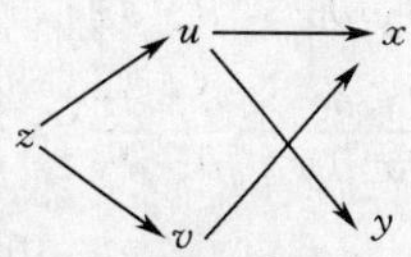

图 8-22

例 2　设 $z=x^2\ln y$，而 $x=\dfrac{u}{v}$，$y=3u-2v$，求 $\dfrac{\partial z}{\partial u}$，$\dfrac{\partial z}{\partial v}$。

解　$$\frac{\partial z}{\partial u}=2x\ln y\cdot\frac{1}{v}+\frac{x^2}{y}\cdot 3=\frac{2u}{v^2}\ln(3u-2v)+\frac{3u^2}{v^2(3u-2v)},$$

$$\frac{\partial z}{\partial v}=2x\ln y\cdot\left(-\frac{u}{v^2}\right)+\frac{x^2}{y}(-2)=-\frac{2u^2}{v^3}\ln(3u-2v)-\frac{2u^2}{v^2(3u-2v)}。$$

例 3　设 $z=\dfrac{y}{x}$，而 $x=\mathrm{e}^t$，$y=1-\mathrm{e}^{2t}$，求 $\dfrac{\mathrm{d}z}{\mathrm{d}t}$。

解　$$\frac{\mathrm{d}z}{\mathrm{d}t}=\frac{\partial z}{\partial x}\frac{\mathrm{d}x}{\mathrm{d}t}+\frac{\partial z}{\partial y}\frac{\mathrm{d}y}{\mathrm{d}t}=-\frac{y}{x^2}\mathrm{e}^t+\frac{1}{x}(-2\mathrm{e}^{2t})$$

$$=-\frac{1-\mathrm{e}^{2t}}{\mathrm{e}^{2t}}\mathrm{e}^t+\frac{1}{\mathrm{e}^t}(-2\mathrm{e}^{2t})=\frac{1}{\mathrm{e}^t}\left(-1+\mathrm{e}^{2t}-2\mathrm{e}^{2t}\right)=-\mathrm{e}^{-t}-\mathrm{e}^t。$$

例 4　设函数 $z=f(x+y,xy)$ 具有二阶连续偏导数，求 $\dfrac{\partial^2 z}{\partial x\partial y}$。

解　令 $u=x+y$，$v=xy$，则 $z=f(u,v)$。

$$\frac{\partial z}{\partial x}=\frac{\partial f}{\partial u}\frac{\partial u}{\partial x}+\frac{\partial f}{\partial v}\frac{\partial v}{\partial x}=\frac{\partial f}{\partial u}\cdot 1+\frac{\partial f}{\partial v}\cdot y=\frac{\partial f}{\partial u}+y\frac{\partial f}{\partial v}。$$

$$\frac{\partial^2 z}{\partial x\partial y}=\frac{\partial}{\partial y}\left(\frac{\partial f}{\partial u}\right)+\frac{\partial}{\partial y}\left(y\frac{\partial f}{\partial v}\right)$$

$$=\frac{\partial^2 f}{\partial u^2}\cdot\frac{\partial u}{\partial y}+\frac{\partial^2 f}{\partial u\partial v}\cdot\frac{\partial v}{\partial y}+1\cdot\frac{\partial f}{\partial v}+y\frac{\partial}{\partial y}\left(\frac{\partial f}{\partial v}\right)$$

$$=\frac{\partial^2 f}{\partial u^2}\cdot 1+\frac{\partial^2 f}{\partial u\partial v}\cdot x+\frac{\partial f}{\partial v}+y\left(\frac{\partial^2 f}{\partial v\partial u}\frac{\partial u}{\partial y}+\frac{\partial^2 f}{\partial v^2}\frac{\partial v}{\partial y}\right)$$

$$=\frac{\partial^2 f}{\partial u^2}+\frac{\partial^2 f}{\partial u\partial v}\cdot x+\frac{\partial f}{\partial v}+y\left(\frac{\partial^2 f}{\partial v\partial u}\cdot 1+\frac{\partial^2 f}{\partial v^2}\cdot x\right)$$

$$=\frac{\partial^2 f}{\partial u^2}+(x+y)\frac{\partial^2 f}{\partial u\partial v}+xy\frac{\partial^2 f}{\partial v^2}+\frac{\partial f}{\partial v}。$$

例 5　$u=f(x,y,z)$，$z=\varphi(x,y)$，求 $\dfrac{\partial u}{\partial x}$，$\dfrac{\partial u}{\partial y}$。

解　在这个问题中，x，y 既是中间变量又是自变量，为了利用复合函数求导公式，可把所给函数写成如下形式：

$$u=f(x,y,z)，而\ x=x,y=y,z=z(x,y)。$$

这样 u 便是具有三个中间变量，两个自变量的复合函数，因此，

$$\frac{\partial u}{\partial x}=\frac{\partial f}{\partial x}\frac{\mathrm{d}x}{\mathrm{d}x}+\frac{\partial f}{\partial y}\frac{\partial y}{\partial x}+\frac{\partial f}{\partial z}\frac{\partial z}{\partial x}=\frac{\partial f}{\partial x}\cdot 1+\frac{\partial f}{\partial y}\cdot 0+\frac{\partial f}{\partial z}\frac{\partial z}{\partial x}=\frac{\partial f}{\partial x}+\frac{\partial f}{\partial z}\frac{\partial z}{\partial x},$$

$$\frac{\partial u}{\partial y}=\frac{\partial f}{\partial y}\frac{\mathrm{d}y}{\mathrm{d}y}+\frac{\partial f}{\partial x}\frac{\partial x}{\partial y}+\frac{\partial f}{\partial z}\frac{\partial z}{\partial y}=\frac{\partial f}{\partial y}\cdot 1+\frac{\partial f}{\partial x}\cdot 0+\frac{\partial f}{\partial z}\frac{\partial z}{\partial y}=\frac{\partial f}{\partial y}+\frac{\partial f}{\partial z}\frac{\partial z}{\partial y}。$$

注意　这里 $\dfrac{\partial u}{\partial x}$ 与 $\dfrac{\partial f}{\partial x}$ 是不同的，$\dfrac{\partial u}{\partial x}$ 是把复合函数 $u=f[x,y,\varphi(x,y)]$ 中的 y 看作不

变，而对 x 的偏导数，$\frac{\partial f}{\partial x}$ 是把 $u=f(x,y,z)$ 中的 y 及 z 看作不变而对 x 的偏导数。$\frac{\partial u}{\partial y}$ 与 $\frac{\partial f}{\partial y}$ 也有类似的区别。

通过上面的讨论，可以看到，在用复合函数公式对复合函数求导时，首先要搞清哪些变量是自变量，哪些变量是中间变量，以及中间变量又是哪些自变量的函数，总之，理清了复合关系，可以帮助我们正确求导，简化求导过程。

8.3.2　全微分形式不变性

一元函数具有一阶微分形式不变性，而多元函数同样具有全微分形式不变性。

设函数 $z=f(u,v)$ 具有连续偏导数，则有全微分

$$dz=\frac{\partial z}{\partial u}du+\frac{\partial z}{\partial v}dv。\tag{8.12}$$

其中，u,v 又是 x,y 的函数，$u=\varphi(x,y)$，$v=\psi(x,y)$，且这两个函数也具有连续偏导数。

事实上，$z=f[\varphi(x,y),\psi(x,y)]$ 的全微分为

$$dz=\frac{\partial z}{\partial x}dx+\frac{\partial z}{\partial y}dy。$$

其中，

$$\frac{\partial z}{\partial x}=\frac{\partial z}{\partial u}\frac{\partial u}{\partial x}+\frac{\partial z}{\partial v}\frac{\partial v}{\partial x},\quad \frac{\partial z}{\partial y}=\frac{\partial z}{\partial u}\frac{\partial u}{\partial y}+\frac{\partial z}{\partial v}\frac{\partial v}{\partial y}。$$

代入上式，得

$$\begin{aligned}dz&=\left(\frac{\partial z}{\partial u}\frac{\partial u}{\partial x}+\frac{\partial z}{\partial v}\frac{\partial v}{\partial x}\right)dx+\left(\frac{\partial z}{\partial u}\frac{\partial u}{\partial y}+\frac{\partial z}{\partial v}\frac{\partial v}{\partial y}\right)dy\\&=\frac{\partial z}{\partial u}\left(\frac{\partial u}{\partial x}dx+\frac{\partial u}{\partial y}dy\right)+\frac{\partial z}{\partial v}\left(\frac{\partial v}{\partial x}dx+\frac{\partial v}{\partial y}dy\right)\\&=\frac{\partial z}{\partial u}du+\frac{\partial z}{\partial v}dv。\end{aligned}$$

由此可见，无论 z 是自变量 u,v 的函数或中间变量 u,v 的函数，它的全微分形式是一样的。这个性质叫做**全微分形式不变性**。

例 6　设 $z=u^v$，$u=2x+y$，$v=2x+y$，求 $\frac{\partial z}{\partial x},\frac{\partial z}{\partial y}$。

解法一　利用复合函数的求导法得

$$\begin{aligned}\frac{\partial z}{\partial x}&=\frac{\partial z}{\partial u}\frac{\partial u}{\partial x}+\frac{\partial z}{\partial v}\frac{\partial v}{\partial x}\\&=vu^{v-1}\cdot 2+u^v\ln u\cdot 2=2u^v(vu^{-1}+\ln u)\\&=2(2x+y)^{2x+y}[1+\ln(2x+y)],\end{aligned}$$

$$\begin{aligned}\frac{\partial z}{\partial y}&=\frac{\partial z}{\partial u}\frac{\partial u}{\partial y}+\frac{\partial z}{\partial v}\frac{\partial v}{\partial y}=vu^{v-1}\cdot 1+u^v\ln u\cdot 1\\&=u^v(vu^{-1}+\ln u)=(2x+y)^{2x+y}[1+\ln(2x+y)]。\end{aligned}$$

解法二 利用全微分形式不变性得

$$dz = d(u^v) = vu^{v-1}du + u^v \ln u dv。$$

因

$$du = d(2x+y) = 2dx + 1 \cdot dy, \quad dv = d(2x+y) = 2dx + 1 \cdot dy,$$

代入后合并含 dx 及 dy 的项，得

$$\begin{aligned} dz &= vu^{v-1}(2dx+dy) + u^v \ln u(2dx+dy) \\ &= (2vu^{v-1} + 2u^v \ln u)dx + (vu^{v-1} + u^v \ln u)dy \\ &= 2(2x+y)^{(2x+y)}[1+\ln(2x+y)]dx + (2x+y)^{2x+y}[1+\ln(2x+y)]dy。\end{aligned}$$

比较上式两边的 dx,dy 的系数，就可同时得到两个偏导数$\frac{\partial z}{\partial x}$,$\frac{\partial z}{\partial y}$，它们与解法一的结果一样。

习题 8.3

一、选择题

1. 设 $z = uv + \sin w, u = e^t, v = \cos t, w = t$，则$\frac{dz}{dt} = ($　　$)$。

A. $e^t(\cos t + \sin t) + \cos t$　　B. $e^t(\cos t - \sin t) + \cos t$

C. $e^t(\cos t - \sin t) - \cos t$　　D. $e^t(\cos t - \sin t) + \sin t$

2. 设二元函数 $w = (x+z)e^{yz}$ 且 $x + y - 2z = 1$，则$\left.\frac{\partial w}{\partial x}\right|_{(1,0,0)} = ($　　$)$。

A. $\frac{3}{2}$　　B. 1　　C. $\frac{3}{2}$ 或 1　　D. 不存在

3. 设 $z = f(u,v), u = \varphi(x,y), v = \psi(x,y)$，其中 f,φ,ψ 具有连续偏导数，则$\frac{\partial z}{\partial x}dx + \frac{\partial z}{\partial y}dy = ($　　$)$。

A. $\frac{\partial z}{\partial u}du + \frac{\partial z}{\partial v}dv$　　B. $\frac{\partial z}{\partial u}dv + \frac{\partial z}{\partial v}du$

C. $\frac{\partial z}{\partial x}du + \frac{\partial z}{\partial y}dv$　　D. $\frac{\partial z}{\partial u}dx + \frac{\partial z}{\partial v}dy$

二、填空题

1. 设 $z = u^2 + v^2$，而 $u = x + y, v = x - y$，则$\frac{\partial z}{\partial x} + \frac{\partial z}{\partial y} =$ ________。

2. 设 $z = f(x^6 - y^6)$，$f(u)$ 可微，则$\frac{\partial z}{\partial x} =$ ________。

3. 设 $z = x^{x^y}$，则$\frac{\partial z}{\partial x} =$ ________，$\frac{\partial z}{\partial y} =$ ________。

三、解答题

1. 设 $z = u^2 v - uv^2, u = x\cos y, v = x\sin y$，求$\frac{\partial z}{\partial x}$,$\frac{\partial z}{\partial y}$。

2. 设 $z=u\ln v$，而 $u=\dfrac{x}{y}$，$v=x-y$，求 $\dfrac{\partial z}{\partial x},\dfrac{\partial z}{\partial y}$。

3. 设 $z=x^2+xy+y^2$，而 $x=t^2$，$y=t$，求 $\dfrac{\mathrm{d}z}{\mathrm{d}t}$。

4. 设 $z=\tan(3t+2x^2-y)$，而 $x=\dfrac{1}{t}$，$y=\sqrt{t}$，求 $\dfrac{\mathrm{d}z}{\mathrm{d}t}$。

5. 设 $z=\dfrac{x^2}{y}$，而 $x=u-2v$，$y=v+2u$，求 $\dfrac{\partial z}{\partial u},\dfrac{\partial z}{\partial v}$。

6. 设 $z=x^{xy}$，求 $\dfrac{\partial z}{\partial x},\dfrac{\partial z}{\partial y}$。

7. 设 $z=u^v$，而 u,v 均为 x 的函数，求 $\dfrac{\mathrm{d}z}{\mathrm{d}x}$。

8. 设 $z=f(x^3-y^3,\mathrm{e}^{xy})$，求 $\dfrac{\partial z}{\partial x},\dfrac{\partial z}{\partial y}$。

9. 设 $z=\dfrac{y}{f(x^2-y^2)}$，其中，f 为可微函数，证明：$\dfrac{1}{x}\dfrac{\partial z}{\partial x}+\dfrac{1}{y}\dfrac{\partial z}{\partial y}=\dfrac{z}{y^2}$。

10. 证明零次齐次可微函数 $z=F\left(\dfrac{y}{x}\right)$ 满足关系式 $x\dfrac{\partial z}{\partial x}+y\dfrac{\partial z}{\partial y}=0$。

11. 设 $z=\dfrac{y^2}{3x}+\varphi(xy)$，验证：$x^2\dfrac{\partial z}{\partial x}-xy\dfrac{\partial z}{\partial y}+y^2=0$。

12. 设 $y=\varphi(x+\mu t)+\psi(x-\mu t)$，其中，$\varphi,\psi$ 为任意二次可微函数，证明：

$$\frac{\partial^2 y}{\partial t^2}=\mu^2\frac{\partial^2 y}{\partial x^2}。$$

8.4　隐函数的求导公式

8.4.1　一元函数的隐函数

在一元函数中，曾学习过隐函数的求导方法，但未能给出一般的求导公式。现在根据多元复合函数的求导法，就可以给出一元隐函数的求导公式。

设方程 $F(x,y)=0$ 确定了函数 $y=y(x)$，则将它代入方程变为恒等式

$$F[x,y(x)]\equiv 0。$$

两端对 x 求导，得

$$F'_x+F'_y\cdot\frac{\mathrm{d}y}{\mathrm{d}x}=0。$$

若 $F'_y\neq 0$，则

$$\frac{\mathrm{d}y}{\mathrm{d}x}=-\frac{F'_x}{F'_y}。\tag{8.13}$$

这就是一元隐函数的求导公式。

例 1　求由方程 $\arctan\frac{x+y}{a}=\frac{y}{a}$ 所确定的隐函数 $y=f(x)$ 的导数。

解　令 $F(x,y)=\arctan\frac{x+y}{a}-\frac{y}{a}$,则

$$F'_x=\frac{1}{1+\left(\frac{x+y}{a}\right)^2}\cdot\frac{1}{a}(1+0)-0=\frac{a}{a^2+(x+y)^2},$$

$$F'_y=\frac{1}{1+\left(\frac{x+y}{a}\right)^2}\cdot\frac{1}{a}(0+1)-\frac{1}{a}=-\frac{(x+y)^2}{a[a^2+(x+y)^2]}。$$

由公式(8.13),得

$$\frac{\mathrm{d}y}{\mathrm{d}x}=-\frac{\frac{a}{a^2+(x+y)^2}}{-\frac{(x+y)^2}{a[a^2+(x+y)^2]}}=\frac{a}{a^2+(x+y)^2}\cdot\frac{a[a^2+(x+y)^2]}{(x+y)^2}=\frac{a^2}{(x+y)^2}。$$

例 2　设 $\ln\sqrt{x^2+y^2}=\arctan\frac{y}{x}$ 确定了 $y=y(x)$,求$\frac{\mathrm{d}y}{\mathrm{d}x}$。

解　将方程

$$\frac{1}{2}\ln(x^2+y^2)=\arctan\frac{y}{x}$$

两边对 x 求导,得

$$\frac{1}{2}\cdot\frac{1}{x^2+y^2}\left(2x+2y\frac{\mathrm{d}y}{\mathrm{d}x}\right)=\frac{1}{1+\left(\frac{y}{x}\right)^2}\left(\frac{x\frac{\mathrm{d}y}{\mathrm{d}x}-y}{x^2}\right),$$

整理得

$$\frac{x-y}{x^2+y^2}\frac{\mathrm{d}y}{\mathrm{d}x}=\frac{x+y}{x^2+y^2},$$

故

$$\frac{\mathrm{d}y}{\mathrm{d}x}=\frac{x+y}{x-y}。$$

8.4.2　二元函数的隐函数

设方程 $F(x,y,z)=0$ 确定了隐函数 $z=z(x,y)$,若 F'_x,F'_y,F'_z 连续,且 $F'_z\neq 0$,则可按照一元函数的隐函数的求导法则,得出 z 对 x,y 的两个偏导数的求导公式。

将 $z=z(x,y)$ 代入方程 $F(x,y,z)=0$,得恒等式

$$F[x,y,z(x,y)]\equiv 0。$$

两端分别对 x,y 求偏导,得

$$F'_x+F'_z\cdot\frac{\partial z}{\partial x}=0,\quad F'_y+F'_z\cdot\frac{\partial z}{\partial y}=0。$$

因为 $F'_z\neq 0$,所以

$$\frac{\partial z}{\partial x}=-\frac{F_x'}{F_z'},\quad \frac{\partial z}{\partial y}=-\frac{F_y'}{F_z'}。\tag{8.14}$$

这就是二元函数隐函数的求导公式。

这个公式的理论基础是隐函数存在定理。

定理 8.8 （隐函数存在定理）设函数 $F(x,y,z)$ 在点 $P(x_0,y_0,z_0)$ 的某一邻域内具有连续的偏导数，且 $F(x_0,y_0,z_0)=0$，$F_z'(x_0,y_0,z_0)\neq 0$，则方程 $F(x,y,z)=0$ 在点 (x_0,y_0,z_0) 的某一邻域内恒能唯一确定一个连续且具有连续偏导数的函数 $z=f(x,y)$，它满足条件 $z_0=f(x_0,y_0)$，并有

$$\frac{\partial z}{\partial x}=-\frac{F_x'}{F_z'},\quad \frac{\partial z}{\partial y}=-\frac{F_y'}{F_z'}。$$

这个定理的证明可参见数学分析的相关部分。

例 3　求由方程 $\frac{x^2}{a^2}+\frac{y^2}{b^2}+\frac{z^2}{c^2}=1$ 所确定的函数 z 的偏导数。

解　令 $F(x,y,z)=\frac{x^2}{a^2}+\frac{y^2}{b^2}+\frac{z^2}{c^2}-1$，则

$$F_x'=\frac{2x}{a^2},\quad F_y'=\frac{2y}{b^2},\quad F_z'=\frac{2z}{c^2}。$$

所以
$$\frac{\partial z}{\partial x}=-\frac{\frac{2x}{a^2}}{\frac{2z}{c^2}}=-\frac{c^2x}{a^2z},\quad \frac{\partial z}{\partial y}=-\frac{\frac{2y}{b^2}}{\frac{2z}{c^2}}=-\frac{c^2y}{b^2z}。$$

例 4　设 $x^3+y^3+z^3+xyz=6$ 确定隐函数 $z=z(x,y)$，求 $\left.\frac{\partial z}{\partial x}\right|_{(1,2,-1)}$ 及 $\left.\frac{\partial z}{\partial y}\right|_{(1,2,-1)}$。

解　令 $F(x,y,z)=x^3+y^3+z^3+xyz-6$，则

$$F_x'=3x^2+yz,\quad F_y'=3y^2+xz,\quad F_z'=3z^2+xy。$$

所以
$$\frac{\partial z}{\partial x}=-\frac{F_x'}{F_z'}=-\frac{3x^2+yz}{3z^2+xy},\quad \left.\frac{\partial z}{\partial x}\right|_{(1,2,-1)}=-\frac{1}{5},$$
$$\frac{\partial z}{\partial y}=-\frac{F_y'}{F_z'}=-\frac{3y^2+xz}{3z^2+xy},\quad \left.\frac{\partial z}{\partial y}\right|_{(1,2,-1)}=-\frac{11}{5}。$$

例 5　设 $2\sin(x+2y-3z)=x+2y-3z$，证明：$\frac{\partial z}{\partial x}+\frac{\partial z}{\partial y}=1$。

证　令 $F(x,y,z)=2\sin(x+2y-3z)-x-2y+3z$，则

$$F_x'=2\cos(x+2y-3z)-1,$$
$$F_y'=2\cos(r+2y-3z)\cdot 2-2=2[2\cos(x+2y-3z)-1],$$
$$F_z'=2\cos(x+2y-3z)(-3)+3=-3[2\cos(x+2y-3z)-1]。$$

所以

$$\frac{\partial z}{\partial x}=-\frac{F_x'}{F_z'}=\frac{1-2\cos(x+2y-3z)}{3[1-2\cos(x+2y-3z)]}=\frac{1}{3},$$
$$\frac{\partial z}{\partial y}=-\frac{F_y'}{F_z'}=\frac{2[1-2\cos(x+2y-3z)]}{3[1-2\cos(x+2y-3z)]}=\frac{2}{3}。$$

于是

$$\frac{\partial z}{\partial x}+\frac{\partial z}{\partial y}=\frac{1}{3}+\frac{2}{3}=1。$$

例 6　设 $xy+z=\mathrm{e}^{x+z}$ 确定 $z=f(x,y)$，求$\frac{\partial z}{\partial x},\frac{\partial z}{\partial y}$。

解　用隐函数求导法，将方程两边对 x 求导（y 作为常数），得

$$y+\frac{\partial z}{\partial x}=\mathrm{e}^{x+z}\left(1+\frac{\partial z}{\partial x}\right),\quad \frac{\partial z}{\partial x}=\frac{\mathrm{e}^{x+z}-y}{1-\mathrm{e}^{x+z}}=\frac{xy+z-y}{1-xy-z}。$$

将方程两边对 y 求导（x 作为常数），得

$$x+\frac{\partial z}{\partial y}=\mathrm{e}^{x+z}\cdot\frac{\partial z}{\partial y},\quad \frac{\partial z}{\partial y}=\frac{x}{\mathrm{e}^{x+z}-1}=\frac{x}{xy+z-1}。$$

例 7　设 $x^2+y^2+z^2=4z$，求$\frac{\partial^2 z}{\partial x^2}$。

解　令 $F(x,y,z)=x^2+y^2+z^2-4z$，则

$$F_x'=2x,\quad F_y'=2y,\quad F_z'=2z-4。$$

所以

$$\frac{\partial z}{\partial x}=-\frac{F_x'}{F_z'}=-\frac{2x}{2z-4}=\frac{x}{2-z},$$

$$\frac{\partial^2 z}{\partial x^2}=\left(\frac{x}{2-z}\right)_x'=\frac{2-z-x\cdot(2-z)_x'}{(2-z)^2}=\frac{2-z-x\left(-\frac{\partial z}{\partial x}\right)}{(2-z)^2}$$

$$=\frac{2-z+x\cdot\frac{x}{2-z}}{(2-z)^2}=\frac{(2-z)^2+x^2}{(2-z)^3}。$$

例 8　设 $x+z=yf(x^2-z^2)$，其中，f 可微。证明：$z\frac{\partial z}{\partial x}+y\frac{\partial z}{\partial y}=x$。

证　用隐函数求导法，将方程两边对 x 求导，得

$$1+\frac{\partial z}{\partial x}=yf'\cdot\left(2x-2z\cdot\frac{\partial z}{\partial x}\right),\ \frac{\partial z}{\partial x}=\frac{2xyf'-1}{1+2yzf'}。$$

又将原方程两边对 y 求导，得

$$0+\frac{\partial z}{\partial y}=1\cdot f+yf'\cdot\left(0-2z\cdot\frac{\partial z}{\partial y}\right),$$

$$\frac{\partial z}{\partial y}=\frac{f}{1+2yzf'}。$$

所以

$$z\frac{\partial z}{\partial x}+y\frac{\partial z}{\partial y}=z\cdot\frac{2xyf'-1}{1+2yzf'}+y\cdot\frac{f}{1+2yzf'}$$

$$=\frac{2xyf'z-z+yf}{1+2yzf'}=\frac{2xyf'z-z+x+z}{1+2yzf'}=x。$$

习题 8.4

一、选择题

1. 方程 $x^2+y^2+z^2=14$ 确定二元隐函数 $z=z(x,y)$，则 $\left.\dfrac{\partial z}{\partial x}\right|_{(2,3,1)}=($　　$)$。

A. -2　　B. 2　　C. $-\dfrac{1}{2}$　　D. 1

2. 设 $\dfrac{x}{z}=\ln\dfrac{z}{y}$，则 $\dfrac{\partial z}{\partial x}=($　　$)$。

A. $\dfrac{x+y}{z}$　　B. $-\dfrac{z}{x+z}$　　C. $\dfrac{z}{x+z}$　　D. $\dfrac{z}{x+y}$

3. 设 $z=z(x,y)$ 是由方程 $F(x-az,y-bz)=0$ 所确定的隐函数，其中 $F(u,v)$ 是变量 u,v 的可微函数，a,b 为常数，则必有(　　)。

A. $b\dfrac{\partial z}{\partial x}+a\dfrac{\partial z}{\partial y}=1$　　B. $a\dfrac{\partial z}{\partial x}+b\dfrac{\partial z}{\partial y}=1$

C. $b\dfrac{\partial z}{\partial x}-a\dfrac{\partial z}{\partial y}=1$　　D. $a\dfrac{\partial z}{\partial x}-b\dfrac{\partial z}{\partial y}=1$

二、填空题

1. 设方程 $xy-\ln y=a$ 确定一元隐函数 $y=y(x)$，则 $\dfrac{dy}{dx}=$______。

2. 设 $z^x=y^z$，则 $\dfrac{\partial z}{\partial x}=$______，$\dfrac{\partial z}{\partial y}=$______。

3. 由方程 $xy-yz+xz=e^z$ 所确定的隐函数 $z=z(x,y)$，则 $\left.dz\right|_{\substack{x=1\\y=1}}=$______。

三、解答题

1. 设 $xy-\ln y=0$，求 $\dfrac{dy}{dx}$。

2. 设 $\sin y+e^x-xy^2=0$，求 $\dfrac{dy}{dx}$。

3. 设 $x^3y-xy^3=a^2$，求 $\dfrac{dy}{dx}$。

4. 设 $x+2y+z-2\sqrt{xyz}=0$，求 $\dfrac{\partial z}{\partial x},\dfrac{\partial z}{\partial y}$。

5. 设 $e^z\quad xyz-0$，求 $\dfrac{\partial z}{\partial x},\dfrac{\partial z}{\partial y}$。

6. 设 $xyz=a^3$，证明：$x\dfrac{\partial z}{\partial x}+y\dfrac{\partial z}{\partial y}=-2z$。

7. 设 $e^z-xyz=0$，求 $\dfrac{\partial^2 z}{\partial x^2},\dfrac{\partial^2 z}{\partial x\partial y},\dfrac{\partial^2 z}{\partial y^2}$。

8. 设 $x+y+z=e^{-(x+y+z)}$，求 $\dfrac{\partial^2 z}{\partial x^2},\dfrac{\partial^2 z}{\partial x\partial y},\dfrac{\partial^2 z}{\partial y^2}$。

9. 求由下列方程组所确定的函数的导数或偏导数。

(1) 设$\begin{cases} x+y+z=0, \\ x^2+y^2+z^2=1, \end{cases}$ 求$\dfrac{\mathrm{d}x}{\mathrm{d}z},\dfrac{\mathrm{d}y}{\mathrm{d}z}$；

(2) 设$\begin{cases} x=\mathrm{e}^u+u\sin v, \\ y=\mathrm{e}^u-u\cos v, \end{cases}$ 求$\dfrac{\partial u}{\partial x},\dfrac{\partial u}{\partial y},\dfrac{\partial v}{\partial x},\dfrac{\partial v}{\partial y}$。

8.5　多元函数微分学的几何应用

8.5.1　空间曲线的切线与法平面

定义 8.8　设M_0是空间曲线Γ上的一点，M是Γ上的另一点(图 8-23)，则当点M沿曲线Γ趋向于点M_0时，割线M_0M的极限位置M_0T(如果存在)，称为**曲线Γ在点M_0处的切线**，过点M_0且与切线M_0T垂直的平面，称为**曲线Γ在点M_0处的法平面**。

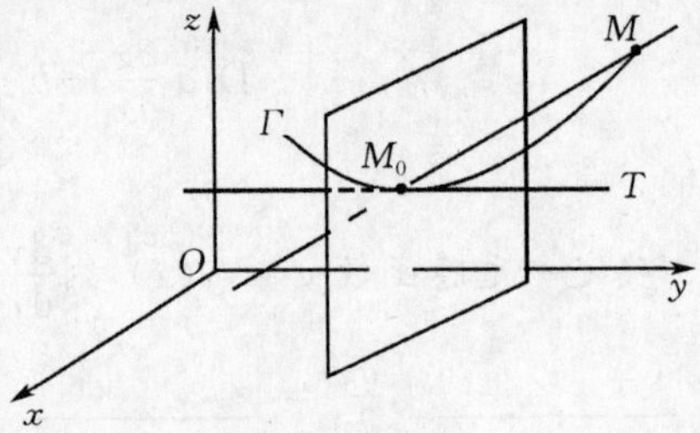

图 8-23

下面建立空间曲线的切线与法平面的方程。

设曲线Γ的参数方程为

$$\begin{cases} x=\varphi(t), \\ y=\psi(t), \\ z=\omega(t), \end{cases}$$

其中，$\alpha\leqslant t\leqslant\beta$。当$t=t_0$时，曲线$\Gamma$上的对应点为$M_0(x_0,y_0,z_0)$，假定$\varphi(t),\psi(t),\omega(t)$可导，且$\varphi'(t_0),\psi'(t_0),\omega'(t_0)$不同时为零。给$t_0$以增量$\Delta t$，相应的在曲线$\Gamma$上有一点$M(x_0+\Delta x,y_0+\Delta y,z_0+\Delta z)$，则割线$M_0M$的方程为

$$\frac{x-x_0}{\Delta x}=\frac{y-y_0}{\Delta y}=\frac{z-z_0}{\Delta z},$$

上式各分母除以Δt，得

$$\frac{x-x_0}{\dfrac{\Delta x}{\Delta t}}=\frac{y-y_0}{\dfrac{\Delta y}{\Delta t}}=\frac{z-z_0}{\dfrac{\Delta z}{\Delta t}},$$

当点M沿曲线Γ趋向于点M_0时，有$\Delta t\to 0$。对上式取极限，因为上式分母各趋向于$\varphi'(t_0),\psi'(t_0),\omega'(t_0)$，且不同时为零，所以割线的极限位置存在，且为

$$\frac{x-x_0}{\varphi'(t_0)}=\frac{y-y_0}{\psi'(t_0)}=\frac{z-z_0}{\omega'(t_0)}。\tag{8.15}$$

这就是曲线 Γ 在点 M_0 处的切线 M_0T 的方程。切线的方向向量称为曲线的**切向量**。向量 $\boldsymbol{T}=(\varphi'(t_0),\psi'(t_0),\omega'(t_0))$ 就是曲线 Γ 在点 M_0 处的一个切向量。

容易知道，由点法式公式知曲线 Γ 在点 M_0 处的法平面方程为

$$\varphi'(t_0)(x-x_0)+\psi'(t_0)(y-y_0)+\omega'(t_0)(z-z_0)=0。\tag{8.16}$$

例 1　求曲线 $x=t-\sin t, y=1-\cos t, z=4\sin\frac{t}{2}$ 在点 $\left(\frac{\pi}{2}-1,1,2\sqrt{2}\right)$ 处的切线方程及法平面方程。

解　点 $\left(\frac{\pi}{2}-1,1,2\sqrt{2}\right)$ 对应之参数为 $t=\frac{\pi}{2}$。

$$x_t'=1-\cos t,\quad y_t'=\sin t,\quad z_t'=2\cos\frac{t}{2}。$$

$$x'\Big|_{t=\frac{\pi}{2}}=1,\quad y'\Big|_{t=\frac{\pi}{2}}=1,\quad z'\Big|_{t=\frac{\pi}{2}}=\sqrt{2}。$$

即知切线方程为

$$\frac{x-\frac{\pi}{2}+1}{1}=\frac{y-1}{1}=\frac{z-2\sqrt{2}}{\sqrt{2}}。$$

法平面方程为

$$1\cdot\left(x-\frac{\pi}{2}+1\right)+1\cdot(y-1)+\sqrt{2}(z-2\sqrt{2})=0,$$

即

$$x+y+\sqrt{2}z=\frac{\pi}{2}+4。$$

例 2　求曲线 $x=\frac{t}{1+t}, y=\frac{1+t}{t}, z=t^2$ 在点 $t=1$ 处的切线方程及法平面方程。

解　点 $t=1$ 的对应点 $x_0=\frac{1}{2}, y_0=2, z_0=1$。

$$x_t'=\frac{1+t-t}{(1+t)^2}=\frac{1}{(1+t)^2},\quad y_t'=\frac{1\cdot t-(1+t)\cdot 1}{t^2}=\frac{-1}{t^2},\quad z_t'=2t。$$

$$x_t'\Big|_{t=1}=\frac{1}{4},\quad y_t'\Big|_{t=1}=-1,\quad z_t'\Big|_{t=1}=2。$$

故切线方程为

$$\frac{x-\frac{1}{2}}{\frac{1}{4}}=\frac{y-2}{-1}=\frac{z-1}{2},$$

即

$$\frac{x-\frac{1}{2}}{1}=\frac{y-2}{-4}=\frac{z-1}{8}。$$

而法平面方程为

$$\frac{1}{4}\left(x-\frac{1}{2}\right)-(y-2)+2(z-1)=0,$$

整理得
$$2x-8y+16z=1。$$

如果空间曲线 Γ 的方程以

$$\begin{cases}y=\varphi(x),\\ z=\psi(x)\end{cases}$$

的形式给出，取 x 为参数，它就可以表示为参数方程的形式

$$\begin{cases}x=x,\\ y=\varphi(x),\\ z=\psi(x)。\end{cases}$$

若 $\varphi(x),\psi(x)$ 都在 $x=x_0$ 处可导，那么根据上面的讨论可知，$\boldsymbol{T}=(1,\varphi'(x_0),\psi'(x_0))$，因此曲线 Γ 在点 $M_0(x_0,y_0,z_0)$ 处的切线方程为

$$\frac{x-x_0}{1}=\frac{y-y_0}{\varphi'(x_0)}=\frac{z-z_0}{\psi'(x_0)}。\tag{8.17}$$

在点 $M(x_0,y_0,z_0)$ 处的法平面方程为

$$(x-x_0)+\varphi'(x_0)(y-y_0)+\psi'(x_0)(z-z_0)=0。\tag{8.18}$$

例 3 求曲线 $\Gamma:\begin{cases}y^2=2x,\\ z^2=1-x\end{cases}$ 在点 $\left(\frac{1}{2},-1,\frac{\sqrt{2}}{2}\right)$ 处的切线方程及法平面方程。

解 令 $x=t$，得曲线 Γ 的参数方程为

$$\begin{cases}x=t,\\ y^2=2t,\\ z^2=1-t,\end{cases}\quad 即\quad \begin{cases}x=t,\\ y=-\sqrt{2t},\\ z=\sqrt{1-t}。\end{cases}$$

当 $t=x=\frac{1}{2}$ 时，$y=-1,z=\frac{\sqrt{2}}{2}$。

$$\begin{cases}x_t'=1,\\ y_t'=-\dfrac{1}{\sqrt{2t}},\\ z_t'=-\dfrac{1}{2\sqrt{1-t}},\end{cases}\qquad \begin{cases}x'\Big|_{t=\frac{1}{2}}=1,\\ y'\Big|_{t=\frac{1}{2}}=-1,\\ z'\Big|_{t=\frac{1}{2}}=-\dfrac{\sqrt{2}}{2}。\end{cases}$$

所以曲线 Γ 在对应于点 $\left(\frac{1}{2},-1,\frac{\sqrt{2}}{2}\right)$ 处的切线方程为

$$\frac{x-\frac{1}{2}}{1}=\frac{y+1}{-1}=\frac{z-\frac{\sqrt{2}}{2}}{-\frac{\sqrt{2}}{2}}。$$

法平面方程为　$$1\left(x-\frac{1}{2}\right)-1(y+1)-\frac{\sqrt{2}}{2}\left(z-\frac{\sqrt{2}}{2}\right)=0,$$

即　$$x-y-\frac{\sqrt{2}}{2}z-1=0。$$

8.5.2　空间曲面的切平面与法线

1. 设曲面 Σ 的方程为 $F(x,y,z)=0$，$M_0(x_0,y_0,z_0)$ 是曲面 Σ 上的一点，并设函数 $F(x,y,z)$ 的偏导数 F'_x,F'_y,F'_z 在 M_0 处连续且不同时为零。在曲面上，通过点 $M_0(x_0,y_0,z_0)$ 任意引一条曲线，假定这条曲线的参数方程是

$$x=\varphi(t),\quad y=\psi(t),\quad z=w(t)\ (\alpha\leqslant t\leqslant\beta),$$

且曲线 Γ(图 8-24) 在点 $M_0(x_0,y_0,z_0)$(点 M_0 对应于 $t=t_0$) 有切线。由(8.15)式知，这切线的方程是

$$\frac{x-x_0}{\varphi'(t_0)}=\frac{y-y_0}{\psi'(t_0)}=\frac{z-z_0}{w'(t_0)}。\tag{8.19}$$

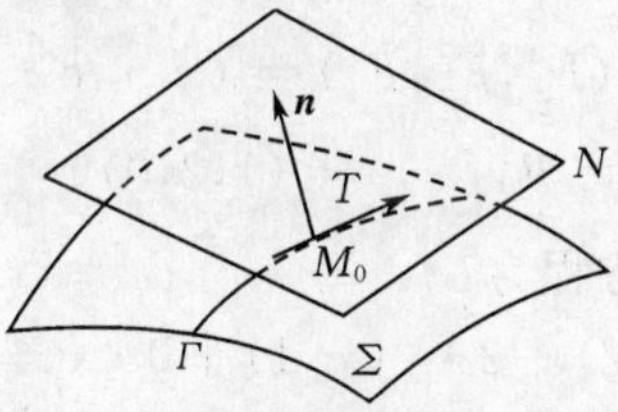

图 8-24

可以证明，曲面 Σ 上过点 M_0 的任何曲线的切线都在同一个平面上(因为切向量都与同一个向量垂直)，该平面称为曲面 Σ 在点 M_0 处的**切平面**，且其方程为

$$F'_x(x_0,y_0,z_0)(x-x_0)+F'_y(x_0,y_0,z_0)(y-y_0)+F'_z(x_0,y_0,z_0)(z-z_0)=0。\tag{8.20}$$

通过点 $M_0(x_0,y_0,z_0)$ 且垂直于切平面的直线称为曲面在该点的**法线**，法线方程是

$$\frac{x-x_0}{F'_x(x_0,y_0,z_0)}=\frac{y-y_0}{F'_y(x_0,y_0,z_0)}=\frac{z-z_0}{F'_z(x_0,y_0,z_0)}。\tag{8.21}$$

垂直于曲面上切平面的向量称为曲面的**法向量**。向量

$$\boldsymbol{n}=(F'_x(x_0,y_0,z_0),\quad F'_y(x_0,y_0,z_0),\quad F'_z(x_0,y_0,z_0))\tag{8.22}$$

就是曲面 Σ 在点 M_0 处的一个法向量。

2. 曲面方程由显函数 $z=f(x,y)$ 给出，此时令

$$F(x,y,z)-f(x,y)-z,$$

可见

$$F'_x(x,y,z)=f'_x(x,y),\quad F'_y(x,y,z)=f'_y(x,y),\quad F'_z(x,y,z)=-1。$$

于是，当函数 $f(x,y)$ 的偏导数 $f'_x(x,y),f'_y(x,y)$ 在点 (x_0,y_0) 连续，则曲面 $z=f(x,y)$ 在 $M_0(x_0,y_0,z_0)$ 处的法向量为

$$\boldsymbol{n}=(f'_x(x_0,y_0),f'_y(x_0,y_0),-1)。$$

切平面方程为

$$f_x'(x_0,y_0)(x-x_0)+f_y'(x_0,y_0)(y-y_0)-(z-z_0)=0, \tag{8.23}$$

或

$$z-z_0=f_x'(x_0,y_0)(x-x_0)+f_y'(x_0,y_0)(y-y_0)。$$

而法线方程为

$$\frac{x-x_0}{f_x'(x_0,y_0)}=\frac{y-y_0}{f_y'(x_0,y_0)}=\frac{z-z_0}{-1}。 \tag{8.24}$$

如果用 α,β,γ 表示法向量的方向角，并假定法向量的方向是向上的，即它与 z 轴正向所成的角是锐角，则法向量的方向余弦为

$$\cos\alpha=\frac{-f_x'}{\sqrt{1+f_x'^2+f_y'^2}},\quad \cos\beta=\frac{-f_y'}{\sqrt{1+f_x'^2+f_y'^2}},\quad \cos\gamma=\frac{1}{\sqrt{1+f_x'^2+f_y'^2}}。$$

这里，$f_x'=f_x'(x_0,y_0)$，$f_y'=f_y'(x_0,y_0)$。

例 4　求曲面 $e^z-z+xy=3$ 在点 $(2,1,0)$ 处的切平面方程及法线方程。

解　令 $F(x,y,z)=e^z-z+xy-3$，则

$$F_x'(x,y,z)=y,\quad F_y'(x,y,z)=x,\quad F_z'(x,y,z)=e^z-1。$$

$$\boldsymbol{n}=(F_x',F_y',F_z')=(y,x,e^z-1),$$

$$\boldsymbol{n}\Big|_{(2,1,0)}=(1,2,0)。$$

所以在点 $(2,1,0)$ 处的切平面方程为

$$1\cdot(x-2)+2\cdot(y-1)+0\cdot(z-0)=0,$$

即

$$x+2y-4=0。$$

法线方程为

$$\begin{cases}\dfrac{x-2}{1}=\dfrac{y-1}{2},\\ z=0。\end{cases}$$

例 5　求旋转抛物面 $z=x^2+y^2$ 在点 $(1,2,5)$ 处的切平面方程。

解　因为 $z=f(x,y)=x^2+y^2$，

$$\boldsymbol{n}=(f_x',f_y',-1)=(2x,2y,-1),$$

$$\boldsymbol{n}\Big|_{(1,2,5)}=(2,4,-1)。$$

所以在 $(1,2,5)$ 处的切平面方程为

$$2(x-1)+4(y-2)-(z-5)=0,$$

即

$$2x+4y-z=5。$$

例 6　求曲面 $x^2+2y^2+3z^2=21$ 上平行于平面 $x+4y+6z=0$ 的切平面方程及法线方程。

解　令 $F(x,y,z)=x^2+2y^2+3z^2-21$，则

$$F_x'=2x,\quad F_y'=4y,\quad F_z'=6z。$$

设在曲面上 $M_0(x_0,y_0,z_0)$ 处切平面与已知平面平行。

已知平面 $x+4y+6z=0$ 的法向量 $\boldsymbol{n}=(1,4,6)$，所以切平面的法向量 $\boldsymbol{n}=(1,4,6)$。

所以
$$\frac{2x_0}{1}=\frac{4y_0}{4}=\frac{6z_0}{6},\quad 2x_0=y_0=z_0。$$

又因为(x_0,y_0,z_0)在椭球面上，所以
$$x_0^2+2y_0^2+3z_0^2=21,\quad x_0^2+2(2x_0)^2+3(2x_0)^2=21。$$

解得
$$\begin{cases}x_0=\pm 1,\\ y_0=\pm 2,\\ z_0=\pm 2。\end{cases}$$

所以点$M_0(1,2,2)$或$M_0'(-1,-2,-2)$。

故切平面方程为
$$x+4y+6z\pm 21=0。$$

法线方程为
$$x\pm 1=\frac{y\pm 2}{4}=\frac{z\pm 2}{6}。$$

习题 8.5

一、选择题

1. 设M是曲线$x=t,y=t^2,z=t^3$上的一点，过M点的切线与平面$x+2y+z=4$平行，则M点的坐标是(　　)。

A. $(1,1,1)$或$(0,0,0)$　　B. $(1,1,1)$或$(-1,1,-1)$

C. $(0,0,0)$或$\left(\frac{1}{3},\frac{1}{9},\frac{1}{27}\right)$　　D. $(-1,1,-1)$或$\left(-\frac{1}{3},\frac{1}{9},-\frac{1}{27}\right)$

2. 已知曲面$z=x^2+y^2$上点P的切平面平行于平面$4x+4y+2z=1$，则点P的坐标为(　　)。

A. $(1,1,2)$　　B. $(-1,-1,2)$　　C. $(1,-1,2)$　　D. $(-1,1,2)$

3. 平面$2x+3y-z=\lambda$是曲面$z=2x^2+3y^2$上某点处的切平面，则λ的值是(　　)。

A. $\frac{4}{5}$　　B. $\frac{5}{4}$　　C. 2　　D. $\frac{1}{2}$

二、填空题

1. 曲线$y^2=2mx,z^2=m-x$在点(x_0,y_0,z_0)处的切向量为________。

2. 设曲面$x^3+y^3+z^3+xyz-6=0$，则在点$(1,2,-1)$处的切平面方程为________，法线方程为________。

3. 曲面$x^2+2y^2+z^2=22(z\geqslant 0)$与直线$\begin{cases}x+3y+z=3,\\ x+y=0\end{cases}$平行的法线方程为________。

三、解答题

1. 求曲线 $x=t, y=t^2, z=t^3$ 在点(1,1,1)处的切线方程及法平面方程。

2. 求曲线 $x=a\cos t, y=a\sin t, z=bt$ 在 $t=\dfrac{\pi}{4}$ 处的切线方程及法平面方程。

3. 求曲面 $x^2-xy-8x+z+5=0$ 在点(2,−3,1)处的切平面方程及法线方程。

4. 求球面 $x^2+y^2+z^2=14$ 在点(1,2,3)处的切平面方程及法线方程。

5. 求旋转抛物面 $z=x^2+y^2-1$ 在点(2,1,4)处的切平面方程及法线方程。

6. 求曲面 $z=\arctan\dfrac{y}{x}$ 在点 $\left(1,1,\dfrac{\pi}{4}\right)$ 处的切平面方程及法线方程。

7. 在曲面 $xy=z$ 上求一点,使该点的法线垂直于平面 $x+3y+z+9=0$,并写出该法线方程。

8. 求椭球面 $3x^2+y^2+z^2=16$ 上的点(−1,−2,3)处的切平面与平面 $z=0$ 的交角。

8.6 方向导数与梯度

8.6.1 方向导数

偏导数反映了多元函数沿坐标轴方向的变化率,但在许多实际问题中,仅考虑沿坐标轴方向的变化率是不够的,例如要研究寒潮从北向南流动的规律,必须确定大气温度、气压沿各个方向的变化情况。因此,有必要来讨论函数沿任一方向的变化率问题。

定义 8.9 设函数 $z=f(x,y)$ 在 $U(x_0,y_0)$ 内有定义,l 是 xOy 平面上以 $P_0(x_0,y_0)$ 为起点的射线,$P(x,y)$ 是 l 上的任意一点,且 $P(x,y)\in U(x_0,y_0)$,记 $x-x_0=\Delta x$,$y-y_0=\Delta y$(图 8-25)。$\rho=|P_0P|=\sqrt{(\Delta x)^2+(\Delta y)^2}$。当沿着 l,$P\to P_0$ 时比值 $\dfrac{\Delta z}{\rho}=\dfrac{f(x_0+\Delta x,y_0+\Delta y)-f(x_0y_0)}{\rho}$ 的极限存在,则称此极限值为函数 $z=f(x,y)$ 在 $P_0(x_0y_0)$ 处沿 l 方向的**方向导数**,记作 $\left.\dfrac{\partial f}{\partial l}\right|_{(x_0,y_0)}$。

即
$$\left.\frac{\partial f}{\partial l}\right|_{(x_0,y_0)}=\lim_{\rho\to 0}\frac{f(x_0+\Delta x,y_0+\Delta y)-f(x_0,y_0)}{\rho}。$$

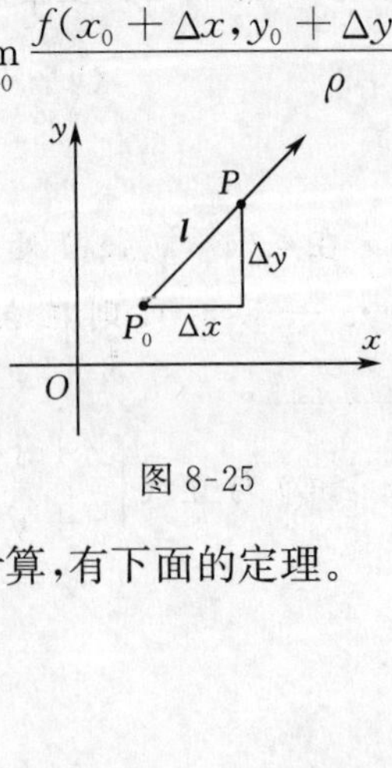

图 8-25

关于方向导数 $\dfrac{\partial f}{\partial l}$ 的存在及计算,有下面的定理。

定理 8.9　如果函数 $z=f(x,y)$ 在点 $P(x,y)$ 是可微分的，那么函数在该点沿任一方向 l 的方向导数都存在，且有

$$\frac{\partial f}{\partial l}=\frac{\partial f}{\partial x}\cos\alpha+\frac{\partial f}{\partial y}\cos\beta。\tag{8.25}$$

其中，$\cos\alpha,\cos\beta$ 是方向 l 的方向余弦。

证　根据函数 $z=f(x,y)$ 在点 $P(x,y)$ 可微分的假定，函数的增量可以表达为

$$f(x+\Delta x,y+\Delta y)-f(x,y)=\frac{\partial f}{\partial x}\Delta x+\frac{\partial f}{\partial y}\Delta y+o(\rho),$$

但点 $(x+\Delta x,y+\Delta y)$ 在以 (x,y) 为始点的射线 l 上时，应有 $\Delta x=\rho\cos\alpha,\Delta y=\rho\cos\beta$，$\rho=\sqrt{(\Delta x)^2+(\Delta y)^2}$，两边各除以 ρ，得到

$$\begin{aligned}\frac{f(x+\Delta x,y+\Delta y)-f(x,y)}{\rho}&=\frac{\partial f}{\partial x}\cdot\frac{\Delta x}{\rho}+\frac{\partial f}{\partial y}\cdot\frac{\Delta y}{\rho}+\frac{o(\rho)}{\rho}\\&=\frac{\partial f}{\partial x}\cdot\cos\alpha+\frac{\partial f}{\partial y}\cos\beta+\frac{o(\rho)}{\rho}。\end{aligned}$$

所以

$$\lim_{\rho\to0}\frac{f(x+\Delta x,y+\Delta y)-f(x,y)}{\rho}=\frac{\partial f}{\partial x}\cos\alpha+\frac{\partial f}{\partial y}\cos\beta。$$

这就证明了方向导数存在且其值为

$$\frac{\partial f}{\partial l}=\frac{\partial f}{\partial x}\cos\alpha+\frac{\partial f}{\partial y}\cos\beta。$$

由定理 8.9 可知，当函数 $f(x,y)$ 在点 $P(x,y)$ 的偏导数 f_x',f_y' 存在时，函数 $f(x,y)$ 在点 P 沿着 x 轴正向 $\boldsymbol{e}_1=(1,0)$，y 轴正向 $\boldsymbol{e}_2=(0,1)$ 的方向导数存在且其值依次为 f_x'，f_y'；函数 $f(x,y)$ 在点 P 沿 x 轴负向 $\boldsymbol{e}_1'=(-1,0)$，y 轴负向 $\boldsymbol{e}_2'=(0,-1)$ 的方向导数也存在且其值依次为 $-f_x',-f_y'$。

例 1　求函数 $z=x^2+y^2$ 在点 $P(1,2)$ 处沿从点 $P(1,2)$ 到点 $Q(2,2+\sqrt{3})$ 的方向导数。

解　这里 $l=\overrightarrow{PQ}=(1,\sqrt{3})$，与 l 同方向的单位向量 $\boldsymbol{e}_l=\left(\frac{1}{2},\frac{\sqrt{3}}{2}\right)$。

因为 $\frac{\partial z}{\partial x}=2x,\frac{\partial z}{\partial y}=2y$，在点 $P(1,2)$ 处，$\frac{\partial z}{\partial x}=2,\frac{\partial z}{\partial y}=4$。

故所求方向导数

$$\left.\frac{\partial z}{\partial l}\right|_{(1,2)}=\left.\frac{\partial z}{\partial x}\right|_{(1,2)}\cos\alpha+\left.\frac{\partial z}{\partial y}\right|_{(1,2)}\cos\beta=2\cdot\frac{1}{2}+4\cdot\frac{\sqrt{3}}{2}=1+2\sqrt{3}。$$

例 2　求函数 $z=\ln(x+y)$ 在抛物线 $y^2=4x$ 上点 $(1,2)$ 处，沿着这抛物线在该点处偏向 x 轴正向的切线方向的方向导数。

解　设切线的方向角为 α，因 $y'=\frac{2}{y}$，有 $\tan\alpha=\left.\frac{2}{y}\right|_{(1,2)}=1,\alpha=\frac{\pi}{4}$ 或 $\frac{5\pi}{4}$，因偏向 x 轴正向，所以

$$\alpha=\frac{\pi}{4},\quad \beta=\frac{\pi}{4},\quad \cos\alpha=\frac{\sqrt{2}}{2},\quad \cos\beta=\frac{\sqrt{2}}{2}。$$

又

$$\frac{\partial z}{\partial x}=\frac{1}{x+y},\quad \frac{\partial z}{\partial y}=\frac{1}{x+y}$$

$$\left.\frac{\partial z}{\partial x}\right|_{(1,2)}=\left.\frac{\partial z}{\partial y}\right|_{(1,2)}=\frac{1}{1+2}=\frac{1}{3}。$$

故
$$\left.\frac{\partial z}{\partial \alpha}\right|_{\substack{x=1\\y=2}}=\frac{1}{3}\cdot\frac{\sqrt{2}}{2}+\frac{1}{3}\cdot\frac{\sqrt{2}}{2}=\frac{\sqrt{2}}{3}。$$

对于三元函数 $u=f(x,y,z)$ 来说，它在空间一点 $P(x,y,z)$ 沿着方向 l（设方向 l 的方向角为 α,β,γ）的方向导数，同样可以定义为

$$\frac{\partial f}{\partial l}=\lim_{\rho\to 0}\frac{f(x+\Delta x,y+\Delta y,z+\Delta z)-f(x,y,z)}{\rho}。$$

其中，$\rho=\sqrt{(\Delta x)^2+(\Delta y)^2+(\Delta z)^2}$，$\Delta x=\rho\cos\alpha$，$\Delta y=\rho\cos\beta$，$\Delta z=\rho\cos\gamma$。

同样可以证明，如果函数在所考虑的点处可微分，那么函数在该点沿着方向 l 的方向导数为

$$\frac{\partial f}{\partial l}=\frac{\partial f}{\partial x}\cos\alpha+\frac{\partial f}{\partial y}\cos\beta+\frac{\partial f}{\partial z}\cos\gamma。\tag{8.26}$$

例 3 求函数 $u=xy^2+z^3-xyz$ 在点(1,1,2)处沿 x,y,z 正轴的方向角分别为 60°，45°，60° 的导数。

解 函数 u 在点 (x,y,z) 处沿着方向角分别为 α,β,γ 的方向 l 的方向导数公式为

$$\frac{\partial u}{\partial l}=\frac{\partial u}{\partial x}\cos\alpha+\frac{\partial u}{\partial y}\cos\beta+\frac{\partial u}{\partial z}\cos\gamma,$$

而

$$\frac{\partial u}{\partial x}=y^2-yz,\quad \frac{\partial u}{\partial y}=2xy-xz,\quad \frac{\partial u}{\partial z}=3z^2-xy。$$

故

$$\left.\frac{\partial u}{\partial x}\right|_{\substack{x=1\\y=1\\z=2}}=-1,\quad \left.\frac{\partial u}{\partial y}\right|_{\substack{x=1\\y=1\\z=2}}=0,\quad \left.\frac{\partial u}{\partial z}\right|_{\substack{x=1\\y=1\\z=2}}=11。$$

所以
$$\left.\frac{\partial u}{\partial l}\right|_{\substack{x=1\\y=1\\z=2}}=(-1)\cos 60°+0\cdot\cos 45°+11\cos 60°=5。$$

例 4 求函数 $u=x^2+y^2+z^2$ 在曲线 $x=t,y=t^2,z=t^3$ 上对应于 $t=1$ 的点处沿曲线在此点处的切线的方向的方向导数。

解 曲线的切向量为

$$\boldsymbol{T}=\pm\left(\frac{\mathrm{d}x}{\mathrm{d}t},\frac{\mathrm{d}y}{\mathrm{d}t},\frac{\mathrm{d}z}{\mathrm{d}t}\right)=\pm(1,2t,3t^2)。$$

在 $t=1$ 处，$\boldsymbol{T}=\pm(1,2,3)$，故 $|\boldsymbol{T}|=\sqrt{1^2+2^2+3^2}=\sqrt{14}$，于是有

$$\cos\alpha=\pm\frac{1}{\sqrt{14}},\quad \cos\beta=\pm\frac{2}{\sqrt{14}},\quad \cos\gamma=\pm\frac{3}{\sqrt{14}}。$$

又因为

$$\begin{aligned}\frac{\partial u}{\partial T}&=\frac{\partial u}{\partial x}\cos\alpha+\frac{\partial u}{\partial y}\cos\beta+\frac{\partial u}{\partial z}\cos\gamma\\&=2x\cos\alpha+2y\cos\beta+2z\cos\gamma=2t(\cos\alpha+t\cos\beta+t^2\cos\gamma),\end{aligned}$$

因此

$$\left.\frac{\partial u}{\partial T}\right|_{t=1}=2\cdot 1\left[\pm\frac{1}{\sqrt{14}}+1\cdot\left(\pm\frac{2}{\sqrt{14}}\right)+1^2\cdot\left(\pm\frac{3}{\sqrt{14}}\right)\right]=\pm\frac{12}{\sqrt{14}}=\pm\frac{6}{7}\sqrt{14}。$$

8.6.2　梯度

与方向导数有关联的一个概念是函数的梯度。

定义 8.10　设二元函数 $z=f(x,y)$ 在平面区域 D 内具有一阶连续偏导数，则对于每一点 $P(x,y)\in D$，都可以定出一个向量

$$\frac{\partial f}{\partial x}\boldsymbol{i}+\frac{\partial f}{\partial y}\boldsymbol{j}。$$

这个向量称为函数 $z=f(x,y)$ 在点 $P(x,y)$ 的**梯度**，记作 $\mathbf{grad}f(x,y)$，即

$$\mathbf{grad}\,f(x,y)=\frac{\partial f}{\partial x}\boldsymbol{i}+\frac{\partial f}{\partial y}\boldsymbol{j}。\tag{8.27}$$

如果 $\boldsymbol{e}=\cos\varphi\boldsymbol{i}+\sin\varphi\boldsymbol{j}$ 是与方向 l 同方向的单位向量，则由方向导数的计算公式可知

$$\begin{aligned}\frac{\partial f}{\partial l}&=\frac{\partial f}{\partial x}\cos\varphi+\frac{\partial f}{\partial y}\sin\varphi=\left(\frac{\partial f}{\partial x},\frac{\partial f}{\partial y}\right)\cdot(\cos\varphi,\sin\varphi)\\&=\mathbf{grad}\,f(x,y)\cdot\boldsymbol{e}=|\,\mathbf{grad}\,f(x,y)\,|\cos(\widehat{\mathbf{grad}\,f(x,y),\boldsymbol{e}}),\end{aligned}$$

这里，$(\widehat{\mathbf{grad}\,f(x,y),\boldsymbol{e}})$ 表示向量 $\mathbf{grad}\,f(x,y)$ 与 $\boldsymbol{e}$ 的夹角。由此可以看出，$\frac{\partial f}{\partial l}$ 就是梯度在射线 l 上的投影。当方向 l 与梯度的方向一致时，有

$$\cos(\widehat{\mathbf{grad}\,f(x,y),\boldsymbol{e}})=1,$$

从而$\frac{\partial f}{\partial l}$ 有最大值，所以沿梯度方向的方向导数达到最大值。也就是说，梯度的方向是函数 $f(x,y)$ 在这点增加最快的方向。因此，可以得到如下结论：

函数在某点的梯度是这样一个向量，它的方向与取得最大方向导数的方向一致，而它的模为方向导数的最大值。

由梯度的定义可知，梯度的模为

$$|\,\mathbf{grad}\,f(x,y)\,|=\sqrt{\left(\frac{\partial f}{\partial x}\right)^2+\left(\frac{\partial f}{\partial y}\right)^2}。$$

一般来说，二元函数 $z=f(x,y)$ 在几何上表示一个曲面，这曲面被平面 $z=C$(C 是常数) 所截得的曲线 L 的方程为

$$\begin{cases} z = f(x,y), \\ z = C。 \end{cases}$$

这条曲线 L 在 xOy 面上的投影是一条平面曲线 L^*（图 8-26），它在 xOy 平面直角坐标系中的方程为

$$f(x,y) = C。$$

对于曲线 L^* 上的一切点，已给函数的函数值都是 C，所以称平面曲线 L^* 为函数 $z = f(x,y)$ 的**等值线**。

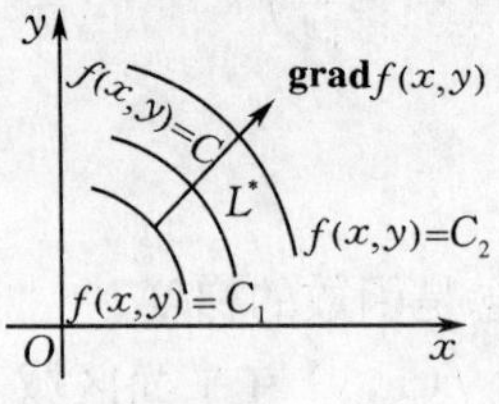

图 8-26

若 $\frac{\partial f}{\partial x}, \frac{\partial f}{\partial y}$ 不同时为零，则等值线 $f(x,y) = C$ 上任一点 $P_0(x_0,y_0)$ 处的一个单位法向量为

$$\boldsymbol{n} = \frac{1}{\sqrt{f_x'^2(x_0,y_0) + f_y'^2(x_0,y_0)}}(f_x'(x_0,y_0), f_y'(x_0,y_0))。$$

这表明梯度 $\mathbf{grad}\, f(x_0,y_0)$ 的方向与等值线上点的一个法线方向相同，而沿这个方向的方向导数 $\frac{\partial f}{\partial n}$ 就等于 $|\mathbf{grad}\, f(x_0,y_0)|$，于是

$$\mathbf{grad}\, f(x_0,y_0) = \frac{\partial f}{\partial n}\boldsymbol{n}。$$

上面所说的梯度概念可以类似地推广到三元函数的情况，设函数 $u = f(x,y,z)$ 在空间区域 G 内具有一阶连续偏导数，则对于每一点 $P(x,y,z) \in G$，都可定出一个向量 $\frac{\partial f}{\partial x}\boldsymbol{i} + \frac{\partial f}{\partial y}\boldsymbol{j} + \frac{\partial f}{\partial z}\boldsymbol{k}$，这个向量称为**函数 $u = f(x,y,z)$ 在点 $P(x,y,z)$ 的梯度**，记作 $\mathbf{grad}\, f(x,y,z)$。即

$$\mathbf{grad}\, f(x,y,z) = \frac{\partial f}{\partial x}\boldsymbol{i} + \frac{\partial f}{\partial y}\boldsymbol{j} + \frac{\partial f}{\partial z}\boldsymbol{k}。$$

与二元函数的情形完全类似的讨论可知，三元函数的梯度也是这样一个向量，它的方向与取得最大方向导数的方向一致，而它的模为方向导数的最大值。

例 5 设 $z = f(x,y) = \frac{1}{x^2+y^2}$，求 $\mathbf{grad}\, f(1,1)$。

解 $\frac{\partial f}{\partial x} = -\frac{2x}{(x^2+y^2)^2}, \frac{\partial f}{\partial y} = -\frac{2y}{(x^2+y^2)^2}$，

$$\mathbf{grad}\, f(x,y)=\mathbf{grad}\,\frac{1}{x^2+y^2}=-\frac{2x}{(x^2+y^2)^2}\boldsymbol{i}-\frac{2y}{(x^2+y^2)^2}\boldsymbol{j},$$

$$\mathbf{grad}\, f(1,1)=-\frac{1}{2}\boldsymbol{i}-\frac{1}{2}\boldsymbol{j}=\left(-\frac{1}{2},-\frac{1}{2}\right)。$$

例 6　设

$$f(x,y,z)=x^2+2y^2+3z^2+xy+3x-2y-6z,$$

求 $\mathbf{grad}\, f(0,0,0)$ 及 $\mathbf{grad}\, f(1,1,1)$。

解　$\mathbf{grad}\, f(x,y,z)=(f'_x,f'_y,f'_z)=(2x+y+3,4y+x-2,6z-6)$,

$\mathbf{grad}\, f(0,0,0)=(3,-2,-6)=3\boldsymbol{i}-2\boldsymbol{j}-6\boldsymbol{k}$,

$\mathbf{grad}\, f(1,1,1)=(6,3,0)=6\boldsymbol{i}+3\boldsymbol{j}$。

例 7　问函数 $u=xy^2z$ 在点 $P(1,-1,2)$ 处沿什么方向的方向导数最大?并求此方向导数的最大值。

解　$\frac{\partial u}{\partial x}=y^2z$，　$\frac{\partial u}{\partial y}=2xyz$，　$\frac{\partial u}{\partial z}=xy^2$。

$$\mathbf{grad}\, u=\left(\frac{\partial u}{\partial x},\frac{\partial u}{\partial y},\frac{\partial u}{\partial z}\right)=(y^2z,2xyz,xy^2),$$

$$\mathbf{grad}\, u(1,-1,2)=(2,-4,1)=2\boldsymbol{i}-4\boldsymbol{j}+\boldsymbol{k},$$

$$|\,\mathbf{grad}\, u\,|=\sqrt{2^2+(-4)^2+1^2}=\sqrt{21}。$$

梯度的方向是方向导数取得最大值的方向,此方向导数的最大值为 $\sqrt{21}$。

习题 8.6

一、选择题

1. 如果函数 $z=f(x,y)$ 在点 $P(x,y)$ 可微分,方向 l 的方向角分别是 α,β,则有(　　)。

A. $\frac{\partial f}{\partial l}=\frac{\partial f}{\partial x}\sin\alpha+\frac{\partial f}{\partial y}\sin\beta$　　B. $\frac{\partial f}{\partial l}=\frac{\partial f}{\partial x}\sin\alpha+\frac{\partial f}{\partial y}\cos\beta$

C. $\frac{\partial f}{\partial l}=\frac{\partial f}{\partial x}\cos\alpha+\frac{\partial f}{\partial y}\sin\beta$　　D. $\frac{\partial f}{\partial l}=\frac{\partial f}{\partial x}\cos\alpha+\frac{\partial f}{\partial y}\cos\beta$

2. 设函数 $f(x,y)$ 有连续的偏导数,且在点 $M(1,-2)$ 的两个偏导数分别是 $\left.\frac{\partial f}{\partial x}\right|_{(1,-2)}=1$, $\left.\frac{\partial f}{\partial y}\right|_{(1,-2)}=-1$,则 $f(x,y)$ 在点 $M(1,-2)$ 减少最快的方向是(　　)。

A. $\boldsymbol{i}+\boldsymbol{j}$　　B. $\boldsymbol{i}-\boldsymbol{j}$　　C. $-\boldsymbol{i}+\boldsymbol{j}$　　D. $-\boldsymbol{i}-\boldsymbol{j}$

3. 设函数 $u(x,y),v(x,y)$ 在点 (x,y) 的某邻域内具有连续的偏导数,则在该点的梯度 $\mathbf{grad}(uv)=$(　　)。

A. $u\,\mathbf{grad}\,v$　　B. $v\,\mathbf{grad}\,u$

C. $(\mathbf{grad}\,v)(\mathbf{grad}\,u)$　　D. $u\,\mathbf{grad}\,v+v\,\mathbf{grad}\,u$

二、填空题

1. $\mathbf{grad}C =$ ________ (C 为任意常数)。

2. 函数 $u = x^2 - xy + y^2$ 在点 $(1,1)$ 处沿 $l = \left(\dfrac{1}{4}, \dfrac{1}{4}\right)$ 方向的变化率________(填"最大"、"最小")。

3. 函数 $u = 2xy - z^2$ 在点 $(2, -1, 1)$ 处方向导数的最大值为________。

三、解答题

1. 求函数 $z = xe^{2y}$ 在点 $P(1,0)$ 处沿从点 $P(1,0)$ 到点 $Q(2,-1)$ 的方向的方向导数。

2. 求函数 $z = 3x^4 + xy + y^3$ 在点 $M(1,2)$ 处与 Ox 轴正向成 $135°$ 角方向的方向导数。

3. 求函数 $z = x^3 - 3x^2y + 3xy^2 + 1$ 在点 $M(3,1)$ 处沿该点到 $N(6,5)$ 方向上的方向导数。

4. 求函数 $z = \ln(x^2 + y^2)$ 在点 $P(1,1)$ 沿与 x 轴正向成 $60°$ 方向的方向导数。

5. 求函数 $u = xy + yz + xz$ 在点 $P(1,2,3)$ 沿向径方向的方向导数。

6. 求函数 $u = xyz$ 在点 $A(5,1,2)$ 沿 A 到 $B(9,4,14)$ 方向上的方向导数。

7. 求函数 $z = \arctan\dfrac{y}{x}$ 在圆 $x^2 + y^2 - 2x = 0$ 上一点 $P\left(\dfrac{1}{2}, \dfrac{\sqrt{3}}{2}\right)$ 处沿该圆周逆时针方向上的方向导数$\left(\alpha = \dfrac{7\pi}{6}\right)$。

8. 求函数 $u = x^2 - xy + y^2$ 在点 $P(1,1)$ 沿与 x 轴正向成 α 角的方向的方向导数。又在怎样的方向上，此方向导数(1) 有最大值；(2) 有最小值；(3) 等于 0。

8.7　多元函数的极值

8.7.1　多元函数的极值及最大值、最小值

1. 多元函数的极值

可以用导数求一元函数的极值，类似地，也可以用偏导数求二元函数的极值。

定义 8.11　设函数 $z = f(x,y)$ 在点 (x_0, y_0) 的某个邻域内有定义，对于该邻域内异于 (x_0, y_0) 的点 (x, y)，如果都适合不等式

$$f(x,y) < f(x_0, y_0),$$

则称函数在点 (x_0, y_0) 有**极大值** $f(x_0, y_0)$；如果都适合不等式

$$f(x,y) > f(x_0, y_0),$$

则称函数在点 (x_0, y_0) 有**极小值** $f(x_0, y_0)$。极大值、极小值统称为**极值**，使函数取得极值的点称为**极值点**。

例 1　函数 $z = x^2 + y^2$ 在点 $(0,0)$ 处有极小值，因为对于点 $(0,0)$ 的任一邻域内异于 $(0,0)$ 的点，函数值都为正，而在点 $(0,0)$ 处的函数值为零。从几何上看这是显然的，因为点 $(0,0,0)$ 是开口向上的旋转抛物面 $z = x^2 + y^2$ 的顶点。

例 2　函数 $z=\sqrt{R^2-x^2-y^2}$ 在点 $(0,0)$ 处有极大值，因为在点 $(0,0)$ 处函数值为 R，而对于点 $(0,0)$ 的任一邻域内异于 $(0,0)$ 的点，函数值都小于 R，点 $(0,0,R)$ 是位于 xOy 平面上方的球面 $z=\sqrt{R-x^2-y^2}$ 的顶点。

例 3　函数 $z=xy$ 在点 $(0,0)$ 处既不取得极大值也不取得极小值，因为在点 $(0,0)$ 处的函数值为零，而在点 $(0,0)$ 的任一邻域内，总有使函数值为正的点，也有使函数值为负的点。

以上关于二元函数的极值概念，可推广到 n 元函数。设 n 元函数 $u=f(P)$ 在点 P_0 的某一邻域内有定义，如果对于该邻域内异于 P_0 的任何点 P 都适合不等式

$$f(P)<f(P_0)\quad (f(P)>f(P_0)),$$

则称函数 $f(P)$ 在点 P_0 有极大值（极小值）$f(P_0)$。

二元函数的极值问题，一般可以利用偏导数来解决。

定理 8.10　（极值存在的必要条件）设函数 $z=f(x,y)$ 在点 $P_0(x_0,y_0)$ 的偏导数 $f'_x(x_0,y_0)$、$f'_y(x_0,y_0)$ 存在，且在点 P_0 处有极值，则在该点的偏导数必为零，即

$$\begin{cases} f'_x(x_0,y_0)=0, \\ f'_y(x_0,y_0)=0. \end{cases}$$

证　因为 $P_0(x_0,y_0)$ 是函数 $z=f(x,y)$ 的极值点，所以一元函数 $z=f(x,y_0)$ 在 $x=x_0$ 处、$z=f(x_0,y)$ 在 $y=y_0$ 处也取得极值。又 $f'_x(x_0,y_0)$、$f'_y(x_0,y_0)$ 存在，根据一元函数极值存在的必要条件可知

$$\begin{cases} f'_x(x_0,y_0)=0, \\ f'_y(x_0,y_0)=0. \end{cases}$$

同时满足 $\begin{cases} f'_x(x_0,y_0)=0, \\ f'_y(x_0,y_0)=0 \end{cases}$ 的点 (x_0,y_0) 称为函数 $f(x,y)$ 的**驻点**。与一元函数类似，驻点不一定是极值点，那么，在什么条件下，驻点是极值点呢？

定理 8.11　（极值存在的充分条件）设 $P_0(x_0,y_0)$ 是函数 $z=f(x,y)$ 的驻点，且函数在点 P_0 的邻域内二阶偏导数连续，令

$$A=f''_{xx}(x_0,y_0),B=f''_{xy}(x_0,y_0),C=f''_{yy}(x_0,y_0),\Delta=B^2-AC.$$

则

(1) 当 $\Delta<0$，且 $A<0$ 时，$f(x_0,y_0)$ 是极大值；

当 $\Delta<0$，且 $A>0$ 时，$f(x_0,y_0)$ 是极小值。

(2) 当 $\Delta>0$ 时，$f(x_0,y_0)$ 不是极值。

(3) 当 $\Delta=0$ 时，函数 $f(x,y)$ 在点 $P_0(x_0,y_0)$ 可能有极值，也可能没有极值。

证明从略。

综上所述，若函数 $z=f(x,y)$ 的二阶偏导数连续，可以按照下列步骤求该函数的极值：

(1) 先求偏导数 $f'_x,f'_y,f''_{xx},f''_{xy},f''_{yy}$；

(2) 解方程组 $\begin{cases} f'_x(x,y)=0, \\ f'_y(x,y)=0, \end{cases}$ 求出驻点；

(3) 求出驻点处 $A=f''_{xx}(x_0,y_0)$，$B=f''_{xy}(x_0,y_0)$，$C=f''_{yy}(x_0,y_0)$ 的值及 $\Delta=B^2-AC$ 的符号，据此判定出极值点，并求出极值。

例 4　求函数 $f(x,y)=x^3+y^3-3(x^2+y^2)$ 的极值。

解　(1) 求偏导数

$$f'_x(x,y)=3x^2-6x,\quad f'_y(x,y)=3y^2-6y,$$

$$f''_{xx}=6x-6,\quad f''_{xy}=0,\quad f''_{yy}=6y-6。$$

(2) 解方程组 $\begin{cases} f'_x(x,y)=3x^2-6x=0, \\ f'_y(x,y)=3y^2-6y=0, \end{cases}$ 得驻点 $(0,0)$，$(2,0)$，$(0,2)$，$(2,2)$。

(3) 列表 8-1 判定极值点。

表 8-1

驻点 (x_0,y_0)	A	B	C	$\Delta=B^2-AC$ 的符号	结论
$(0,0)$	-6	0	-6	$-$	极大值 $f(0,0)=0$
$(2,0)$	6	0	-6	$+$	$f(2,0)$ 不是极值
$(0,2)$	-6	0	6	$+$	$f(0,2)$ 不是极值
$(2,2)$	6	0	6	$-$	极小值 $f(2,2)=-8$

例 5　求由方程 $x^2+y^2+z^2-2x+2y-4z-10=0$ 所确定的函数 $z=f(x,y)$ 的极值。

解　由隐函数求导法得

$$2x+2z\frac{\partial z}{\partial x}-2-4\frac{\partial z}{\partial x}=0,\quad \frac{\partial z}{\partial x}=\frac{x-1}{2-z},$$

$$2y+2z\frac{\partial z}{\partial y}+2-4\frac{\partial z}{\partial y}=0,\quad \frac{\partial z}{\partial y}=\frac{y+1}{2-z}。$$

解方程组

$$\begin{cases} \dfrac{\partial z}{\partial x}=\dfrac{x-1}{2-z}=0, \\ \dfrac{\partial z}{\partial y}=\dfrac{y+1}{2-z}=0, \end{cases}$$

得驻点 $(1,-1)$。代入原方程得 $z^2-4z-12=0$，解得 $z_1=-2$，$z_2=6$。

$$\frac{\partial^2 z}{\partial x^2}=\frac{(2-z)+(x-1)\dfrac{\partial z}{\partial x}}{(2-z)^2}=\frac{(2-z)^2+(x-1)^2}{(2-z)^3},$$

$$\frac{\partial^2 z}{\partial y^2}=\frac{(2-z)+(y+1)\dfrac{\partial z}{\partial y}}{(2-z)^2}=\frac{(2-z)^2+(y+1)^2}{(2-z)^3},$$

$$\frac{\partial^2 z}{\partial x\partial y}=\frac{(x-1)\dfrac{\partial z}{\partial y}}{(2-z)^2}=\frac{(x-1)(y+1)}{(2-z)^3}。$$

列表 8-2 判定极值点。

表 8-2

驻点(x_0,y_0)	z	A	B	C	$\Delta=B^2-AC$ 的符号	结论
$(1,-1)$	-2	$\frac{1}{4}$	0	$\frac{1}{4}$	$-$	极小值 $f(1,-1)=-2$
$(1,-1)$	6	$-\frac{1}{4}$	0	$-\frac{1}{4}$	$-$	极大值 $f(1,-1)=6$

从几何上看也是容易理解的，因方程可写成球面方程

$$(x-1)^2+(y+1)^2+(z-2)^2=4^2。$$

它是中心在点$(1,-1,2)$、半径是 4 的球面，显然上下顶点处的 z 值有最大值和最小值。

与一元函数类似，二元可微函数的极值点一定是驻点，但对不可微函数来说，极值点不一定是驻点。例如，点$(0,0)$是函数 $z=\sqrt{x^2+y^2}$ 的极小值点，但点$(0,0)$并不是驻点，因为函数在该点的偏导数不存在，因此，二元函数的极值点可能是驻点，也可能是偏导数中至少有一个不存在的点。

2. 最大值与最小值

有界闭区域 D 上的连续函数一定有最大值和最小值，如果使函数取得最大值或最小值的点在区域 D 的内部，则对可微函数来讲，这个点必然是函数的驻点，或者是一阶偏导数中至少有一个不存在的点。然而，函数的最大值和最小值也可能在该区域的边界上取得。因此，求有界闭区域 D 上二元函数的最大值和最小值时，首先要求出函数在 D 内的驻点处的函数值、一阶偏导不存在的点处的函数值及该函数在 D 的边界上的最大值、最小值，比较这些值，其中最大者就是该函数在闭区域 D 上的最大值，最小者就是该函数在闭区域 D 上的最小值。

求二元函数在区域上的最大值和最小值，往往比较复杂，但是，如果根据问题的实际意义，知道函数在区域 D 内存在最大值(或最小值)，又知函数在 D 内可微，且只有唯一的驻点，则该点处的函数值就是所求的最大值(或最小值)。

例 6　把正数 a 分成三个正数之和，使它们乘积为最大。

解　设三个正数为 x,y,z。因为 $x+y+z=a$，所以 $z=a-x-y$。设

$$f(x,y)=xyz=xy(a-x-y)。$$

则

$$f'_x=y(a-2x-y),\quad f'_y=x(a-x-2y),$$

令

$$\begin{cases}f'_x=y(a-2x-y)=0,\\ f'_y=x(a-x-2y)=0,\end{cases}$$

解这个方程组，得$\begin{cases}x=\dfrac{a}{3},\\ y=\dfrac{a}{3},\end{cases}$　即 $z=\dfrac{a}{3}$。

点$\left(\frac{a}{3},\frac{a}{3}\right)$是函数 $f(x,y)$ 在其定义域内唯一的驻点，由题意，当三个数相等时，它们的乘积最大，其最大值为$\frac{a^3}{27}$。

例 7 在平面 xOy 上求一点，使该点到 $x=0,y=0$ 及 $x+2y-16=0$ 三平面的距离的平方和为最短。

解 设所求点的坐标为(x,y)，则它到 $x=0$ 的距离为 $|x|$，到 $y=0$ 的距离为 $|y|$，到 $x+2y-16=0$ 的距离为$\frac{|x+2y-16|}{\sqrt{5}}$。令距离的平方和为 z，则

$$z=x^2+y^2+\frac{1}{5}(x+2y-16)^2。$$

$$令\quad\begin{cases} z_x'=2x+\frac{2}{5}(x+2y-16)=0,\\ z_y'=2y+\frac{4}{5}(x+2y-16)=0,\end{cases}$$

得驻点$\left(\frac{8}{5},\frac{16}{5}\right)$，由问题的性质可知最小值是存在的，故在唯一的驻点处取得，因而点$\left(\frac{8}{5},\frac{16}{5}\right)$即为所求。

8.7.2 条件极值

在许多实际问题中，对于函数的自变量，除了限制在函数的定义域内以外，并无其他条件，所以有时候称为**无条件极值**。但在实际问题中，有时会遇到对函数的自变量还有附加条件的极值问题。如求内接于半径为 a 的半球且有最大体积的长方体问题。设内接长方体的长、宽、高分别为 $2x,2y,z$，则体积 $V=2x\cdot 2y\cdot z=4xyz$，定义域为 $0<x<a$，$0<y<a,0<z<a$，对自变量 x,y,z 还必须满足附加条件 $x^2+y^2+z^2=a^2$。像这种对自变量有附加条件的极值称为**条件极值**。对于有些实际问题，可以把条件极值化为无条件极值，然后利用无条件极值方法加以解决。例如上述问题，可由条件 $x^2+y^2+z^2=a^2$，将 z 表示成 x,y 的函数

$$z=\sqrt{a^2-x^2-y^2}。$$

再把它代入 $V=4xyz$ 中，于是问题就化为求

$$V=4xy\sqrt{a^2-x^2-y^2}$$

的无条件极值。

但是，一般的条件极值问题是不易化成无条件极值问题的。下面，介绍用拉格朗日乘数法来解决条件极值问题。

设二元函数 $z=f(x,y)$ 和 $\varphi(x,y)$ 在所考虑的区域内有连续的一阶偏导数，且 $\varphi_x'(x,y),\varphi_y'(x,y)$ 不同时为零，求函数 $z=f(x,y)$ 在约束条件 $\varphi(x,y)=0$ 下的极值，可

用下面步骤来求：

(1) 构造辅助函数 $F(x,y)=f(x,y)+\lambda\varphi(x,y)$，称为**拉格朗日函数**，$\lambda$ 称为**拉格朗日乘数**；

(2) 解联立方程组 $\begin{cases} F'_x=0, \\ F'_y=0, \\ \varphi(x,y)=0, \end{cases}$ 即

$$\begin{cases} f'_x(x,y)+\lambda\varphi'_x(x,y)=0, \\ f'_y(x,y)+\lambda\varphi'_y(x,y)=0, \\ \varphi(x,y)=0, \end{cases}$$

得可能的极值点 (x,y)。在实际问题中，它往往就是所求的极值点。

拉格朗日乘数法可以推广到两个以上自变量或一个以上约束条件的情况。

例 8　在半径为 a 的半球内求一个体积为最大的内接长方体。

解　设内接长方体的长、宽、高分别为 $2x,2y,z$，则体积 $V=2x\cdot 2y\cdot z=4xyz$，定义域为 $0<x<a,0<y<a,0<z<a$，限制条件为 $x^2+y^2+z^2=a^2$。

作函数

$$F(x,y,z)=4xyz+\lambda(x^2+y^2+z^2-a^2),$$

令

$$\begin{cases} F'_x=4yz+2\lambda x=0, \\ F'_y=4zx+2\lambda y=0, \\ F'_z=4xy+2\lambda z=0, \end{cases}$$

则

$$\frac{2yz}{x}=\frac{2zx}{y}=\frac{2xy}{z}=-\lambda,$$

即

$$x=y=z=-\frac{\lambda}{2}。$$

代入限制条件，并注意到 $x>0,y>0,z>0$，得

$$x=y=z=\frac{\sqrt{3}}{3}a。$$

这是唯一可能的极值点，由题意知此时有最大体积。即当长方体的长、宽分别为 $\frac{2\sqrt{3}}{3}a,\frac{2\sqrt{3}}{3}a$，高为 $\frac{\sqrt{3}}{3}a$ 时，它的体积最大。

例 9　将周长为 $2p$ 的矩形绕它的一边旋转而构成一个圆柱体，问矩形的边长各为多少，才可使圆柱体的体积为最大？

解　设矩形的长和宽分别为 x,y，则 $x+y=p$，旋转体的体积 $V=\pi x^2y$。

令

$$V(x,y)=\pi x^2 y,\ \ \varphi(x,y)=x+y-p。$$

作

$$F(x,y)=V(x,y)+\lambda\varphi(x,y),$$

则

$$F(x,y)=\pi x^2 y+\lambda(x+y-p),$$

又令$\begin{cases}F_x'=2\pi xy+\lambda=0,\\F_y'=\pi x^2+\lambda=0,\end{cases}$解得 $x=2y$。

代入条件 $x+y=p$ 中,使得

$$\begin{cases}x=\dfrac{2}{3}p,\\y=\dfrac{1}{3}p。\end{cases}$$

这是唯一可能的极值点,由题意,圆柱体的体积存在最大值,故当矩形的边长分别为$\dfrac{2}{3}p$,$\dfrac{1}{3}p$时,绕矩形短边旋转所得圆柱体的体积最大。

习题 8.7

一、选择题

1. 设函数 $z=f(x,y)$ 在点(x_0,y_0)处可微,且 $f_x'(x_0,y_0)=0$,$f_y'(x_0,y_0)=0$,则函数 $f(x,y)$ 在(x_0,y_0)处(　　)。

A. 必有极值,可能是极大值,也可能是极小值

B. 可能有极值,也可能无极值

C. 必有极大值

D. 必有极小值

2. 二元函数 $z=x^2+xy$(　　)。

A. 无驻点　　B. 有驻点但无极值

C. 有极大值　　D. 有极小值

3. 函数 $z=x+2y$ 在满足条件 $x^2+y^2=5$ 下的极小值为(　　)。

A. 5　　B. -5　　C. $2\sqrt{5}$　　D. $-2\sqrt{5}$

二、填空题

1. 二元函数 $f(x,y)=x^2-2xy-y^3+4y^2$ 有________个驻点。

2. 设函数 $f(x,y)=2x^2+ax+xy^2+2y$ 在点$(1,-1)$取得极值,则常数 $a=$________。

3. 函数 $z=\sqrt{4-x^2-y^2}$ 在闭区域$\{(x,y)\mid x^2+y^2\leqslant 1,x\geqslant 0,y\geqslant 0\}$上的最大值

是________。

三、解答题

1. 求函数 $f(x,y)=x^3-y^3+3x^2+3y^2-9x$ 的极值。

2. 求函数 $f(x,y)=4(x-y)-x^2-y^2$ 的极值。

3. 求函数 $f(x,y)=x^2+xy+y^2+x-y+1$ 的极值。

4. 求函数 $f(x,y)=e^{2x}(x+y^2+2y)$ 的极值。

5. 斜边长为 l 的一切直角三角形中，求有最大周界的直角三角形的边长。

6. 在所有对角线长为 d 的直角平行六面体中，求有最大体积的直角平行六面体的边长。

7. 某厂要用铁板做一个体积为 2m^3 的有盖的长方体水箱，问当长、宽、高各取怎样的尺寸时，才能用料最省？

8. 求表面积为 a^2 而体积为最大的长方体的体积。

9. 求内接于半轴为 a,b,c 的椭球体内最大的长方体的体积。

10. 要造一个容积 V 等于定数 k 的开顶长方形水池，在怎样的尺寸下有最小表面积？

基础练习八

一、判断题

1. 若函数 $f(x,y)$ 在点 (x_0,y_0) 处连续，则 $\lim\limits_{\substack{x\to x_0\\ y\to y_0}} f(x,y)$ 存在。　(　　)

2. $\lim\limits_{\substack{x\to 0\\ y\to 0}} \dfrac{xy}{x+y}=\lim\limits_{\substack{x\to 0\\ y\to 0}} \dfrac{1}{\dfrac{1}{y}+\dfrac{1}{x}}=0$。　(　　)

3. 若 $f(x,y)$ 在点 (x_0,y_0) 处连续，则 $f(x,y)$ 在点 (x_0,y_0) 处的偏导数存在。(　　)

4. 若 $f(x,y)$ 在点 (x_0,y_0) 处可微，则 $f(x,y)$ 在点 (x_0,y_0) 处的偏导数一定存在。　(　　)

5. $\left.\dfrac{\partial f}{\partial x}\right|_{(x_0,y_0)}$ 就是 $f(x,y)$ 在点 (x_0,y_0) 处沿 x 轴的方向导数。　(　　)

二、选择题

1. 设 $f_x'(x_0,y_0)$ 存在，则 $\lim\limits_{\Delta x\to 0} \dfrac{f(x_0+\Delta x,y_0)-f(x_0-\Delta x,y_0)}{\Delta x}=$ (　　)。

A. $f_x'(x_0,y_0)$　　B. $f_x'(2x_0,y_0)$　　C. $2f_x'(x_0,y_0)$　　D. $\dfrac{1}{2}f_x'(x_0,y_0)$

2. 函数 $f(x,y)=\begin{cases}\dfrac{xy}{x^2+y^2}, & x^2+y^2\neq 0,\\ 0, & x^2+y^2=0\end{cases}$ 在原点间断，是因为(　　)。

A. 在原点无定义　　B. 在原点无极限

C. 在原点无定义，有极限　　D. 在原点极限存在但不等于函数值

3. 已知 $f(x+y,x-y)=x^2-y^2$，则 $f'_x(x,y)+f'_y(x,y)=$（　　）。

A. $2x+2y$　　B. $2x-2y$　　C. $x+y$　　D. $x-y$

4. 二元函数 $z=x^3-y^3-3x^2+3y-9x$ 的极大值点是（　　）。

A. $(3,-1)$　　B. $(3,1)$　　C. $(-1,1)$　　D. $(-1,-1)$

5. 若曲面 $z=xy$ 上点 P 处的法线垂直于平面 $x+3y+z+9=0$，则点 P 的坐标是（　　）。

A. $(3,1,3)$　　B. $(-3,-1,3)$　　C. $(-3,1,3)$　　D. $(3,1,-3)$

6. 函数 $z=x^2-y^2$ 在点 $P(1,1)$ 沿 x 轴的正方向成 $\alpha=60^\circ$ 的方向导数为（　　）。

A. $1-\sqrt{3}$　　B. 1　　C. $-\sqrt{3}$　　D. $\sqrt{3}-1$

7. 函数 $u=2x^3y-3y^2z$ 在点 $P(1,2,-1)$ 处的梯度的模为（　　）。

A. 22　　B. 12　　C. 2　　D. 24

8. 函数 $u=\sin x\sin y\sin z$ 满足 $x+y+z=\dfrac{\pi}{2}(x>0,y>0,z>0)$ 的条件极值是（　　）。

A. 1　　B. 0　　C. $\dfrac{1}{6}$　　D. $\dfrac{1}{8}$

三、填空题

1. $z=\arcsin\dfrac{x^2+y^2}{4}+\arccos\dfrac{1}{x^2+y^2}$ 的定义域为________。

2. 设 $f(x,y)=\dfrac{x^2-y^2}{2xy}$，则 $f\left(1,\dfrac{y}{x}\right)=$________，$f(-2,3)=$________。

3. $\lim\limits_{\substack{x\to0\\y\to0}}\dfrac{x+y}{\sqrt{x+y+1}-1}=$________。

4. 设 $f(x,y)=\mathrm{e}^{-\sin x}(x+2y)$，则 $f'_x(0,1)=$________，$f'_y(0,1)=$________。

5. $z=\arcsin(xy)$，则 $\mathrm{d}z=$________。

6. 设 $z=\mathrm{e}^u\cos v,u=xy,v=2x-y$，则 $\dfrac{\partial z}{\partial x}=$________，$\dfrac{\partial z}{\partial y}=$________。

7. 曲面 $z-\mathrm{e}^z+2xy=3$ 在点 $(1,2,0)$ 处的切平面方程为________，法线方程为________。

8. 曲线 $\begin{cases}x=\int_0^t \mathrm{e}^u\cos u\mathrm{d}u,\\ y=2\sin t+\cos t,\\ z=1+\mathrm{e}^{3t}\end{cases}$ 在 $t=0$ 处的切线方程为________，法平面方程为________。

四、解答题

1. 设 $u=\mathrm{e}^{xyz}$，求 $\dfrac{\partial^3 u}{\partial x^2\partial y}$，$\dfrac{\partial^3 u}{\partial x\partial y\partial z}$。

2. 求下列各题所确定的隐函数 $z=z(x,y)$ 的偏导数 $\dfrac{\partial z}{\partial x}$，$\dfrac{\partial z}{\partial y}$。

(1)$z^3+3xyz=14$；　　　　(2)$e^{xy}-\arctan z+xyz=0$。

3. 证明球面 $x^2+y^2+z^2=2ax$ 与 $x^2+y^2+z^2=2by$ 相互正交(即交点处两个曲面的法线相互垂直)。

4. 问球面 $x^2+y^2+z^2=104$ 上哪一点的切平面与平面 $3x+4y+z=2$ 平行？并求此切平面方程。

5. 问在空间的哪些点上，函数 $u=x^3+y^3+z^3-3xyz$ 的梯度分别满足下列条件。

(1) 垂直于 z 轴；　　　　(2) 平行于 z 轴。

6. 工厂生产某产品的数量 S(吨)与所用的原料 A、B 的数量 x、y(吨)间的关系为 $S=0.005x^2y$。现准备向银行贷款 150 万元购进原料，已知 A、B 两种原料每吨的价格分别为 1 万元和 2 万元，问怎样购进两种原料才能使生产的产量最大？

提高练习八

一、判断题

1. 若 $\lim\limits_{\substack{x\to x_0\\y\to y_0}} f(x,y)$ 存在，则函数 $f(x,y)$ 在点(x_0,y_0)处连续。　(　　)

2. 若 $\lim\limits_{y=kx\to 0} f(x,y)=A$ 对于任意的 k 都成立，则必有 $\lim\limits_{\substack{x\to 0\\y\to 0}} f(x,y)=A$。　(　　)

3. 若 $f(x,y)$ 在点(x_0,y_0)处的偏导数存在，则 $f(x,y)$ 在点(x_0,y_0)处连续。(　　)

4. 若 $f(x,y)$ 在点(x_0,y_0)处的偏导数存在且相等，则 $f(x,y)$ 在点(x_0,y_0)处可微。　(　　)

5. 如果函数 $f(x,y)$ 在点(x,y)处的偏导数存在，则函数在该点沿任一方向 l 的方向导数都存在，且 $\dfrac{\partial f}{\partial l}=\dfrac{\partial f}{\partial x}\cos\alpha+\dfrac{\partial f}{\partial y}\cos\beta$，其中 $\cos\alpha,\cos\beta$ 是方向 l 的方向余弦。　(　　)

二、选择题

1. 函数 $z=\arcsin 2x+\dfrac{\sqrt{4x-y^2}}{\ln(1-x^2-y^2)}$ 的定义域是(　　)。

A. $\begin{cases}-\dfrac{1}{2}\leqslant x\leqslant\dfrac{1}{2},\\ y^2\leqslant 4x,\\ 0<x^2+y^2<1\end{cases}$　　B. $\begin{cases}-\dfrac{1}{2}<x<\dfrac{1}{2},\\ y^2\leqslant 4x,\\ 0<x^2+y^2<1\end{cases}$

C. $\begin{cases}-\dfrac{1}{2}\leqslant x\leqslant\dfrac{1}{2},\\ y^2<4x,\\ 0<x^2+y^2<1\end{cases}$　　D. $\begin{cases}-\dfrac{1}{2}\leqslant x\leqslant\dfrac{1}{2},\\ y^2\leqslant 4x,\\ 0\leqslant x^2+y^2\leqslant 1\end{cases}$

2. $\lim\limits_{\substack{x\to 0\\y\to 0}}\dfrac{x^2y}{x^2+y^2}$ 的值为(　　)。

A. 0　　B. 1　　C. -1　　D. ∞

3. 设 $z(x,y)=\begin{cases}\dfrac{\sin(xy)}{y(1+x^2)} & y\neq 0,\\ 0 & y=0,\end{cases}$ 则 $z(x,y)$ 在点 $(0,0)$ 处(　　)。

A. 连续　　B. 间断

C. 第一类间断点　　D. 第二类间断点

4. 设在全平面上有 $f_x'(x,y)<0, f_y'(x,y)>0$，则在下列条件中使 $f(x_1,y_1)<f(x_2,y_2)$ 成立的是(　　)。

A. $x_1<x_2, y_1<y_2$　　B. $x_1<x_2, y_1>y_2$

C. $x_1>x_2, y_1<y_2$　　D. $x_1>x_2, y_1>y_2$

5. 设 $f(x,y)$ 可微，且 $f(x,x^2)=1, f_x'(x,x^2)=x$，则 $f_y'(x,x^2)=$(　　)。

A. $-\dfrac{1}{2}$　　B. $\dfrac{1}{2}$　　C. 1　　D. -1

6. 已知 $f(x+y,xy)=x^2+y^2+xy$，则 $\mathrm{d}f(x,y)=$(　　)。

A. $(2x+y)\mathrm{d}x+(x+2y)\mathrm{d}y$　　B. $(x+2y)\mathrm{d}x+(2x+y)\mathrm{d}y$

C. $2x\mathrm{d}x-\mathrm{d}y$　　D. $2y\mathrm{d}y-\mathrm{d}x$

7. 函数 $f(x,y)=x^4+y^4-x^2-2xy-y^2$ 有三个驻点 $(0,0),(1,1),(-1,-1)$，则(　　)。

A. $f(0,0)$ 是极大值　　B. $f(0,0)$ 是极小值

C. $f(1,1), f(-1,-1)$ 是极小值　　D. $f(1,1), f(-1,-1)$ 是极大值

8. 空间曲线 $\begin{cases}x^2+y^2+z^2=6,\\ x+y+z=0\end{cases}$ 在点 $(1,-2,1)$ 处的切线必平行于(　　)。

A. xOy 平面　　B. yOz 平面

C. zOx 平面　　D. $x+y-z=0$

三、填空题

1. 设 $z=x+y+(y-1)\arcsin\sqrt[3]{\dfrac{x}{y}}$，则 $\left.\dfrac{\partial z}{\partial x}\right|_{\substack{x=\frac{1}{2}\\ y=1}}=$______，$\left.\dfrac{\partial z}{\partial y}\right|_{\substack{x=\frac{1}{8}\\ y=1}}=$______。

2. 设 $f(x,y,z)=xy^2+yz^2+zx^2$，则 $f_{xx}''(0,0,1)=$______，$f_{xy}''(1,0,2)=$______，$f_{yz}''(0,-1,0)=$______，$f_{zzx}^{(3)}(2,0,1)=$______。

3. 设 $z=f(u,v,w)$ 可微，$u=x^2, v=\sin e^y, w=\ln y$，则 $\dfrac{\partial z}{\partial y}=$______。

4. 设 $x^2+2y^2+3z^2=4$，则 $\dfrac{\partial z}{\partial x}=$______，$\dfrac{\partial^2 z}{\partial x\partial y}=$______。

5. 椭圆 $\begin{cases}3x^2+2y^2=12,\\ z=0\end{cases}$ 绕 y 轴旋转的旋转曲面在点 $(0,\sqrt{3},\sqrt{2})$ 处指向外侧的单位法向量为______。

6. 设函数 $f(x,y)$ 满足 $xf_x'(x,y)+yf_y'(x,y)=f(x,y), f_x'(1,-1)=3$，点

$P(1,-1,2)$ 在曲面 $z=f(x,y)$ 上，则在点 P 的切平面方程为__________。

7. 设曲线 L 为 $\begin{cases} z=f(x,y), \\ \dfrac{x-x_0}{\cos\alpha}=\dfrac{y-y_0}{\sin\alpha}, \end{cases}$ 其中，f 为可微函数，$z_0=f(x_0,y_0)$，则过曲线上点 $M_0(x_0,y_0,z_0)$ 的切线方程为__________。

8. 函数 $u=\ln(x^2+y^2+z^2)$ 在点 $(1,2,-2)$ 处的最大变化率为__________。

四、解答题

1. 设 $u=\dfrac{1}{\sqrt{x^2+y^2+z^2}}$，证明：$\dfrac{\partial^2 u}{\partial x^2}+\dfrac{\partial^2 u}{\partial y^2}+\dfrac{\partial^2 u}{\partial z^2}=0$。

2. 设 $z=f(xy,x^2+y^2)$，$y=\varphi(x)$，f 和 φ 均可微，求 $\dfrac{\mathrm{d}z}{\mathrm{d}x}$。

3. 设函数 $y=y(x)$ 由方程组 $\begin{cases} x=3t^2+2t+3, \\ \mathrm{e}^y\sin t-y+1=0 \end{cases}$ 所确定，试求 $\left.\dfrac{\mathrm{d}^2 y}{\mathrm{d}x^2}\right|_{t=0}$。

4. 设 $u=f(r)$，$r=\sqrt{x^2+y^2+z^2}$，其中，f 是二阶可微函数，且 $\lim\limits_{x\to 1}\dfrac{f(x)-1}{x-1}=1$。

(1) 试将 $\dfrac{\partial^2 u}{\partial x^2}+\dfrac{\partial^2 u}{\partial y^2}+\dfrac{\partial^2 u}{\partial z^2}=0$ 改为常微分方程；(2) 试求 $f(r)$。

5. 求函数 $z=x^2+y^2-xy+x+y$ 在区域 $x\leqslant 0$，$y\leqslant 0$，$x+y\geqslant -3$ 上的最大值与最小值。

6. 某公司可通过电台和报纸两种方式做销售某种商品的广告。根据统计资料，销售收入 R（万元）与电台广告费用 x（万元）及报纸广告费用 y（万元）之间的关系有如下的经验公式：

$$R=15+14x+32y-8xy-2x^2-10y^2。$$

(1) 在广告费用不限的情况下，求最优广告策略（即使所获利润最大）；

(2) 若广告费用为 1.5 万元，求相应的最优广告策略。

第 9 章　多元函数积分学

多元函数微积分学，是微积分学的一个重要组成部分。与一元函数微积分一样，多元函数微积分学也是在描述和分析物理现象及其规律中产生和发展的。本章主要讲述多元函数积分的概念、计算方法以及它们的一些应用。

9.1　二重积分的概念与性质

9.1.1　二重积分的定义

在定积分中，曾用“分割、近似、求和、取极限”求曲边梯形的面积和变速直线运动的路程，以此引出定积分概念，现在将用同样的思想方法，引出二重积分的定义。

先考察两个例子。

例 1　曲顶柱体体积。

设二元函数 $z=f(x,y)$ 定义在 xOy 平面的有界闭域 D 上，假定此函数连续且非负。考察以曲面 $z=f(x,y)$ 为顶，以区域 D 为底所对应的“**曲顶柱体**”，其侧面为一柱面(准线是区域 D 的边界，母线平行于 z 轴，如图 9-1 所示)。下面来讨论如何计算这个曲顶柱体的体积。

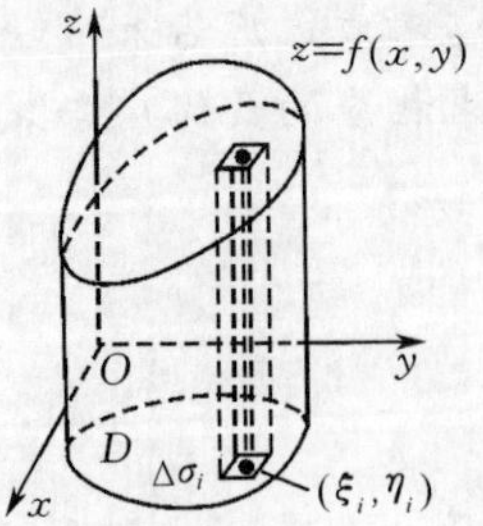

图 9-1

第一步：将区域 D 任意分割成 n 个小区域 $\Delta\sigma_1,\Delta\sigma_2,\cdots,\Delta\sigma_n$，仍然用 $\Delta\sigma_i$ 表示第 i 个小区域的面积。

第二步：为求每个小区域所对应的小曲顶柱体体积 ΔV_i，在每个小区域 $\Delta\sigma_i$ 内任取一点 (ξ_i,η_i)，用高为 $f(\xi_i,\eta_i)$、底为 $\Delta\sigma_i$ 的平顶柱体体积 $f(\xi_i,\eta_i)\Delta\sigma_i$ 来近似代替 ΔV_i：

$$\Delta V_i\approx f(\xi_i,\eta_i)\Delta\sigma_i\quad(i=1,2,\cdots,n)。$$

第三步：曲顶柱体体积 V 可近似地表示为

$$V=\sum_{i=1}^{n}\Delta V_i\approx\sum_{i=1}^{n}f(\xi_i,\eta_i)\Delta\sigma_i。$$

第四步：用 $d(\Delta\sigma_i)$ 表示小区域 $\Delta\sigma_i$ 的直径（一个有界闭区域的直径是指其上任意两点距离的最大者），再记 $\lambda=\max\limits_{1\leqslant i\leqslant n}d(\Delta\sigma_i)$，则 $\lambda\to 0$ 表示对区域 D 无限细分，以至于每个小区域缩成一点，这时上述和式的极限就是曲顶柱体体积 V

$$V=\lim_{\lambda\to 0}\sum_{i=1}^{n}f(\xi_i,\eta_i)\Delta\sigma_i。\tag{9.1}$$

例 2　平面薄板的质量。

设有一平面薄板，把它放在 xOy 平面上，它所占有的区域为 D（图 9-2）。假定薄板的质量分布是不均匀的，面密度函数为 $\mu=\mu(x,y)$。现在要计算薄板的质量。

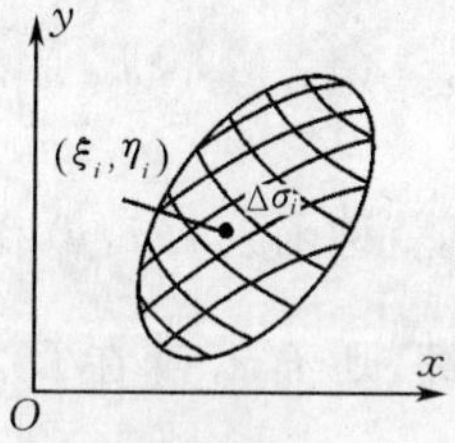

图 9-2

如果薄板质量分布均匀（即 μ 为常数），其质量等于面密度乘以薄板的面积。现在面密度 $\mu(x,y)$ 是变量，薄板的质量就不能直接计算，但是例 1 中用来处理曲顶柱体体积问题的方法完全适用于本问题。

第一步：将区域 D 分割成 n 个小区域：$\Delta\sigma_1,\Delta\sigma_2,\cdots,\Delta\sigma_n$，仍然用 $\Delta\sigma_i$ 表示第 i 个小区域的面积。

第二步：在每个小区域 $\Delta\sigma_i$ 内任取一点 (ξ_i,η_i)，则小块 $\Delta\sigma_i$ 的质量 ΔM_i 近似地表示为

$$\Delta M_i\approx\mu(\xi_i,\eta_i)\Delta\sigma_i\quad(i=1,2,\cdots,n)。$$

第三步：整个薄板的质量 M 近似地为

$$M=\sum_{i=1}^{n}\Delta M_i\approx\sum_{i=1}^{n}\mu(\xi_i,\eta_i)\Delta\sigma_i。$$

第四步：记 $\lambda=\max\limits_{1\leqslant i\leqslant n}d(\Delta\sigma_i)$，则薄板质量可表示为

$$M=\lim_{\lambda\to 0}\sum_{i=1}^{n}\mu(\xi_i,\eta_i)\Delta\sigma_i。\tag{9.2}$$

上面两个例子的实际意义虽然不同，但所求量都归结为同一形式的和的极限。在物理、力学、几何和工程技术中，有许多物理量和几何量都归结为这一形式的和的极限。因此，我们抽象出二重积分的定义如下：

定义 9.1　设 $f(x,y)$ 是有界闭区域 D 上的有界函数。将 D 任意分成 n 个小区域 $\Delta\sigma_1$，$\Delta\sigma_2,\cdots,\Delta\sigma_n$，小区域 $\Delta\sigma_i$ 的面积仍记为 $\Delta\sigma_i$。在每个 $\Delta\sigma_i$ 上任取一点 (ξ_i,η_i)，作和式

$$s_n=\sum_{i=1}^{n}f(\xi_i,\eta_i)\Delta\sigma_i。$$

记 $\lambda=\max\limits_{1\leqslant i\leqslant n}d(\Delta\sigma_i)$，此处 $d(\Delta\sigma_i)$ 表示小区域 $\Delta\sigma_i$ 的直径，如果当 $\lambda\to 0$ 时 s_n 的极限存在，且极限值与对区域 D 的分法及点 (ξ_i,η_i) 在 $\Delta\sigma_i$ 上的取法无关，则称此极限值为函数 $f(x,y)$ 在闭区域 D 上的**二重积分**，记作 $\iint\limits_D f(x,y)\mathrm{d}\sigma$，即

$$\iint\limits_D f(x,y)\mathrm{d}\sigma=\lim_{\lambda\to 0}\sum_{i=1}^{n}f(\xi_i,\eta_i)\Delta\sigma_i, \tag{9.3}$$

其中，$f(x,y)$ 称为**被积函数**，D 称为**积分区域**，$\mathrm{d}\sigma$ 称为**面积元素**，x 与 y 称为**积分变量**。

在直角坐标系下，有时也把面积元素 $\mathrm{d}\sigma$ 记作 $\mathrm{d}x\mathrm{d}y$，而把二重积分记作 $\iint\limits_D f(x,y)\mathrm{d}x\mathrm{d}y$。

根据二重积分的定义，例 1 中的曲顶柱体体积 V 和例 2 中的平面薄板质量 M 可表示为

$$V=\iint\limits_D f(x,y)\mathrm{d}\sigma,\qquad M=\iint\limits_D \mu(x,y)\mathrm{d}\sigma。$$

如果二重积分 $\iint\limits_D f(x,y)\mathrm{d}\sigma$ 存在，就称函数 $f(x,y)$ 在区域 D 上是**可积**的。可以证明，如果函数 $f(x,y)$ 在有界闭区域 D 上连续，则 $f(x,y)$ 在 D 上可积。

二重积分的几何意义：当在 D 上 $f(x,y)\geqslant 0$ 时，$\iint\limits_D f(x,y)\mathrm{d}\sigma$ 等于曲面 $z=f(x,y)$ 在区域 D 上所对应的曲顶柱体体积。当在 D 上 $f(x,y)\leqslant 0$ 时，相应的曲顶柱体就在 xOy 平面的下方，二重积分 $\iint\limits_D f(x,y)\mathrm{d}\sigma$ 就等于该曲顶柱体体积的负值。如果 $f(x,y)$ 在 D 的某部分区域上是正的，而在其余部分区域上是负的，那么二重积分 $\iint\limits_D f(x,y)\mathrm{d}\sigma$ 就等于这些部分区域上相应的曲顶柱体体积的代数和。

特别地，如果在 D 上 $f(x,y)\equiv 1$，则二重积分 $\iint\limits_D 1\mathrm{d}\sigma$ 之值就等于高为 1、底为 D 的平顶柱体体积，其数值也就是区域 D 的面积，即

$$\text{有界闭区域 } D \text{ 的面积}=\iint\limits_D 1\mathrm{d}\sigma=\iint\limits_D \mathrm{d}\sigma。$$

9.1.2　二重积分的性质

设 $f(x,y)$，$g(x,y)$ 可积，则二重积分有与定积分类似的性质。

性质 1　被积函数的常数因子可以提到二重积分号的外面，即

$$\iint\limits_D kf(x,y)\mathrm{d}\sigma=k\iint\limits_D f(x,y)\mathrm{d}\sigma\ \ (k\text{ 为常数})。$$

性质 2　函数的和(或差)的二重积分等于各个函数二重积分的和(或差)，即

$$\iint\limits_D [f(x,y)\pm g(x,y)]\mathrm{d}\sigma=\iint\limits_D f(x,y)\mathrm{d}\sigma\pm\iint\limits_D g(x,y)\mathrm{d}\sigma。$$

性质 3　如果积分区域 D 被一条曲线分成两个区域 D_1 和 D_2，则

$$\iint_D f(x,y)\mathrm{d}\sigma=\iint_{D_1} f(x,y)\mathrm{d}\sigma+\iint_{D_2} f(x,y)\mathrm{d}\sigma。$$

这一性质表明，二重积分对积分区域具有**可加性**。

性质 4　如果在 D 上有 $f(x,y)\leqslant g(x,y)$，则

$$\iint_D f(x,y)\mathrm{d}\sigma\leqslant\iint_D g(x,y)\mathrm{d}\sigma。$$

特别地，由于

$$-|f(x,y)|\leqslant f(x,y)\leqslant |f(x,y)|,$$

可得到不等式 $\left|\iint_D f(x,y)\mathrm{d}\sigma\right|\leqslant\iint_D |f(x,y)|\mathrm{d}\sigma$。

性质 5　（估值定理）设 m,M 分别是 $f(x,y)$ 在 D 上的最小值和最大值，D 的面积为 σ，则

$$m\sigma\leqslant\iint_D f(x,y)\mathrm{d}\sigma\leqslant M\sigma。$$

性质 5 可由性质 1 和性质 4 得到。

性质 6　（二重积分中值定理）设 $f(x,y)$ 在闭区域 D 上连续，则至少存在一点 $(\xi,\eta)\in D$，使

$$\iint_D f(x,y)\mathrm{d}\sigma=f(\xi,\eta)\sigma(\sigma\text{ 是闭区域 }D\text{ 的面积})。$$

其几何意义是：当 $f(x,y)\geqslant 0$ 时，在闭区域 D 上以曲面 $z=f(x,y)$ 为顶的曲顶柱体的体积等于闭区域 D 上以某点 (ξ,η) 的函数值 $f(\xi,\eta)$ 为高的平顶柱体体积。

例 3　利用二重积分的性质，估计 $I=\iint_D \sin(x^2+y^2)\mathrm{d}\sigma$ 的值，其中 $D=\left\{(x,y)\,\middle|\,\frac{\pi}{4}\leqslant x^2+y^2\leqslant\frac{3\pi}{4}\right\}$。

解　在 D 上有 $\frac{\sqrt{2}}{2}\leqslant\sin(x^2+y^2)\leqslant 1$，又 D 的面积 $\sigma=\frac{\pi^2}{2}$，由性质 5 有 $\frac{\sqrt{2}}{4}\pi^2\leqslant I\leqslant\frac{\pi^2}{2}$。

习题 9.1

一、选择题

1. $z=f(x,y)$ 在有界闭区域 D 上连续是二重积分 $\iint_D f(x,y)\mathrm{d}\sigma$ 存在的（　　）。

A. 充分条件　　B. 必要条件

C. 充要条件　　D. 既非充分也非必要条件

2. 区域 D 由 $y=x,y=0$ 及 $y=\sqrt{a^2-x^2}(x\geqslant 0)$ 所围成，则 $\iint_D \mathrm{d}\sigma=$（　　）。

A. $\frac{1}{8}\pi a^2$　　B. $\frac{1}{4}\pi a^2$　　C. $\frac{3}{8}\pi a^2$　　D. $\frac{1}{2}\pi a^2$

3. 设区域 D 是连接三点 $(1,1)$，$(4,1)$，$(4,2)$ 的线段所围成的三角形，则 $\iint\limits_D 4\mathrm{d}\sigma$ $=($ $)$。

A. 4 B. 6 C. 8 D. 12

二、填空题

1. 设有一平面薄板(不计其厚度)，占有 xOy 平面上的区域 D，薄板上分布有面密度为 $\mu=\mu(x,y)$ 的电荷，且 $\mu(x,y)$ 在 D 上连续，则薄板上的全部电荷 Q 可用二重积分表示为 $Q=$____________。

2. 设 $I_1=\iint\limits_{D_1}(x^2+y^2)^3\mathrm{d}\sigma$，$I_2=\iint\limits_{D_2}(x^2+y^2)^3\mathrm{d}\sigma$，其中 $D_1=\{(x,y)\mid -1\leqslant x\leqslant 1,-2\leqslant y\leqslant 2\}$，$D_2=\{(x,y)\mid 0\leqslant x\leqslant 1,0\leqslant y\leqslant 2\}$，则 I_1 与 I_2 的关系是________。

3. 设区域 D:$\delta\leqslant|x|+|y|\leqslant 1$，则 $I=\iint\limits_D \ln(x^2+y^2)\mathrm{d}\sigma$______0(填“$>$”或“$<$”)。

三、解答题

1. 利用二重积分的几何意义，不经计算直接给出下列二重积分的值。

(1) $\iint\limits_D \mathrm{d}\sigma$，$D=\{(x,y)\mid x^2+(y-2)^2\leqslant 4\}$；

(2) $\iint\limits_D \sqrt{R^2-x^2-y^2}\,\mathrm{d}\sigma$，$D=\{(x,y)\mid x^2+y^2\leqslant R^2\}$。

2. 根据二重积分的性质，比较下列积分的大小。

(1) $I_1=\iint\limits_D (x+y)^2\mathrm{d}\sigma$ 与 $I_2=\iint\limits_D (x+y)^3\mathrm{d}\sigma$，其中，$D$ 由 x 轴、y 轴与直线 $x+y=1$ 所围成；

(2) $I_1=\iint\limits_D \ln(x+y)\mathrm{d}\sigma$ 与 $I_2=\iint\limits_D [\ln(x+y)]^2\mathrm{d}\sigma$，其中，$D$ 是由顶点 $(1,0)$，$(1,1)$，$(2,0)$ 组成的三角形区域。

(3) $I_1=\iint\limits_D \ln(x+y)\mathrm{d}\sigma$ 与 $I_2=\iint\limits_D [\ln(x+y)]^2\mathrm{d}\sigma$，其中，$D=\{(x,y)\mid 3\leqslant x\leqslant 5,0\leqslant y\leqslant 1\}$。

3. 利用二重积分的性质，估计下列二重积分的值。

(1) $I=\iint\limits_D \mathrm{e}^{-x^2-y^2}\mathrm{d}\sigma$，其中，$D=\{(x,y)\mid x^2+y^2\leqslant 1\}$；

(2) $I=\iint\limits_D (x^2+4y^2+9)\mathrm{d}\sigma$，其中，$D=\{(x,y)\mid x^2+y^2\leqslant 4\}$。

(3) $I=\iint\limits_D \dfrac{\mathrm{d}\sigma}{100+\cos^2 x+\cos^2 y}$，其中，$D=\{(x,y)\mid |x|+|y|\leqslant 10\}$。

9.2　二重积分的计算

本节讨论二重积分的计算方法，其基本思想是用化二重积分为两次定积分的累次积分方法来计算。

9.2.1　二重积分在直角坐标系下的计算

利用二重积分的几何意义，讨论二重积分在直角坐标系下的计算方法。

设积分区域$D=\{(x,y)\mid\varphi_1(x)\leqslant y\leqslant\varphi_2(x),a\leqslant x\leqslant b\}$（图 9-3），函数$z=f(x,y)$在$D$上非负可积，则二重积分$\iint\limits_D f(x,y)\mathrm{d}\sigma$表示以曲面$z=f(x,y)$为顶、以$D$为底的曲顶柱体的体积$V$。

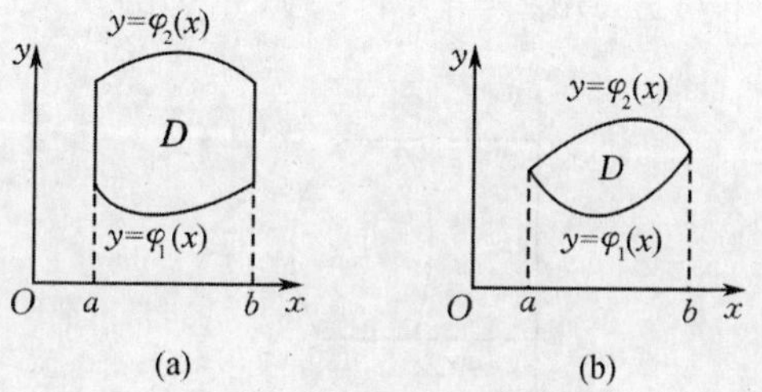

图 9-3

在区间$[a,b]$上任意取定一点x_0，作平行于yOz面的平面$x=x_0$，它与曲顶柱体的截面是以区间$[\varphi_1(x_0),\varphi_2(x_0)]$为底，以曲线$z=f(x_0,y)$为曲边的曲边梯形（图 9-4），由定积分的概念，此截面的面积为

$$A(x_0)=\int_{\varphi_1(x_0)}^{\varphi_2(x_0)}f(x_0,y)\mathrm{d}y。$$

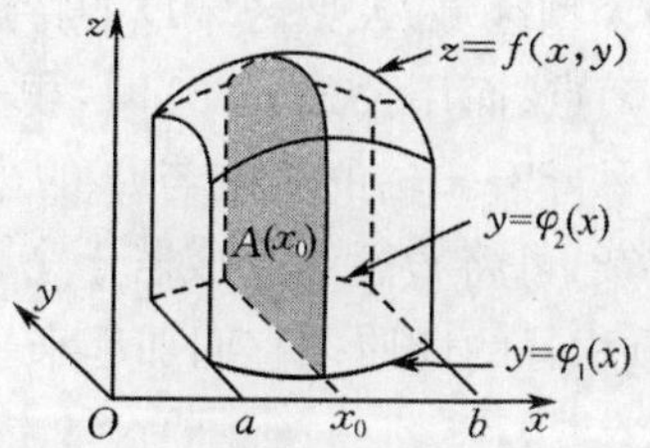

图 9-4

一般地，用过区间$[a,b]$上任意一点x且平行于yOz面的平面去截曲顶柱体，所得截面的面积为

$$A(x)=\int_{\varphi_1(x)}^{\varphi_2(x)}f(x,y)\mathrm{d}y,$$

则由定积分的应用，可得曲顶柱体的体积为

$$V=\int_a^b\left[\int_{\varphi_1(x)}^{\varphi_2(x)}f(x,y)\mathrm{d}y\right]\mathrm{d}x。$$

于是得到二重积分的一个计算公式

$$\iint_D f(x,y)\mathrm{d}\sigma = \int_a^b \left[\int_{\varphi_1(x)}^{\varphi_2(x)} f(x,y)\mathrm{d}y\right]\mathrm{d}x。\tag{9.4}$$

上式右端称为先对 y 后对 x 的**二次积分**，表示先将 x 看成常量，求关于 y 的一元函数 $f(x,y)$ 由 $\varphi_1(x)$ 到 $\varphi_2(x)$ 的定积分，得到关于 x 的一元函数，再求此函数由 a 到 b 的定积分。这个公式也常记作

$$\iint_D f(x,y)\mathrm{d}\sigma = \int_a^b \mathrm{d}x\int_{\varphi_1(x)}^{\varphi_2(x)} f(x,y)\mathrm{d}y。\tag{9.5}$$

上面假定了 $f(x,y)\geqslant 0$。事实上，去掉这个假定，只要 $f(x,y)$ 是连续函数时也成立。

类似地，如果积分区域 $D=\{(x,y)\mid\varphi_1(y)\leqslant x\leqslant\varphi_2(y),c\leqslant y\leqslant d\}$（图 9-5），那么就有

$$\iint_D f(x,y)\mathrm{d}\sigma = \int_c^d \left[\int_{\varphi_1(y)}^{\varphi_2(y)} f(x,y)\mathrm{d}x\right]\mathrm{d}y。\tag{9.6}$$

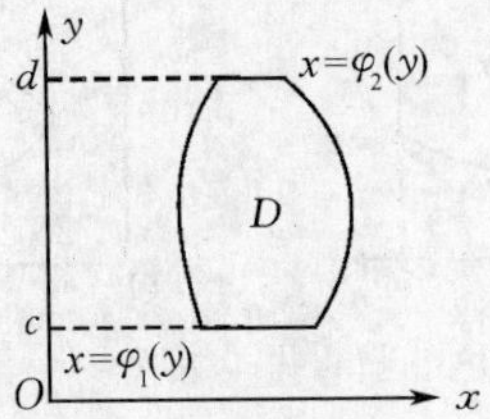

图 9-5

这个公式也常记作

$$\iint_D f(x,y)\mathrm{d}\sigma = \int_c^d \mathrm{d}y\int_{\varphi_1(y)}^{\varphi_2(y)} f(x,y)\mathrm{d}x。\tag{9.7}$$

以后称图 9-3 所示的积分区域为 X 型区域，图 9-5 所示的积分区域为 Y 型区域。应用公式(9.4)时，积分区域必须是 X 型区域。X 型区域 D 的特点是：穿过 D 内部且平行于 y 轴的直线与 D 的边界相交不多于两点；而用公式(9.6)时，积分区域必须是 Y 型区域。Y 型区域 D 的特点是：穿过 D 内部且平行于 x 轴的直线与 D 的边界相交不多于两点。

如果积分区域 D 形状较复杂，可将 D 适当分成若干个 X 型或 Y 型区域（图 9-6），分别化为二次定积分，然后根据二重积分的性质把它们加起来。

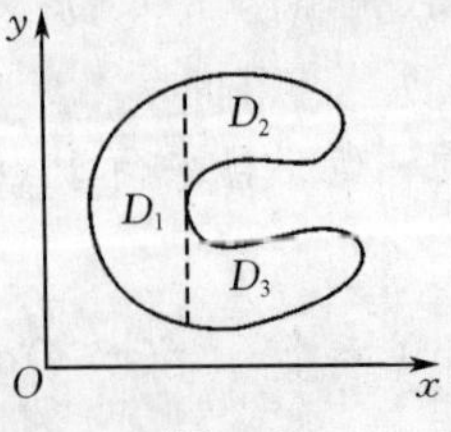

图 9-6

例 1　计算 $\iint\limits_D xy\,\mathrm{d}\sigma$，其中 D 是由曲线 $y=x$ 与 $y=\sqrt{x}$ 所围成的闭区域。

解　首先画出积分区域(图 9-7),它是 X 型区域,即

$$D=\{(x,y)\mid x\leqslant y\leqslant\sqrt{x},0\leqslant x\leqslant 1\},$$

于是有

$$\iint_D xy\mathrm{d}\sigma=\int_0^1\mathrm{d}x\int_x^{\sqrt{x}}xy\mathrm{d}y=\int_0^1 x\left(\frac{y^2}{2}\right)\Bigg|_{y=x}^{y=\sqrt{x}}\mathrm{d}x=\frac{1}{2}\int_0^1 x(x-x^2)\mathrm{d}x=\frac{1}{24}。$$

D 也是 Y 型区域(图 9-8),$D=\{(x,y)\mid y^2\leqslant x\leqslant y,0\leqslant y\leqslant 1\}$,于是又有

$$\iint_D xy\mathrm{d}\sigma=\int_0^1\mathrm{d}y\int_{y^2}^{y}xy\mathrm{d}x=\int_0^1 y\left(\frac{x^2}{2}\right)\Bigg|_{x=y^2}^{x=y}\mathrm{d}y=\frac{1}{2}\int_0^1 y(y^2-y^4)\mathrm{d}y=\frac{1}{24}。$$

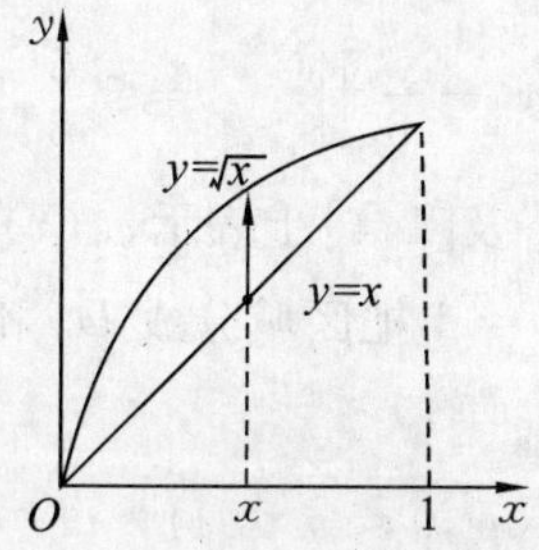

图 9-7

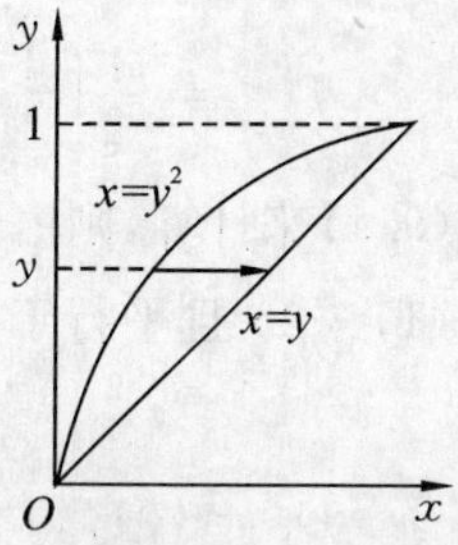

图 9-8

例 2　计算 $\iint\limits_D y\sqrt{1+x^2-y^2}\mathrm{d}\sigma$,其中 D 是由直线 $y=x,x=-1$ 和 $y=1$ 所围成的闭区域。

解　画出积分区域 D(图 9-9),D 既是 X 型的,又是 Y 型的,若利用公式(9.4),得

$$\iint_D y\sqrt{1+x^2-y^2}\mathrm{d}\sigma=\int_{-1}^1\left[\int_x^1 y\sqrt{1+x^2-y^2}\mathrm{d}y\right]\mathrm{d}x$$

$$=-\frac{1}{3}\int_{-1}^1(1+x^2-y^2)^{\frac{3}{2}}\Bigg|_{y=x}^{y=1}\mathrm{d}x=-\frac{1}{3}\int_{-1}^1(|x|^3-1)\mathrm{d}x$$

$$=-\frac{2}{3}\int_0^1(x^3-1)\mathrm{d}x=\frac{1}{2}。$$

若利用公式(9.6)(图 9-10),就有

$$\iint_D y\sqrt{1+x^2-y^2}\mathrm{d}\sigma=\int_{-1}^1 y\left[\int_{-1}^y\sqrt{1+x^2-y^2}\mathrm{d}x\right]\mathrm{d}y。$$

上式右端关于 x 的积分较麻烦,所以用公式(9.4)计算较方便。

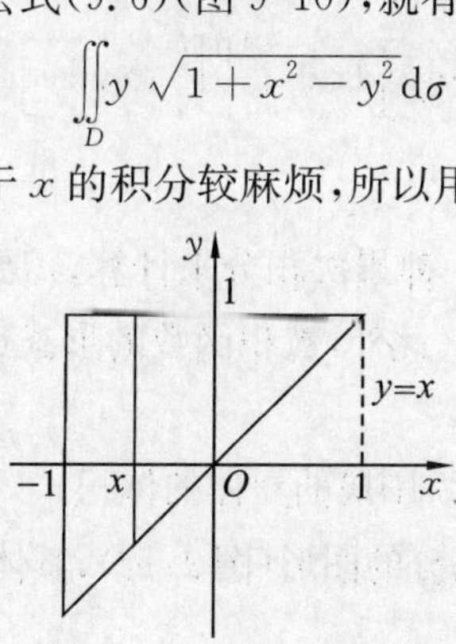

图 9-9

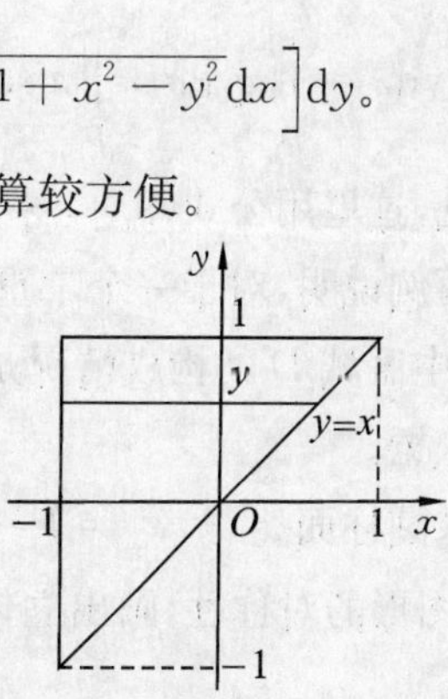

图 9-10

例 3 计算$\iint\limits_D xy\mathrm{d}\sigma$,其中,$D$是由抛物线$y^2=x$及直线$y=x-2$所围成的闭区域。

解 画出积分区域D(图 9-11(a))。既可先对x积分,又可先对y积分,若利用公式(9.6),得

$$\iint\limits_D xy\mathrm{d}\sigma=\int_{-1}^{2}\left[\int_{y^2}^{y+2}xy\mathrm{d}x\right]\mathrm{d}y=\int_{-1}^{2}\left[\frac{x^2}{2}y\right]\Bigg|_{x=y^2}^{x=y+2}\mathrm{d}y$$

$$=\frac{1}{2}\int_{-1}^{2}[y(y+2)^2-y^5]\mathrm{d}y$$

$$=\frac{1}{2}\left[\frac{1}{4}y^4+\frac{4}{3}y^3+2y^2-\frac{y^6}{6}\right]\Bigg|_{y=-1}^{y=2}=5\frac{5}{8}。$$

若利用公式(9.4)来计算,则由于在区间$[0,1]$及$[1,4]$上表示$\varphi_1(x)$的式子不同,所以要用经过交点$(1,-1)$且平行于y轴的直线$x=1$把区域分成D_1和D_2两部分(图 9-11(b)),其中,

$$D_1=\{(x,y)\mid -\sqrt{x}\leqslant y\leqslant\sqrt{x},0\leqslant x\leqslant 1\},$$

$$D_2=\{(x,y)\mid x-2\leqslant y\leqslant\sqrt{x},1\leqslant x\leqslant 4\}。$$

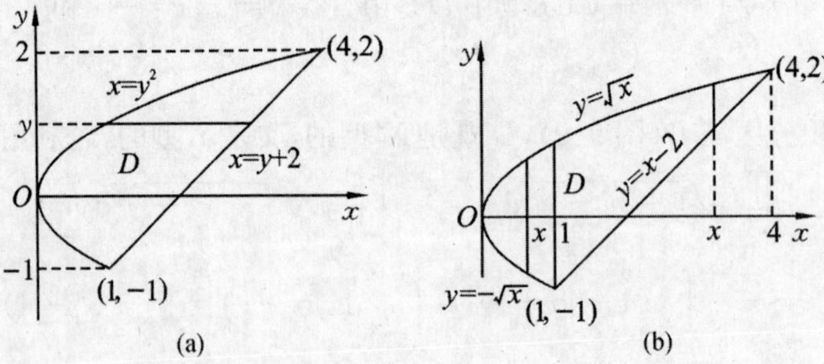

图 9-11

因此,根据二重积分的性质 2,就有

$$\iint\limits_D xy\mathrm{d}\sigma=\iint\limits_{D_1}xy\mathrm{d}\sigma+\iint\limits_{D_2}xy\mathrm{d}\sigma=\int_0^1\left[\int_{-\sqrt{x}}^{\sqrt{x}}xy\mathrm{d}y\right]\mathrm{d}x+\int_1^4\left[\int_{x-2}^{\sqrt{x}}xy\mathrm{d}y\right]\mathrm{d}x。$$

由此可见,这里用公式(9.4)来计算较为麻烦。

由以上两例说明,对于一个二重积分,选用哪一种累次积分来计算,需要根据具体情况来确定,其中区域D的构成情况是一个重要依据。此外,被积函数的形式也是选用积分次序的一个依据。

例 4 求圆柱面$x^2+y^2=R^2$与$x^2+z^2=R^2$围成的立体的体积。

解 由图形的对称性,画出立体在第一卦限部分的图形(图 9-12),其体积V_1为所求体积V的$\frac{1}{8}$。

这部分立体可看成是一个曲顶柱体，顶为柱面 $z=\sqrt{R^2-x^2}$，底面为$\frac{1}{4}$ 圆域

$$D=\left\{(x,y)\,|\,0\leqslant y\leqslant\sqrt{R^2-x^2},0\leqslant x\leqslant R\right\},$$

则

$$V_1=\iint\limits_D\sqrt{R^2-x^2}\,\mathrm{d}\sigma$$

$$=\int_0^R\mathrm{d}x\int_0^{\sqrt{R^2-x^2}}\sqrt{R^2-x^2}\,\mathrm{d}y=\int_0^R(R^2-x^2)\,\mathrm{d}x=\frac{2}{3}R^3,$$

于是所求立体的体积为

$$V=8V_1=\frac{16}{3}R^3。$$

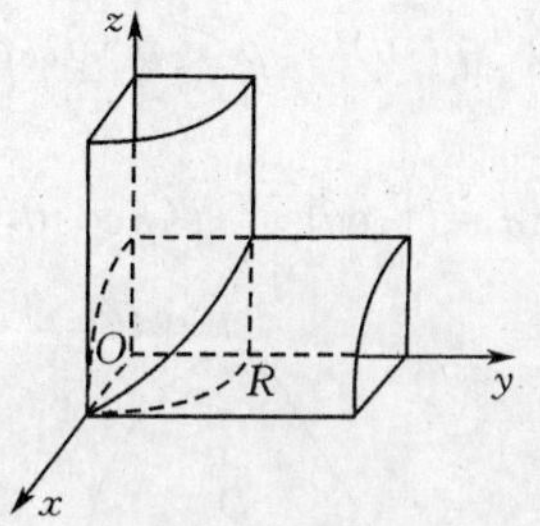

图 9-12

计算二重积分，也可利用对称性。若积分区域关于 x 轴（或 y 轴）对称（其对称的半个区域为 D_1），而被积函数在 D 上关于变量 y（或 x）为偶函数或为奇函数，则

$$\iint\limits_D f(x,y)\,\mathrm{d}\sigma=2\iint\limits_{D_1}f(x,y)\,\mathrm{d}\sigma\text{ 或}\iint\limits_D f(x,y)\,\mathrm{d}\sigma=0。$$

例如，设 $D=\{(x,y)\mid x^2+y^2\leqslant 1\}$，则$\iint\limits_D(x+y)\,\mathrm{d}x\mathrm{d}y=0$。

若 D_1 为 D 在第一象限的部分，则有

$$\iint\limits_D(x^2+y^2)\,\mathrm{d}x\mathrm{d}y=4\iint\limits_{D_1}(x^2+y^2)\,\mathrm{d}x\mathrm{d}y。$$

9.2.2　二重积分在极坐标系下的计算

在二重积分中，有些被积函数和积分区域的边界用极坐标表示比较方便，这时可用极坐标来计算二重积分$\iint\limits_D f(x,y)\,\mathrm{d}\sigma$。

在极坐标系下，有坐标变换式：$x=\rho\cos\theta,y=\rho\sin\theta$。以两族曲线 $\rho=$ 常数（以原点为中心的一族同心圆）和 $\theta=$ 常数（以原点为起点的一族射线）来分割积分区域 D（图 9-13），每个小区域的面积为 $\Delta\sigma\approx\rho\Delta\theta\Delta\rho$，因而，面积元素可取 $\mathrm{d}\sigma=\rho\mathrm{d}\rho\mathrm{d}\theta$，于是在极坐标系下的二重积分公式为

$$\iint\limits_D f(x,y)\,\mathrm{d}\sigma=\iint\limits_D f(\rho\cos\theta,\rho\sin\theta)\rho\,\mathrm{d}\rho\mathrm{d}\theta。\tag{9.8}$$

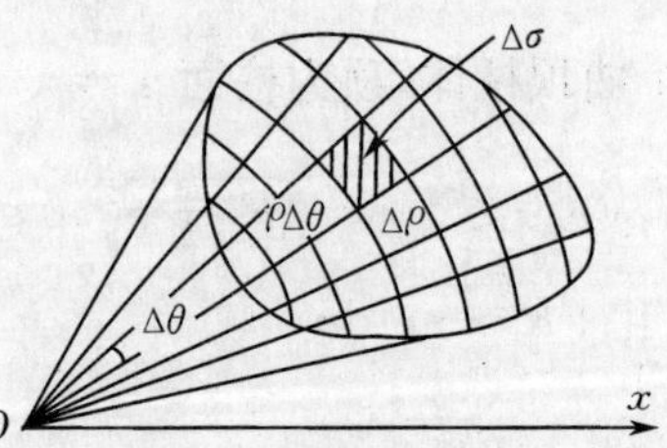

图 9-13

与直角坐标系下计算二重积分的方法一样，极坐标系下的二重积分也要化为二次积分来计算，下面分两种情况加以讨论。

1. 极点 O 在区域 D 外面（图 9-14）

此时，D 可表示为

$$D=\{(\rho,\theta)\mid \rho_1(\theta)\leqslant\rho\leqslant\rho_2(\theta),\alpha\leqslant\theta\leqslant\beta\},$$

则

$$\iint_D f(x,y)\mathrm{d}\sigma=\int_\alpha^\beta\mathrm{d}\theta\int_{\rho_1(\theta)}^{\rho_2(\theta)}f(\rho\cos\theta,\rho\sin\theta)\rho\mathrm{d}\rho。$$

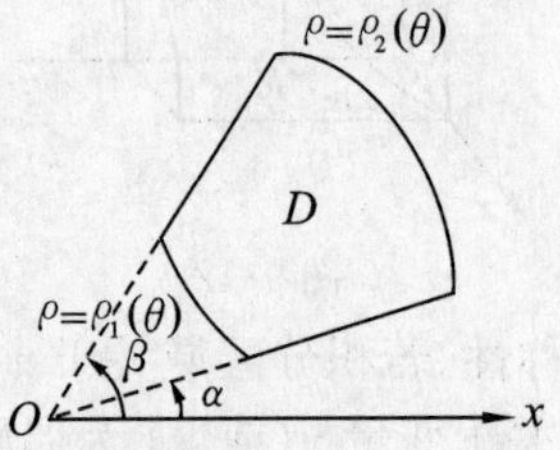

图 9-14

2. 极点 O 在区域 D 内部（图 9-15）

此时，D 可表示为

$$D=\{(\rho,\theta)\mid 0\leqslant\rho\leqslant\rho(\theta),0\leqslant\theta\leqslant 2\pi\},$$

则

$$\iint_D f(x,y)\mathrm{d}\sigma=\int_0^{2\pi}\mathrm{d}\theta\int_0^{\rho(\theta)}f(\rho\cos\theta,\rho\sin\theta)\rho\mathrm{d}\rho。$$

闭区域 D 的面积 σ 可以表示为

$$\sigma=\iint_D\mathrm{d}\sigma。$$

在极坐标系下，面积元素 $\mathrm{d}\sigma=\rho\mathrm{d}\rho\mathrm{d}\theta$，上式成为

$$\sigma=\iint_D\rho\mathrm{d}\rho\mathrm{d}\theta。$$

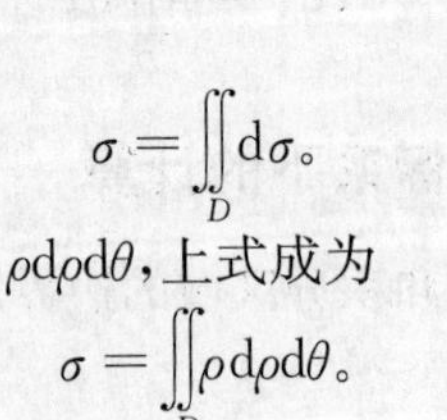

图 9-15

例 5　计算二重积分$\iint\limits_{D} xy\,\mathrm{d}\sigma$,其中,$D$是由圆$x^2+y^2=a^2$,$x^2+y^2-2ay=0(a>0)$和直线$y=x$,$x=0$围成的平面区域(图 9-16)。

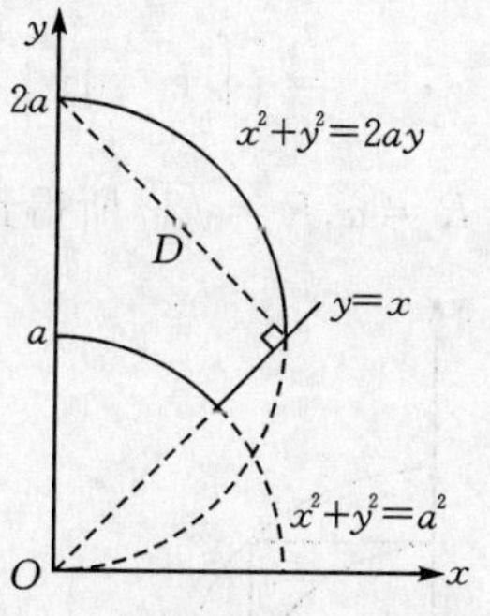

图 9-16

解　圆$x^2+y^2=a^2$及圆$x^2+y^2-2ay=0$的极坐标方程分别为$\rho=a$,$\rho=2a\sin\theta$,直线$y=x$,$x=0$的极坐标方程为$\theta=\frac{\pi}{4}$,$\theta=\frac{\pi}{2}$,区域D可表示为

$$D=\left\{(\rho,\theta)\mid a\leqslant\rho\leqslant 2a\sin\theta,\frac{\pi}{4}\leqslant\theta\leqslant\frac{\pi}{2}\right\},$$

于是

$$\begin{aligned}\iint\limits_{D} xy\,\mathrm{d}\sigma&=\iint\limits_{D}\rho\cos\theta\cdot\rho\sin\theta\cdot\rho\mathrm{d}\rho\mathrm{d}\theta=\int_{\frac{\pi}{4}}^{\frac{\pi}{2}}\mathrm{d}\theta\int_{a}^{2a\sin\theta}\rho^3\cos\theta\sin\theta\mathrm{d}\rho\\&=\int_{\frac{\pi}{4}}^{\frac{\pi}{2}}\cos\theta\sin\theta\left(\frac{\rho^4}{4}\right)\Bigg|_{\rho=a}^{\rho=2a\sin\theta}\mathrm{d}\theta=\frac{a^4}{4}\int_{\frac{\pi}{4}}^{\frac{\pi}{2}}\cos\theta\sin\theta(16\sin^4\theta-1)\mathrm{d}\theta\\&=\frac{a^4}{4}\left(\frac{16}{6}\sin^6\theta-\frac{1}{2}\sin^2\theta\right)\Bigg|_{\theta=\frac{\pi}{4}}^{\theta=\frac{\pi}{2}}=\frac{25}{48}a^4。\end{aligned}$$

例 6　(1) 计算二重积分$\iint\limits_{D}\mathrm{e}^{-x^2-y^2}\mathrm{d}\sigma$,其中,$D=\{(x,y)\mid x^2+y^2\leqslant R^2,x\geqslant 0,y\geqslant 0\}$;

(2) 求广义积分$\int_0^{+\infty}\mathrm{e}^{-x^2}\mathrm{d}x$。

解　(1)D为$\frac{1}{4}$圆域,在极坐标系下表示为$D=\left\{(\rho,\theta)\mid 0\leqslant\rho\leqslant R,0\leqslant\theta\leqslant\frac{\pi}{2}\right\}$,则

$$\iint\limits_{D}\mathrm{e}^{-x^2-y^2}\mathrm{d}\sigma=\int_0^{\frac{\pi}{2}}\mathrm{d}\theta\int_0^R\mathrm{e}^{-\rho^2}\rho\mathrm{d}\rho=\frac{\pi}{2}\left(-\frac{1}{2}\mathrm{e}^{-\rho^2}\right)\Bigg|_0^R=\frac{\pi}{4}(1-\mathrm{e}^{-R^2})。$$

(2) 由于积分$\int\mathrm{e}^{-x^2}\mathrm{d}x$不能用初等函数表示,故所求积分得用别的方法计算。

若设$I(a)=\int_0^a\mathrm{e}^{-x^2}\mathrm{d}x$,那么

$$\int_0^{+\infty}\mathrm{e}^{-x^2}\mathrm{d}x=\lim_{a\to+\infty}\int_0^a\mathrm{e}^{-x^2}\mathrm{d}x=\lim_{a\to+\infty}I(a)。$$

考虑正方形区域 $D_0=\{(x,y)\mid 0\leqslant x\leqslant a,0\leqslant y\leqslant a\}$，则

$$\iint\limits_{D_0}\mathrm{e}^{-x^2-y^2}\,\mathrm{d}\sigma=\int_0^a\mathrm{e}^{-x^2}\,\mathrm{d}x\int_0^a\mathrm{e}^{-y^2}\,\mathrm{d}y$$

$$=\left[\int_0^a\mathrm{e}^{-x^2}\,\mathrm{d}x\right]^2=[I(a)]^2。$$

又对(1)的积分区域，分别令 $R=a,R=\sqrt{2}a$ 所得到的 $\frac{1}{4}$ 圆域记为 D_1,D_2(图 9-17)。

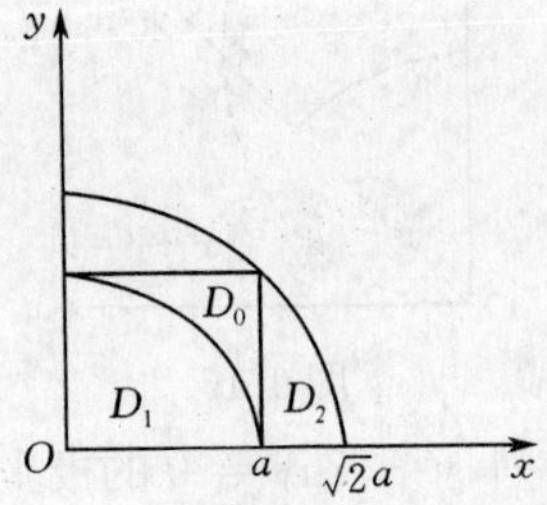

图 9-17

由二重积分的性质，有

$$\iint\limits_{D_1}\mathrm{e}^{-x^2-y^2}\,\mathrm{d}\sigma\leqslant\iint\limits_{D_0}\mathrm{e}^{-x^2-y^2}\,\mathrm{d}\sigma\leqslant\iint\limits_{D_2}\mathrm{e}^{-x^2-y^2}\,\mathrm{d}\sigma,$$

利用(1) 的结果，即有

$$\frac{\pi}{4}(1-\mathrm{e}^{-a^2})\leqslant[I(a)]^2\leqslant\frac{\pi}{4}(1-\mathrm{e}^{-2a^2}),$$

令 $a\to+\infty$，上式两端都趋于 $\frac{\pi}{4}$，从而有 $\lim\limits_{a\to+\infty}[I(a)]^2=\frac{\pi}{4}$，于是

$$\lim_{a\to+\infty}I(a)=\int_0^{+\infty}\mathrm{e}^{-x^2}\,\mathrm{d}x=\frac{\sqrt{\pi}}{2}。$$

这个积分在概率论与数理统计中经常用到，称为**概率积分**。

例 7　求球面 $z=\sqrt{4-x^2-y^2}$，圆柱面 $x^2+y^2=2x$ 及坐标面 $z=0$ 所围含在柱体内的立体体积 V。

解　立体关于 zOx 平面对称，所以体积为第一卦限部分立体体积的 2 倍，这部分立体可看成一个曲顶柱体(图 9-18)，顶为球面 $z=\sqrt{4-x^2-y^2}$，底为半圆域，在极坐标系下可表示为

$$D=\left\{(\rho,\theta)\mid 0\leqslant\rho\leqslant 2\cos\theta,0\leqslant\theta\leqslant\frac{\pi}{2}\right\},$$

于是

$$V=2\iint\limits_{D}\sqrt{4-x^2-y^2}\,\mathrm{d}\sigma=2\int_0^{\frac{\pi}{2}}\mathrm{d}\theta\int_0^{2\cos\theta}\sqrt{4-\rho^2}\,\rho\mathrm{d}\rho$$

$$=-\frac{2}{3}\int_0^{\frac{\pi}{2}}(4-\rho^2)^{\frac{3}{2}}\Big|_0^{2\cos\theta}\mathrm{d}\theta=\frac{16}{3}\int_0^{\frac{\pi}{2}}(1-\sin^3\theta)\mathrm{d}\theta=\frac{16}{3}\left(\frac{\pi}{2}-\frac{2}{3}\right)。$$

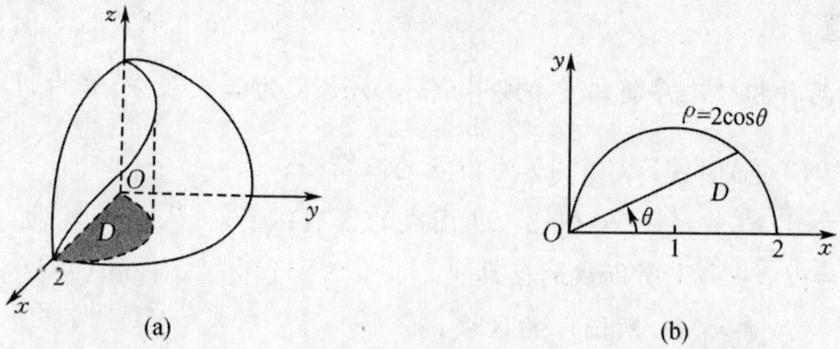

图 9-18

习题 9.2

一、选择题

1. 设 $f(x,y)$ 为连续函数，则 $\int_0^a dx\int_0^x f(x,y)dy = ($　　$)$。

A. $\int_0^a dy\int_0^x f(x,y)dx$　　B. $\int_0^a dy\int_y^a f(x,y)dx$

C. $\int_0^a dy\int_0^y f(x,y)dx$　　D. $\int_0^a dx\int_x^a f(x,y)dy$

2. 设 D 是 xOy 平面上以点 $A(1,1)$，$B(-1,1)$，$C(-1,-1)$ 为顶点的三角区域，D_1 是区域 D 在第一象限的部分，则 $\iint\limits_D (xy+\cos x\sin y)dxdy = ($　　$)$。

A. $2\iint\limits_{D_1}\cos x\sin y dxdy$　　B. $2\iint\limits_{D_1} xydy$

C. $4\iint\limits_{D_1}(xy+\cos x\sin y)dxdy$　　D. 0

3. 设 D 是由 $y=x^2-4$ 和 $y=0$ 围成的平面区域，$I=\iint\limits_D (ax+y)dxdy$，则（　　）。

A. $I>0$　　B. $I=0$

C. $I<0$　　D. 符号与参数 a 有关

二、填空题

1. 已知 $\int_0^1 f(x)dx = \int_0^1 xf(x)dx$，$D=\{(x,y)\mid x+y\leqslant 1, x\geqslant 0, y\geqslant 0\}$，则 $\iint\limits_D f(x)dxdy =$ ________。

2. $\iint\limits_{x^2+y^2\leqslant 1} e^{x^2+y^2}dxdy =$ ________。

3. 若区域 D 由曲线 $(x-1)^2+y^2=1$ 所围成，则 $\iint\limits_D f(x,y)dxdy$ 化为极坐标为 ____________。

三、解答题

1. 分别用两种积分次序将二重积分$\iint\limits_D f(x,y)\mathrm{d}\sigma$化为二次积分，其中，$D$为：

(1) 以$O(0,0),A(1,0),B(1,1)$为顶点的三角形；

(2) 由$y=0,x^2+y^2=R^2(y>0)$围成的区域；

(3) 由$y=x^2,y=1$所围成的区域；

(4) 由$y=x,y^2=4x$所围成的区域；

(5) 由$y=x,y=2$及$y=\dfrac{1}{x}(x>0)$所围成的区域；

(6) 由$x+y=1,x-y=1,x=0$所围成的区域。

2. 计算下列二重积分。

(1)$\iint\limits_D x^2y\mathrm{d}\sigma$，$D$由$y=\sqrt{x},x=2y$所围成；

(2)$\iint\limits_D \mathrm{e}^{x-y}\mathrm{d}\sigma$，$D$是由$y=0,y=\ln 3,x=0,x=\ln 4$所围成；

(3)$\iint\limits_D (x-1)\mathrm{d}\sigma$，$D$由$y=x,y=x^3$所围成；

(4)$\iint\limits_D y\mathrm{e}^{xy}\mathrm{d}\sigma$，$D$由$y=-1,y=0,x=0,x=2$所围成；

(5)$\iint\limits_D (x+2y)\mathrm{d}\sigma$，$D$由$y=2x^2,y=1+x^2$所围成。

3. 如果二重积分$\iint\limits_D f(x,y)\mathrm{d}\sigma$的被积函数$f(x,y)$是两个函数$f_1(x)$及$f_2(y)$的乘积，即$f(x,y)=f_1(x)f_2(y)$，积分区域$D=\{(x,y)\mid a\leqslant x\leqslant b,c\leqslant y\leqslant d\}$，证明这个二重积分等于两个单积分的乘积，即

$$\iint\limits_D f_1(x)f_2(y)\mathrm{d}x\mathrm{d}y=\left[\int_a^b f_1(x)\mathrm{d}x\right]\left[\int_c^d f_2(y)\mathrm{d}y\right]。$$

4. 交换下列二次积分的积分次序。

(1)$\int_0^1\mathrm{d}y\int_{\sqrt{y}}^{3-2y}f(x,y)\mathrm{d}x$；　　(2)$\int_0^2\mathrm{d}x\int_{\sqrt{2x-x^2}}^{\sqrt{4-x^2}}f(x,y)\mathrm{d}y$；

(3)$\int_0^1\mathrm{d}y\int_{\arcsin y}^{\pi-\arcsin y}f(x,y)\mathrm{d}x$；　　(4)$\int_{-1}^0\mathrm{d}x\int_{x+1}^{\sqrt{1-x^2}}f(x,y)\mathrm{d}y$；

(5)$\int_{\frac{1}{4}}^{\frac{1}{2}}\mathrm{d}y\int_{\frac{1}{2}}^{\sqrt{y}}\mathrm{e}^{\frac{y}{x}}\mathrm{d}x+\int_{\frac{1}{2}}^1\mathrm{d}y\int_y^{\sqrt{y}}\mathrm{e}^{\frac{y}{x}}\mathrm{d}x$。

5. 设平面薄片所占的闭区域D由直线$x+y=2,y=x$和x轴所围成，它的面密度$\mu(x,y)=x^2+y^2$，求该薄片的质量。

6. 求由曲线 $y=x, y=2, x=y^2$ 所围成的平面图形的面积。

7. 计算由四个平面 $x=0, y=0, x=1, y=1$ 所围成的柱体被平面 $z=0$ 及 $2x+3y+z=6$ 截得的立体体积。

8. 求由平面 $x=0, y=0, x+y=1$ 所围成的柱体被平面 $z=0$ 及抛物面 $x^2+y^2=6-z$ 截得的立体的体积。

9. 利用极坐标变换计算下列二重积分。

(1) $\iint\limits_D \sqrt{x^2+y^2}\,dxdy$，其中，$D$ 为 $x^2+y^2\leqslant a^2$；

(2) $\iint\limits_D \sqrt{a^2-x^2-y^2}\,dxdy$，其中，$D$ 为 $x^2+y^2\leqslant ax$；

(3) $\iint\limits_D \arctan\dfrac{y}{x}\,dxdy$，其中，$D$ 为 $1\leqslant x^2+y^2\leqslant 4, y=x, y=0, x>0, y>0$；

(4) $\iint\limits_D (x+y)\,dxdy$，其中，$D$ 是圆 $x^2+y^2=x+y$ 所围；

(5) $\iint\limits_D \ln(1+x^2+y^2)\,dxdy$，其中，$D$ 为圆 $x^2+y^2=1$ 所围在第一象限的区域。

10. 选用适当的坐标计算下列各题。

(1) $\iint\limits_D y e^{xy}\,d\sigma$，$D$ 由 $x=1, x=2, y=2, xy=1$ 所围的区域；

(2) $\iint\limits_D \sin(x^2+y^2)\,d\sigma$，其中，$D$ 为 $\pi^2\leqslant x^2+y^2\leqslant 4\pi^2$；

(3) $\iint\limits_D (x^2+y^2)\,d\sigma$，其中，$D$ 是由直线 $y=x, y=x+a, y=a, y=3a\,(a>0)$ 所围成的闭区域。

11. 求由下列曲面所围立体的体积。

(1) $z=x^2+y^2, x^2+y^2=a^2, z=0$；　(2) $z=2-x^2-y^2, z=x^2+y^2$。

9.3　三重积分

本节把上述关于二重积分的概念推广到三元函数即得三重积分，并给出其计算方法，从中可以看出，从二重到三重以至于更多重的积分，并无本质上的区别。

9.3.1　三重积分的定义

定义 9.2　设 Ω 是三维空间 R^3 中的有界闭区域，函数 $f(x,y,z)$ 在 Ω 上有定义且有界。将 Ω 任意分割成 n 个闭子区域 $\Delta V_i\,(i=1,2,\cdots,n$，它们也代表相应区域的体积)，在

ΔV_i 中任取一点$(\xi_i,\eta_i,\zeta_i)(i=1,2,\cdots,n)$，作和式

$$\sum_{i=1}^{n} f(\xi_i,\eta_i,\zeta_i)\Delta V_i。$$

记λ为所有小区域直径的最大值，当$\lambda\to 0$时，如果上述和式的极限总存在，且极限值与对区域Ω的分法及点(ζ_i,η_i,ξ_i)在ΔV_i上的取法无关，则称函数$f(x,y,z)$在Ω上可积，此极限值为$f(x,y,z)$在Ω上的**三重积分**，记作$\iiint\limits_{\Omega} f(x,y,z)\mathrm{d}v$，即

$$\iiint\limits_{\Omega} f(x,y,z)\mathrm{d}v=\lim_{\lambda\to 0}\sum_{i=1}^{n} f(\xi_i,\eta_i,\zeta_i)\Delta V_i, \tag{9.9}$$

称 $f(x,y,z)$ 为**被积函数**，$\mathrm{d}v$ 为**体积元素**，Ω 为**积分区域**。

在空间直线坐标系下，体积元素 $\mathrm{d}v$ 可记作 $\mathrm{d}x\mathrm{d}y\mathrm{d}z$，从而三重积分可记作 $\iiint\limits_{\Omega} f(x,y,z)\mathrm{d}x\mathrm{d}y\mathrm{d}z$。

当函数 $f(x,y,z)$ 在闭区域 Ω 上连续时，(9.9) 式右端的和的极限必定存在，也就是函数 $f(x,y,z)$ 在闭区域 Ω 上的三重积分必定存在。以后总假定函数 $f(x,y,z)$ 在闭区域 Ω 上是连续的。

由上述定义可知，当函数 $f(x,y,z)$ 为 Ω 上的密度函数 $\rho(x,y,z)$ 时，则三重积分表示物体 Ω 的总质量 M，即

$$M=\iiint\limits_{\Omega}\rho(x,y,z)\mathrm{d}v。$$

当 $f(x,y,z)\equiv 1$ 时，则三重积分的数值表示 Ω 的体积，即

$$V=\iiint\limits_{\Omega} 1\mathrm{d}v。$$

9.3.2 三重积分的计算

计算三重积分的基本方法是将三重积分化为**三次积分**来计算。下面按不同坐标系来分别讨论将三重积分化为三次积分的方法。

1. 在直角坐标系下的计算公式

假设平行于 z 轴且穿过闭区域Ω 内部的直线与闭区域Ω 的边界曲面 S 相交不多于两点。把闭区域 Ω 投影到 xOy 面上，得到一平面闭区域 D_{xy}（图 9-19）。以 D_{xy} 的边界为准线作母线平行于 z 轴的柱面。该柱面与曲面 S 的交线从曲面 S 中分出的上、下两部分，它们的方程分别为

$$S_1: z=z_1(x,y),\quad S_2: z=z_2(x,y),$$

其中，$z_1(x,y)$ 与 $z_2(x,y)$ 都是 D_{xy} 上的连续函数，且 $z_1(x,y)\leqslant z_2(x,y)$。过 D_{xy} 内任一点 (x,y) 作平行于 z 轴的直线，该直线通过曲面 S_1 穿入 Ω 内，然后通过曲面 S_2 穿出 Ω 外，

穿入点与穿出点的竖坐标分别为 $z_1(x,y)$ 与 $z_2(x,y)$。

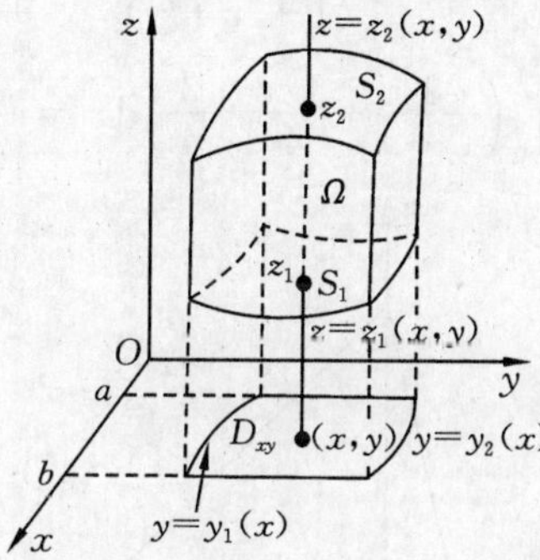

图 9-19

在这种情形下，积分区域 Ω 可表示为

$$\Omega=\{(x,y,z)\mid z_1(x,y)\leqslant z\leqslant z_2(x,y),(x,y)\in D_{xy}\}。$$

先将 x,y 看做定值，将 $f(x,y,z)$ 只看做 z 的函数，在区间 $[z_1(x,y),z_2(x,y)]$ 上对 z 积分。积分的结果是 x,y 的函数，记为 $F(x,y)$，即

$$F(x,y)=\int_{z_1(x,y)}^{z_2(x,y)}f(x,y,z)\mathrm{d}z。$$

然后计算 $F(x,y)$ 在闭区域 D_{xy} 的二重积分

$$\iint_D F(x,y)\mathrm{d}\sigma=\iint_{D_{xy}}\left[\int_{z_1(x,y)}^{z_2(x,y)}f(x,y,z)\mathrm{d}z\right]\mathrm{d}\sigma。$$

假如闭区域

$$D_{xy}=\{(x,y)\mid y_1(x)\leqslant y\leqslant y_2(x),a\leqslant x\leqslant b\},$$

于是得到三重积分的计算公式：

$$\iiint_\Omega f(x,y,z)\mathrm{d}v=\int_a^b\mathrm{d}x\int_{y_1(x)}^{y_2(x)}\mathrm{d}y\int_{z_1(x,y)}^{z_2(x,y)}f(x,y,z)\mathrm{d}z。\tag{9.10}$$

公式(9.10)把三重积分化为先对 z、次对 y、最后对 x 的**三次积分**。自然，如果将 Ω 向 yOz 和 zOx 面投影，类似推导可得相应计算公式。

如果平行于坐标轴的直线与 Ω 的边界曲面 S 的交点多于两个，则可以用一些辅助曲面将 Ω 分成若干个子区域 $\Omega_1,\Omega_2,\cdots,\Omega_i$，使每个子区域满足交点不多于两个的要求，在每个 Ω_i 上来计算三重积分，而 Ω 上的三重积分就等于这些子区域上的三重积分之和。

例 1　计算 $I=\iiint_\Omega\frac{\mathrm{d}\Omega}{(1+x+y+z)^3}$，其中，$\Omega$ 由 $x+y+z=1,x=0,y=0,z=0$ 围成。

解　如图 9-20 所示，则

$$I=\int_0^1\mathrm{d}x\int_0^{1-x}\mathrm{d}y\int_0^{1-x-y}\frac{1}{(1+x+y+z)^3}\mathrm{d}z$$

$$= \frac{1}{2}\int_0^1 dx \int_0^{1-x} \left[\frac{1}{(1+x+y)^2} - \frac{1}{4}\right] dy$$

$$= \frac{1}{2}\int_0^1 \left(\frac{1}{1+x} + \frac{x}{4} - \frac{3}{4}\right) dx = \frac{1}{2}\ln 2 - \frac{5}{16}。$$

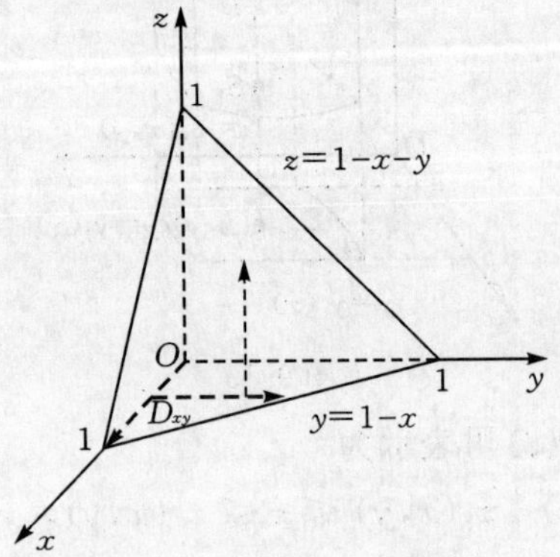

图 9-20

例 2　计算 $I = \iiint\limits_{\Omega} z\,dx\,dy\,dz$，其中，$\Omega$ 由 $z = \sqrt{x^2+y^2}$ 与 $z = \sqrt{1-x^2-y^2}$ 所围成。

解　如图 9-21，两曲面的交线为

$$\begin{cases} z = \sqrt{x^2+y^2}, \\ z = \sqrt{1-x^2-y^2}。\end{cases}$$

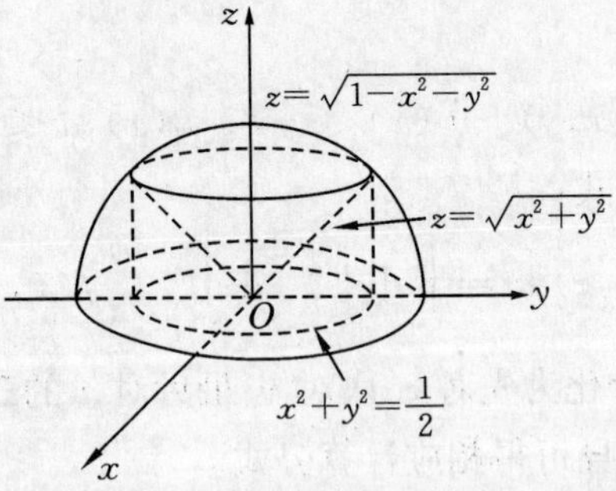

图 9-21

消去 z，得 Ω 在 xOy 面上的投影区域 $D_{xy} = \left\{(x,y) \middle| x^2+y^2 \leqslant \frac{1}{2}\right\}$。注意到被积函数 $f(x,y,z) = z$ 关于 x 和 y 均为偶函数，则

$$I = 4\int_0^{\frac{\sqrt{2}}{2}} dx \int_0^{\sqrt{\frac{1}{2}-x^2}} dy \int_{\sqrt{x^2+y^2}}^{\sqrt{1-x^2-y^2}} z\,dz$$

$$= 2\int_0^{\frac{\sqrt{2}}{2}} dx \int_0^{\sqrt{\frac{1}{2}-x^2}} (1-2x^2-2y^2)\,dy$$

$$= \frac{8}{3}\int_0^{\frac{\sqrt{2}}{2}} \left(\frac{1}{2} - x^2\right)^{\frac{3}{2}} \mathrm{d}x \left(令\, x = \frac{\sqrt{2}}{2}\sin\theta\right)$$

$$= \frac{\pi}{8}。$$

2. 在柱面坐标系下的计算公式

设 $M(x,y,z)$ 为直角坐标系中一点，它在 xOy 面上的投影点为 P，则点 P 在 xOy 面上的极坐标为 (ρ,θ)，如图 9-22，称点 (ρ,θ,z) 为点 M 的**柱面坐标**。显然直角坐标与柱面坐标的关系为

$$\begin{cases} x = \rho\cos\theta, \\ y = \rho\sin\theta, \\ z = z。\end{cases} \tag{9.11}$$

其中，ρ,θ,z 的取值范围分别是

$$0 \leqslant \rho < +\infty, 0 \leqslant \theta \leqslant 2\pi, -\infty < z < +\infty。$$

在柱面坐标系中的三组坐标面为：

$\rho =$ 常数，是以 z 轴为中心的圆柱面；

$\theta =$ 常数，是过 z 轴的半平面；

$z =$ 常数，是与 xOy 面平行的平面。

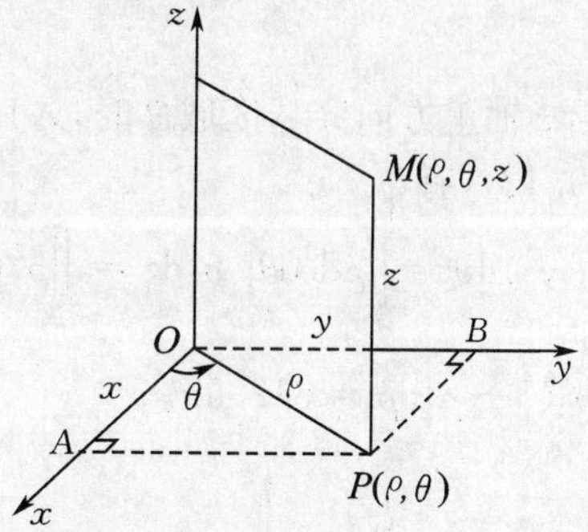

图 9-22

现分析三重积分在柱面坐标下的表达式。用上述三组坐标面来分割闭区域 Ω，再对 ρ，θ，z 分别取改变量 $\mathrm{d}\rho,\mathrm{d}\theta,\mathrm{d}z$，则形成微元小柱体 $\mathrm{d}V$（图 9-23）。因为平面上极坐标面积元素 $\mathrm{d}\sigma = \rho\mathrm{d}\rho\mathrm{d}\theta$，于是可得柱坐标系中体积微元 $\mathrm{d}v = \rho\mathrm{d}\rho\mathrm{d}\theta\mathrm{d}z$，这就推得在柱坐标下三重积分的计算公式

$$\iiint_{\Omega} f(x,y,z)\mathrm{d}v = \iiint_{\Omega} f(\rho\cos\theta,\rho\sin\theta,z)\rho\mathrm{d}\rho\mathrm{d}\theta\mathrm{d}z。 \tag{9.12}$$

对于(9.12)式，同样可化为对 ρ,θ,z 的三次积分来计算。一般先对 z 积分，余下的二重积分就是平面上极坐标的二重积分。当然先求极坐标系下的二重积分，再对变量 z 求定积分也是可以的。

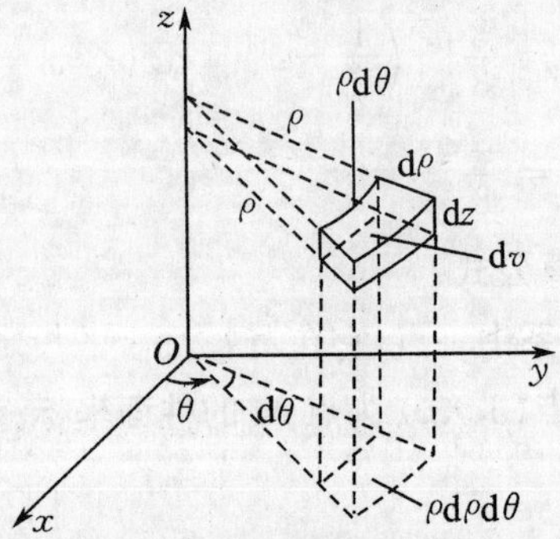

图 9-23

例 3　计算三重积分

$$I=\iiint_{\Omega}(x^2+y^2)\mathrm{d}v,$$

其中，Ω 为圆锥面 $x^2+y^2=z^2$ 与平面 $z=5$ 所围的立体。

解　画出积分区域 Ω 的图形，如图 9-24 所示。平面 $z=5$ 的柱面坐标方程仍为 $z=5$，圆锥面 $x^2+y^2=z^2$ 的柱面坐标方程为

$$z=\rho,$$

Ω 在 Oxy 平面上的投影区域 D 是一个圆域，由 $\begin{cases}z=5,\\ z=\rho\end{cases}$ 消去 z，得到圆域 D 的边界（圆周）方程为 $\rho=5$。

当用平行于 z 轴的直线沿 z 轴正方向穿越区域 Ω 时，入口面为圆锥面 $z=\rho$，出口面为平面 $z=5$，因此，根据公式(9.12)，有

$$\begin{aligned}I&=\iiint_{\Omega}(x^2+y^2)\mathrm{d}v=\iint_{D}\rho\mathrm{d}\rho\mathrm{d}\theta\int_{\rho}^{5}\rho^2\mathrm{d}z=\iint_{D}\rho^2(5-\rho)\rho\mathrm{d}\rho\mathrm{d}\theta\\&=\int_0^{2\pi}\mathrm{d}\theta\int_0^5\rho^3(5-\rho)\mathrm{d}\rho=312.5\pi。\end{aligned}$$

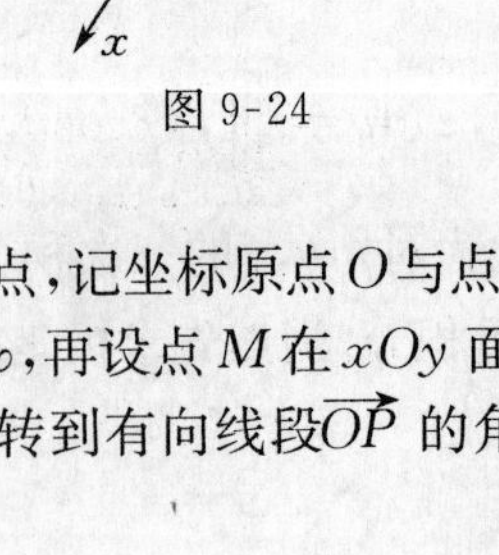

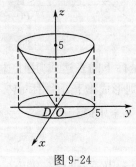

图 9-24

3. 在球面坐标系下的计算公式

设 $M(x,y,z)$ 为直角坐标系中一点，记坐标原点 O 与点 M 的距离为 ρ，即 $|\overrightarrow{OM}|=\rho$。设有向线段 $\overrightarrow{OM}$ 与 z 轴的正向夹角为 φ，再设点 M 在 xOy 面的投影为 P。记 θ 为从 z 轴的正向看由 x 轴的正半轴按逆时针方向转到有向线段 $\overrightarrow{OP}$ 的角，如图 9-25，则称 (ρ,φ,θ) 为

点 M 的**球面坐标**。

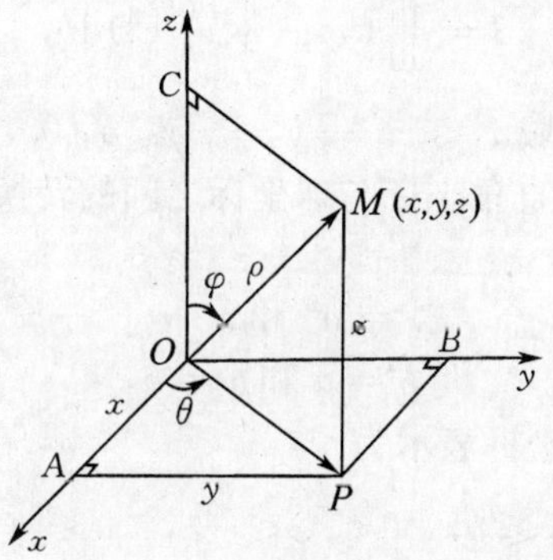

图 9-25

由 $z=\rho\cos\varphi$，$|\overrightarrow{OP}|=\rho\sin\varphi$ 可得直角坐标与球坐标的关系是

$$\begin{cases}x=\rho\sin\varphi\cos\theta,\\ y=\rho\sin\varphi\sin\theta,\\ z=\rho\cos\varphi,\end{cases}\tag{9.13}$$

其中，$0\leqslant\rho<+\infty$，$0\leqslant\varphi\leqslant\pi$，$0\leqslant\theta\leqslant 2\pi$。球面坐标中的三组坐标面分别为：

$\rho=$ 常数，是以原点为中心的球面；

$\varphi=$ 常数，是以原点为顶点，z 轴为中心轴的圆锥面；

$\theta=$ 常数，是过 z 轴的半平面。

用上述三组坐标面来分割闭区域 Ω，取 ρ,φ,θ 的改变量 $d\rho,d\varphi,d\theta$ 形成的体积微元 dv，它是一个六面体，去掉高阶无穷小后，将此六面体视为长方体(图 9-26)，其经线方向长为 $\rho d\varphi$，纬线方向宽为 $\rho\sin\varphi d\theta$，于是球坐标系下的体积元素为

$$dv=\rho^2\sin\varphi d\rho d\varphi d\theta。$$

由此可得球坐标下三重积分的计算公式

$$\iiint\limits_{\Omega}f(x,y,z)dv=\iiint\limits_{\Omega}f(\rho\sin\varphi\cos\theta,\rho\sin\varphi\sin\theta,\rho\cos\varphi)\rho^2\sin\varphi d\rho d\varphi d\theta。\tag{9.14}$$

此三重积分同样可化为 ρ,θ,φ 的三次积分来计算，一般可依照先 ρ，次 φ，再 θ 的次序。

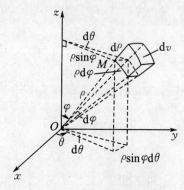

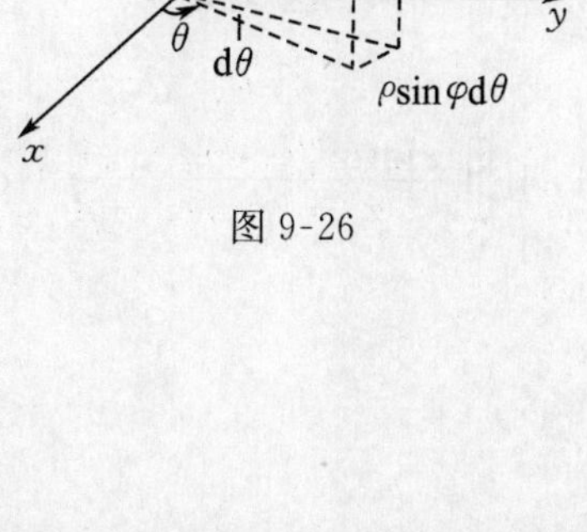

图 9-26

例 4　计算

$$I=\iiint_{\Omega}(x^2+y^2+z^2)\mathrm{d}v,$$

其中,Ω 为第一卦限中的球环域 $a^2\leqslant x^2+y^2+z^2\leqslant b^2(0<a<b,x\geqslant 0,y\geqslant 0,z\geqslant 0)$。

解　(1) 被积函数:利用直角坐标与球坐标之间的转换公式(9.13),被积函数可化成

$$x^2+y^2+z^2=\rho^2。$$

(2) 积分区域:球面 $x^2+y^2+z^2=a^2$ 和 $x^2+y^2+z^2=b^2$ 的球面方程分别为

$$\rho=a \text{ 和 } \rho=b,$$

故第一卦限的球环域 Ω 的球坐标表示为

$$a\leqslant\rho\leqslant b,\quad 0\leqslant\varphi\leqslant\frac{\pi}{2},\quad 0\leqslant\theta\leqslant\frac{\pi}{2}。$$

(3) 将三重积分化成球坐标下的三次积分:

$$I=\iiint_{\Omega}(x^2+y^2+z^2)\mathrm{d}v=\int_0^{\frac{\pi}{2}}\mathrm{d}\theta\int_0^{\frac{\pi}{2}}\mathrm{d}\varphi\int_a^b\rho^2\rho^2\sin\varphi\mathrm{d}\rho。$$

其中,ρ 的限是这样确定的:用从原点出发的射线穿越积分区域 Ω,入口球面 $\rho=a$,出口球面 $\rho=b$。

(4) 计算

$$I=\int_0^{\frac{\pi}{2}}\mathrm{d}\theta\int_0^{\frac{\pi}{2}}\sin\varphi\mathrm{d}\varphi\int_a^b\rho^4\mathrm{d}\rho=\frac{\pi}{2}\cdot 1\cdot\frac{b^5-a^5}{5}=\frac{(b^5-a^5)\pi}{10}。$$

例 5　用球坐标计算例 3 中的三重积分。

解　被积函数用公式(9.13)转换得

$$x^2+y^2=\rho^2\sin^2\varphi,$$

确定积分区域:平面 $z=5$ 的球面方程为 $\rho\cos\varphi=5$,即 $\rho=\dfrac{5}{\cos\varphi}$。

圆锥面 $x^2+y^2=z^2$ 的球面方程为 $\rho^2\sin^2\varphi=\rho^2\cos^2\varphi$,即 $\varphi=\dfrac{\pi}{4}$。因此 φ 的范围为 $0\leqslant\varphi\leqslant\dfrac{\pi}{4}$,而 $0\leqslant\theta\leqslant 2\pi$ 是显然的。则

$$\begin{aligned}I&=\iiint_{\Omega}(x^2+y^2)\mathrm{d}v=\int_0^{2\pi}\mathrm{d}\theta\int_0^{\frac{\pi}{4}}\sin\varphi\mathrm{d}\varphi\int_0^{\frac{5}{\cos\varphi}}\rho^2\rho^2\sin^2\varphi\mathrm{d}\rho\\&=\int_0^{2\pi}\mathrm{d}\theta\int_0^{\frac{\pi}{4}}\sin^3\varphi\mathrm{d}\varphi\int_0^{\frac{5}{\cos\varphi}}\rho^4\mathrm{d}\rho=\int_0^{2\pi}\mathrm{d}\theta\int_0^{\frac{\pi}{4}}\sin^3\varphi\frac{5^5}{5\cos^5\varphi}\mathrm{d}\varphi\\&=5^4\cdot 2\pi\int_0^{\frac{\pi}{4}}\tan^3\varphi\mathrm{d}\tan\varphi=5^4\cdot 2\pi\frac{\tan^4\varphi}{4}\Big|_0^{\frac{\pi}{4}}=\frac{5^4}{2}\pi=312.5\pi。\end{aligned}$$

习题 9.3

一、选择题

1. 设 $\Omega: x^2+y^2+z^2\leqslant 1$,则 $\displaystyle\iiint_{\Omega}\frac{z\ln(x^2+y^2+z^2+1)}{x^2+y^2+z^2+1}\mathrm{d}v=(\quad)$。

A. 0　　　　　　　　　B. $\dfrac{\pi}{4}$　　　　　　　　　C. $\dfrac{\pi}{2}$　　　　　　　　　D. π

2. 设 Ω 是曲面 $z = x^2 + y^2, y = x, y = 0, z = 1$ 所围区域 $(x \geqslant 0)$，$f(x,y,z)$ 在 Ω 上连续，则 $\displaystyle\iiint\limits_{\Omega} f(x,y,z)\mathrm{d}v = ($　　　$)$。

A. $\displaystyle\int_0^1 \mathrm{d}y \int_y^{\sqrt{1-y^2}} \mathrm{d}x \int_{x^2+y^2}^1 f(r,y,z)\mathrm{d}z$　　　　　B. $\displaystyle\int_0^{\frac{\sqrt{2}}{2}} \mathrm{d}x \int_y^{\sqrt{1-y^2}} \mathrm{d}y \int_{x^2+y^2}^1 f(x,y,z)\mathrm{d}z$

C. $\displaystyle\int_0^{\frac{\sqrt{2}}{2}} \mathrm{d}y \int_y^{\sqrt{1-y^2}} \mathrm{d}x \int_{x^2+y^2}^1 f(x,y,z)\mathrm{d}z$　　　　　D. $\displaystyle\int_0^{\frac{\sqrt{2}}{2}} \mathrm{d}y \int_y^{\sqrt{1-y^2}} \mathrm{d}x \int_0^1 f(x,y,z)\mathrm{d}z$

3. 设 Ω 为球面 $x^2 + y^2 + z^2 = 1$ 内部，则 $\displaystyle\iiint\limits_{\Omega} (x^2 + y^2 + z^2)\mathrm{d}v = ($　　　$)$。

A. $\displaystyle\iiint\limits_{\Omega} \mathrm{d}v = \Omega$ 的体积　　　　　　　B. $\displaystyle\int_0^{2\pi} \mathrm{d}\theta \int_0^{2\pi} \mathrm{d}\varphi \int_0^1 \rho^4 \sin\theta \mathrm{d}\rho$

C. $\displaystyle\int_0^{2\pi} \mathrm{d}\theta \int_0^{\pi} \mathrm{d}\varphi \int_0^1 \rho^4 \sin\varphi \mathrm{d}\rho$　　　　　D. $\displaystyle\int_0^{2\pi} \mathrm{d}\theta \int_0^{\pi} \mathrm{d}\varphi \int_0^1 \rho^4 \sin\theta \mathrm{d}\rho$

二、填空题

1. 设 Ω 是由曲面 $z = \sqrt{a^2 - x^2 - y^2}$ 和 $z = 0$ 所围成的闭区域，则 $\displaystyle\iiint\limits_{\Omega} \mathrm{d}v = $ _____。

2. 设 $\Omega: x^2 + y^2 + z^2 \leqslant 4$，则 $\displaystyle\iiint\limits_{\Omega} (x + y + z)\mathrm{d}v = $ _____。

3. 设 Ω 是由曲面 $z = \sqrt{x^2 + y^2}$ 和 $z = R$ 所围成的闭区域，将三重积分 $I = \displaystyle\iiint\limits_{\Omega} f(x,y,z)\mathrm{d}v$ 分别化为直角坐标、柱面坐标和球面坐标系下的三次积分。

(1) 在直角坐标系下 $I = \displaystyle\iiint\limits_{\Omega} f(x,y,x)\mathrm{d}v = $ _____；

(2) 在柱面坐标系下 $I = \displaystyle\iiint\limits_{\Omega} f(x,y,x)\mathrm{d}v = $ _____；

(3) 在球面坐标系下 $I = \displaystyle\iiint\limits_{\Omega} f(x,y,x)\mathrm{d}v = $ _____。

三、解答题

1. 把三重积分 $\displaystyle\iiint\limits_{\Omega} f(x,y,z)\mathrm{d}v$ 化为三次积分，其中：

(1) Ω 是由平面 $x = 1, x = 2, z = 0, y = x$ 与 $z = y$ 所围成的区域；

(2) Ω 是由曲面 $z = x^2 + y^2$ 及平面 $z = 1$ 所围成的区域；

(3) Ω 是由曲面 $z = x^2 + 2y^2$ 及 $z = 2 - x^2$ 所围成的闭区域。

2. 计算下列三重积分。

(1) $\displaystyle\iiint\limits_{\Omega} xyz\,\mathrm{d}v, \Omega: 0 \leqslant x \leqslant 1, -2 \leqslant y \leqslant 3, 1 \leqslant z \leqslant 2$；

(2) $\iiint\limits_{\Omega}(x^2+y^2)\mathrm{d}v$，$\Omega$：圆柱体 $x^2+y^2\leqslant 4, 0\leqslant z\leqslant 4$；

(3) $\iiint\limits_{\Omega}(x^2+yx)\mathrm{d}v$，$\Omega$：$R_1^2\leqslant x^2+y^2+z^2\leqslant R_2^2$，其中，$R_1<R_2$；

(4) $\iiint\limits_{\Omega}\mathrm{d}v$，$\Omega$：$x^2+y^2+z^2\leqslant 2z$；

(5) $\iiint\limits_{\Omega}\sqrt{x^2+y^2}\mathrm{d}v$，$\Omega$：$x^2+y^2=z^2$ 及 $z=1$ 所围；

(6) $\iiint\limits_{\Omega}xz\mathrm{d}v$，$\Omega$：平面 $z=0, z=y, y=1$ 及抛物柱面 $y=x^2$ 所围。

3. 用柱面坐标计算下列三重积分。

(1) $\iiint\limits_{\Omega}z\mathrm{d}v$，$\Omega$：由曲面 $x^2+y^2+z^2=2$ 及 $z=x^2+y^2$ 围成；

(2) $\iiint\limits_{\Omega}(x^2+y^2)\mathrm{d}v$，$\Omega$：由曲面 $x^2+y^2=2z$ 及平面 $z=2$ 围成。

4. 用球面坐标计算下列三重积分。

(1) $\iiint\limits_{\Omega}(x^2+y^2+z^2)\mathrm{d}v$，$\Omega$ 由球面 $x^2+y^2+z^2=1$ 围成；

(2) $\iiint\limits_{\Omega}\sqrt{x^2+y^2+z^2}\mathrm{d}v$，$\Omega$ 由球面 $x^2+y^2+z^2=z$ 围成。

5. 计算下列各题中立体 Ω 的体积。

(1) Ω 由平面 $y=0, z=0, y=x$ 及 $6x+2y+3z=6$ 围成；

(2) Ω 由抛物面 $z=10-3x^2-3y^2$ 与平面 $z=4$ 围成；

(3) $\Omega=\{(x,y,z)\mid x^2+y^2\leqslant z\leqslant 1+\sqrt{1-x^2-y^2}\}$。

6. 设有一物体，占有空间区域 Ω：$0\leqslant x\leqslant 1, 0\leqslant y\leqslant 1, 0\leqslant z\leqslant 1$。在点 (x,y,z) 处密度函数为 $\mu(x,y,z)=x+y+z$，求物体的质量。

9.4　重积分的应用

由前面的讨论可知，曲顶柱体的体积、平面薄片的质量可用二重积分计算，空间物体的质量可用三重积分计算。本节将进一步讨论二重积分和三重积分在几何、物理上的应用，从中可进一步地领会重积分的概念和计算方法。

9.4.1　曲面的面积

设曲面 S 由方程

$$z=f(x,y)$$

给出，D 为曲面 S 在 xOy 面上的投影区域，函数 $f(x,y)$ 在 D 上具有连续偏导数 $f_x'(x,y)$ 和 $f_y'(x,y)$。我们要计算 S 的面积 A。

在闭区域 D 上任取一直径很小的闭区域 $\mathrm{d}\sigma$(这小闭区域的面积也记作 $\mathrm{d}\sigma$)。在 $\mathrm{d}\sigma$ 上取一点 $P(x,y)$,对应地,曲面 S 上有一点 $M(x,y,f(x,y))$,点 M 在 xOy 面上的投影即点 P,点 M 处曲面 S 的切平面设为 T(图 9-27)。以小闭区域 $\mathrm{d}\sigma$ 的边界为准线作母线平行于 z 轴的柱面,这柱面在 S 上截下一小片曲面,在切平面上截下一小片平面。由于 $\mathrm{d}\sigma$ 的直径很小,切平面 T 上的一小片平面的面积可以近似代替相应的那小片曲面的面积。设点 M 处曲面 S 上的法线(指向朝上)与 z 轴所成的角为 γ,如图 9-28,则

$$\mathrm{d}A=\frac{\mathrm{d}\sigma}{\cos\gamma}。$$

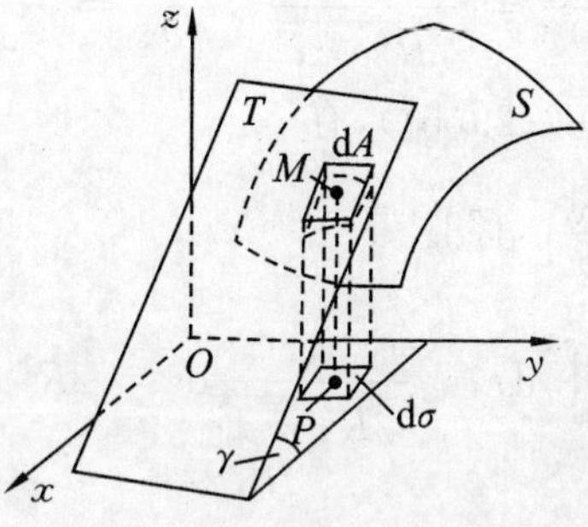

图 9-27

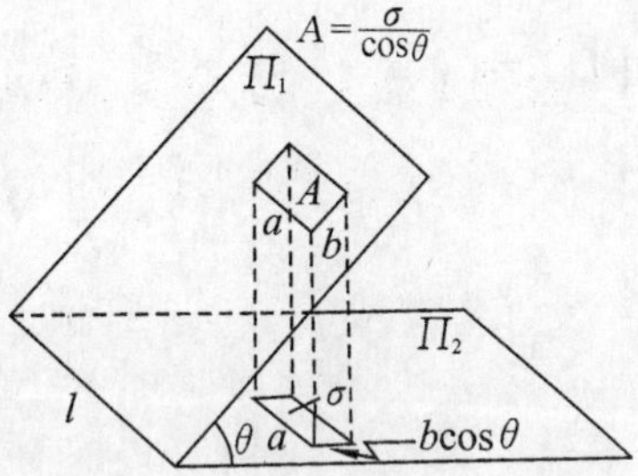

图 9-28

因为
$$\cos\gamma=\frac{1}{\sqrt{1+f_x'^2(x,y)+f_y'^2(x,y)}},$$

所以

$$\mathrm{d}A=\sqrt{1+f_x'^2(x,y)+f_y'^2(x,y)}\,\mathrm{d}\sigma。$$

这就是曲面面积微元,于是得到求曲面面积的二重积分公式

$$A=\iint_D\sqrt{1+f_x'^2(x,y)+f_y'^2(x,y)}\,\mathrm{d}\sigma,\tag{9.15}$$

上式也可写成

$$A=\iint_{D_{xy}}\sqrt{1+\left(\frac{\partial z}{\partial x}\right)^2+\left(\frac{\partial z}{\partial y}\right)^2}\,\mathrm{d}x\mathrm{d}y。\tag{9.16}$$

设曲面的方程为 $x=g(y,z)$ 或 $y=h(z,x)$,可分别把曲面投影到 yOz 面上或 zOx 面上,类似地可得

$$A=\iint_{D_{yz}}\sqrt{1+\left(\frac{\partial x}{\partial y}\right)^2+\left(\frac{\partial x}{\partial z}\right)^2}\,\mathrm{d}y\mathrm{d}z,\tag{9.17}$$

$$A=\iint_{D_{zx}}\sqrt{1+\left(\frac{\partial y}{\partial z}\right)^2+\left(\frac{\partial y}{\partial x}\right)^2}\,\mathrm{d}z\mathrm{d}x。\tag{9.18}$$

例 1　求球面 $x^2+y^2+z^2=R^2$ 的表面积。

解　由对称性,它是上半球面面积的两倍。上半球面的方程

$$z=f(x,y)=\sqrt{R^2-x^2-y^2},$$

它在 xOy 面上的投影 $D=\{(x,y)\mid x^2+y^2\leqslant R^2\}$，于是

$$A=2\iint_{D_{xy}}\sqrt{1+f'^2_x+f'^2_y}\,\mathrm{d}x\mathrm{d}y=2R\iint_{D}\frac{1}{\sqrt{R^2-x^2-y^2}}\mathrm{d}x\mathrm{d}y$$

$$=2R\int_0^{2\pi}\mathrm{d}\theta\int_0^R\frac{1}{\sqrt{R^2-r^2}}r\mathrm{d}r=4\pi R^2。$$

例 2　求圆柱面 $x^2+y^2=R^2$ 被两平面 $x+z=0,x-z=0(x>0,y>0)$ 所截下部分的面积。

解　如图 9-29(a)，曲面方程 $y=\sqrt{R^2-x^2}$，则 $\dfrac{\partial y}{\partial x}=\dfrac{-x}{\sqrt{R^2-x^2}}$，　$\dfrac{\partial y}{\partial z}=0$。

由 $D_{zx}=\{(x,z)\mid -x\leqslant z\leqslant x,0\leqslant x\leqslant R\}$（图 9-29(b)），有

$$A=\iint_{D_{zx}}\sqrt{1+\left(\frac{\partial y}{\partial z}\right)^2+\left(\frac{\partial y}{\partial x}\right)^2}\,\mathrm{d}x\mathrm{d}z$$

$$=\iint_{D_{zx}}\frac{R}{\sqrt{R^2-x^2}}\mathrm{d}x\mathrm{d}z=\int_0^R\mathrm{d}x\int_{-x}^{x}\frac{R}{\sqrt{R^2-x^2}}\mathrm{d}z=2R^2。$$

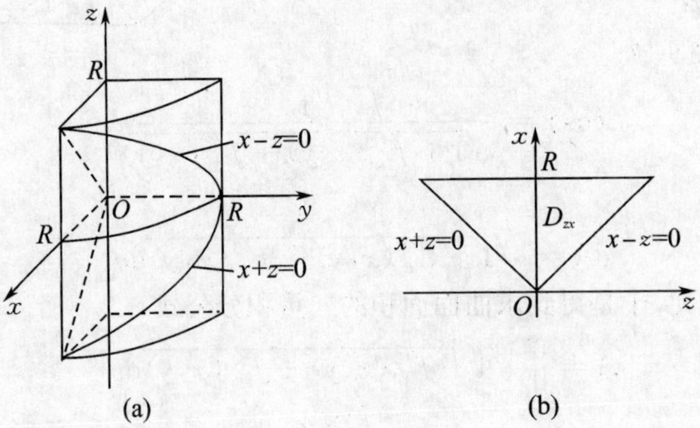

图 9-29

9.4.2　重心坐标

设在空间有 n 个质点，对应坐标为 (x_i,y_i,z_i)，且分别含有质量 $m_i(i=1,2,\cdots,n)$。由力学知识知道，该组质点的重心坐标 $(\bar{x},\bar{y},\bar{z})$ 为

$$\bar{x}=\frac{1}{M}\sum_{i=1}^{n}m_ix_i,\quad \bar{y}=\frac{1}{M}\sum_{i=1}^{n}m_iy_i,\quad \bar{z}=\frac{1}{M}\sum_{i=1}^{n}m_iz_i,$$

其中，$M=\sum\limits_{i=1}^{n}m_i$ 为质点组的总质量。对于空间连续体的重心，可应用重积分概念作如下推广。

设空间一几何体 Ω，其密度函数 $\mu(x,y,z)$ 为 Ω 上的连续函数。现将几何体任意分割成 n 小块 $\Delta V_1,\Delta V_2,\cdots,\Delta V_n$（也表示相应的体积）。在 ΔV_i 内任取一点 (x_i,y_i,z_i)，则 ΔV_i 的质量 $\Delta m_i\approx\mu(x_i,y_i,z_i)\Delta V_i$。当 ΔV_i 直径充分小时，可近似看做质量 $\mu(x_i,y_i,z_i)\Delta V_i$ 集中在点 (x_i,y_i,z_i)，故视为 n 个质点的质点组，其重心坐标 $(\bar{x},\bar{y},\bar{z})$ 近似为

$$\overline{x} \approx \frac{\sum_{i=1}^{n} x_i\mu(x_i, y_i, z_i)\Delta V_i}{\sum_{i=1}^{n} \mu(x_i, y_i, z_i)\Delta V_i},\ \overline{y} \approx \frac{\sum_{i=1}^{n} y_i\mu(x_i, y_i, z_i)\Delta V_i}{\sum_{i=1}^{n} \mu(x_i, y_i, z_i)\Delta V_i},\ \overline{z} \approx \frac{\sum_{i=1}^{n} z_i\mu(x_i, y_i, z_i)\Delta V_i}{\sum_{i=1}^{n} \mu(x_i, y_i, z_i)\Delta V_i}。$$

记 $\lambda = \max\{\Delta V_i$ 的直径$\}$，当 $\lambda \to 0$ 时，根据三重积分定义可得出几何体 Ω 的重心坐标的计算公式：

$$\overline{x} = \frac{\iiint_{\Omega} x\mu(x,y,z)\mathrm{d}v}{\iiint_{\Omega} \mu(x,y,z)\mathrm{d}v},\ \overline{y} = \frac{\iiint_{\Omega} y\mu(x,y,z)\mathrm{d}v}{\iiint_{\Omega} \mu(x,y,z)\mathrm{d}v},\ \overline{z} = \frac{\iiint_{\Omega} z\mu(x,y,z)\mathrm{d}v}{\iiint_{\Omega} \mu(x,y,z)\mathrm{d}v},\tag{9.19}$$

由前面可知 $M = \iiint_{\Omega} \mu(x,y,z)\mathrm{d}v$ 为几何体 Ω 的质量，故(9.19) 式可写成

$$\overline{x} = \frac{1}{M}\iiint_{\Omega} x\mu(x,y,z)\mathrm{d}v,\ \overline{y} = \frac{1}{M}\iiint_{\Omega} y\mu(x,y,z)\mathrm{d}v,\ \overline{z} = \frac{1}{M}\iiint_{\Omega} z\mu(x,y,z)\mathrm{d}v。\tag{9.20}$$

特别地，当 Ω 密度均匀时，即 $\mu(x,y,z) =$ 常数，则可得

$$\overline{x} = \frac{1}{V}\iiint_{\Omega} x\mathrm{d}v,\ \overline{y} = \frac{1}{V}\iiint_{\Omega} y\mathrm{d}v,\ \overline{z} = \frac{1}{V}\iiint_{\Omega} z\mathrm{d}v。$$

其中，V 是 Ω 的体积。

对二维平面区域 D 上具有密度函数 $\mu(x,y)$ 的情况可得出 D 的重心计算公式

$$\overline{x} = \frac{1}{M}\iint_{D} x\mu(x,y)\mathrm{d}\sigma,\ \overline{y} = \frac{1}{M}\iint_{D} y\mu(x,y)\mathrm{d}\sigma。\tag{9.21}$$

其中，$M = \iint_{D} \mu(x,y)\mathrm{d}\sigma$。

例 3　求密度均匀的半圆片的重心。

解　不妨设半圆片的半径为 a，圆心在原点(图 9-30)。由于半圆片密度均匀且其图形关于 y 轴对称，因而可知其重心必在 y 轴上，即有

$$\overline{x} = 0。$$

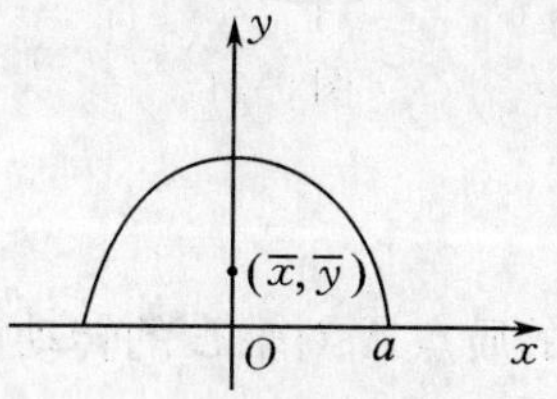

图 9-30

又由于半圆片的面积为 $A = \frac{1}{2}\pi a^2$，且

$$\iint_{D} y\mathrm{d}\sigma = \int_0^{\pi}\mathrm{d}\theta\int_0^{a}\rho\sin\theta\rho\mathrm{d}\rho = \frac{2}{3}a^3,$$

于是

$$\bar{y} = \frac{1}{A}\iint_D y\,\mathrm{d}\sigma = \frac{4a}{3\pi}。$$

因此,半圆片的重心为$\left(0,\dfrac{4a}{3\pi}\right)$。

例 4　在底半径为 R,高为 h,体密度为 μ_1 的均匀圆柱体上再拼上一个半径相同体密度为 μ_2 的均匀半球体。要使整个立体的重心在球心处,求 R 与 h 的关系。

解　建立坐标系(如图 9-31),使上半球体 $\Omega_1 = \{(x,y,z) \mid x^2+y^2+z^2 \leqslant R^2, z \geqslant 0\}$,柱体 $\Omega_2 = \{(x,y,z) \mid x^2+y^2 \leqslant R^2, -h \leqslant z \leqslant 0\}$。由题设知,该立体重心坐标为

$$\bar{x} = 0, \bar{y} = 0, \bar{z} = 0。$$

由 $\bar{z} = \dfrac{1}{M}\iiint\limits_{\Omega} z\mu(x,y,z)\,\mathrm{d}v$,这里 $\Omega = \Omega_1 + \Omega_2$,故有

$$\iiint\limits_{\Omega_1} z\mu_1\,\mathrm{d}v + \iiint\limits_{\Omega_2} z\mu_2\,\mathrm{d}v = 0,$$

即有

$$\mu_1\int_0^{2\pi}\mathrm{d}\theta\int_0^{\frac{\pi}{2}}\sin\varphi\cos\varphi\,\mathrm{d}\varphi\int_0^R \rho^3\,\mathrm{d}\rho + \mu_2\int_0^{2\pi}\mathrm{d}\theta\int_0^R \rho\,\mathrm{d}\rho\int_{-h}^0 z\,\mathrm{d}z = 0,$$

$$\mu_1 \cdot \frac{\pi}{4}R^4 - \mu_2 \cdot \frac{\pi}{2}R^2h^2 = 0,$$

由此可得 $R = \sqrt{\dfrac{2\mu_2}{\mu_1}}h$。

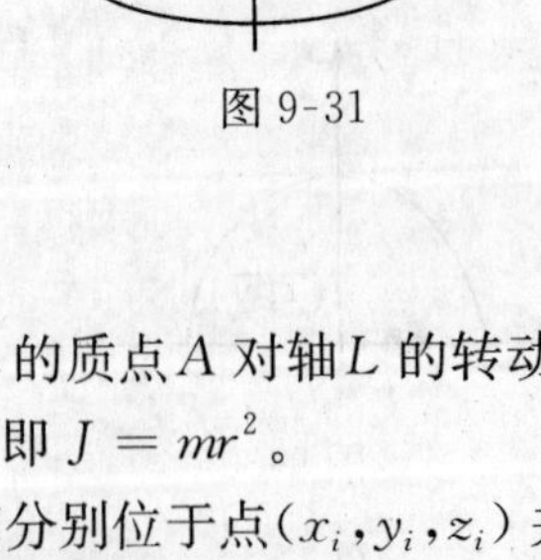

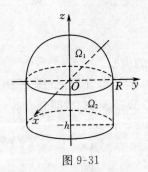

图 9-31

9.4.3　转动惯量

由力学知识知道,质量为 m 的质点 A 对轴 L 的转动惯量 J 等于质点的质量 m 和质点 A 到轴的距离 r 的平方的乘积,即 $J = mr^2$。

设空间中有 n 个质点,它们分别位于点 (x_i, y_i, z_i) 并带有质量 $m_i(i = 1,2,\cdots,n)$,则该组质点关于 x 轴、y 轴和 z 轴的转动惯量分别为

$$I_x = \sum_{i=1}^n (y_i^2 + z_i^2)m_i,\quad I_y = \sum_{i=1}^n (z_i^2 + x_i^2)m_i,\quad I_z = \sum_{i=1}^n (x_i^2 + y_i^2)m_i。$$

若 Ω 为空间一几何立体,其密度函数为 $\mu(x,y,z)$(设为 Ω 上连续函数),类似于重心

的推导方法，可得该立体绕 x 轴、y 轴和 z 轴的转动惯量分别为

$$I_x=\iiint\limits_{\Omega}(y^2+z^2)\mu(x,y,z)\mathrm{d}v,$$

$$I_y=\iiint\limits_{\Omega}(z^2+x^2)\mu(x,y,z)\mathrm{d}v,$$

$$I_z=\iiint\limits_{\Omega}(x^2+y^2)\mu(x,y,z)\mathrm{d}v。\tag{9.22}$$

对于占有 xOy 面上闭区域 D，面密度为 $\mu(x,y)$（假定 $\mu(x,y)$ 连续）的薄片对 x 轴、y 轴的转动惯量分别为

$$I_x=\iint\limits_{D}y^2\mu(x,y)\mathrm{d}\sigma,\quad I_y=\iint\limits_{D}x^2\mu(x,y)\mathrm{d}\sigma。\tag{9.23}$$

例 5　求密度为 μ 的均匀球体对于过球心的一条轴 l 的转动惯量。

解　取球心为坐标原点，z 轴与轴 l 重合，又设球的半径为 a，则球体所占空间闭区域

$$\Omega=\{(x,y,z)\mid x^2+y^2+z^2\leqslant a^2\}。$$

所求转动惯量即球体对于 z 轴的转动惯量为

$$\begin{aligned}I_z&=\iiint\limits_{\Omega}(x^2+y^2)\mu\mathrm{d}v=\mu\iiint\limits_{\Omega}(\rho^2\sin^2\varphi\cos^2\theta+\rho^2\sin^2\varphi\sin^2\theta)\rho^2\sin\varphi\mathrm{d}\rho\mathrm{d}\varphi\mathrm{d}\theta\\&=\mu\iiint\limits_{\Omega}\rho^4\sin^3\varphi\mathrm{d}\rho\mathrm{d}\varphi\mathrm{d}\theta=\mu\int_0^{2\pi}\mathrm{d}\theta\int_0^{\pi}\sin^3\varphi\mathrm{d}\varphi\int_0^a\rho^4\mathrm{d}\rho\\&=\mu\cdot2\pi\cdot\frac{a^5}{5}\int_0^{\pi}\sin^3\varphi\mathrm{d}\varphi=\frac{2}{5}\pi a^5\mu\cdot\frac{4}{3}=\frac{2}{5}a^2M。\end{aligned}$$

其中，$M=\frac{4}{3}\pi a^3\mu$ 为球体的质量。

9.4.4　引力

空间相距为 r 并分别带有质量为 m_1 和 m_2 的两质点 P_1 与 P_2，P_1 对 P_2 的引力为

$$\boldsymbol{F}=G\cdot\frac{m_1\cdot m_2}{r^2}\boldsymbol{r}_0。$$

其中，G 为万有引力常数，$\boldsymbol{r}_0$ 为 $\overrightarrow{P_2P_1}$ 的单位向量。现将引力计算推广到更一般的几何体上。

设空间一物体占有有界闭区域 Ω，它在 (x,y,z) 处密度为 $\mu(x,y,z)$，并假定 $\mu(x,y,z)$ 在 Ω 上连续。又设 $P_0(x_0,y_0,z_0)$ 为 Ω 外一点且具有单位质量。为计算几何体 Ω 对质点 P_0 的引力，首先将 Ω 分割成 n 个小块 $\Delta V_1,\Delta V_2,\cdots,\Delta V_n$（$\Delta V_i$ 也代表体积）。在 ΔV_i 上任取一点 $P_i(x_i,y_i,z_i)$，当 ΔV_i 的直径很小时，ΔV_i 对 P_0 的引力大小近似地为

$$F_i\approx G\cdot\frac{\mu(x_i,y_i,z_i)\Delta V_i}{r_i^2},$$

其中，r_i 为 P_i 与 P_0 之间的距离，即 $r_i=\sqrt{(x_i-x_0)^2+(y_i-y_0)^2+(z_i-z_0)^2}$，而 F_i 的

方向与向量$\overrightarrow{P_0P_i}=(x_i-x_0,y_i-y_0,z_i-z_0)$一致。于是$F_i$在三个坐标轴上的分量近似为

$$(F_i)_x\approx G\frac{\mu(x_i,y_i,z_i)\Delta V_i}{r_i^{\ 2}}\cdot\frac{x_i-x_0}{r_i},$$

$$(F_i)_y\approx G\frac{\mu(x_i,y_i,z_i)\Delta V_i}{r_i^{\ 2}}\cdot\frac{y_i-y_0}{r_i},$$

$$(F_i)_z\approx G\frac{\mu(x_i,y_i,z_i)\Delta V_i}{r_i^{\ 2}}\cdot\frac{z_i-z_0}{r_i}。$$

由于引力$\boldsymbol{F}$是向量，它满足向量加法法则，即向量和的分量等于各部分F_i的分量之和。因此，几何体对质点P_0的引力$\boldsymbol{F}$在三个坐标轴上的分量分别近似为

$$F_x\approx G\sum_{i=1}^{n}\frac{\mu(x_i,y_i,z_i)(x_i-x_0)}{r_i^{\ 3}}\Delta V_i,$$

$$F_y\approx G\sum_{i=1}^{n}\frac{\mu(x_i,y_i,z_i)(y_i-y_0)}{r_i^{\ 3}}\Delta V_i,$$

$$F_z\approx G\sum_{i=1}^{n}\frac{\mu(x_i,y_i,z_i)(z_i-z_0)}{r_i^{\ 3}}\Delta V_i。$$

令$\lambda=\max\{\Delta V_i\text{ 的直径}\}$，当$\lambda\to 0$时，上式右端均为三重积分，可得$F$在三坐标轴上的分量分别为

$$F_x=\iiint\limits_{\Omega}G\frac{\mu(x,y,z)(x-x_0)}{r^3}\mathrm{d}v,$$

$$F_y=\iiint\limits_{\Omega}G\frac{\mu(x,y,z)(y-y_0)}{r^3}\mathrm{d}v,$$

$$F_z=\iiint\limits_{\Omega}G\frac{\mu(x,y,z)(z-z_0)}{r^3}\mathrm{d}v,\tag{9.24}$$

其中，$r=\sqrt{(x-x_0)^2+(y-y_0)^2+(z-z_0)^2}$。

例 6 设半径为R的匀质球占有空间闭区域$\Omega=\{(x,y,z)\mid x^2+y^2+z^2\leqslant R^2\}$。求它对位于$M_0(0,0,a)(a>R)$处的单位质量质点的引力。

解 设球的密度为μ_0，由球体的对称性及质量分布的均匀性知$F_x=F_y=0$，所求引力沿z轴的分量为

$$\begin{aligned}F_z&=\iiint\limits_{\Omega}G\mu_0\frac{(z-a)}{[x^2+y^2+(z-a)^2]^{\frac{3}{2}}}\mathrm{d}v\\&=G\mu_0\int_{-R}^{R}(z-a)\mathrm{d}z\iint\limits_{x^2+y^2\leqslant R^2-z^2}\frac{\mathrm{d}x\mathrm{d}y}{[x^2+y^2+(z-a)^2]^{\frac{3}{2}}}\\&=G\mu_0\int_{-R}^{R}(z-a)\mathrm{d}z\int_0^{2\pi}\mathrm{d}\theta\int_0^{\sqrt{R^2-z^2}}\frac{\rho\mathrm{d}\rho}{[\rho^2+(z-a)^2]^{\frac{3}{2}}}\\&=2\pi G\mu_0\int_{-R}^{R}(z-a)\left(\frac{1}{a-z}-\frac{1}{\sqrt{R^2-2az+a^2}}\right)\mathrm{d}z\end{aligned}$$

$$= 2\pi G\mu_0\left\{-2R+\frac{1}{a}\int_{-R}^{R}(z-a)\,\mathrm{d}\sqrt{R^2-2az+a^2}\right\}$$

$$= 2\pi G\mu_0\left(-2R+4R-2R-\frac{2}{3}\frac{R^3}{a^3}\right)$$

$$= -G\cdot\frac{4\pi R^3}{3}\mu_0\cdot\frac{1}{a^2} = -G\frac{M}{a^2}。$$

其中，$M=\frac{4\pi R^3}{3}\mu_0$ 为球的质量。上述结果表明：匀质球对球外一点的引力等于球的质量集中于球心时两质点间的引力。

习题 9.4

一、选择题

1. 两个半径为 R 的直交圆柱体所围立体的表面积 $A=$（　　）。

A. $4\int_0^R \mathrm{d}x\int_0^{\sqrt{R^2-x^2}}\frac{R}{\sqrt{R^2-x^2}}\mathrm{d}y$　　B. $8\int_0^R \mathrm{d}x\int_0^{\sqrt{R^2-x^2}}\frac{R}{\sqrt{R^2-x^2}}\mathrm{d}y$

C. $4\int_0^R \mathrm{d}x\int_{-\sqrt{R^2-x^2}}^{\sqrt{R^2-x^2}}\frac{R}{\sqrt{R^2-x^2}}\mathrm{d}y$　　D. $16\int_0^R \mathrm{d}x\int_0^{\sqrt{R^2-x^2}}\frac{R}{\sqrt{R^2-x^2}}\mathrm{d}y$

2. 两圆 $\rho=2\sin\theta$ 及 $\rho=4\sin\theta$ 之间的均匀薄片重心 $(\bar{x},\bar{y})$，已知 $\bar{x}=0$，则 $\bar{x}=$（　　）。

A. $\int_0^{\pi}\mathrm{d}\theta\int_{2\sin\theta}^{4\sin\theta}\rho^2\sin\theta\mathrm{d}\rho$　　B. $\int_0^{2\pi}\mathrm{d}\theta\int_{2\sin\theta}^{4\sin\theta}\rho^2\sin\theta\mathrm{d}\rho$

C. $\frac{1}{3\pi}\int_0^{\pi}\mathrm{d}\theta\int_{2\sin\theta}^{4\sin\theta}\rho^2\sin\theta\mathrm{d}\rho$　　D. $\frac{1}{3\pi}\int_0^{2\pi}\mathrm{d}\theta\int_{2\sin\theta}^{4\sin\theta}\rho^2\sin\theta\mathrm{d}\rho$

3. 由直线 $x+y=2$，$x=2$，$y=2$ 所围成的质量分布均匀的平面薄板（设面密度为 μ），关于 x 轴的转动惯量 $I_x=$（　　）。

A. 3μ　　B. 4μ　　C. 5μ　　D. 6μ

二、填空题

1. 锥面 $z=\sqrt{x^2+y^2}$ 被柱面 $z^2=2x$ 所割下部分的曲面面积 $A=$________。

2. 均匀半球体 $x^2+y^2+z^2=R^2$，$z\geqslant 0$ 的重心坐标为________。

3. 半径为 a 的均匀半圆薄板（设面密度为 μ）对其直径的转动惯量 $I=$________。

三、解答题

1. 求平面 $\frac{x}{a}+\frac{y}{b}+\frac{z}{c}=1$ 被三个坐标平面所截得部分的面积。其中，$a,b,c>0$。

2. 设球面 $x^2+y^2+z^2=a^2$ 被圆柱面 $x^2+y^2=ax$ 所截，求被围在圆柱面内的那部分球面的面积。

3. 求圆 $x^2+y^2=a^2$ 与 $x^2+y^2=4a^2$ 所围的均匀圆环在第一象限部分的重心。

4. 设均匀物体由曲面 $z=x^2+y^2$，$z=1$ 和 $z=2$ 围成，求其形心坐标（注：均匀物体即密度函数 $\mu(x,y,z)\equiv$ 常数的重心亦称为形心）。

5. 若球体 $x^2+y^2+z^2\leqslant 2az(a>0)$ 中各点密度与坐标原点到该点的距离平方成反比，即 $\mu(x,y,z)=\dfrac{k}{x^2+y^2+z^2}(k>0)$，求该球体质量及重心位置。

6. 求下列各题的转动惯量。

(1) 一均匀薄片密度 $\mu=1$，它由 $y=x$ 与 $y=x^2$ 围成，求它绕 x 轴和 y 轴的转动惯量；

(2) 求密度函数 $\mu(x,y,z)=z$ 的圆锥体 $\sqrt{x^2+y^2}\leqslant z\leqslant 1$ 绕 z 轴的转动惯量。

7. 求面密度为常数 μ 的均匀圆环薄片 $r^2\leqslant x^2+y^2\leqslant R^2, z=0$ 对位于 z 轴上的点 $M(0,0,a)\ (a>0)$ 处的单位质量的质点的引力。

9.5　曲线积分

9.5.1　对弧长的曲线积分

设有一置于 xOy 平面内的曲线形构件 L，各点处密度不均匀(图 9-32)。

还是利用"分割，近似，求和，取极限"的思想方法，求构件 L 的质量 M。

(1) 分割　设 L 的端点为 A,B，在 L 上任意插入分点 $A=M_0,M_1,\cdots,M_n=B$，将 L 分成 n 个小弧段，设各小弧段长度为 $\Delta s_i\ (i=1,2,\cdots,n)$。

(2) 近似　在小弧段 $\overset{\frown}{M_{i-1}M_i}$ 上任意取点 (ξ_i,η_i)，近似用此点的密度代替这小段弧上各点的密度，从而，各小段构件的质量的近似值为 $f(\xi_i,\eta_i)\Delta s_i(i=1,2,\cdots,n)$。

(3) 求和　L 的质量 $M\approx\sum\limits_{i=1}^{n}f(\xi_i,\eta_i)\Delta s_i$。

(4) 取极限　令 $\lambda=\max\{\Delta s_i\}\to 0$，则曲线形构件 L 的质量为

$$M=\lim_{\lambda\to 0}\sum_{i=1}^{n}f(\xi_i,\eta_i)\Delta s_i.$$

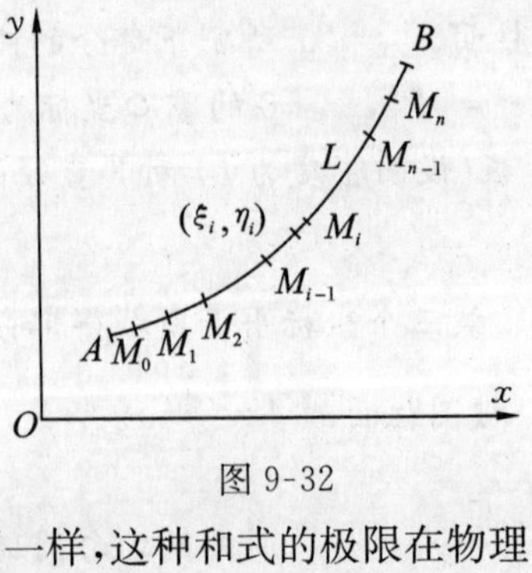

图 9-32

同定积分、重积分的应用一样，这种和式的极限在物理、力学、几何和工程技术上很普遍地出现，故抽去实际问题的具体意义，从数学上抽象出下述曲线积分的概念。

定义 9.3　设 L 为 xOy 平面内的一条光滑曲线弧，函数 $f(x,y)$ 在 L 上有界。将 L 任

意分成 n 个小弧段，设第 i 个小弧段的长度为 Δs_i，又在第 i 个小弧段上任意取定一点 (ξ_i,η_i)，作乘积 $f(\xi_i,\eta_i)\Delta s_i\ (i=1,2,\cdots,n)$，并作和 $\sum_{i=1}^{n} f(\xi_i,\eta_i)\Delta s_i$，记 $\lambda=\max_{1\leqslant i\leqslant n}(\Delta s_i)$，如果当 $\lambda\to 0$ 时，这和的极限总存在，则称此极限值为函数 $f(x,y)$ 在曲线弧 L 上的**对弧长的曲线积分或第一类曲线积分**，记作 $\int_L f(x,y)\mathrm{d}s$，即

$$\int_L f(x,y)\mathrm{d}s=\lim_{\lambda\to 0}\sum_{i=1}^{n} f(\xi_i,\eta_i)\Delta s_i。$$

其中，$f(x,y)$ 称为**被积函数**，L 称为**积分弧段**，$\mathrm{d}s$ 称为**弧长微分**或**弧长元素**。

当曲线弧为封闭曲线时，上述积分记为 $\oint_L f(x,y)\mathrm{d}s$。

由定义 9.3 可知，上述中曲线的质量 $M=\int_L f(x,y)\mathrm{d}s$。

可以证明，如果函数 $f(x,y)$ 在光滑曲线弧 L 上连续，则曲线积分 $\int_L f(x,y)\mathrm{d}s$ 存在。特别地，当 $f(x,y)\equiv 1$ 时，对弧长的曲线积分等于积分弧段的长度 s，即 $\int_L \mathrm{d}s=s$。

对第一类曲线积分有与定积分、重积分相类似的性质，如：

(1) $\int_L [f(x,y)+g(x,y)]\mathrm{d}s=\int_L f(x,y)\mathrm{d}s+\int_L g(x,y)\mathrm{d}s$。

(2) $\int_L kf(x,y)\mathrm{d}s=k\int_L f(x,y)\mathrm{d}s$（$k$ 是常数）。

(3) $\int_L f(x,y)\mathrm{d}s=\int_{L_1} f(x,y)\mathrm{d}s+\int_{L_2} f(x,y)\mathrm{d}s\ (L=L_1+L_2)$。

(4) 中值定理：设函数 $f(x,y)$ 在光滑曲线 L 上连续，则在 L 上存在一点 (ξ,η)，使 $\int_L f(x,y)\mathrm{d}s=f(\xi,\eta)s$（其中 s 是 L 的弧长）。

对弧长的曲线积分可推广到积分弧段为空间的光滑曲线弧 Γ 上的情形，即三元函数 $f(x,y,z)$ 在 Γ 上对弧长的积分为

$$\int_\Gamma f(x,y,z)\mathrm{d}s=\lim_{\lambda\to 0}\sum_{i=1}^{n} f(\xi_i,\eta_i,\zeta_i)\Delta s_i。$$

下面给出对弧长积分的计算方法，主要思路仍是将其化为定积分来计算。

定理 9.1　设 $f(x,y)$ 在曲线弧 L 上有定义且连续，L 的参数方程为

$$\begin{cases} x=\varphi(t), \\ y=\psi(t), \end{cases}$$

其中，$\alpha\leqslant t\leqslant\beta$，$\varphi(t)$，$\psi(t)$ 在 $[\alpha,\beta]$ 上具有一阶连续导数，且 $\varphi'^2(t)+\psi'^2(t)\neq 0$，则曲线积分 $\int_L f(x,y)\mathrm{d}s$ 存在，且

$$\int_L f(x,y)\mathrm{d}s=\int_\alpha^\beta f[\varphi(t),\psi(t)]\sqrt{\varphi'^2(t)+\psi'^2(t)}\,\mathrm{d}t\ (\alpha<\beta)。\tag{9.25}$$

证　假定当参数 t 由 α 变至 β 时，L 上的点 $M(x,y)$ 依次由 A 到 B。在曲线 L 上插入 $n-1$ 个点

$$A=M_0,M_1,M_2,\cdots,M_{n-1},M_n=B,$$

它们对应于一列单调增加的参数值

$$\alpha=t_0<t_1<t_2<\cdots<t_{n-1}<t_n=\beta,$$

根据对弧长的曲线积分的定义，有

$$\int_L f(x,y)\mathrm{d}s=\lim_{\lambda\to 0}\sum_{i=1}^{n}f(\xi_i,\eta_i)\Delta s_i。$$

设点 (ξ_i,η_i) 对应于参数值 τ_i，即 $\xi_i=\varphi(\tau_i)$，$\eta_i=\psi(\tau_i)$，这里 $t_{i-1}\leqslant\tau_i\leqslant t_i$。由于

$$\Delta s_i=\int_{t_{i-1}}^{t_i}\sqrt{\varphi'^2(t)+\psi'^2(t)}\mathrm{d}t,$$

应用积分中值定理，有

$$\Delta s_i=\sqrt{\varphi'^2(\tau_i')+\psi'^2(\tau_i')}\Delta t_i,$$

其中，$\Delta t_i=t_i-t_{i-1}$，$t_{i-1}\leqslant\tau_i'\leqslant t_i$，于是

$$\int_L f(x,y)\mathrm{d}s=\lim_{\lambda\to 0}\sum_{i=1}^{n}f[\varphi(\tau_i),\psi(\tau_i)]\sqrt{\varphi'^2(\tau_i')+\psi'^2(\tau_i')}\Delta t_i。$$

由于函数 $\sqrt{\varphi'^2(t)+\psi'^2(t)}$ 在闭区间 $[\alpha,\beta]$ 上连续，当区间无限细分，即 Δt_i 充分小时可以把上式中的 τ_i' 换成 τ_i，从而

$$\int_L f(x,y)\mathrm{d}s=\lim_{\lambda\to 0}\sum_{i=1}^{n}f[\varphi(\tau_i),\psi(\tau_i)]\sqrt{\varphi'^2(\tau_i)+\psi'^2(\tau_i)}\Delta t_i。$$

上式右端的和的极限，就是函数 $f[\varphi(t),\psi(t)]\sqrt{\varphi'^2(t)+\psi'^2(t)}$ 在区间 $[\alpha,\beta]$ 上的定积分，由于这个函数在 $[\alpha,\beta]$ 上连续，所以这个定积分是存在的，因此上式左端的曲线积分 $\int_L f(x,y)\mathrm{d}s$ 也存在，并有

$$\int_L f(x,y)\mathrm{d}s=\int_\alpha^\beta f[\varphi(t),\psi(t)]\sqrt{\varphi'^2(t)+\psi'^2(t)}\mathrm{d}t(\alpha<\beta)。$$

注意　定积分的下限 α 一定要小于上限 β。因为在公式推导过程中总要求 $\Delta s_i>0$，从而 $\Delta t_i>0$，故 $\alpha<\beta$。

如果曲线段 L 的方程为 $y=y(x)(a\leqslant x\leqslant b)$，则将 x 作为参数可得

$$\int_L f(x,y)\mathrm{d}s=\int_a^b f[x,y(x)]\sqrt{1+y'^2(x)}\mathrm{d}x。\tag{9.26}$$

如果曲线段 L 的方程是极坐标形式 $\rho=\rho(\theta)(\alpha\leqslant\theta\leqslant\beta)$，由

$$x(\theta)=\rho(\theta)\cos\theta,y(\theta)=\rho(\theta)\sin\theta,$$

这时(9.25)式为

$$\int_L f(x,y)\mathrm{d}s=\int_\alpha^\beta f[\rho(\theta)\cos\theta,\rho(\theta)\sin\theta]\sqrt{\rho^2(\theta)+\rho'^2(\theta)}\mathrm{d}\theta。\tag{9.27}$$

当空间曲线段 Γ 由参数方程

$$x=x(t),y=y(t),z=z(t)(\alpha\leqslant t\leqslant\beta)$$

给出时,也有类似的公式

$$\int_{\Gamma} f(x,y,z)\mathrm{d}s = \int_{\alpha}^{\beta} f[x(t),y(t),z(t)]\sqrt{x'^2(t)+y'^2(t)+z'^2(t)}\mathrm{d}t。\quad (9.28)$$

例1　计算曲线积分$\int_L xy\mathrm{d}s$,其中L为圆$x^2+y^2=a^2(a>0)$在第一象限内的圆弧。

解　圆弧L的参数方程$x=a\cos t, y=a\sin t\left(0\leqslant t\leqslant \frac{\pi}{2}\right)$,故

$$\mathrm{d}s=\sqrt{x'^2(t)+y'^2(t)}\mathrm{d}t=\sqrt{(-a\sin t)^2+(a\cos t)^2}\mathrm{d}t=a\mathrm{d}t,$$

于是

$$\int_L xy\mathrm{d}s=\int_0^{\frac{\pi}{2}} a\cos t a\sin t a\mathrm{d}t=\frac{a^3}{2}。$$

例2　计算曲线积分$\oint_L \sqrt{y}\mathrm{d}s$,其中$L$是曲线$y=x, y=x^2$所围区域的边界(图9-33)。

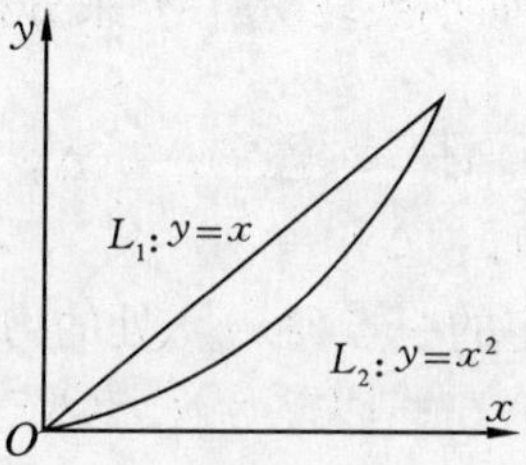

图9-33

解　积分曲线由2条曲线段组成:$L=L_1+L_2$,且有

$$L_1: y=x(0<x<1),\ L_2: y=x^2(0<x<1),$$

于是

$$\begin{aligned}\oint_L \sqrt{y}\mathrm{d}s &= \int_{L_1}\sqrt{y}\mathrm{d}s+\int_{L_2}\sqrt{y}\mathrm{d}s=\int_0^1\sqrt{x}\sqrt{1+1}\mathrm{d}x+\int_0^1\sqrt{x^2}\sqrt{1+4x^2}\mathrm{d}x\\ &=\sqrt{2}\cdot\frac{2}{3}x^{\frac{3}{2}}\Big|_0^1+\int_0^1 x\sqrt{1+4x^2}\mathrm{d}x\\ &=\frac{2\sqrt{2}}{3}+\frac{1}{8}\cdot\frac{2}{3}(1+4x^2)^{\frac{3}{2}}\Big|_0^1=\frac{2\sqrt{2}}{3}+\frac{1}{12}(5\sqrt{5}-1)。\end{aligned}$$

例3　计算曲线积分$\int_\Gamma (x^2+y^2+z^2)\mathrm{d}s$,其中,$\Gamma$为螺旋线$x=a\cos t, y=a\sin t, z=kt$上相应于$t$从0到$2\pi$的一段弧。

解　$\int_\Gamma (x^2+y^2+z^2)\mathrm{d}s$

$$\begin{aligned}&=\int_0^{2\pi}[(a\cos t)^2+(a\sin t)^2+(kt)^2]\sqrt{(-a\sin t)^2+(a\cos t)^2+k^2}\mathrm{d}t\\ &=\int_0^{2\pi}(a^2+k^2t^2)\sqrt{a^2+k^2}\mathrm{d}t=\sqrt{a^2+k^2}\left[a^2t+\frac{k^2}{3}t^3\right]\Big|_0^{2\pi}\\ &=\frac{2}{3}\pi\sqrt{a^2+k^2}(3a^2+4\pi^2k^2)。\end{aligned}$$

9.5.2　对坐标的曲线积分

首先研究变力沿曲线弧所做的功。设平面中有一连续的力场

$$\boldsymbol{F} = P(x,y)\boldsymbol{i} + Q(x,y)\boldsymbol{j}$$

以及一光滑曲线段 L，始点为 A，终点为 B。如果有一质点在力场 $\boldsymbol{F}$ 的作用下，从 A 点沿光滑曲线 L 运动到 B 点，现研究力场 $\boldsymbol{F}$ 对此质点所做的功。

我们知道，如果力 $\boldsymbol{F}$ 是常力，且 L 是从 A 点到 B 点的直线，则 $\boldsymbol{F}$ 对质点所做的功为

$$W = \boldsymbol{F} \cdot \overrightarrow{AB}。$$

当力 $\boldsymbol{F}$ 的大小和方向随质点在曲线 L 上运动而改变，且曲线 L 不是直线时，同前面一样可采取微元法的思路，先对曲线 L 分割，把每段小弧近似看做直线段，且为常力，再进行求和，取极限。

如图 9-34 所示，先用曲线弧 L 上的点 $M_1(x_1,y_1)$，$M_2(x_2,y_2)$，$\cdots$，$M_{n-1}(x_{n-1},y_{n-1})$ 把 L 分成 n 个小弧段，取其中一个有向小弧段 $\overset{\frown}{M_{i-1}M_i}$ 来分析：由于 $\overset{\frown}{M_{i-1}M_i}$ 光滑而且很短，可以用有向线段

$$\overrightarrow{M_{i-1}M_i} = (\Delta x_i)\boldsymbol{i} + (\Delta y_i)\boldsymbol{j}$$

来近似代替它，其中，$\Delta x_i = x_i - x_{i-1}$，$\Delta y_i = y_i - y_{i-1}$。又由于函数 $P(x,y)$，$Q(x,y)$ 在 L 上连续，可以用 $\overset{\frown}{M_{i-1}M_i}$ 上任意取定的一点 (ξ_i,η_i) 处的力

$$\boldsymbol{F}(\xi_i,\eta_i) = P(\xi_i,\eta_i)\boldsymbol{i} + Q(\xi_i,\eta_i)\boldsymbol{j}$$

来近似代替这小弧段上各点处的力。这样，变力 $\boldsymbol{F}(x,y)$ 沿有向小弧段 $\overset{\frown}{M_{i-1}M_i}$ 所做的功 ΔW_i 可以认为近似地等于常力 $\boldsymbol{F}(\xi_i,\eta_i)$ 沿 $\overrightarrow{M_{i-1}M_i}$ 所做的功：

$$\Delta W_i \approx \boldsymbol{F}(\xi_i,\eta_i) \cdot \overrightarrow{M_{i-1}M_i}。$$

即

$$\Delta W_i \approx P(\xi_i,\eta_i)\Delta x_i + Q(\xi_i,\eta_i)\Delta y_i,$$

于是

$$W = \sum_{i=1}^{n} \Delta W_i \approx \sum_{i=1}^{n} [P(\xi_i,\eta_i)\Delta x_i + Q(\xi_i,\eta_i)\Delta y_i]。$$

用 λ 表示 n 个小弧段的最大长度，令 $\lambda \to 0$，取上述和的极限，所得到的极限自然地被认作变力 $\boldsymbol{F}$ 沿有向曲线弧所做的功，即

$$W = \lim_{\lambda \to 0} \sum_{i=1}^{n} [P(\xi_i,\eta_i)\Delta x_i + Q(\xi_i,\eta_i)\Delta y_i]。$$

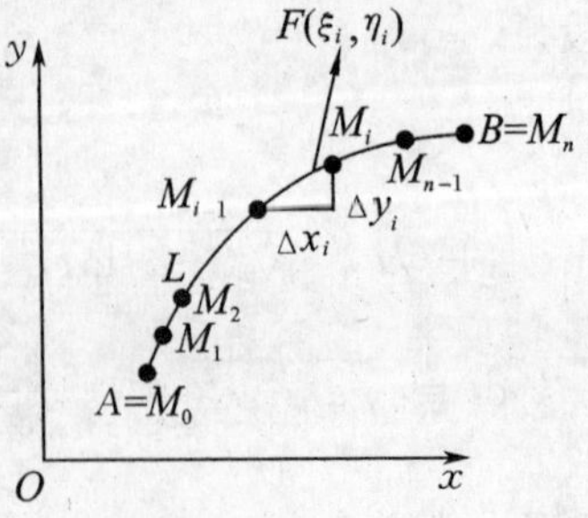

图 9-34

这种和的极限在研究其他问题时也会遇到，现在抽象出下面的定义。

定义 9.4　设 L 为 xOy 面内从点 A 到点 B 的一条有向光滑曲线弧，函数 $P(x,y)$，$Q(x,y)$ 在 L 上有界。在 L 上沿 L 的方向任意插入一点列 $M_1(x_1,y_1)$，$M_2(x_2,y_2)$，…，$M_{n-1}(x_{n-1},y_{n-1})$ 把 L 分成 n 个有向小弧段

$$\widehat{M_{i-1}M_i}(i=1,2,\cdots,n;M_0=A,M_n=B)。$$

设 $\Delta x_i=x_i-x_{i-1}$，$\Delta y_i=y_i-y_{i-1}$，点 (ξ_i,η_i) 为 $\widehat{M_{i-1}M_i}$ 上任意取定的点。如果当各小弧段长度的最大值 $\lambda\to 0$ 时，$\sum\limits_{i=1}^{n}P(\xi_i,\eta_i)\Delta x_i$ 的极限总存在，则称此极限为函数 $P(x,y)$ 在有向曲线弧 L 上**对坐标 x 的曲线积分**，记作 $\int_L P(x,y)\mathrm{d}x$。类似地，如果 $\lim\limits_{\lambda\to 0}\sum\limits_{i=1}^{n}Q(\xi_i,\eta_i)\Delta y_i$ 总存在，则称此极限为函数 $Q(x,y)$ 在有向曲线弧 L 上**对坐标 y 的曲线积分**，记作 $\int_L Q(x,y)\mathrm{d}y$。即

$$\int_L P(x,y)\mathrm{d}x=\lim_{\lambda\to 0}\sum_{i=1}^{n}P(\xi_i,\eta_i)\Delta x_i,\int_L Q(x,y)\mathrm{d}y=\lim_{\lambda\to 0}\sum_{i=1}^{n}Q(\xi_i,\eta_i)\Delta y_i,$$

其中，$P(x,y)$，$Q(x,y)$ 叫做**被积函数**，L 叫做**积分弧段**。

当 $P(x,y)$，$Q(x,y)$ 在有向光滑曲线弧 L 上连续时，对坐标的曲线积分 $\int_L P(x,y)\mathrm{d}x$ 及 $\int_L Q(x,y)\mathrm{d}y$ 都存在。以后总假定 $P(x,y)$，$Q(x,y)$ 在 L 上连续。

上述定义可推广到积分弧段为空间有向曲线弧 Γ 的情形：

$$\int_\Gamma P(x,y,z)\mathrm{d}x=\lim_{\lambda\to 0}\sum_{i=1}^{n}P(\xi_i,\eta_i,\zeta_i)\Delta x_i,$$

$$\int_\Gamma Q(x,y,z)\mathrm{d}y=\lim_{\lambda\to 0}\sum_{i=1}^{n}Q(\xi_i,\eta_i,\zeta_i)\Delta y_i,$$

$$\int_\Gamma R(x,y,z)\mathrm{d}z=\lim_{\lambda\to 0}\sum_{i=1}^{n}R(\xi_i,\eta_i,\zeta_i)\Delta z_i。$$

应用上经常出现的是

$$\int_L P(x,y)\mathrm{d}x+\int_L Q(x,y)\mathrm{d}y,$$

这种合并起来的形式，可写成

$$\int_L P(x,y)\mathrm{d}x+Q(x,y)\mathrm{d}y。$$

该积分也称为**第二类曲线积分**。

根据对坐标的曲线积分的定义，可导出下列性质：

(1) $\int_{\widehat{AB}}(P_1+P_2)\mathrm{d}x+(Q_1+Q_2)\mathrm{d}y=\int_{\widehat{AB}}P_1\mathrm{d}x+Q_1\mathrm{d}y+\int_{\widehat{AB}}P_2\mathrm{d}x+Q_2\mathrm{d}y$；

(2) $\int_{\widehat{AB}}kP\mathrm{d}x+kQ\mathrm{d}y=k\int_{\widehat{AB}}P\mathrm{d}x+Q\mathrm{d}y$（$k$ 是任意常数）；

(3) $\int_{\widehat{AB}} P\mathrm{d}x + Q\mathrm{d}y = \int_{\widehat{AC}} P\mathrm{d}x + Q\mathrm{d}y + \int_{\widehat{CB}} P\mathrm{d}x + Q\mathrm{d}y$（$C$ 是$\widehat{AB}$ 上一点）；

(4) $\int_{\widehat{AB}} P\mathrm{d}x + Q\mathrm{d}y = -\int_{\widehat{BA}} P\mathrm{d}x + Q\mathrm{d}y$（$\widehat{BA}$ 是$\widehat{AB}$ 的反向曲线弧）。

下面给出对坐标曲线积分的计算方法。

定理 9.2　设 $P(x,y)$,$Q(x,y)$ 在有向曲线弧 L 上有定义且连续,L 的参数方程为

$$\begin{cases} x = \varphi(t), \\ y = \psi(t)。 \end{cases}$$

当参数 t 单调地由 α 变到 β 时,点 $M(x,y)$ 从 L 的起点 A 沿 L 运动到终点 B,$\varphi(t)$,$\psi(t)$ 在以 α 及 β 为端点的闭区间上具有一阶连续导数,且 $\varphi'^2(t) + \psi'^2(t) \neq 0$,则曲线积分 $\int_L P(x,y)\mathrm{d}x + Q(x,y)\mathrm{d}y$ 存在,且

$$\int_L P(x,y)\mathrm{d}x + Q(x,y)\mathrm{d}y = \int_\alpha^\beta \{P[\varphi(t),\psi(t)]\varphi'(t) + Q[\varphi(t),\psi(t)]\psi'(t)\}\mathrm{d}t。 \tag{9.29}$$

证　在 L 上取一列点

$$A = M_0, M_1, M_2, \cdots, M_{n-1}, M_n = B,$$

它们对应于一列单调变化的参数值

$$\alpha = t_0, t_1, t_2, \cdots, t_{n-1}, t_n = \beta。$$

根据对坐标的曲线积分的定义,有

$$\int_L P(x,y)\mathrm{d}x = \lim_{\lambda\to 0}\sum_{i=1}^n P(\xi_i,\eta_i)\Delta x_i。$$

设点(ξ_i,η_i) 对应于参数值 τ_i,即 $\xi_i = \varphi(\tau_i)$,$\eta_i = \psi(\tau_i)$,这里 τ_i 在 t_{i-1} 与 t_i 之间。由于

$$\Delta x_i = x_i - x_{i-1} = \varphi(t_i) - \varphi(t_{i-1}),$$

应用微分中值定理,有 $\Delta x_i = \varphi'(\tau_i')\Delta t_i$,其中,$\Delta t_i = t_i - t_{i-1}$,$\tau_i'$ 在 t_{i-1} 与 t_i 之间。于是

$$\int_L P(x,y)\mathrm{d}x = \lim_{\lambda\to 0}\sum_{i=1}^n P[\varphi(\tau_i),\psi(\tau_i)]\varphi'(\tau_i')\Delta t_i。$$

因为函数 $\varphi'(t)$ 在闭区间$[\alpha,\beta]$(或$[\beta,\alpha]$) 上连续,可以把上式中的 τ_i' 换成 τ_i,从而

$$\int_L P(x,y)\mathrm{d}x = \lim_{\lambda\to 0}\sum_{i=1}^n P[\varphi(\tau_i),\psi(\tau_i)]\varphi'(\tau_i)\Delta t_i。$$

上式右端的和的极限就是定积分$\int_\alpha^\beta P[\varphi(t),\psi(t)]\varphi'(t)\mathrm{d}t$,由于函数$P[\varphi(t),\psi(t)]\varphi'(t)$ 连续,这个定积分是存在的,因此上式左端的曲线积分$\int_L P(x,y)\mathrm{d}x$ 也存在,并且有

$$\int_L P(x,y)\mathrm{d}x = \int_\alpha^\beta P[\varphi(t),\psi(t)]\varphi'(t)\mathrm{d}t。$$

同理可证

$$\int_L Q(x,y)\mathrm{d}y = \int_\alpha^\beta Q[\varphi(t),\psi(t)]\psi'(t)\mathrm{d}t。$$

把上两式相加，得

$$\int_L P(x,y)\mathrm{d}x+Q(x,y)\mathrm{d}y=\int_\alpha^\beta\{P[\varphi(t),\psi(t)]\varphi'(t)+Q[\varphi(t),\psi(t)]\psi'(t)\}\mathrm{d}t,$$

这里下限 α 对应于 L 的起点，上限 β 对应于 L 的终点。

公式(9.29)表明，计算对坐标的曲线积分

$$\int_L P(x,y)\mathrm{d}x+Q(x,y)\mathrm{d}y$$

时，只要把 $x,y,\mathrm{d}x,\mathrm{d}y$ 依次换为 $\varphi(t),\psi(t),\varphi'(t)\mathrm{d}t,\psi'(t)\mathrm{d}t$，然后从 L 的起点所对应的参数值 α 到 L 的终点所对应的参数值 β 作定积分就行了。

注意　下限 α 对应于 L 的起点，上限 β 对应于 L 的终点，α 不一定小于 β。

若 L 的方程为 $y=f(x)$，曲线的起点 A 与终点 B 分别对应 $x=a,x=b$，则

$$\int_L P(x,y)\mathrm{d}x+Q(x,y)\mathrm{d}y=\int_a^b[P(x,f(x))+Q(x,f(x))f'(x)]\mathrm{d}x。$$

同理，设空间光滑曲线 Γ 的参数方程为

$$x=x(t),y=y(t),z=z(t),$$

曲线的起点 A 与终点 B 分别对应参数 $t=\alpha$ 与 $t=\beta$，则

$$\int_\Gamma[P(x,y,z)\mathrm{d}x+Q(x,y,z)\mathrm{d}y+R(x,y,z)\mathrm{d}z]$$

$$=\int_\alpha^\beta\{P[x(t),y(t),z(t)]x'(t)+Q[x(t),y(t),z(t)]y'(t)+R[x(t),y(t),z(t)]z'(t)\}\mathrm{d}t。$$

例 4　计算曲线积分 $\int_L(x^2+y^2)\mathrm{d}x+2(x+y)\mathrm{d}y$，其中，$L$ 为：

(1) 圆周 $(x-1)^2+y^2=1$ 上从点 $A(1,1)$ 到点 $B(2,0)$ 的一段弧；

(2) 从点 $A(1,1)$ 到点 $B(2,0)$ 的直线段(图 9-35)。

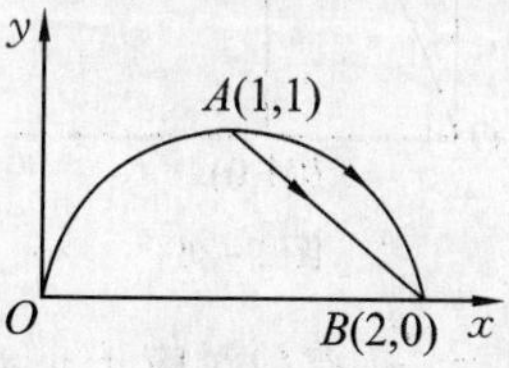

图 9-35

解　(1) 圆周的参数方程为

$$x=1+\cos t,y=\sin t,$$

点 A 对应 $t-\frac{\pi}{2}$，点 B 对应 $t=0$，注意到，在圆周上 $x^2+y^2=2x$，则

$$\int_L(x^2+y^2)\mathrm{d}x+2(x+y)\mathrm{d}y$$

$$=\int_{\frac{\pi}{2}}^0[2(1+\cos t)(-\sin t)+2(1+\cos t+\sin t)\cos t]\mathrm{d}t$$

$$=2\int_{\frac{\pi}{2}}^0(-\sin t+\cos t+\cos^2 t)\mathrm{d}t=-\frac{\pi}{2}。$$

(2) 直线方程为 $x+y=2$ 或 $y=2-x$,点 A 对应 $x=1$,点 B 对应 $x=2$,则

$$\int_L (x^2+y^2)\mathrm{d}x+2(x+y)\mathrm{d}y$$

$$=\int_1^2[x^2+(2-x)^2+4\cdot(-1)]\mathrm{d}x=2\int_1^2(-2x+x^2)\mathrm{d}x=-\frac{4}{3}。$$

从例 4 可以看出,虽然两个曲线积分的被积函数相同,起点和终点也相同,但沿不同路径得出的值并不相等。

例 5 一质点在变力 $\boldsymbol{F}=-(x^2+y)\boldsymbol{i}+x\boldsymbol{j}+x^2y\boldsymbol{k}$ 的作用下,沿螺旋线 $x=a\cos t$, $y=a\sin t$, $z=bt$ 移动相应于 t 从 0 到 π 的一段弧,求变力所做的功。

解 变力所做的功为

$$W=\int_\Gamma -(x^2+y)\mathrm{d}x+x\mathrm{d}y+x^2y\mathrm{d}z$$

$$=\int_0^\pi[-(a^2\cos^2 t+a\sin t)(-a\sin t)+a\cos t\cdot a\cos t+a^2\cos^2 t\cdot a\sin t\cdot b]\mathrm{d}t$$

$$=\int_0^\pi[a^2+a^3(1+b)\cos^2 t\sin t]\mathrm{d}t=\pi a^2+\frac{2}{3}(1+b)a^3。$$

例 6 计算曲线积分 $\int_L (y+1)\mathrm{d}x+x\mathrm{d}y$,其中,$L$ 为:

(1) 抛物线 $y^2=4x$ 上从点 $O(0,0)$ 到点 $A(1,2)$ 的一段弧;

(2) 折线段 $\overline{OBA}$,其中,点 $B(1,0)$(图 9-36)。

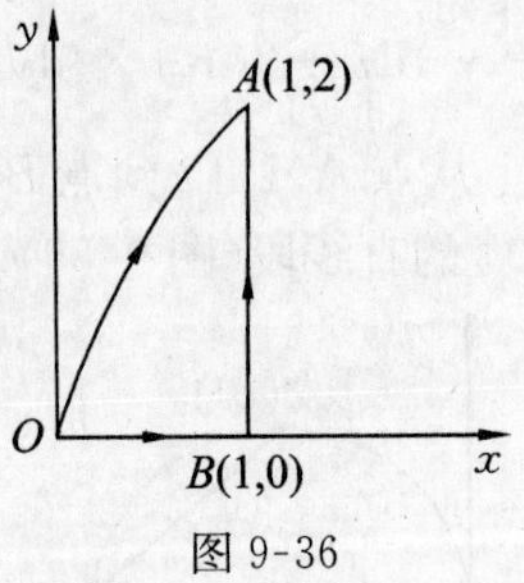

图 9-36

解 (1)L 的方程可改写为 $x=\frac{y^2}{4}$,点 O 对应于 $y=0$,点 A 对应于 $y=2$,$\mathrm{d}x=\frac{y}{2}\mathrm{d}y$,于是

$$\int_L (y+1)\mathrm{d}x+x\mathrm{d}y=\int_0^2\left[(y+1)\cdot\frac{y}{2}+\frac{y^2}{4}\right]\mathrm{d}y=3。$$

(2)$L=\overline{OB}+\overline{BA}$,其中,$\overline{OB}: y=0, x:0\to 1$,$\overline{BA}: x=1, y:0\to 2$,于是

$$\int_L (y+1)\mathrm{d}x+x\mathrm{d}y=\int_{\overline{OB}}(y+1)\mathrm{d}x+x\mathrm{d}y+\int_{\overline{BA}}(y+1)\mathrm{d}x+x\mathrm{d}y$$

$$=\int_0^1(0+1)\mathrm{d}x+\int_0^2\mathrm{d}y=3。$$

从例 6 的结果我们注意到,沿不同的路径从点 O 到点 A 的曲线积分值相等,而例 4 却没有这样的结果。后面我们将讨论对坐标积分与积分路径无关的条件。

9.5.3　两类曲线积分之间的关系

设有向曲线弧 L 的起点为 A，终点为 B，曲线弧 L 由参数方程

$$\begin{cases} x=\varphi(t), \\ y=\psi(t) \end{cases}$$

给出，起点 A，终点 B 分别对应参数 α,β。不妨设 $\alpha<\beta$（若 $\alpha>\beta$，可令 $s=-t$，A,B 分别对应 $s=-\alpha,s=-\beta$，就有 $(-\alpha)<(-\beta)$，把下面的讨论对参数 s 进行即可），并设函数 $\varphi(t)$，$\psi(t)$ 在闭区间 $[\alpha,\beta]$ 上具有一阶连续导数，且 $\varphi'^2(t)+\psi'^2(t)\neq 0$，又函数 $P(x,y),Q(x,y)$ 在曲线弧 L 上连续。于是对坐标的曲线积分计算公式

$$\int_L P(x,y)\mathrm{d}x+Q(x,y)\mathrm{d}y=\int_\alpha^\beta \{P[\varphi(t),\psi(t)]\varphi'(t)+Q[\varphi(t),\psi(t)]\psi'(t)\}\mathrm{d}t。$$

向量 $\boldsymbol{\tau}=\varphi'(t)\boldsymbol{i}+\psi'(t)\boldsymbol{j}$ 是曲线弧 L 在点 $M(\varphi(t),\psi(t))$ 处的一个切向量，它的指向与参数 t 增大时点 M 移动的走向一致，当 $\alpha<\beta$ 时，这个走向就是有向曲线弧 L 的走向。称这种指向与有向曲线弧 L 的走向一致的切向量为**有向曲线弧 L 的切向量**。于是，有向曲线弧 L 的切向量 $\boldsymbol{\tau}=\varphi'(t)\boldsymbol{i}+\psi'(t)\boldsymbol{j}$，它的方向余弦为

$$\cos\alpha=\frac{\varphi'(t)}{\sqrt{\varphi'^2(t)+\psi'^2(t)}},\quad \cos\beta=\frac{\psi'(t)}{\sqrt{\varphi'^2(t)+\psi'^2(t)}},$$

由对弧长的曲线积分可得下式

$$\begin{aligned}&\int_L [P(x,y)\cos\alpha+Q(x,y)\cos\beta]\mathrm{d}s \\ =&\int_\alpha^\beta \left\{P[\varphi(t),\psi'(t)]\frac{\varphi'(t)}{\sqrt{\varphi'^2(t)+\psi'^2(t)}}+Q[\varphi(t),\psi'(t)]\frac{\psi'(t)}{\sqrt{\varphi'^2(t)+\psi'^2(t)}}\right\} \\ &\cdot\sqrt{\varphi'^2(t)+\psi'^2(t)}\mathrm{d}t \\ =&\int_\alpha^\beta \left\{P[\varphi(t),\psi(t)]\varphi'(t)+Q[\varphi(t),\psi(t)]\psi'(t)\right\}\mathrm{d}t。\end{aligned}$$

由此可见，平面曲线弧 L 上的两类曲线积分之间有如下联系：

$$\int_L P\mathrm{d}x+Q\mathrm{d}y=\int_L (P\cos\alpha+Q\cos\beta)\mathrm{d}s,$$

其中，$\alpha(x,y)$，$\beta(x,y)$ 为有向曲线弧 L 在点 (x,y) 处切向量的方向角。

类似可知，空间曲线 Γ 上的两类曲线积分之间有如下联系：

$$\int_\Gamma P\mathrm{d}x+Q\mathrm{d}y+R\mathrm{d}z=\int_\Gamma (P\cos\alpha+Q\cos\beta+R\cos\gamma)\mathrm{d}s。$$

其中，$\alpha(x,y,z)$，$\beta(x,y,z)$，$\gamma(x,y,z)$ 为有向曲线 Γ 在点 (x,y,z) 处切向量的方向角。

习题 9.5

一、选择题

1. 设 L 是以 $O(0,0)$，$A(1,0)$，$B(0,1)$ 为顶点的三角形边界，则 $\oint_L (x+y)\mathrm{d}s=$（　　）。

A. $\sqrt{2}$　　B. $1+\sqrt{2}$　　C. $2+\sqrt{2}$　　D. $1+2\sqrt{2}$

2. 设 L 为圆周 $x^2+y^2=1$，则 $\oint_L (x^2+y^2+5)\mathrm{d}s=$（　　）。

A. 8π　　B. 10π　　C. 12π　　D. 14π

3. 设 L 是沿右半单位圆 $x^2+y^2=1$ 由 $(0,1)$ 到 $(0,-1)$ 的弧，则 $\int_L x\mathrm{d}y=$（　　）。

A. $\int_0^1 \frac{x^2}{\sqrt{1-x^2}}\mathrm{d}x$　　B. $2\int_0^1 \frac{x^2}{\sqrt{1-x^2}}\mathrm{d}x$

C. $\int_{-1}^1 \sqrt{1-y^2}\mathrm{d}y$　　D. $\int_1^{-1} \sqrt{1-y^2}\mathrm{d}y$

二、填空题

1. 设 L 是圆心在圆点，半径为 a 的右半圆周，则 $\int_L x\mathrm{d}s=$ ______。

2. 设 L 是曲线 $y=x^2$ 由 $(0,0)$ 到 $(1,1)$ 的一段弧，则 $\int_L x\mathrm{d}x+y\mathrm{d}y=$ ______。

3. 设 Γ 是从点 $A(3,2,1)$ 到点 $B(0,0,0)$ 的直线段，则 $\int_\Gamma x^3\mathrm{d}x+3zy^2\mathrm{d}y-x^2y\mathrm{d}z=$ ______。

三、解答题

1. 计算下列对弧长的曲线积分。

(1) $\int_L x\mathrm{d}s$，其中，$L: x=t^3, y=4t\ (0\leqslant t\leqslant 1)$；

(2) $\int_L \sqrt{y}\mathrm{d}s$，其中，$L$ 为摆线的一拱：$x=2(t-\sin t), y=2(1-\cos t)\ (0\leqslant t\leqslant 2\pi)$；

(3) $\int_L xy\mathrm{d}s$，其中，L 为椭圆 $\frac{x^2}{5^2}+\frac{y^2}{3^2}=1$ 在第一象限部分；

(4) $\oint_L \mathrm{e}^{\sqrt{x^2+y^2}}\mathrm{d}s$，其中，$L$ 为直线 $y=x$，圆周 $x^2+y^2=a^2$ 及 x 轴在第一象限内所围成的扇形的整个边界；

(5) $\int_\Gamma \frac{1}{x^2+y^2+z^2}\mathrm{d}s$，其中，$\Gamma$ 为空间曲线 $x=\mathrm{e}^t\cos t, y=\mathrm{e}^t\sin t, z=\mathrm{e}^t\ (0\leqslant t\leqslant 2)$；

(6) $\int_\Gamma \frac{z^2}{x^2+y^2}\mathrm{d}s$，其中，$\Gamma$ 为螺旋线：$x=4\cos t, y=4\sin t, z=3t\ (0\leqslant t\leqslant 2\pi)$；

(7) $\int_\Gamma x^2yz\mathrm{d}s$，其中，$\Gamma$ 为折线 $ABCD$，这里 A,B,C,D 依次为点 $(0,0,0)$，$(0,0,2)$，$(1,0,2)$，$(1,3,2)$。

2. 计算曲线积分 $\int_\Gamma (x^2+y^2+z^2)\mathrm{d}s$，其中，$\Gamma$ 为抛物面 $2z=x^2+y^2$ 被平面 $z=1$ 所截得的圆周。

3. 一个以 $A(1,2)$，$B(2,2)$，$C(2,4)$ 为顶点的三角形物体，其线密度为 $\mu(x,y)=x+y$，

求此构件的质量。

4. 一金属线成半圆形 $x = a\cos t, y = a\sin t (0 \leqslant t \leqslant \pi)$，其上每一点的密度等于该点的纵坐标 y，求这条金属线的总质量。

5. 设 L 为 xOy 面内 x 轴上从点 $(a,0)$ 到点 $(b,0)$ 的一段直线，证明：

$$\int_L P(x,y)\mathrm{d}s = \int_a^b P(x,0)\mathrm{d}x。$$

6. 计算下列对坐标的曲线积分。

(1) $\int_L (2xy - 2y)\mathrm{d}x + (x^2 - 4x)\mathrm{d}y$，其中，$L$ 为圆周 $x^2 + y^2 = 9$，取正向；

(2) $\int_L (x + y)\mathrm{d}x + (x - y)\mathrm{d}y$，其中，$L$ 是：

a. 从点 $(1,1)$ 到点 $(4,2)$ 的直线段；

b. 从点 $(1,1)$ 到点 $(4,2)$ 沿抛物线 $y^2 = x$ 的一段弧；

c. 先从点 $(1,1)$ 沿直线到点 $(1,2)$，然后再沿直线到点 $(4,2)$ 的折线；

d. 沿曲线 $x = 2t^2 + t + 1, y = t^3 + 1$ 从点 $(1,1)$ 到点 $(4,2)$ 的一段弧；

(3) $\int_L x\mathrm{d}x + y\mathrm{d}y + (x + y - 1)\mathrm{d}z$，其中，$L$ 是从点 $(1,1,1)$ 到点 $(2,3,4)$ 的直线段；

(4) $\oint_\Gamma \mathrm{d}x - \mathrm{d}y + y\mathrm{d}z$，其中，$\Gamma$ 为有向闭折线 $ABCA$，这里的 A,B,C 依次为点 $(1,0,0)$，$(0,1,0)$，$(0,0,1)$；

(5) $\int_\Gamma (y^2 - z^2)\mathrm{d}x + 2yz\mathrm{d}y - x^2\mathrm{d}z$，$\Gamma: x = t, y = t^2, z = t^3$，自点 $(0,0,0)$ 到点 $(1,1,1)$；

(6) $\int \sin x\mathrm{d}x + \cos y\mathrm{d}y + xz\mathrm{d}z$，$\Gamma: x = t^3, y = -t^3, z = t$，自点 $(1,-1,1)$ 到点 $(0,0,0)$。

7. $\int_L y^2\mathrm{d}x + z^2\mathrm{d}y + x^2\mathrm{d}z$，其中，$L$ 为曲线 $x^2 + y^2 + z^2 = a^2, x^2 + y^2 = ax (z \geqslant 0, a > 0)$，从 x 轴正向看去，曲线是沿逆时针方向。

8. 在力 $\boldsymbol{F} = (x - y)\boldsymbol{i} + (x + y)\boldsymbol{j}$ 的作用下，一质点沿圆周 $x^2 + y^2 = 1$ 自点 $(1,0)$ 移动到点 $(0,1)$，求力所做的功。

9.6　格林公式及其应用

9.6.1　格林公式

在一元函数积分学中，牛顿 - 莱布尼茨公式

$$\int_a^b F'(x)\mathrm{d}x = F(b) - F(a)$$

表示 $F'(x)$ 在区间 $[a,b]$ 上的积分可以通过原函数 $F(x)$ 在这个区间端点上的值来表达。

下面要介绍的格林(Green) 公式告诉我们，在平面闭区域 D 上的二重积分可以通过

沿闭区域 D 的边界曲线 L 上的曲线积分来表达。

先介绍平面单连通区域的概念。设区域 D 为平面区域，如果区域 D 内任意两点，均可用整个位于区域 D 内的折线连接起来，则称区域 D 是**连通的**。例如 $\{(x,y)\mid x^2+y^2<1\}$，$\{(x,y)\mid x+y>1\}$ 和 $\{(x,y)\mid 1\leqslant x^2+y^2\leqslant 2\}$ 等都是连通区域。它们又有单连通和复连通之分：若区域 D 内任一闭曲线所围成的内部区域都包含在区域 D 内，则称区域 D 为**单连通区域**，非单连通的连通区域称为**复连通区域**。上面的例子中，前两个是单连通区域，第三个则为复连通区域，它的内部有一个"洞"(即指圆域 $x^2+y^2<1$ 不属于 D)。一般来说，复连通区域可以有不止一个洞，有时也可以一个点为洞。例如区域 $\{(x,y)\mid 0<x^2+y^2\leqslant 1\}$(闭单位圆挖去圆心这一点) 也是一个复连通区域。

再讨论平面有界连通区域 D 的边界曲线 L 的**定向**问题。设想一个人沿 L 行走，如果 D 的内部区域始终保持在此人的左侧，则称此人行走的方向为边界曲线 L 的**正方向**，反之(即内部区域保持在人的右侧)，则称为 L 的**负方向**。由此规定可知，单连通区域边界曲线的正方向为逆时针方向，如图 9-37(a) 所示；而复连通区域的边界曲线为正方向时，其外边界为逆时针方向，内边界曲线则为顺时针方向，如图 9-37(b) 所示。

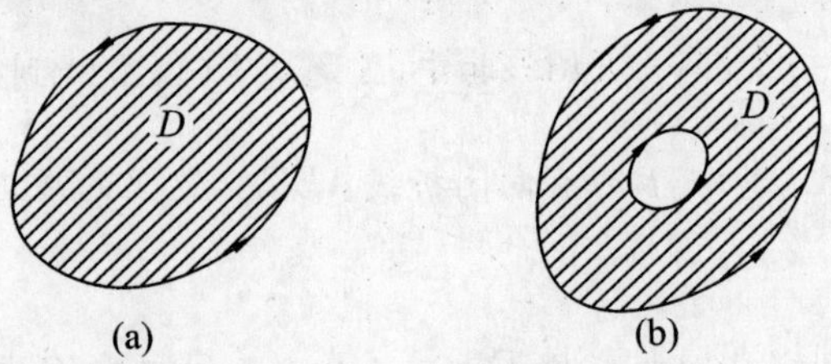

图 9-37

定理 9.3　设闭区域 D 由分段光滑的曲线 L 围成，函数 $P(x,y)$ 及 $Q(x,y)$ 在 D 上具有一阶连续偏导数，则有

$$\iint_D\left(\frac{\partial Q}{\partial x}-\frac{\partial P}{\partial y}\right)\mathrm{d}x\mathrm{d}y=\oint_L P\,\mathrm{d}x+Q\mathrm{d}y。\tag{9.30}$$

其中，L 是 D 的取正向的边界曲线。

公式(9.30) 叫做**格林公式**。

证　首先对单连通区域进行证明，并假定闭区域 D 既是 X-型区域又是 Y-型区域。如图 9-38 所示，设 $D=\{(x,y)\mid y_1(x)\leqslant y\leqslant y_2(x),a\leqslant x\leqslant b\}$，于是

$$\begin{aligned}\oint_L P(x,y)\mathrm{d}x&=\int_{L_1}P(x,y)\mathrm{d}x+\int_{L_2}P(x,y)\mathrm{d}x\\&=\int_a^b P[x,y_1(x)]\mathrm{d}x+\int_b^a P[x,y_2(x)]\mathrm{d}x\\&=\int_a^b\{P[x,y_1(x)]-P[x,y_2(x)]\}\mathrm{d}x。\end{aligned}$$

另一方面，

$$\iint_D\left(-\frac{\partial P}{\partial y}\right)\mathrm{d}x\mathrm{d}y=\int_a^b\mathrm{d}x\int_{y_1(x)}^{y_2(x)}\left(-\frac{\partial P}{\partial y}\right)\mathrm{d}y=\int_a^b\{P[x,y_1(x)]-P[x,y_2(x)]\}\mathrm{d}x,$$

比较上面两式可得

$$\oint_L P(x,y)\mathrm{d}x=\iint_D\left(-\frac{\partial P}{\partial y}\right)\mathrm{d}x\mathrm{d}y。$$

同理，设 $D=\{(x,y)\mid x_1(y)\leqslant x\leqslant x_2(y),c\leqslant y\leqslant d\}$，则可证得

$$\oint_L Q(x,y)\mathrm{d}y=\iint_D\frac{\partial Q}{\partial x}\mathrm{d}x\mathrm{d}y。$$

此两式合并即得格林公式(9.30)。

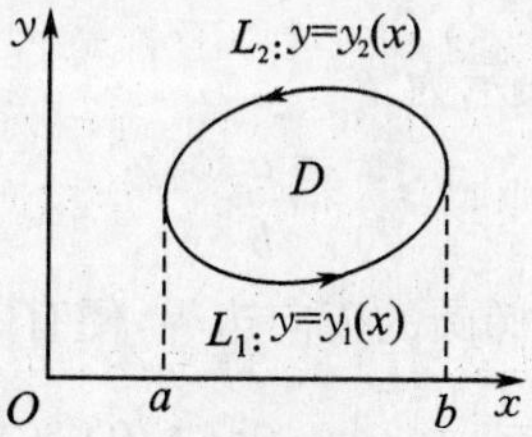

图 9-38

如果闭区域 D 不满足以上条件，那么可在 D 内引进一条或几条辅助曲线把 D 分成有限个部分闭区域，使得每个部分闭区域都满足上述条件。如对图 9-39 所示的闭区域 D 来说，它的边界曲线 L 为 $\overset{\frown}{MNPM}$。

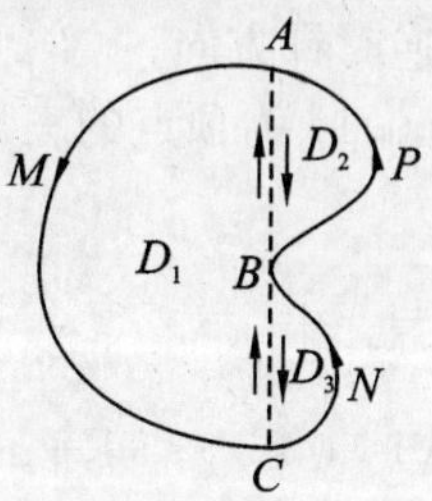

图 9-39

引进一条辅助线 ABC，把 D 分成 D_1,D_2,D_3 三部分，应用公式(9.30)于每个部分，得

$$\iint_{D_1}\left(\frac{\partial Q}{\partial x}-\frac{\partial P}{\partial y}\right)\mathrm{d}x\mathrm{d}y=\oint_{\overset{\frown}{MCBAM}}P\mathrm{d}x+Q\mathrm{d}y,$$

$$\iint_{D_2}\left(\frac{\partial Q}{\partial x}-\frac{\partial P}{\partial y}\right)\mathrm{d}x\mathrm{d}y=\oint_{\overset{\frown}{ABPA}}P\mathrm{d}x+Q\mathrm{d}y,$$

$$\iint_{D_3}\left(\frac{\partial Q}{\partial x}-\frac{\partial P}{\partial y}\right)\mathrm{d}x\mathrm{d}y=\oint_{\overset{\frown}{BCNB}}P\mathrm{d}x+Q\mathrm{d}y。$$

把这三个等式相加(注意到相加时沿辅助线来回的曲线积分相互抵消)，便得

$$\iint_D\left(\frac{\partial Q}{\partial x}-\frac{\partial P}{\partial y}\right)\mathrm{d}x\mathrm{d}y=\oint_L P\mathrm{d}x+Q\mathrm{d}y。$$

其中，L 的方向对 D 来说为正方向。一般地，公式(9.30)对于由分段光滑曲线围成的闭区域都成立。证毕。

注意　对于复连通区域 D，格林公式(9.30)右端应包括沿区域 D 的全部边界的曲线部分，且边界的方向对区域 D 来说都是正向。

若在格林公式中取 $P(x,y)=-y, Q(x,y)=x$，则可得出用曲线积分计算 D 的面积 A 的如下公式：

$$\frac{1}{2}\oint_L (-y)\mathrm{d}x + x\mathrm{d}y = \iint_D \mathrm{d}x\mathrm{d}y = A。\tag{9.31}$$

例 1　计算椭圆 $\frac{x^2}{a^2}+\frac{y^2}{b^2}=1$ 的面积 A。

解　该椭圆可用参数方程表示为

$$\begin{cases} x = a\cos t, \\ y = b\sin t, \end{cases}$$

其中，$0\leqslant t\leqslant 2\pi$。于是若设 L 为椭圆的正向边界，便有

$$A=\frac{1}{2}\oint_L x\mathrm{d}y-y\mathrm{d}x=\frac{1}{2}\int_0^{2\pi}[a\cos t\cdot b\cos t-b\sin t\cdot(-a\sin t)]\mathrm{d}t$$

$$=\frac{1}{2}ab\int_0^{2\pi}(\cos^2 t+\sin^2 t)\mathrm{d}t=\frac{1}{2}ab\int_0^{2\pi}\mathrm{d}t=\pi ab。$$

例 2　计算 $\oint_L (x^3-x^2y)\mathrm{d}x+(xy^2+y^3)\mathrm{d}y$，其中：

(1) L 为圆周 $x^2+y^2=a^2$，取逆时针方向；

(2) L 为以 $O(0,0)$，$A(1,0)$，$B(0,1)$ 为顶点的三角形边界，取逆时针方向。

解　(1) 由格林公式有

$$\oint_L (x^3-x^2y)\mathrm{d}x+(xy^2+y^3)\mathrm{d}y=\iint_{x^2+y^2\leqslant a^2}(y^2+x^2)\mathrm{d}x\mathrm{d}y=\int_0^{2\pi}\mathrm{d}\theta\int_0^a \rho^2\cdot\rho\mathrm{d}\rho=\frac{1}{2}\pi a^4。$$

(2) ΔAOB 所围区域 $D=\{(x,y)\mid 0\leqslant y\leqslant 1-x, 0\leqslant x\leqslant 1\}$，由格林公式有

$$\oint_L (x^3-x^2y)\mathrm{d}x+(xy^2+y^3)\mathrm{d}y=\iint_D (x^2+y^2)\mathrm{d}x\mathrm{d}y$$

$$=\int_0^1\mathrm{d}x\int_0^{1-x}(x^2+y^2)\mathrm{d}y=\frac{1}{6}。$$

对于不是闭曲线上的曲线积分，有时也可添加适当的辅助线使它成为闭曲线，再利用格林公式计算。

例 3　计算 $I=\int_L [\mathrm{e}^x\sin y-b(x+y)]\mathrm{d}x+(\mathrm{e}^x\cos y-ax)\mathrm{d}y$，其中，$a,b$ 为正数，L 为从点 $(2a,0)$ 沿曲线 $y=\sqrt{2ax-x^2}$ 到点 $O(0,0)$ 的弧。

解　如图 9-40，添加一条从点 $(0,0)$ 到点 $A(2a,0)$ 的有向直线 $\overline{OA}$，原曲线积分加上 $\overline{OA}$ 这一直线段的积分，运用格林公式有

$$I=\oint_{L+\overline{OA}}-\int_{\overline{OA}}=\iint_D(\mathrm{e}^x\cos y-a-\mathrm{e}^x\cos y+b)\mathrm{d}x\mathrm{d}y-\int_0^{2a}(-bx)\mathrm{d}x$$

$$=(b-a)\frac{\pi}{2}a^2+2a^2b。$$

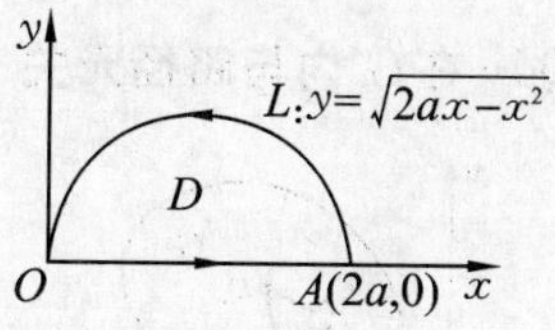

图 9-40

例 4　计算 $\oint_L \frac{x\mathrm{d}y-y\mathrm{d}x}{x^2+y^2}$，其中，$L$ 为一条无重点(除首尾两点外，其余点均不重合)、分段光滑且不经过原点的连续封闭曲线，L 的方向为逆时针方向。

解　令 $P=\frac{-y}{x^2+y^2}, Q=\frac{x}{x^2+y^2}$，则当 $x^2+y^2\neq 0$ 时，有

$$\frac{\partial Q}{\partial x}=\frac{y^2-x^2}{(y^2+x^2)^2}=\frac{\partial P}{\partial y}。$$

记 L 所围成的闭区域为 D。当 $(0,0)\notin D$ 时，由格林公式得

$$\oint_L \frac{x\mathrm{d}y-y\mathrm{d}x}{x^2+y^2}=0。$$

当 $(0,0)\in D$ 时，选取适当小的 $r>0$，作位于 D 内的圆周 $l:x^2+y^2=r^2$，记 L 和 l 所围成的闭区域为 D_1 (图 9-41)。对复连通区域 D_1 应用格林公式，得

$$\oint_L \frac{x\mathrm{d}y-y\mathrm{d}x}{x^2+y^2}+\oint_l \frac{x\mathrm{d}y-y\mathrm{d}x}{x^2+y^2}=0,$$

其中，l 的取向为顺时针方向，于是

$$\oint_L \frac{x\mathrm{d}y-y\mathrm{d}x}{x^2+y^2}=\oint_{l^-} \frac{x\mathrm{d}y-y\mathrm{d}x}{x^2+y^2}=\int_0^{2\pi}\frac{r^2\cos^2\theta+r^2\sin^2\theta}{r^2}\mathrm{d}\theta=2\pi。$$

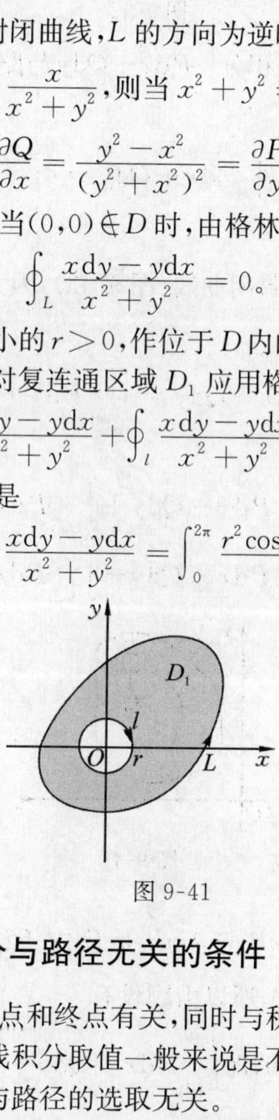

图 9-41

9.6.2　平面上曲线积分与路径无关的条件

第二类曲线积分与曲线的起点和终点有关，同时与积分的路径一般也相关。当起点和终点相同时，沿着不同路径的曲线积分取值一般来说是不相同的。但在 9.5 节的例 6 中的曲线积分只与起点和终点有关，与路径的选取无关。

设 G 是一个区域，$P(x,y)$ 以及 $Q(x,y)$ 在区域 G 内具有一阶连续偏导数，如果对于 G 内任意指定的两个点 A,B 以及 G 内从 A 到 B 的任意两条曲线 L_1,L_2(图 9-42)，等式

$$\int_{L_1} P\mathrm{d}x+Q\mathrm{d}y=\int_{L_2} P\mathrm{d}x+Q\mathrm{d}y$$

恒成立，就说**曲线积分**$\int_L P\mathrm{d}x+Q\mathrm{d}y$ **在** G **内与路径无关**，否则便说**与路径有关**。

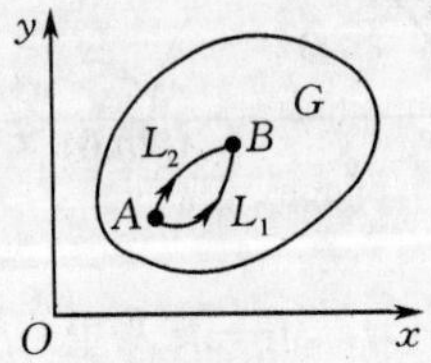

图 9-42

定理 9.4 在区域 D 中，曲线积分$\int_L P\mathrm{d}x+Q\mathrm{d}y$与路径无关的充要条件是：对 D 内任意一条封闭曲线 C，有

$$\oint_C P\mathrm{d}x+Q\mathrm{d}y=0。$$

证 先证必要性。

设 $AnBmA$ 是 D 内任意一条封闭曲线（图 9-43），因为曲线积分$\int_L P\mathrm{d}x+Q\mathrm{d}y$ 在 D 内与路径无关，所以

$$\int_{AnB} P\mathrm{d}x+Q\mathrm{d}y=\int_{AmB} P\mathrm{d}x+Q\mathrm{d}y,$$

因此

$$\begin{aligned}\int_{AnBmA} P\mathrm{d}x+Q\mathrm{d}y&=\int_{AnB} P\mathrm{d}x+Q\mathrm{d}y+\int_{BmA} P\mathrm{d}x+Q\mathrm{d}y\\&=\int_{AnB} P\mathrm{d}x+Q\mathrm{d}y-\int_{AmB} P\mathrm{d}x+Q\mathrm{d}y=0。\end{aligned}$$

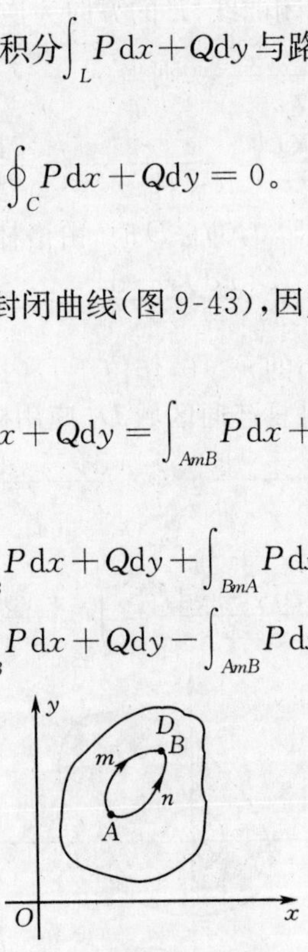

图 9-43

再证充分性。

设 A,B 是 D 内任意两点，AnB 与 AmB 是 D 内任意两条路径。因为对 D 内任意一条闭曲线 C，恒有$\oint_C P\mathrm{d}x+Q\mathrm{d}y=0$，所以由题设有

$$\oint_{AnBmA} P\mathrm{d}x+Q\mathrm{d}y=0,\text{即}\int_{AnB} P\mathrm{d}x+Q\mathrm{d}y+\int_{BmA} P\mathrm{d}x+Q\mathrm{d}y=0,$$

因此

$$\int_{AnB} P\mathrm{d}x+Q\mathrm{d}y=-\int_{BmA} P\mathrm{d}x+Q\mathrm{d}y=\int_{AmB} P\mathrm{d}x+Q\mathrm{d}y。$$

这就说明了曲线积分$\int_L P\mathrm{d}x+Q\mathrm{d}y$与路径无关。

定理 9.5　设函数 $P(x,y),Q(x,y)$ 在单连通域 D 内有一阶连续偏导数，则曲线积分 $\int_L P\mathrm{d}x+Q\mathrm{d}y$ 与路径无关的充要条件是

$$\frac{\partial Q}{\partial x}=\frac{\partial P}{\partial y},(x,y)\in D。$$

证　先证充分性。

因为 $\frac{\partial Q}{\partial x}=\frac{\partial P}{\partial y},(x,y)\in D$，所以对 D 内任意一条正向封闭曲线 L_1 及其围成的区域 D_1，因为 D 是单连通域，所以 $D_1\subset D$，由格林公式有

$$\oint_{L_1} P\mathrm{d}x+Q\mathrm{d}y=\iint_{D_1}\left(\frac{\partial Q}{\partial x}-\frac{\partial P}{\partial y}\right)\mathrm{d}x\mathrm{d}y=0,$$

于是由定理 9.4 知，曲线积分 $\int_L P\mathrm{d}x+Q\mathrm{d}y$ 在 D 内与路径无关。

再证必要性。用反证法，设在 D 内有一点 M_0，使 $\left(\frac{\partial Q}{\partial x}-\frac{\partial P}{\partial y}\right)\bigg|_{(x,y)=M_0}\neq 0$。为方便起见，不妨设 $\left(\frac{\partial Q}{\partial x}-\frac{\partial P}{\partial y}\right)\bigg|_{(x,y)=M_0}=\eta>0$。

由于 $\frac{\partial P}{\partial y},\frac{\partial Q}{\partial x}$ 在 D 内连续，则在 D 内必存在点 M_0 的某一邻域 K，其边界曲线为 C(图 9-44)，使得在此邻域上恒有

$$\frac{\partial Q}{\partial x}-\frac{\partial P}{\partial y}\geqslant\frac{\eta}{2}>0,(x,y)\in K。$$

于是由格林公式及二重积分的性质，有

$$\oint_L P\mathrm{d}x+Q\mathrm{d}y=\iint_K\left(\frac{\partial Q}{\partial x}-\frac{\partial P}{\partial y}\right)\mathrm{d}x\mathrm{d}y\geqslant\frac{\eta}{2}\cdot\sigma>0,$$

其中，σ 是闭区域 K 的面积。上式与已知条件矛盾，因为已知曲线积分 $\int_L P\mathrm{d}x+Q\mathrm{d}y$ 与路径无关，则由定理 9.4 应该有 $\oint_L P\mathrm{d}x+Q\mathrm{d}y=0$，因此，在 D 内处处都有

$$\frac{\partial Q}{\partial x}=\frac{\partial P}{\partial y}。$$

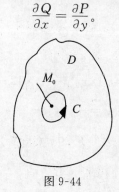

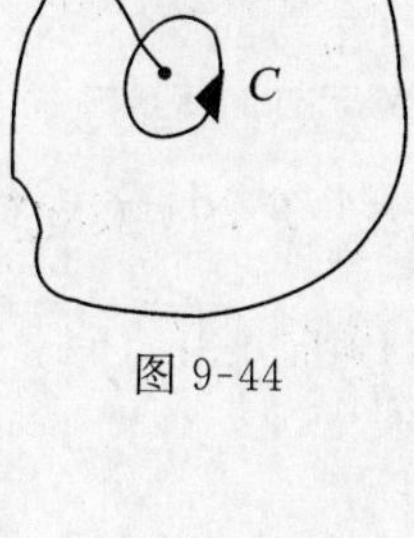

图 9-44

判断曲线积分是否与路径无关，运用定理 9.5 最方便。如果知道某曲线积分与路径无关，则在遇到该曲线积分沿某一条路径不易积分时，就可以考虑改换一条较容易积分的路径。

注意 区域 D 为单连通的条件必不可少，否则定理结论未必成立。例如在例 4 中我们看到，当 L 所围成的区域含有原点时，虽然除去原点外，恒有 $\frac{\partial Q}{\partial x}=\frac{\partial P}{\partial y}$，但沿闭曲线的积分 $\oint_L P\mathrm{d}x+Q\mathrm{d}y\neq 0$，原因在于原点处 $P,Q,\frac{\partial Q}{\partial x},\frac{\partial P}{\partial y}$ 不连续，这种点通常称为**奇点**。

当曲线积分 $\oint_L P\mathrm{d}x+Q\mathrm{d}y$ 与路径无关时，只需指明曲线积分的起点 A 和终点 B，这时曲线积分可记作 $\int_A^B P\mathrm{d}x+Q\mathrm{d}y$。计算时常取平行于坐标轴的折线作为积分路径，例如，设 $A(x_1,y_1)$，$B(x_2,y_2)$，取折线 $\overline{AC}: y=y_1(x: x_1\to x_2)$，$\overline{CB}: x=x_2(y: y_1\to y_2)$（图 9-45），则

$$\int_A^B P\mathrm{d}x+Q\mathrm{d}y=\int_{\overrightarrow{AC}} P\mathrm{d}x+Q\mathrm{d}y+\int_{\overrightarrow{CB}} P\mathrm{d}x+Q\mathrm{d}y,$$

即

$$\int_{(x_1,y_1)}^{(x_2,y_2)} P\mathrm{d}x+Q\mathrm{d}y=\int_{x_1}^{x_2} P(x,y_1)\mathrm{d}x+\int_{y_1}^{y_2} Q(x_2,y)\mathrm{d}y。\qquad (9.32)$$

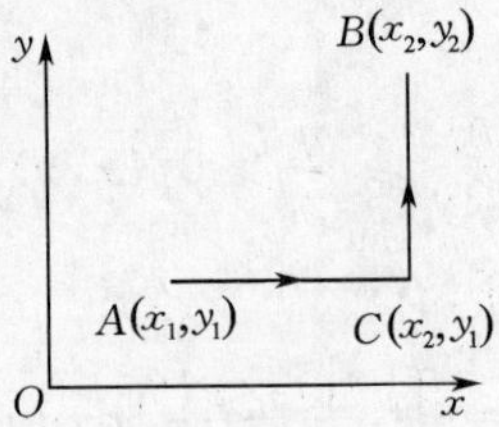

图 9-45

例 5 验证曲线积分 $\int_L (x^4+4xy^3)\mathrm{d}x+(6x^2y^2-5y^4)\mathrm{d}y$ 与路径无关，并求曲线积分 $\int_{(-2,-1)}^{(3,0)} (x^4+4xy^3)\mathrm{d}x+(6x^2y^2-5y^4)\mathrm{d}y$。

解 令

$$P=x^4+4xy^3, Q=6x^2y^2-5y^4,$$

则

$$\frac{\partial Q}{\partial x}=12xy^2, \frac{\partial P}{\partial y}=12xy^2,$$

所以，曲线积分与路径无关，取折线 $y=-1(x: -2\to 3)$，$x=3(y: -1\to 0)$，于是

$$\begin{aligned}&\int_{(-2,-1)}^{(3,0)} (x^4+4xy^3)\mathrm{d}x+(6x^2y^2-5y^4)\mathrm{d}y\\ =&\int_{-2}^{3}(x^4-4x)\mathrm{d}x+\int_{-1}^{0}(54y^2-5y^4)\mathrm{d}y=62。\end{aligned}$$

例 6　求曲线积分$\int_L (3x^2+y)\mathrm{d}x+(x-3y^2)\mathrm{d}y$,其中,$L$ 为半圆周$(x-2)^2+y^2=1$ $(x\leqslant 2)$ 上点$(2,1)$ 到点$(2,-1)$ 的一段弧(图 9-46)。

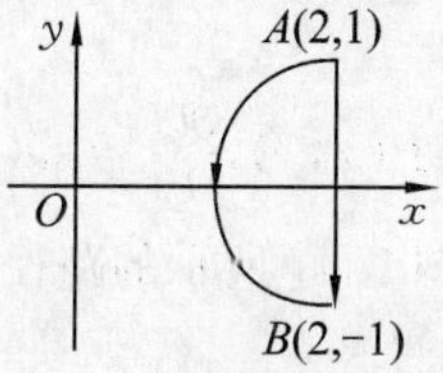

图 9-46

解　令$P=3x^2+y, Q=x-3y^2$,则$\dfrac{\partial Q}{\partial x}=1=\dfrac{\partial P}{\partial y}$,所以曲线积分与路径无关,取直线 $x=2(y:1\to-1)$,于是

$$\int_L (3x^2+y^2)\mathrm{d}x+(x-3y^2)\mathrm{d}y=\int_1^{-1}(2-3y^2)\mathrm{d}y=-2。$$

9.6.3　全微分方程

若常微分方程

$$P(x,y)\mathrm{d}x+Q(x,y)\mathrm{d}y=0$$

的左边是某一个函数 $U(x,y)$ 的全微分,即

$$\mathrm{d}U(x,y)=P(x,y)\mathrm{d}x+Q(x,y)\mathrm{d}y$$

则称此方程为**全微分方程**。

一个方程满足什么条件才是全微分方程呢?下面的定理给出了回答。

定理 9.6　设函数 $P(x,y),Q(x,y)$ 在单连通区域 D 内有一阶连续的偏导数,则 $P(x,y)\mathrm{d}x+Q(x,y)\mathrm{d}y$ 在 D 内是一函数 $U(x,y)$ 的全微分的充要条件是

$$\frac{\partial Q}{\partial x}=\frac{\partial P}{\partial y}$$

证　必要性。若 $\mathrm{d}U(x,y)=P(x,y)\mathrm{d}x+Q(x,y)\mathrm{d}y$,则必有

$$\frac{\partial U}{\partial x}=P(x,y),\quad \frac{\partial U}{\partial y}=Q(x,y)。$$

由于 $P(x,y),Q(x,y)$ 在 D 内有一阶连续偏导数,故

$$\frac{\partial Q}{\partial x}=\frac{\partial^2 U}{\partial y\partial x},\quad \frac{\partial P}{\partial y}=\frac{\partial^2 U}{\partial x\partial y}$$

在 D 内连续,从而有

$$\frac{\partial Q}{\partial x}=\frac{\partial P}{\partial y}。$$

充分性。若$\dfrac{\partial Q}{\partial x}=\dfrac{\partial P}{\partial y},(x,y)\in D$。则在 D 内曲线积分$\int_L P(x,y)\mathrm{d}x+Q(x,y)\mathrm{d}y$ 与路径无关。设 L 的起点为$M_0(x_0,y_0)$,终点为$M(x,y)$。当$M_0(x_0,y_0)$ 固定时,此积分为终点

$M(x,y)$ 的函数，用 $U(x,y)$ 表示，即

$$U(x,y)=\int_{(x_0,y_0)}^{(x,y)} P(x,y)\mathrm{d}x+Q(x,y)\mathrm{d}y。$$

下面证明

$$\frac{\partial U}{\partial x}=P(x,y),\frac{\partial U}{\partial y}=Q(x,y)。$$

由于积分与路径无关，选择如图 9-47 所示的路径 $M_0\to M\to N$ 来计算。

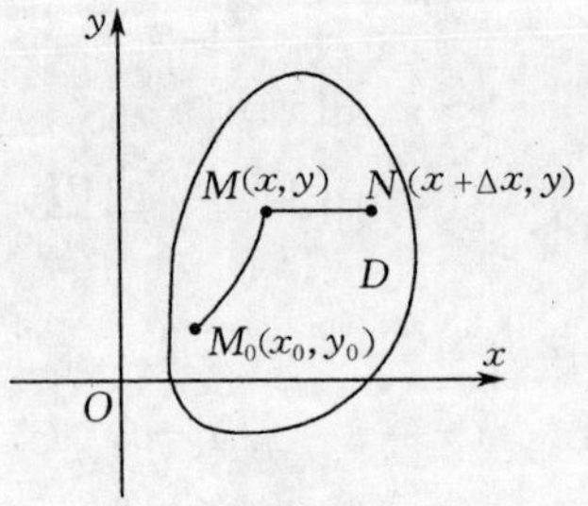

图 9-47

$$\begin{aligned}U(x+\Delta x,y)&=\int_{(x_0,y_0)}^{(x+\Delta x,y)} P(x,y)\mathrm{d}x+Q(x,y)\mathrm{d}y\\&=\int_{(x_0,y_0)}^{(x,y)} P(x,y)\mathrm{d}x+Q(x,y)\mathrm{d}y+\int_{(x,y)}^{(x+\Delta x,y)} P(x,y)\mathrm{d}x+Q(x,y)\mathrm{d}y。\end{aligned}$$

在后一个积分中 $y=c$，故 $\mathrm{d}y=0$，所以

$$U(x+\Delta x,y)=U(x,y)+\int_x^{x+\Delta x} P(x,y)\mathrm{d}x,$$

$$U(x+\Delta x,y)-U(x,y)=\int_x^{x+\Delta x} P(x,y)\mathrm{d}x,$$

故由定积分中值定理有

$$\int_x^{x+\Delta x} P(x,y)\mathrm{d}x=P(x+\theta\Delta x,y)\Delta x,0\leqslant\theta\leqslant 1。$$

又因为 $P(x,y)$ 有一阶偏导数，所以 $P(x,y)$ 在 D 内连续，从而有

$$\lim_{\Delta x\to 0}P(x+\theta\Delta x,y)=P(x,y),$$

于是

$$\begin{aligned}\frac{\partial U}{\partial x}&=\lim_{\Delta x\to 0}\frac{U(x+\Delta x,y)-U(x,y)}{\Delta x}=\lim_{\Delta x\to 0}\frac{\int_x^{x+\Delta x} P(x,y)\mathrm{d}x}{\Delta x}\\&=\lim_{\Delta x\to 0}\frac{P(x+\theta\Delta x,y)\Delta x}{\Delta x}=P(x,y),\end{aligned}$$

即
$$\frac{\partial U}{\partial x}=P(x,y)。$$

同理可证

$$\frac{\partial U}{\partial y}=Q(x,y)。$$

$U(x,y)$ 可以由下面的公式求得

$$U(x,y)=\int_{x_0}^{x}P(x,y_0)\mathrm{d}x+\int_{y_0}^{y}Q(x,y)\mathrm{d}y。\tag{9.33}$$

其中，$M_0(x_0,y_0)$ 是 D 内适当选取的一个点。

例 7　求方程 $(2xy+3y^2)\mathrm{d}x+(x^2+6xy-2y)\mathrm{d}y=0$ 的通解。

解法一　因为

$$\frac{\partial Q}{\partial x}=2x+6y=\frac{\partial P}{\partial y},$$

所以原方程为全微分方程，则

$$\begin{aligned}U(x,y)&=\int_0^x P(x,0)\mathrm{d}x+\int_0^y Q(x,y)\mathrm{d}y\\&=\int_0^x 0\cdot\mathrm{d}x+\int_0^y(x^2+6xy-2y)\mathrm{d}y\\&=x^2y+3xy^2-y^2,\end{aligned}$$

通解为

$$x^2y+3xy^2-y^2=C。$$

解法二　（凑全微分法）

$$\begin{aligned}(2xy+3y^2)\mathrm{d}x+(x^2+6xy-2y)\mathrm{d}y&=2xy\mathrm{d}x+x^2\mathrm{d}y+3y^2\mathrm{d}x+6xy\mathrm{d}y-2y\mathrm{d}y\\&=\mathrm{d}(x^2y)+\mathrm{d}(3xy^2)-\mathrm{d}(y^2)\\&=\mathrm{d}(x^2y+3xy^2-y^2)=0,\end{aligned}$$

通解为

$$x^2y+3xy^2-y^2=C。$$

习题 9.6

一、选择题

1. 设 $P(x,y),Q(x,y)$ 在单连通区域 D 内具有一阶连续偏导数，则 $\dfrac{\partial Q}{\partial x}=\dfrac{\partial P}{\partial y}$ 在 D 内恒成立是在 D 内沿任意分段光滑的简单闭曲线 C 的曲线积分 $\oint_C P\mathrm{d}x+Q\mathrm{d}y=0$ 的（　　）。

A. 充分非必要条件　　B. 必要非充分条件
C. 充分且必要条件　　D. 既非必要也非充分条件

2. 设 L 为椭圆 $\dfrac{x^2}{a^2}+\dfrac{y^2}{b^2}=1$ 的顺时针路径，则 $\oint_L(x+y)\mathrm{d}x-(x-y)\mathrm{d}y=$（　　）。

A. $-4\pi ab$　　B. $-2\pi ab$　　C. 0　　D. $2\pi ab$

3. 设 L 是 $D:1\leqslant x\leqslant 2,2\leqslant y\leqslant 3$ 的正向边界，则 $\oint_L x\mathrm{d}y-2y\mathrm{d}x=$（　　）。

A. 1　　B. 2　　C. 3　　D. 4

二、填空题

1. 设 L 是区域 $D:x^2+y^2\leqslant a^2$ 的负向边界，则 $\oint_L y\mathrm{d}x-x\mathrm{d}y=$ ________。

2. 设 L 是圆周 $x^2+y^2=a^2$ 上由点 $A(a,0)$ 到点 $B(0,a)$ 较短的一段弧，则 $\int_L 2xy\mathrm{d}x+(1+x^2)\mathrm{d}y=$ ________。

3. $xy^2\mathrm{d}x+x^2y\mathrm{d}y=\mathrm{d}$ ________。

三、解答题

1. 计算下列曲线积分，并验证格林公式的正确性。

(1) $\oint_L(2xy-x^2)\mathrm{d}x+(x+y^2)\mathrm{d}y$，其中，$L$ 是由抛物线 $y=x^2$ 和 $y^2=x$ 所围成的区域的正向边界曲线；

(2) $\oint_L(x^2-xy^3)\mathrm{d}x+(y^2-2xy)\mathrm{d}y$，其中，$L$ 是四个顶点分别为 $(0,0)$，$(2,0)$，$(2,2)$ 和 $(0,2)$ 的正方形区域的正向边界。

2. 利用曲线积分，计算下列曲线所围成的图形的面积。

(1) 星形线 $x=a\cos^3 t, y=a\sin^3 t(0\leqslant t\leqslant 2\pi)$；

(2) 摆线 $x=a(t-\sin t), y=a(1-\cos t)$ 一拱与 x 轴的面积。

3. 利用格林公式计算下列曲线积分。

(1) $\oint_L(x+2y)\mathrm{d}x+(x-y)\mathrm{d}y$，其中，$L$ 为椭圆 $\dfrac{x^2}{4}+\dfrac{y^2}{16}=1$，逆时针方向；

(2) $\oint_L(2x-y+4)\mathrm{d}x+(5y+3x-6)\mathrm{d}y$，其中，$L$ 是以 $(0,0)$，$(3,0)$ 和 $(3,2)$ 为顶点的三角形边界正向；

(3) $\oint_L xy(1+y)\mathrm{d}x+(\mathrm{e}^y+x^2y)\mathrm{d}y$，其中，$L$ 是由圆 $x^2+y^2=4$ 和 $x^2+y^2=9$ 在第一象限的部分，以及 x 轴、y 轴上的线段组成的封闭曲线取正向；

(4) $\oint_L(x^2y-2y^2)\mathrm{d}x+\left(\dfrac{1}{3}x^3-xy\right)\mathrm{d}y$，其中，$L$ 是由曲线 $y=\sqrt{x}$，$y=2-x$，$y=0$ 围成的区域正向边界。

4. 验证下列曲线积分在有定义的单连通区域 D 内与路径无关，并求其值。

(1) $\int_{(1,0)}^{(2,1)}(2xy-y^4+3)\mathrm{d}x+(x^2-4xy^3)\mathrm{d}y$；

(2) $\int_{(0,0)}^{(2,3)}(2x\cos y-y^2\sin x)\mathrm{d}x+(2y\cos x-x^2\sin y)\mathrm{d}y$；

(3) $\int_{(-1,0)}^{(1,0)}\dfrac{(x-y)\mathrm{d}x+(x+y)\mathrm{d}y}{x^2+y^2}$。

5. 计算下列曲线积分。

(1) $\int_L(\mathrm{e}^x\cos y-3y)\mathrm{d}x+(y^2-\mathrm{e}^x\sin y)\mathrm{d}y$，其中，$L$ 为上半圆周 $y=\sqrt{4x-x^2}$ 上点 $(4,0)$ 到点 $(0,0)$ 的一段弧；

(2) $\int_L(7xy+\sqrt{1+x^4})\mathrm{d}x+(x^2-y)\mathrm{d}y$，其中，$L$ 为抛物线 $x=2y^2$ 上点 $(2,1)$ 到点 $(2,-1)$ 的一段弧。

6. 在力 $\boldsymbol{F}=(e^y+2x)\boldsymbol{i}+(xe^y-y)\boldsymbol{j}$ 的作用下，一质点沿抛物线 $y=4x^2-3$ 自点 $(0,-3)$ 移动到点 $(1,1)$，求力所做的功。

7. 判断下列方程中哪些是全微分方程，并求出各方程的通解。

(1) $(3x^2+6xy^2)dx+(6x^2y+4y^2)dy=0$；

(2) $(a^2-2xy-y^2)dx-(x+y)^2dy=0$；

(3) $e^ydx+(xe^y-2y)dy=0$；

(4) $y(x-2y)dx-x^2dy=0$。

*9.7　曲面积分

9.7.1　对面积的曲面积分

先从一个实例引入对面积的曲面积分的概念。

设物体质量分布在 (x,y,z) 空间的一块曲面 S 上，其密度函数为 $\mu(x,y,z)$，且在曲面 S 上连续。为计算曲面 S 上的质量，先将曲面 S 分成 n 个小块 $\Delta S_1,\Delta S_2,\cdots,\Delta S_n$，它们也表示相应小块的面积。在 ΔS_i 上任取一点 $P_i(\xi_i,\eta_i,\zeta_i)$，则 ΔS_i 上质量 $\Delta m_i\approx\mu(\xi_i,\eta_i,\zeta_i)\Delta S_i(i=1,2,\cdots,n)$，于是曲面 S 的总质量为

$$M=\sum_{i=1}^{n}\Delta m_i\approx\sum_{i=1}^{n}\mu(\xi_i,\eta_i,\zeta_i)\Delta S_i。$$

记小曲面块 $\Delta S_i(i=1,2,\cdots,n)$ 的最大直径（曲面上任意两点距离的最大者）为 λ，即 $\lambda=\max\limits_{1\leqslant i\leqslant n}\{\Delta S_i \text{ 的直径}\}$，则

$$M=\lim_{\lambda\to 0}\sum_{i=1}^{n}\mu(\xi_i,\eta_i,\zeta_i)\Delta S_i。$$

抽去上例中质量的具体含义，可导出对面积的曲面积分的定义。

定义 9.5　设曲面 S 是光滑的（指曲面上各点处都有切平面，且当点在曲面上移动时，切平面也连续转动），函数 $f(x,y,z)$ 在 S 上有界，将 S 任意分成 n 个小块 $\Delta S_i(i=1,2,\cdots,n)$，也代表相应的面积。任取 $P_i(\xi_i,\eta_i,\zeta_i)\in\Delta S_i$，作积和 $\sum\limits_{i=1}^{n}f(\xi_i,\eta_i,\zeta_i)\Delta S_i$。当 $\Delta S_i(i=1,2,\cdots,n)$ 的最大直径 $\lambda\to 0$ 时，极限

$$\lim_{\lambda\to 0}\sum_{i=1}^{n}f(\xi_i,\eta_i,\zeta_i)\Delta S_i$$

总存在，且极限值与对 S 的分法及对点 $P_i(\xi_i,\eta_i,\zeta_i)$ 在 ΔS_i 上的取法无关，则称上述极限为函数 $f(x,y,z)$ 在曲面 S 上**对面积的曲面积分**，记作 $\iint\limits_S f(x,y,z)dS$，即

$$\iint\limits_S f(x,y,z)dS=\lim_{\lambda\to 0}\sum_{i=1}^{n}f(\xi_i,\eta_i,\zeta_i)\Delta S_i。$$

其中，$f(x,y,z)$ 为**被积函数**，$f(x,y,z)dS$ 为**被积表达式**，S 为**积分曲面**。当 S 为闭曲面

时，上述积分记为$\oiint\limits_{S} f(x,y,z)\mathrm{d}S$。

对面积的曲面积分也称为**第一类曲面积分**。

根据上述定义，面密度为连续函数$\mu(x,y,z)$的光滑曲面S的质量M，可表示为$\mu(x,y,z)$在S上对面积的曲面积分：

$$M=\iint\limits_{S}\mu(x,y,z)\mathrm{d}S。$$

和前面的讨论一样，当$f(x,y,z)$为包含S的空间区域内的连续函数时，$\iint\limits_{S} f(x,y,z)\mathrm{d}S$必定存在。

由对面积的曲面积分的定义可知，其性质也和重积分、曲线积分等性质类似，这里不再赘述。下面来讨论对面积的曲面积分的计算方法。它与对弧长的曲线积分的处理相似，基本思路是把它转化为二重积分来计算。

设曲面S的方程为$z=z(x,y)$，曲面S在xOy面上的投影为D_{xy}，函数$z(x,y)$在D_{xy}上有连续的偏导数。又设上述分割的每一小块ΔS_i在xOy面上的相应投影为$\Delta\sigma_i$，由曲面面积的计算公式及二重积分中值定理有

$$\begin{aligned}\Delta S_i&=\iint\limits_{\Delta\sigma_i}\sqrt{1+[z_x'(x,y)]^2+[z_y'(x,y)]^2}\,\mathrm{d}x\mathrm{d}y\\&=\sqrt{1+[z_x'(\xi_i',\eta_i')]^2+[z_y'(\xi_i',\eta_i')]^2}\,\Delta\sigma_i。\end{aligned}$$

其中，$(\xi_i',\eta_i')\in\Delta\sigma_i$。令$d$为$\Delta\sigma_i(i=1,2,\cdots,n)$的直径最大者，易知当$\lambda\to 0$时必有$d\to 0$，于是

$$\iint\limits_{S} f(x,y,z)\mathrm{d}S=\lim_{d\to 0}\sum_{i=1}^{n} f[\xi_i,\eta_i,z(\xi_i,\eta_i)]\cdot\sqrt{1+[z_x'(\xi_i',\eta_i')]^2+[z_y'(\xi_i',\eta_i')]^2}\,\Delta\sigma_i。$$

由于$f[x,y,z(x,y)]\sqrt{1+[z_x'(x,y)]^2+[z_y'(x,y)]^2}$在$D_{xy}$上连续，故在曲面$S$上的对面积的曲面积分存在，上式右端的二重积分也存在，因此可任取(ξ_i,η_i)，现取为(ξ_i',η_i')，于是

$$\begin{aligned}\iint\limits_{S} f(x,y,z)\mathrm{d}S&=\lim_{d\to 0}\sum_{i=1}^{n} f[\xi_i',\eta_i',z(\xi_i',\eta_i')]\cdot\sqrt{1+[z_x'(\xi_i',\eta_i')]^2+[z_y'(\xi_i',\eta_i')]^2}\,\Delta\sigma_i\\&=\iint\limits_{D_{xy}} f[x,y,z(x,y)]\sqrt{1+[z_x'(x,y)]^2+[z_y'(x,y)]^2}\,\mathrm{d}x\mathrm{d}y。\quad(9.34)\end{aligned}$$

(9.34)式给出了将对面积的曲面积分化为二重积分的计算公式。这个公式是容易记忆的，因为曲面S的方程是$z=z(x,y)$，而曲面的面积元素$\mathrm{d}S$就是$\sqrt{1+[z_x'(x,y)]^2+[z_y'(x,y)]^2}\,\mathrm{d}x\mathrm{d}y$，在计算时，只要把变量$z$换为$z(x,y)$，曲面的面积元素$\mathrm{d}S$换为$\sqrt{1+[z_x'(x,y)]^2+[z_y'(x,y)]^2}\,\mathrm{d}x\mathrm{d}y$，再确定曲面$S$在$xOy$平面上的投影区域$D_{xy}$，这样就把对面积的曲面积分化为相应的二重积分。

例 1　计算曲面积分$\iint\limits_{S} xy\mathrm{d}S$，其中$S$为平面$x+y+z=1$与三个坐标平面围成的区

域的表面。

解　把 S 在 xOy 面、yOz 面和 zOx 面的部分分别记为 S_1，S_2 和 S_3，在 $x+y+z=1$ 上的部分记为 S_4，如图 9-48，则 $S=S_1+S_2+S_3+S_4$，由曲面积分的可加性得

$$\iint_S=\iint_{S_1}+\iint_{S_2}+\iint_{S_3}+\iint_{S_4}。$$

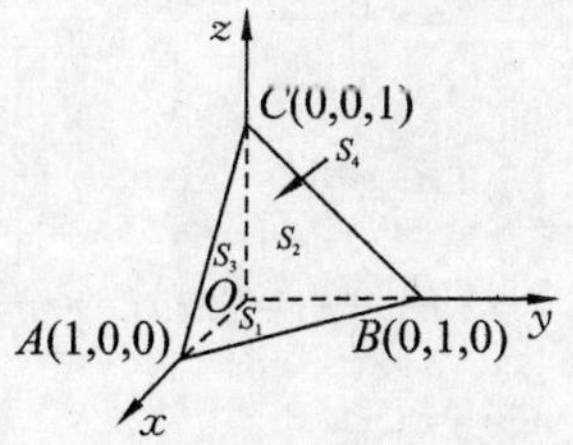

图 9-48

在 S_1 上，$z=0,\dfrac{\partial z}{\partial x}=\dfrac{\partial z}{\partial y}=0$，因此

$$\iint_{S_1}xy\,\mathrm{d}S=\iint_{D_1}xy\sqrt{1+\left(\frac{\partial z}{\partial x}\right)^2+\left(\frac{\partial z}{\partial y}\right)^2}\,\mathrm{d}x\mathrm{d}y=\iint_{D_1}xy\,\mathrm{d}x\mathrm{d}y=\int_0^1\mathrm{d}x\int_0^{1-x}xy\,\mathrm{d}y=\frac{1}{24}。$$

在 S_2 上，$x=0$；在 S_3 上，$y=0$，因此

$$\iint_{S_2}xy\,\mathrm{d}S=\iint_{S_3}xy\,\mathrm{d}S=0。$$

在 S_4 上，$z=1-x-y$，$\dfrac{\partial z}{\partial x}=-1$，$\dfrac{\partial z}{\partial y}=-1$，且 S_4 在 xOy 面上投影 $D_4=\{(x,y)\mid 0\leqslant x\leqslant 1,0\leqslant y\leqslant 1-x\}$，因此

$$\iint_{S_4}xy\,\mathrm{d}S=\iint_{D_4}xy\sqrt{1+\left(\frac{\partial z}{\partial x}\right)^2+\left(\frac{\partial z}{\partial y}\right)^2}\,\mathrm{d}x\mathrm{d}y=\iint_{D_4}\sqrt{3}xy\,\mathrm{d}x\mathrm{d}y=\sqrt{3}\int_0^1\mathrm{d}x\int_0^{1-x}xy\,\mathrm{d}y=\frac{\sqrt{3}}{24}。$$

于是有

$$\iint_S xy\,\mathrm{d}s=\frac{1+\sqrt{3}}{24}。$$

例 2　计算 $\displaystyle\iint_S\frac{\mathrm{d}S}{z}$，其中 S 是球面 $x^2+y^2+z^2=a^2$ 被平面 $z=h(0<h<a)$ 截出的顶部(图 9-49)。

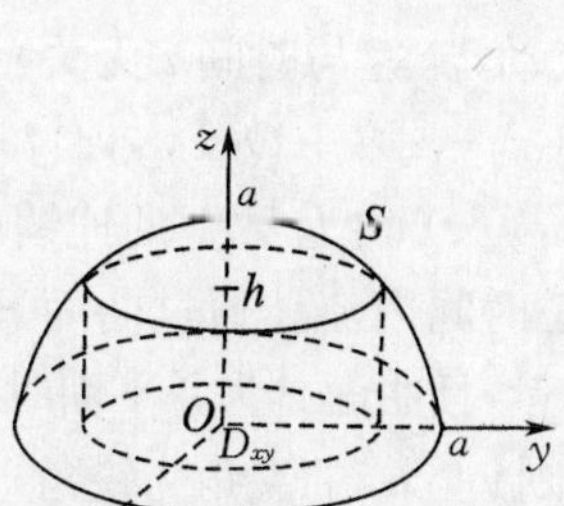

图 9-49

解　S 的方程为 $z=\sqrt{a^2-x^2-y^2}$。S 在 xOy 面上的投影域 D_{xy} 为圆形闭区域 $\{(x,y)\mid x^2+y^2\leqslant a^2-h^2\}$。

又 $\sqrt{1+z_x'^2+z_y'^2}=\dfrac{a}{\sqrt{a^2-x^2-y^2}}$，根据公式(9.34)，有

$$\iint_S\frac{\mathrm{d}S}{z}=\iint_{D_{xy}}\frac{a\,\mathrm{d}x\mathrm{d}y}{a^2-x^2-y^2},$$

利用极坐标，得

$$\iint_S\frac{\mathrm{d}s}{z}=\iint_{D_{xy}}\frac{a\rho\mathrm{d}\rho\mathrm{d}\theta}{a^2-\rho^2}=a\int_0^{2\pi}\mathrm{d}\theta\int_0^{\sqrt{a^2-h^2}}\frac{\rho\mathrm{d}\rho}{a^2-\rho^2}=2\pi a\left[-\frac{1}{2}\ln(a^2-\rho^2)\right]_0^{\sqrt{a^2-h^2}}=2\pi a\ln\frac{a}{h}。$$

9.7.2　对坐标的曲面积分

先对曲面作一说明，这里假定曲面是光滑的。

通常空间坐标系正 z 轴指向上的方向，则 xOy 面就有上、下两侧之分。它在正 z 轴方向的这一侧称为上侧，在负 z 轴方向的一侧称为下侧。正负 z 轴分别对应于 xOy 面上、下两侧的法向。而任一曲面也是双侧的，其两侧也就由其上的点的法线的两个指向来确定。例如，旋转抛物面 $z=x^2+y^2$，在抛物面上每一点 $M(x,y,z)$ 处，可取两个法向量：$(-2x,-2y,1)$ 和 $(2x,2y,-1)$。前一法向量在 z 轴方向上的分量为1，故它与 z 轴的夹角为锐角，后一法向量与前者指向相反，它与 z 轴的夹角为钝角。此抛物面与前一法线指向对应的一侧称为上侧，而与后一法线指向对应的一侧称为下侧。一般地，对于曲面 S，设其方程为 $z=z(x,y)$，则分别根据 S 的单位法向量与正 z 轴的夹角为锐角或钝角，规定 S 取上侧或下侧。

同样，若曲面 S 的方程为 $y=y(z,x)$，设 y 轴正向指向右方，则分别根据 S 的单位法向量与正 y 轴夹角为锐角或钝角规定 S 取**右侧**或**左侧**；若曲面 S 的方程为 $x=x(y,z)$，设 x 轴正向指向前，则分别根据 S 的单位法向量与正 x 轴夹角为锐角或钝角来规定 S 取**前侧**或**后侧**，把这种指定了一侧的曲面称为**有向曲面**。

下面讨论一个例子，然后引进对坐标的曲面积分的概念。

考察流体通过空间一曲面 S 的流量问题。

设空间区域 V 内布满稳定流动（流速与时间 t 无关）的不可压缩流体，其流速场为

$$\boldsymbol{v}(x,y,z)=P(x,y,z)\boldsymbol{i}+Q(x,y,z)\boldsymbol{j}+R(x,y,z)\boldsymbol{k},$$

其中，$P(x,y,z)$，$Q(x,y,z)$，$R(x,y,z)$ 均为 V 上的连续函数，又设 S 为区域 V 内的一个光滑的有向曲面。现在来计算单位时间内流体通过曲面 S 流向曲面指定一侧的流量。

显然，当流体的流速 $\boldsymbol{v}$ 为常向量，且曲面 S 为一平面时（其面积也记为 S），记 S 的单位法向量为 $\boldsymbol{n}_0$，且 $\boldsymbol{v}$ 流向 $\boldsymbol{n}_0$ 指定一侧（则 $\boldsymbol{v}$ 与 $\boldsymbol{n}_0$ 的夹角为锐角），如图 9-50 所示，则在单位时间内流体通过 S 的流量为

$$Q=|\boldsymbol{v}|\,S\cos\theta=(\boldsymbol{v}\cdot\boldsymbol{n}_0)S。$$

其中，θ 为 $\boldsymbol{v}$ 与 $\boldsymbol{n}_0$ 之间的夹角(由上述可知为锐角)。

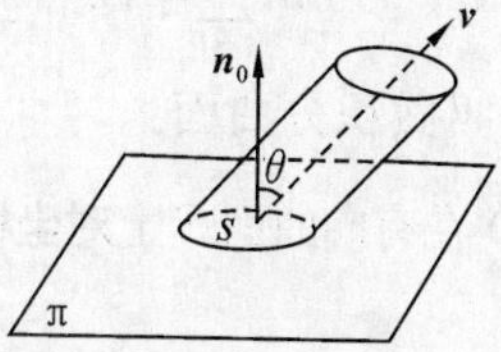

图 9-50

如果曲面 S 不是平面，流速场 $\boldsymbol{v}$ 如上随 (x,y,z) 而变化，则先将曲面 S 任意分割成 n 个小块 $\Delta S_1,\Delta S_2,\cdots,\Delta S_n$(亦表示对应小块的面积)。设曲面 S 在任一点 $M(x,y,z)$ 的单位法向量为 $\boldsymbol{n}_0$ 与对应点的 $\boldsymbol{v}$ 夹角为锐角。当 ΔS_i 直径足够小时，把它近似看成一平面，且在 ΔS_i 上任取点 $M_i(\xi_i,\eta_i,\zeta_i)$，可用该点处的单位法向量 $\boldsymbol{n}_0(\xi_i,\eta_i,\zeta_i)$ 近似表示 ΔS_i 的法向量，在 ΔS_i 上近似视为以 $\boldsymbol{v}(\xi_i,\eta_i,\zeta_i)$ 为常速的流。则由前分析可知在单位时间内流体通过曲面 ΔS_i 流向 S 指定一侧的流量为

$$\Delta Q_i \approx [\boldsymbol{v}(\xi_i,\eta_i,\zeta_i)\cdot\boldsymbol{n}_0(\xi_i,\eta_i,\zeta_i)]\Delta S_i\quad(i=1,2,\cdots,n),$$

于是通过曲面 S 的总流量为

$$Q=\sum_{i=1}^{n}\Delta Q_i\approx\sum_{i=1}^{n}[\boldsymbol{v}(\xi_i,\eta_i,\zeta_i)\cdot\boldsymbol{n}_0(\xi_i,\eta_i,\zeta_i)]\Delta S_i。$$

记 $\lambda=\max\limits_{1\leqslant i\leqslant n}\{\Delta S_i$ 的直径$\}$，则当 $\lambda\to0$ 时，上述和式的极限为所求的流量

$$\begin{aligned}Q&=\lim_{\lambda\to0}\sum_{i=1}^{n}[\boldsymbol{v}(\xi_i,\eta_i,\zeta_i)\cdot\boldsymbol{n}_0(\xi_i,\eta_i,\zeta_i)]\Delta S_i\\&=\lim_{\lambda\to0}\sum_{i=1}^{n}[P(\xi_i,\eta_i,\zeta_i)\cos\alpha_i+Q(\xi_i,\eta_i,\zeta_i)\cos\beta_i+R(\xi_i,\eta_i,\zeta_i)\cos\gamma_i]\Delta S_i。\end{aligned}$$

但

$$\cos\alpha_i\Delta S_i\approx(\Delta S_i)_{yz}(\Delta S_i\text{ 在 }yz\text{ 面上的投影}),$$
$$\cos\beta_i\Delta S_i\approx(\Delta S_i)_{zx},\cos\gamma_i\Delta S_i\approx(\Delta S_i)_{xy},$$

因此上式可写成

$$Q=\lim_{\lambda\to0}\sum_{i=1}^{n}[P(\xi_i,\eta_i,\zeta_i)(\Delta S_i)_{yz}+Q(\xi_i,\eta_i,\zeta_i)(\Delta S_i)_{zx}+R(\xi_i,\eta_i,\zeta_i)(\Delta S_i)_{xy}]。$$

将上述流量问题一般化，可给出对坐标曲面积分的定义。

定义 9.6　设 S 为光滑的有向曲面，函数 $R(x,y,z)$ 在 S 上有界，把 S 任意分成 n 块小曲面 ΔS_i(ΔS_i 同时又表示第 i 块小曲面的面积)，ΔS_i 在 xOy 面上的投影为 $(\Delta S_i)_{xy}$，(ξ_i,η_i,ζ_i) 是 ΔS_i 上任意取定的一点。如果当各小块曲面的直径的最人值 $\lambda\to0$ 时，

$$\lim_{\lambda\to0}\sum_{i=1}^{n}[R(\xi_i,\eta_i,\zeta_i)(\Delta S_i)_{xy}]$$

总存在，且极限值与对 S 的分法及点 (ξ_i,η_i,ζ_i) 在 ΔS_i 上的取法无关，则称此极限为函数 $R(x,y,z)$ 在有向曲面 S 上**对坐标 x,y 的曲面积分**，记作 $\iint\limits_S R(x,y,z)\mathrm{d}x\mathrm{d}y$，即

$$\iint_S R(x,y,z)\mathrm{d}x\mathrm{d}y = \lim_{\lambda\to 0}\sum_{i=1}^{n}[R(\xi_i,\eta_i,\zeta_i)(\Delta S_i)_{xy}],$$

其中，$R(x,y,z)$ 叫做**被积函数**，S 叫做**积分曲面**。

类似地，可以定义函数 $P(x,y,z)$ 在有向曲面 S 上**对坐标 y,z 的曲面积分** $\iint_S P(x,y,z)\mathrm{d}y\mathrm{d}z$ 及函数 $Q(x,y,z)$ 在有向曲面 S 上**对坐标 z,x 的曲面积分** $\iint_S Q(x,y,z)\mathrm{d}z\mathrm{d}x$ 分别为

$$\iint_S P(x,y,z)\mathrm{d}y\mathrm{d}z = \lim_{\lambda\to 0}\sum_{i=1}^{n}[P(\xi_i,\eta_i,\zeta_i)(\Delta S_i)_{yz}],$$

$$\iint_S Q(x,y,z)\mathrm{d}z\mathrm{d}x = \lim_{\lambda\to 0}\sum_{i=1}^{n}[Q(\xi_i,\eta_i,\zeta_i)(\Delta S_i)_{zx}].$$

在应用上出现较多的是并合形式

$$\iint_S P(x,y,z)\mathrm{d}y\mathrm{d}z + \iint_S Q(x,y,z)\mathrm{d}z\mathrm{d}x + \iint_S R(x,y,z)\mathrm{d}x\mathrm{d}y.$$

为简便起见，把它写成

$$\iint_S P(x,y,z)\mathrm{d}y\mathrm{d}z + Q(x,y,z)\mathrm{d}z\mathrm{d}x + R(x,y,z)\mathrm{d}x\mathrm{d}y.$$

以上曲面积分也称为**第二类曲面积分**。

例如，上述流向 S 指定侧的流量 Q 可表示为

$$Q = \iint_S P(x,y,z)\mathrm{d}y\mathrm{d}z + Q(x,y,z)\mathrm{d}z\mathrm{d}x + R(x,y,z)\mathrm{d}x\mathrm{d}y.$$

如果 S 是分片光滑的有向曲面，则规定函数在 S 上对坐标的曲面积分等于函数在各片光滑曲面上对坐标的曲面积分之和。

对坐标的曲面积分具有与对坐标的曲线积分相类似的性质。

(1) 如果把 S 分成 S_1 和 S_2，则

$$\begin{aligned}&\iint_S P\mathrm{d}y\mathrm{d}z + Q\mathrm{d}z\mathrm{d}x + R\mathrm{d}x\mathrm{d}y\\ =& \iint_{S_1} P\mathrm{d}y\mathrm{d}z + Q\mathrm{d}z\mathrm{d}x + R\mathrm{d}x\mathrm{d}y + \iint_{S_2} P\mathrm{d}y\mathrm{d}z + Q\mathrm{d}z\mathrm{d}x + R\mathrm{d}x\mathrm{d}y.\end{aligned}$$

(2) 设 S 是有向曲面，S^- 表示与 S 取相反侧的有向曲面，则

$$\iint_{S^-} P\mathrm{d}y\mathrm{d}z + Q\mathrm{d}z\mathrm{d}x + R\mathrm{d}x\mathrm{d}y = -\iint_S P\mathrm{d}y\mathrm{d}z + Q\mathrm{d}z\mathrm{d}x + R\mathrm{d}x\mathrm{d}y.$$

上式表示，当积分曲面改变为相反侧时，对坐标的曲面积分要改变符号。因此，**关于对坐标的曲面积分，必须注意积分曲面所取的侧**。

下面给出对坐标的曲面积分的计算方法。

设积分曲面 S 是由方程 $z=z(x,y)$ 所给出的曲面上侧，S 在 xOy 面上的投影区域为 D_{xy}，函数 $z=z(x,y)$ 在 D_{xy} 上具有一阶连续偏导数，被积函数 $R(x,y,z)$ 在 S 上连续。

按对坐标的曲面积分的定义，有

$$\iint_S R(x,y,z)\mathrm{d}x\mathrm{d}y=\lim_{\lambda\to 0}\sum_{i=1}^{n}R(\xi_i,\eta_i,\zeta_i)(\Delta S_i)_{xy}。$$

因为 S 取上侧，$\cos\gamma>0$，所以

$$(\Delta S_i)_{xy}=(\Delta\sigma_i)_{xy},$$

又因 (ξ_i,η_i,ζ_i) 是 S 上的一点，故 $\zeta_i=z(\xi_i,\eta_i)$。从而有

$$\sum_{i=1}^{n}R(\xi_i,\eta_i,\zeta_i)(\Delta S_i)_{xy}=\sum_{i=1}^{n}R[\xi_i,\eta_i,z(\xi_i,\eta_i)](\Delta\sigma_i)_{xy}。$$

令 $\lambda\to 0$，取上式两端的极限，就得到

$$\iint_S R(x,y,z)\mathrm{d}x\mathrm{d}y=\iint_{D_{xy}}R[x,y,z(x,y)]\mathrm{d}x\mathrm{d}y。\tag{9.35}$$

这就是对坐标的曲面积分化为二重积分的公式。公式(9.35)表明，计算曲面积分 $\iint_S R(x,y,z)\mathrm{d}x\mathrm{d}y$ 时，只要把其中变量 z 换为表示 S 的函数 $z(x,y)$，然后在 S 的投影区域 D_{xy} 上计算二重积分就成了。

注意　公式(9.35)的曲面积分是取在曲面 S 上侧的；如果曲面积分取在 S 的下侧，那么

$$\iint_S R(x,y,z)\mathrm{d}x\mathrm{d}y=-\iint_{D_{xy}}R[x,y,z(x,y)]\mathrm{d}x\mathrm{d}y。\tag{9.36}$$

类似地，如果 S 由 $x=x(y,z)$ 给出，则有

$$\iint_S P(x,y,z)\mathrm{d}y\mathrm{d}z=\pm\iint_{D_{yz}}P[x(y,z),y,z]\mathrm{d}y\mathrm{d}z。\tag{9.37}$$

等式右端的符号这样确定：如果积分曲面 S 为曲面前侧，则取正号；反之，如果 S 为后侧，则取负号。

如果 S 由 $y=y(z,x)$ 给出，则有

$$\iint_S Q(x,y,z)\mathrm{d}z\mathrm{d}x=\pm\iint_{D_{zx}}[x,y(z,x),z]\mathrm{d}z\mathrm{d}x。\tag{9.38}$$

等式右端的符号这样确定：如果积分曲面 S 为曲面右侧，则取正号；反之，如果 S 为左侧，则取负号。

例 3　计算曲面积分

$$I=\iint_S x^2\mathrm{d}y\mathrm{d}z+y^2\mathrm{d}z\mathrm{d}x+z^2\mathrm{d}x\mathrm{d}y,$$

其中，S 为平面 $x+y+z=1$ 位于第一卦限部分的上侧。

解　如图 9-51，平面 S 方程可写成 $z=1-x-y$，S 在 xOy 面上的投影为 $D_{xy}=\{(x,y)\mid 0\leqslant y\leqslant 1-x,0\leqslant x\leqslant 1\}$，因此应用公式就有

$$\iint_S z^2\mathrm{d}x\mathrm{d}y=\iint_{D_{xy}}(1-x-y)^2\mathrm{d}x\mathrm{d}y$$

$$=\int_0^1 \mathrm{d}x\int_0^{1-x}(1-x-y)^2\mathrm{d}y=\frac{1}{12}。$$

类似可得

$$\iint\limits_S x^2\mathrm{d}y\mathrm{d}z=\frac{1}{12},\quad \iint\limits_S y^2\mathrm{d}z\mathrm{d}x=\frac{1}{12},$$

于是所求曲面积分为

$$I=\frac{1}{12}+\frac{1}{12}+\frac{1}{12}=\frac{1}{4}。$$

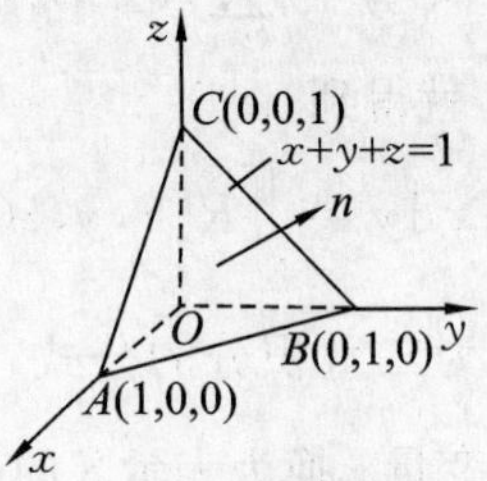

图 9-51

例 4　计算曲面积分$\iint\limits_S xyz\,\mathrm{d}x\mathrm{d}y$，其中 S 是球面 $x^2+y^2+z^2=1$ 外侧在 $x\geqslant 0,y\geqslant 0$ 的部分。

解　把 S 分为 S_1 和 S_2 两部分(图 9-52)，S_1 的方程为

$$z_1=-\sqrt{1-x^2-y^2},$$

S_2 的方程为

$$z_2=\sqrt{1-x^2-y^2},$$

则

$$\iint\limits_S xyz\,\mathrm{d}x\mathrm{d}y=\iint\limits_{S_2} xyz\,\mathrm{d}x\mathrm{d}y+\iint\limits_{S_1} xyz\,\mathrm{d}x\mathrm{d}y。$$

上式右端的第一个积分曲面 S_2 取上侧，第二个积分的积分曲面 S_1 取下侧，因此分别应用公式，就有

$$\iint\limits_S xyz\,\mathrm{d}x\mathrm{d}y=\iint\limits_{D_{xy}} xy\sqrt{1-x^2-y^2}\,\mathrm{d}x\mathrm{d}y-\iint\limits_{D_{xy}} xy(-\sqrt{1-x^2-y^2})\mathrm{d}x\mathrm{d}y$$
$$=2\iint\limits_{D_{xy}} xy\sqrt{1-x^2-y^2}\,\mathrm{d}x\mathrm{d}y。$$

其中，D_{xy} 是 S_1 及 S_2 在 xOy 面上的投影区域，就是位于第一象限内扇形 $x^2+y^2\leqslant 1(x\geqslant 0,y\geqslant 0)$。利用极坐标计算这个二重积分如下：

$$2\iint\limits_{D_{xy}} xy\sqrt{1-x^2-y^2}\,\mathrm{d}x\mathrm{d}y=2\iint\limits_{D_{xy}}\rho^2\sin\theta\cos\theta\sqrt{1-\rho^2}\rho\,\mathrm{d}\rho\mathrm{d}\theta$$
$$=\int_0^{\frac{\pi}{2}}\sin 2\theta\,\mathrm{d}\theta\int_0^1\rho^3\sqrt{1-\rho^2}\,\mathrm{d}\rho=1\times\frac{2}{15}=\frac{2}{15},$$

从而

$$\iint_S xyz\,dxdy=\frac{2}{15}。$$

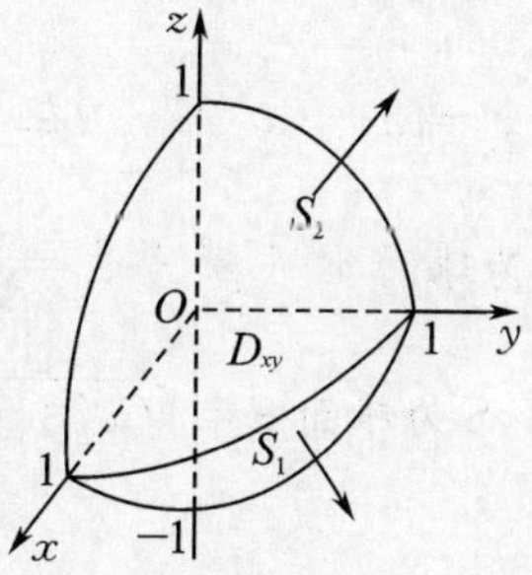

图 9-52

习题 9.7

一、选择题

1. 设 S 为下半球面 $x^2+y^2+z^2=a^2, z\leqslant 0$，则 $\iint_S (x^2+y^2+z^2)dS=$（　　）。

A. πa^4　　B. $2\pi a^4$　　C. $3\pi a^4$　　D. $4\pi a^4$

2. 设 S 是锥面 $z=\sqrt{x^2+y^2}$ 介于 $z=0, z=1$ 之间的部分，则 $\iint_S z dS=$（　　）。

A. $-\iint_D (x^2+y^2)dxdy$　　B. $\int_0^{2\pi}d\theta\int_0^1 \rho^3 d\rho$

C. $\int_0^{2\pi}d\theta\int_0^1 \sqrt{2}\rho d\rho$　　D. $\int_0^{2\pi}d\theta\int_0^1 \sqrt{2}\rho^2 d\rho$

3. 设 S 为球面 $x^2+y^2+z^2=2$ 的外侧，则 $\oiint_S x^2 dydz=$（　　）。

A. 0　　B. 2　　C. $\sqrt{2}$　　D. π

二、填空题

1. 设 S 为平面 $\frac{x}{2}+\frac{y}{3}+\frac{z}{4}=1$ 在第一卦限中的部分，则 $\iint_S (z+2x+\frac{4}{3}y)dS=$________。

2. 设 S 为由平面 $x=0, y=0, z=0, x=1, y=1, z=1$ 所围成立体表面的外侧，则 $\iint_S z dxdy=$________。

3. 设 S 为柱面 $x^2+z^2=a^2$ 在第一、第五两个卦限内被平面 $y=0$ 及 $y=h(h>0)$ 所截下部分的外侧，则 $\iint_S xyz dxdy=$________。

三、解答题

1. 计算下列对面积的曲面积分。

(1) $\iint\limits_S xy\,\mathrm{d}s$，其中，$S$ 为平面 $x+y+z=1$ 及三个坐标平面所围成的四面体的表面；

(2) $\iint\limits_S (x^2+y^2)\mathrm{d}s$，其中，$S$ 为锥面 $z=\sqrt{x^2+y^2}$ 及平面 $z=1$ 所围成的立体的表面；

(3) $\iint\limits_S z\,\mathrm{d}s$，其中，$S$ 为抛物面 $z=2-(x^2+y^2)$ 在 xOy 面上方的部分；

(4) $\iint\limits_S (x+y+z)\mathrm{d}s$，其中，$S$ 为球面 $x^2+y^2+z^2=a^2$ 上 $z\geqslant h\ (0<h<a)$ 的部分；

(5) $\iint\limits_S (xy+yz+zx)\mathrm{d}s$，其中，$S$ 为锥面 $z=\sqrt{x^2+y^2}$ 被柱面 $x^2+y^2=2ax$ 所截得的有限部分。

2. 求面密度为 $\mu(x,y,z)=\sqrt{x^2+y^2}$ 的圆锥面 $z=1-\sqrt{x^2+y^2}\ (0\leqslant z\leqslant 1)$ 的质量。

3. 当 S 为 xOy 面内的一个闭区域时，曲面积分 $\iint\limits_S R(x,y,z)\mathrm{d}x\mathrm{d}y$ 与二重积分有什么关系？

4. 计算下列对坐标的曲面积分。

(1) $\iint\limits_S z\mathrm{d}x\mathrm{d}y$，其中，$S$ 是球面 $x^2+y^2+z^2=R^2$ 的上半部分的上侧；

(2) $\oiint\limits_S (x+1)\mathrm{d}y\mathrm{d}z+y\mathrm{d}z\mathrm{d}x+\mathrm{d}x\mathrm{d}y$，其中，$S$ 是平面 $x+y+z=1, x=0, y=0, z=0$ 所围成的四面体外表面外侧；

(3) $\iint\limits_S z\mathrm{d}x\mathrm{d}y+x\mathrm{d}y\mathrm{d}z+y\mathrm{d}z\mathrm{d}x$，其中，$S$ 是柱面 $x^2+y^2=1$ 被平面 $z=0$，及 $z=3$ 所截得的在第一卦限内的部分的前侧；

(4) $\iint\limits_S y^2\mathrm{d}z\mathrm{d}x+z\mathrm{d}x\mathrm{d}y$，其中，$S$ 为柱面 $x^2+y^2=2y$ 被平面 $z=0, z=1$ 所截部分外侧；

(5) $\iint\limits_S x^3\,\mathrm{d}y\mathrm{d}z+y^3\,\mathrm{d}z\mathrm{d}x+z(x^2+y^2)\mathrm{d}x\mathrm{d}y$，其中，$S$ 为旋转抛物面 $z=x^2+y^2$ 被 $z=4$ 所截部分外侧。

*9.8　高斯公式　通量与散度

9.8.1　高斯公式

格林公式表达了平面闭区域上的二重积分与其边界曲线上的曲线积分之间的关系，而本节所要介绍的高斯(Gauss)公式表达了空间闭区域上的三重积分与其边界曲面上的曲面积分之间的关系，这个关系可陈述如下：

定理 9.7　设空间闭区域 Ω 是由分片光滑的闭曲面 S 所围成，函数 $P(x,y,z)$，$Q(x,y,z)$，$R(x,y,z)$ 在 Ω 上具有一阶连续偏导数，则有

$$\iiint_{\Omega}\left(\frac{\partial P}{\partial x}+\frac{\partial Q}{\partial y}+\frac{\partial R}{\partial z}\right)\mathrm{d}v=\oiint_{S}P\,\mathrm{d}y\mathrm{d}z+Q\mathrm{d}z\mathrm{d}x+R\mathrm{d}x\mathrm{d}y。\tag{9.39}$$

这里 S 是 Ω 的整个边界曲面的外侧。

证　首先假定任何平行于坐标轴的直线与 Ω 的边界曲面 S 最多相交于两点。

现将曲面 S 分成上、下两块 S_1 与 S_2，如图 9-53，它们在 xOy 面上的投影同为 D_{xy}。又设 S_1，S_2 的方程分别是 $z=z_1(x,y)$ 和 $z=z_2(x,y)$，由定理所设知 S_1 取上侧，S_2 取下侧。于是

$$\begin{aligned}\iiint_{\Omega}\frac{\partial R}{\partial z}\mathrm{d}x\mathrm{d}y\mathrm{d}z&=\iint_{D_{xy}}\mathrm{d}x\mathrm{d}y\int_{z_2(x,y)}^{z_1(x,y)}\frac{\partial R}{\partial z}\mathrm{d}z\\&=\iint_{D_{xy}}\{R[x,y,z_1(x,y)]-R[x,y,z_2(x,y)]\}\mathrm{d}x\mathrm{d}y\\&=\iint_{S_1}R(x,y,z)\mathrm{d}x\mathrm{d}y+\iint_{S_2}R(x,y,z)\mathrm{d}x\mathrm{d}y\\&=\oiint_{S}R(x,y,z)\mathrm{d}x\mathrm{d}y。\end{aligned}$$

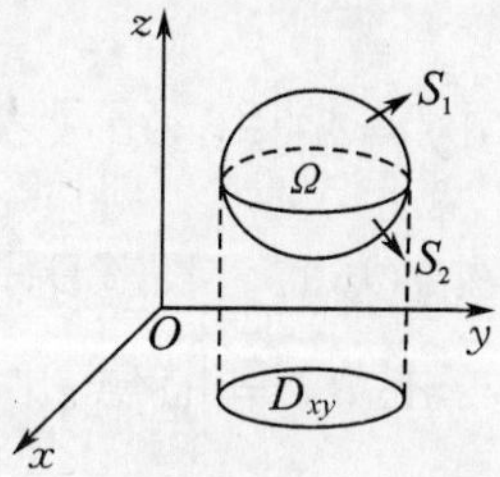

图 9-53

把积分区域 Ω 投影到 yOz 面和 zOx 面，类似于上述推导可得

$$\iiint_{\Omega}\frac{\partial P}{\partial x}\mathrm{d}x\mathrm{d}y\mathrm{d}z=\oiint_{S}P(x,y,z)\mathrm{d}y\mathrm{d}z,$$

$$\iiint_{\Omega}\frac{\partial Q}{\partial y}\mathrm{d}x\mathrm{d}y\mathrm{d}z=\oiint_{S}Q(x,y,z)\mathrm{d}z\mathrm{d}x。$$

将上述三式相加，即得公式(9.39)。

公式(9.39)称为**高斯公式**。

如果某些平行于坐标轴的直线与边界曲面 S 的交点多于两个，则可仿照证明格林公式时的处理方法，引入若干辅助平面，将空间区域 Ω 分成几个子区域，使每一子区域的边界曲面与平行坐标轴的直线最多相交于两点，故在各子区域上高斯公式成立，把这些式子相加，由于曲面积分在辅助面的正、反两侧相互抵消，即可证明公式(9.39)成立。

例 1　计算 $I=\oiint_{S}x^3\,\mathrm{d}y\mathrm{d}z+y^3\,\mathrm{d}z\mathrm{d}x+z^3\,\mathrm{d}x\mathrm{d}y$，其中，$S$ 为球面 $x^2+y^2+z^2=R^2$ 的外侧。

解　由高斯公式有

$$I=\iiint\limits_{\Omega}3(x^2+y^2+z^2)\mathrm{d}x\mathrm{d}y\mathrm{d}z=3\int_0^{2\pi}\mathrm{d}\theta\int_0^{\pi}\mathrm{d}\varphi\int_0^R\rho^4\sin\varphi\mathrm{d}\rho=\frac{12}{5}\pi R^5。$$

例 2　计算 $I=\iint\limits_{S}x^2\mathrm{d}y\mathrm{d}z+y^2\mathrm{d}z\mathrm{d}x+z^2\mathrm{d}x\mathrm{d}y$，其中，曲面 S 是锥面 $x^2+y^2=z^2$ $(0\leqslant z\leqslant h)$ 的下侧。

解　由于曲面 S 不封闭，因此不能直接用高斯公式。现补上平面圆盘 $S_1: z=h, x^2+y^2\leqslant h^2$，且方向朝上，如图 9-54。则 $S+S_1$ 构成闭曲面，由高斯公式有

$$\begin{aligned}&\oiint\limits_{S+S_1}x^2\mathrm{d}y\mathrm{d}z+y^2\mathrm{d}z\mathrm{d}x+z^2\mathrm{d}x\mathrm{d}y\\&=2\iiint\limits_{\Omega}(x+y+z)\mathrm{d}x\mathrm{d}y\mathrm{d}z,\end{aligned}$$

其中，Ω 是由锥面 $z=\sqrt{x^2+y^2}$ 与平面 $z=h$ 所围成的闭区域。注意到 Ω 关于平面 $x=0$ 及 $y=0$ 是对称的，因此有

$$\iiint\limits_{\Omega}x\mathrm{d}x\mathrm{d}y\mathrm{d}z=\iiint\limits_{\Omega}y\mathrm{d}x\mathrm{d}y\mathrm{d}z=0,$$

于是

$$\oiint\limits_{S+S_1}x^2\mathrm{d}y\mathrm{d}z+y^2\mathrm{d}z\mathrm{d}x+z^2\mathrm{d}x\mathrm{d}y=2\iiint\limits_{\Omega}z\mathrm{d}x\mathrm{d}y\mathrm{d}z=2\int_0^{2\pi}\mathrm{d}\theta\int_0^h\rho\mathrm{d}\rho\int_\rho^h z\mathrm{d}z=\frac{\pi h^4}{2}。$$

而在 S_1 上，$z=h,\mathrm{d}z=0$，且 S_1 在 xOy 面上投影 $D_{xy}=\{(x,y)\mid x^2+y^2\leqslant h^2\}$，因此

$$\iint\limits_{S_1}x^2\mathrm{d}y\mathrm{d}z+y^2\mathrm{d}z\mathrm{d}x+z^2\mathrm{d}x\mathrm{d}y=\iint\limits_{S_1}z^2\mathrm{d}x\mathrm{d}y=\iint\limits_{D_{xy}}h^2\mathrm{d}x\mathrm{d}y=\pi h^4。$$

最后可得

$$I=\frac{\pi h^4}{2}-\pi h^4=-\frac{\pi}{2}h^4。$$

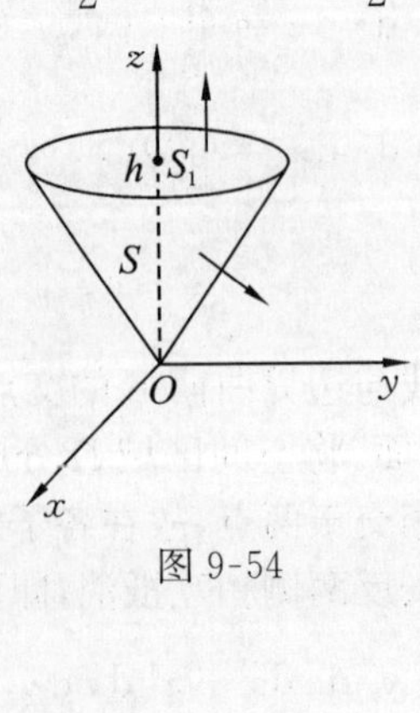

图 9-54

9.8.2　通量与散度

下面来解释高斯公式

$$\iiint\limits_{\Omega}\left(\frac{\partial P}{\partial x}+\frac{\partial Q}{\partial y}+\frac{\partial R}{\partial z}\right)\mathrm{d}v=\oiint\limits_{S}P\,\mathrm{d}y\mathrm{d}z+Q\mathrm{d}z\mathrm{d}x+R\mathrm{d}x\mathrm{d}y$$

的物理意义。

设稳定流动的不可压缩流体(假定密度为 1) 的速度场由

$$V(x,y,z)=P(x,y,z)\boldsymbol{i}+Q(x,y,z)\boldsymbol{j}+R(x,y,z)\boldsymbol{k}$$

给出,其中,P,Q,R 假定具有一阶连续偏导数,S 是速度场中一片有向曲面,又

$$\boldsymbol{n}=\cos\alpha\boldsymbol{i}+\cos\beta\boldsymbol{j}+\cos\gamma\boldsymbol{k}$$

是 S 在点(x,y,z) 处的单位法向量,则由 9.7.2 知道,单位时间内流体经过 S 流向指定侧的流体总质量 Φ 可用曲面积分来表示:

$$\begin{aligned}\Phi&=\iint\limits_{S}P\,\mathrm{d}y\mathrm{d}z+Q\mathrm{d}z\mathrm{d}x+R\mathrm{d}x\mathrm{d}y=\iint\limits_{S}(P\cos\alpha+Q\cos\beta+R\cos\gamma)\,\mathrm{d}S\\&=\iint\limits_{S}\boldsymbol{v}\cdot\boldsymbol{n}\,\mathrm{d}S=\iint\limits_{S}\boldsymbol{v}_{\boldsymbol{n}}\,\mathrm{d}S。\end{aligned}$$

其中,$\boldsymbol{v}_{\boldsymbol{n}}=\boldsymbol{v}\cdot\boldsymbol{n}=P\cos\alpha+Q\cos\beta+R\cos\gamma$ 表示流体的速度向量 $\boldsymbol{v}$ 在有向曲面 S 的法向量上的投影。如果 S 是高斯公式(9.39) 中闭区域 Ω 的边界曲面的外侧,那么公式(9.39) 的右端可解释为单位时间内离开闭区域 Ω 的流体的总质量。由于假定流体是不可压缩的,且流动是稳定的,因此在流体离开 Ω 的同时,Ω 内部必须有产生流体的"源头"产生出同样多的流体来进行补充。所以高斯公式左端可解释为分布在 Ω 内的源头在单位时间内所产生的流体的总质量。

为简便起见,把高斯公式(9.39) 改写成

$$\iiint\limits_{\Omega}\left(\frac{\partial P}{\partial x}+\frac{\partial Q}{\partial y}+\frac{\partial R}{\partial z}\right)\mathrm{d}v=\oiint\limits_{S}v_n\,\mathrm{d}S。$$

以闭区域 Ω 的体积 V 除上式两端,得

$$\frac{1}{V}\iiint\limits_{\Omega}\left(\frac{\partial P}{\partial x}+\frac{\partial Q}{\partial y}+\frac{\partial R}{\partial z}\right)\mathrm{d}v=\frac{1}{V}\oiint\limits_{S}v_n\,\mathrm{d}S。$$

上式左端表示 Ω 的源头在单位时间单位体积内所产生的流体质量的平均值。应用积分中值定理于上式左端,得

$$\left(\frac{\partial P}{\partial x}+\frac{\partial Q}{\partial y}+\frac{\partial R}{\partial z}\right)\Bigg|_{(\xi,\eta,\zeta)}=\frac{1}{V}\oiint\limits_{S}v_n\,\mathrm{d}S,$$

这里(ξ,η,ζ) 是 Ω 内的某个点,令 Ω 缩向一点 $M(x,y,z)$,取上式的极限,得

$$\frac{\partial P}{\partial x}+\frac{\partial Q}{\partial y}+\frac{\partial R}{\partial z}=\lim_{\Omega\to M}\frac{1}{V}\oiint\limits_{S}v_n\,\mathrm{d}S。$$

上式左端称为 $\boldsymbol{v}$ 在点 M 的**散度**,记作 $\mathrm{div}\boldsymbol{v}$,即

$$\mathrm{div}\boldsymbol{v}=\frac{\partial P}{\partial x}+\frac{\partial Q}{\partial y}+\frac{\partial R}{\partial z}。$$

$\mathrm{div}\boldsymbol{v}$ 在这里可看做稳定流动的不可压缩流体在点 M 的源头强度 —— 在单位时间单位体积内所产生的流体质量。如果 $\mathrm{div}\boldsymbol{v}$ 为负,表示点 M 处流体在消失。

一般地，设某向量场由

$$\boldsymbol{A}(x,y,z)=P(x,y,z)\boldsymbol{i}+Q(x,y,z)\boldsymbol{j}+R(x,y,z)\boldsymbol{k}$$

给出，其中，P,Q,R 具有一阶连续偏导数，S 是场内的一片有向曲面，$\boldsymbol{n}$ 是 S 在点 (x,y,z) 处的单位法向量，则 $\iint\limits_S \boldsymbol{A}\cdot\boldsymbol{n}\,\mathrm{d}S$ 叫做向量场 $\boldsymbol{A}$ 通过曲面 S 向着指定侧的**通量**，仍记

$$\mathrm{div}\boldsymbol{A}=\frac{\partial P}{\partial x}+\frac{\partial Q}{\partial y}+\frac{\partial R}{\partial z}。$$

高斯公式现在可写成

$$\iiint\limits_{\Omega}\mathrm{div}\boldsymbol{A}\,\mathrm{d}v=\oiint\limits_S A_n\,\mathrm{d}S,$$

其中，S 是空间闭区域 Ω 的边界曲面，而 $A_n=\boldsymbol{A}\cdot\boldsymbol{n}=P\cos\alpha+Q\cos\beta+R\cos\gamma$ 是向量 $\boldsymbol{A}$ 在曲面 S 的外侧法向量的投影。

习题 9.8

一、选择题

1. 设 S 为曲面 $z=\sqrt{x^2+y^2}$ 被平面 $z=0$ 和 $z=1$ 所截得部分的外侧，则曲面积分 $\iint\limits_S x\,\mathrm{d}y\mathrm{d}z+y\mathrm{d}z\mathrm{d}x+(z^2-2z)\mathrm{d}x\mathrm{d}y=$（　　）。

A. $-\frac{3}{2}\pi$　　B. 0　　C. $\frac{2}{3}\pi$　　D. $\frac{3}{2}\pi$

2. 设空间区域 Ω 是由曲面 $z=a^2-x^2-y^2$ 与平面 $z=0$ 围成，记 Ω 的表面外侧为 S，Ω 的体积为 V，则 $\oiint\limits_S x^2yz^2\mathrm{d}y\mathrm{d}z-xy^2z^2\mathrm{d}z\mathrm{d}x+z(1+xyz)\mathrm{d}x\mathrm{d}y=$（　　）。

A. 0　　B. V　　C. $2V$　　D. $3V$

3. 已知 $\boldsymbol{A}=x^3\boldsymbol{i}+y^3\boldsymbol{j}+z^3\boldsymbol{k}$，则在点 $(1,0,-1)$ 处，$\mathrm{div}\boldsymbol{A}=$（　　）。

A. $3\sqrt{2}$　　B. $\sqrt{6}$　　C. 0　　D. 6

二、填空题

1. 设 S 为球面 $x^2+y^2+z^2=a^2(a>0)$ 的第一卦限部分的外侧，则关于坐标的曲面积分 $\iint\limits_S x\,\mathrm{d}y\mathrm{d}z+y\mathrm{d}z\mathrm{d}x+z\mathrm{d}x\mathrm{d}y=$ ________。

2. 设 S 为柱面 $x^2+y^2=R^2$ 与平面 $z=0$ 及 $z=h(h>0)$ 所围成立体表面部分的外侧，则 $\oiint\limits_S yz\,\mathrm{d}x\mathrm{d}y+zx\,\mathrm{d}y\mathrm{d}z+xy\,\mathrm{d}z\mathrm{d}x=$ ________。

3. 设 $\boldsymbol{A}=(x^2+yz)\boldsymbol{i}+(y^2+xz)\boldsymbol{j}+(x^2+xy)\boldsymbol{k}$，则 $\mathrm{div}\boldsymbol{A}=$ ________。

三、解答题

1. 利用高斯公式计算曲面积分。

(1) $\oiint\limits_S x^2\mathrm{d}y\mathrm{d}z+y^2\mathrm{d}z\mathrm{d}x+z^2\mathrm{d}x\mathrm{d}y$，其中，$S$ 为平面 $x=0,y=0,z=0,x=a,y=$

$a, z = a \quad (a > 0)$ 所围成的立体的表面的外侧；

(2)$\iint\limits_S xyz\,\mathrm{d}x\mathrm{d}y$，其中，$S$ 为球面 $x^2+y^2+z^2=1$ 在 $x \geqslant 0, y \geqslant 0$ 的部分的外侧；

(3)$\oint\!\!\!\oint\limits_S x\,\mathrm{d}y\mathrm{d}z + y\mathrm{d}z\mathrm{d}x + z\mathrm{d}x\mathrm{d}y$，其中，$S$ 为界于 $z=0$ 和 $z=3$ 之间的圆柱体 $x^2+y^2 \leqslant 9$ 的整个表面的外侧；

(4)$\iint\limits_S xz^2\mathrm{d}y\mathrm{d}z + (x^2y - z^3)\mathrm{d}z\mathrm{d}x + (2xy + y^2z)\mathrm{d}x\mathrm{d}y$，其中，$S$ 是半球面 $z = \sqrt{R^2 - x^2 - y^2}$ 的上侧。

2. 求下列向量 $\boldsymbol{A}$ 穿过曲面 S 流向指定侧的通量。

(1)$\boldsymbol{A} = z\boldsymbol{i} + y\boldsymbol{j} - x\boldsymbol{k}$，$S$ 为平面 $2x+3y+z=6$ 与 $x=0, y=0, z=0$ 所围成的立体表面，流向外侧；

(2)$\boldsymbol{A} = yz\boldsymbol{i} + xz\boldsymbol{j} + xy\boldsymbol{k}$，$S$ 为圆柱 $x^2+y^2 \leqslant a^2 (0 \leqslant z \leqslant h)$ 的全表面，流向外侧；

(3)$\boldsymbol{A} = (2x+3z)\boldsymbol{i} - (xz+y)\boldsymbol{j} + (y^2+2z)\boldsymbol{k}$，$S$ 为以点 $(3,-1,2)$ 为球心，半径 $R=3$ 的球面，流向外侧。

3. 求下列向量场的散度。

(1)$\boldsymbol{A} = (x^2+yz)\boldsymbol{i} + (y^2+xz)\boldsymbol{j} + (z^2+xy)\boldsymbol{k}$；

(2)$\boldsymbol{A} = x\mathrm{e}^y\boldsymbol{i} - z\mathrm{e}^{-y}\boldsymbol{j} + y\ln z\boldsymbol{k}$；

(3)$\boldsymbol{A} = \mathrm{e}^{xy}\boldsymbol{i} + \cos(xy)\boldsymbol{j} + \cos(xz^2)\boldsymbol{k}$。

*9.9　斯托克斯公式　环流量与旋度

9.9.1　斯托克斯公式

斯托克斯(Stokes)公式是格林公式的推广。格林公式表达了平面闭区域上的二重积分与其边界曲线上的曲线积分的关系，而斯托克斯公式则把曲面 S 上的曲面积分与沿着曲面 S 的边界曲线的曲线积分联系起来。由于这两类积分与曲线 L 和曲面 S 的定向有关，因此要约定两者定向之间的关系，称为**右手系法则**：当右手拇指指向曲面 S 所指定的一侧时(即沿该侧的法线方向)，其他四指的指向与曲线 L 的定向一致。

定理 9.8　(斯托克斯定理)设 S 为分片光滑的有向曲面，其边界 Γ 为空间的一条分段光滑的有向闭曲线，两者的定向符合右手系法则，函数 $P(x,y,z)$，$Q(x,y,z)$ 和 $R(x,y,z)$ 在包含 S 的某空间区域内连续可微，则下式斯托克斯公式成立：

$$\oint_\Gamma P\,\mathrm{d}x + Q\mathrm{d}y + R\mathrm{d}z$$

$$= \iint\limits_S \left(\frac{\partial R}{\partial y} - \frac{\partial Q}{\partial z}\right)\mathrm{d}y\mathrm{d}z + \left(\frac{\partial P}{\partial z} - \frac{\partial R}{\partial x}\right)\mathrm{d}z\mathrm{d}x + \left(\frac{\partial Q}{\partial x} - \frac{\partial P}{\partial y}\right)\mathrm{d}x\mathrm{d}y。\qquad (9.40)$$

证明从略。

斯托克斯公式右端函数求导的次序不易记忆，故利用行列式把它写成如下便于记忆的形式：

$$\oint_{\Gamma} P\mathrm{d}x+Q\mathrm{d}y+R\mathrm{d}z=\iint_{S}\begin{vmatrix}\mathrm{d}y\mathrm{d}z & \mathrm{d}z\mathrm{d}x & \mathrm{d}x\mathrm{d}y\\ \dfrac{\partial}{\partial x} & \dfrac{\partial}{\partial y} & \dfrac{\partial}{\partial z}\\ P & Q & R\end{vmatrix}\text{或}\iint_{S}\begin{vmatrix}\cos\alpha & \cos\beta & \cos\gamma\\ \dfrac{\partial}{\partial x} & \dfrac{\partial}{\partial y} & \dfrac{\partial}{\partial z}\\ P & Q & R\end{vmatrix}\mathrm{d}S。\quad(9.41)$$

其中，规定行列式按第一行展开，且偏导数符号与第三行的函数连同使用，例如$\dfrac{\partial}{\partial x}$与$Q$的"乘积"理解为$\dfrac{\partial Q}{\partial x}$，其他类似。

如果S是xOy面上的一块平面闭区域，斯托克斯公式就变成格林公式，因此格林公式是斯托克斯公式的一个特殊情形。

例 1　计算$I=\oint_{\Gamma}(y^2-z^2)\mathrm{d}x+(z^2-x^2)\mathrm{d}y+(x^2-y^2)\mathrm{d}z$，其中，$\Gamma$为球面$x^2+y^2+z^2=R^2$在$x\geqslant 0, y\geqslant 0, z\geqslant 0$部分的边界曲线，从球心看$\Gamma$，它为顺时针方向。

解法一　用参数式。

如图 9-55 所示，$\Gamma=\Gamma_1+\Gamma_2+\Gamma_3$。先计算$xOy$面上曲线$\Gamma_1$这一段，$\Gamma_1$的参数方程为

$$x=R\cos\theta, y=R\sin\theta, z=0。$$

θ从 0 到$\dfrac{\pi}{2}$，于是有

$$\begin{aligned}I_1&=\int_{\Gamma_1}(y^2-z^2)\mathrm{d}x+(z^2-x^2)\mathrm{d}y+(x^2-y^2)\mathrm{d}z\\&=\int_0^{\frac{\pi}{2}}[R^2\sin^2\theta\cdot R(-\sin\theta)-R^2\cos^2\theta\cdot R\cos\theta]\mathrm{d}\theta=-\frac{4}{3}R^3。\end{aligned}$$

依坐标x,y,z的轮转可知在Γ_2,Γ_3的值

$$I_2=I_3=-\frac{4}{3}R^3,$$

故得

$$I=I_1+I_2+I_3=-4R^3。$$

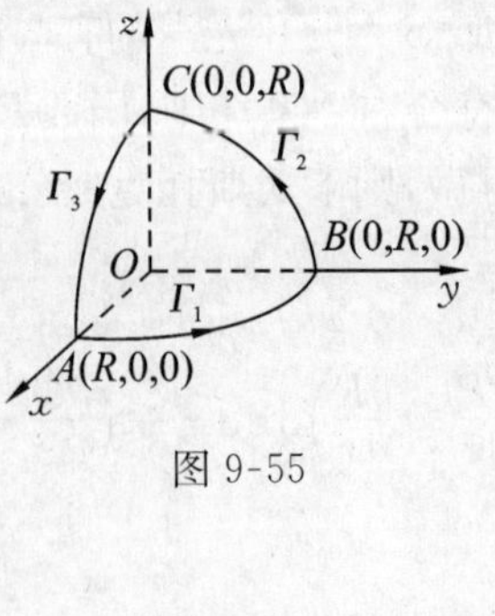

图 9-55

解法二　应用斯托克斯公式

球面 S 在第一卦限的方程为 $z=\sqrt{R^2-x^2-y^2}$，用右手法则知取球面 S 的外侧，由斯托克斯公式及对坐标曲面积分公式有

$$I=\iint_S\left[\frac{\partial(x^2-y^2)}{\partial y}-\frac{\partial(z^2-x^2)}{\partial z}\right]\mathrm{d}y\mathrm{d}z+\left[\frac{\partial(y^2-z^2)}{\partial z}-\frac{\partial(x^2-y^2)}{\partial x}\right]\mathrm{d}z\mathrm{d}x$$

$$+\left[\frac{\partial(z^2-x^2)}{\partial x}-\frac{\partial(y^2-z^2)}{\partial y}\right]\mathrm{d}x\mathrm{d}y$$

$$=-2\iint_S(y+z)\mathrm{d}y\mathrm{d}z+(z+x)\mathrm{d}z\mathrm{d}x+(x+y)\mathrm{d}x\mathrm{d}y,$$

而

$$\iint_S(x+y)\mathrm{d}x\mathrm{d}y=\iint_{D_{xy}}(x+y)\mathrm{d}x\mathrm{d}y=\int_0^{\frac{\pi}{2}}\mathrm{d}\theta\int_0^R(\rho\cos\theta+\rho\sin\theta)\rho\mathrm{d}\rho=\frac{2}{3}R^3,$$

利用对坐标的轮转性质知

$$\iint_S(y+z)\mathrm{d}y\mathrm{d}z=\iint_S(z+x)\mathrm{d}z\mathrm{d}x=\frac{2}{3}R^3。$$

因此

$$I=-2\cdot3\cdot\frac{2}{3}R^3=-4R^3。$$

9.9.2　环流量与旋度

考察斯托克斯公式(9.40)，即

$$\oint_\Gamma P\mathrm{d}x+Q\mathrm{d}y+R\mathrm{d}z=\iint_S\left(\frac{\partial R}{\partial y}-\frac{\partial Q}{\partial z}\right)\mathrm{d}y\mathrm{d}z+\left(\frac{\partial P}{\partial z}-\frac{\partial R}{\partial x}\right)\mathrm{d}z\mathrm{d}x+\left(\frac{\partial Q}{\partial x}-\frac{\partial P}{\partial y}\right)\mathrm{d}x\mathrm{d}y。$$

以 $\boldsymbol{n}_0=\cos\alpha\boldsymbol{i}+\cos\beta\boldsymbol{j}+\cos\gamma\boldsymbol{k}$ 表示上式中有向曲面 S 上点 (x,y,z) 处的单位法向量，$\boldsymbol{\tau}_0=\cos\alpha_t\boldsymbol{i}+\cos\beta_t\boldsymbol{j}+\cos\gamma_t\boldsymbol{k}$ 表示式中正向边界曲线 L 上点 (x,y,z) 处的单位切向量，注意到弧微分公式及曲面面积及其投影公式，即

$$\mathrm{d}x=\cos\alpha_t\mathrm{d}s,\quad \mathrm{d}y=\cos\beta_t\mathrm{d}s,\quad \mathrm{d}z=\cos\gamma_t\mathrm{d}s,$$

$$\mathrm{d}y\mathrm{d}z=\cos\alpha\mathrm{d}S,\quad \mathrm{d}z\mathrm{d}x=\cos\beta\mathrm{d}S,\quad \mathrm{d}x\mathrm{d}y=\cos\gamma\mathrm{d}S,$$

则斯托克斯公式可改写为

$$\oint_\Gamma(P\cos\alpha_t+Q\cos\beta_t+R\cos\gamma_t)\mathrm{d}s$$

$$=\iint_S\left[\left(\frac{\partial R}{\partial y}-\frac{\partial Q}{\partial z}\right)\cos\alpha+\left(\frac{\partial P}{\partial z}-\frac{\partial R}{\partial x}\right)\cos\beta+\left(\frac{\partial Q}{\partial x}-\frac{\partial P}{\partial y}\right)\cos\gamma\right]\mathrm{d}S。\tag{9.42}$$

对于向量场

$$\boldsymbol{A}(x,y,z)=P(x,y,z)\boldsymbol{i}+Q(x,y,z)\boldsymbol{j}+R(x,y,z)\boldsymbol{k},$$

记

$$\mathrm{rot}\boldsymbol{A}=\left(\frac{\partial R}{\partial y}-\frac{\partial Q}{\partial z}\right)\boldsymbol{i}+\left(\frac{\partial P}{\partial z}-\frac{\partial R}{\partial x}\right)\boldsymbol{j}+\left(\frac{\partial Q}{\partial x}-\frac{\partial P}{\partial y}\right)\boldsymbol{k}=\begin{vmatrix}\boldsymbol{i} & \boldsymbol{j} & \boldsymbol{k}\\ \frac{\partial}{\partial x} & \frac{\partial}{\partial y} & \frac{\partial}{\partial z}\\ P & Q & R\end{vmatrix},\tag{9.43}$$

并称向量 rot$\boldsymbol{A}$ 为向量场 $\boldsymbol{A}$ 的**旋度**。于是(9.42) 式可用向量形式表示为

$$\oint_{\Gamma}\boldsymbol{A}\cdot\boldsymbol{\tau}_0\,\mathrm{d}s=\iint_{S}\mathrm{rot}\boldsymbol{A}\cdot\boldsymbol{n}_0\,\mathrm{d}S\tag{9.44}$$

或

$$\oint_{\Gamma}A_{\tau_0}\,\mathrm{d}s=\iint_{S}(\mathrm{rot}\boldsymbol{A})_{n_0}\,\mathrm{d}S,\tag{9.45}$$

其中,

$$(\mathrm{rot}\boldsymbol{A})_{n_0}=\mathrm{rot}\boldsymbol{A}\cdot\boldsymbol{n}_0=\left(\frac{\partial R}{\partial y}-\frac{\partial Q}{\partial z}\right)\cos\alpha+\left(\frac{\partial P}{\partial z}-\frac{\partial R}{\partial x}\right)\cos\beta+\left(\frac{\partial Q}{\partial x}-\frac{\partial P}{\partial y}\right)\cos\gamma$$

为 rot$\boldsymbol{A}$ 在 S 的法向量上的投影,而

$$A_{\tau_0}=\boldsymbol{A}\cdot\boldsymbol{\tau}_0=P\cos\alpha_t+Q\cos\beta_t+R\cos\gamma_t$$

为向量场 $\boldsymbol{A}$ 在 Γ 的切向量上的投影。

沿有向闭曲线 Γ 的曲线积分

$$\oint_{\Gamma}P\,\mathrm{d}x+Q\,\mathrm{d}y+R\,\mathrm{d}z=\oint_{L}A_{\tau_0}\,\mathrm{d}s$$

叫做向量场 $\boldsymbol{A}$ 沿有向闭曲线 Γ 的**环流量**。斯托克斯公式现在可叙述为:向量场 $\boldsymbol{A}$ 沿有向闭曲线 Γ 的环流量等于向量场 $\boldsymbol{A}$ 的旋度场通过 Γ 所张的曲面 S 的通量,这里 Γ 的正向与 S 的侧应符合右手规则。

习题 9.9

一、选择题

1. 设 Γ 是螺旋线 $x=a\cos t, y=a\sin t, z=\frac{h}{2\pi}t(a>0,h>0)$ 上从点 $A(a,0,0)$ 到点 $B(a,0,h)$ 的一段弧,则曲线积分 $\int_{\Gamma}(x^2-yz)\mathrm{d}x+(y^2-xz)\mathrm{d}y+(z^2-xy)\mathrm{d}z=(\quad)$。

A. $\frac{1}{6}h^3$　　B. $\frac{1}{5}h^3$　　C. $\frac{1}{4}h^3$　　D. $\frac{1}{3}h^3$

2. 设 Γ 是圆周 $x^2+y^2=2z, z=2$,若从 z 轴正向看去,这圆周是逆时针方向,则 $\oint_{L}3y\mathrm{d}x-xz\mathrm{d}y+yz^2\mathrm{d}z=(\quad)$。

A. -20π　　B. -10π　　C. 10π　　D. 20π

3. 设有速度场 $\boldsymbol{v}(x,y,z)=(x^3+h)\boldsymbol{i}+(y^3+h)\boldsymbol{j}+(z^3+h)\boldsymbol{k}(h\neq 0)$,则 $\boldsymbol{v}(x,y,z)$ 通过上半球面 $z=\sqrt{R^2-x^2-y^2}$ 上侧的流量 $Q=(\quad)$。

A. $\frac{6}{5}\pi R^5+\pi R^2 h$　　B. $\frac{5}{6}\pi R^5+\pi R^2 h$

C. $\frac{6}{5}\pi R^5-\pi R^2 h$　　D. $\frac{5}{6}\pi R^5-\pi R^2 h$

二、填空题

1. 设 Γ 是圆周 $x^2+y^2+z^2=9, z=0$，若从 z 轴正向看去，这圆周是逆时针方向，则 $\oint_L 2y\mathrm{d}x+3x\mathrm{d}y-z^2\mathrm{d}z=$ __________。

2. 设 Γ 是曲线 $\begin{cases}x^2+y^2=1,\\ x-y+z=2,\end{cases}$ 若从 z 轴正向看去，Γ 是顺时针方向，则 $\oint_\Gamma (z-y)\mathrm{d}x+(x-z)\mathrm{d}y+(x-y)\mathrm{d}z=$ __________。

3. 设 $\boldsymbol{A}=(z+\sin y)\boldsymbol{i}-(z-x\cos y)\boldsymbol{j}$，则 $\mathrm{rot}\boldsymbol{A}=$ __________。

三、解答题

1. 利用斯托克斯公式，计算下列曲线积分。

(1) $\oint_L y(z+1)\mathrm{d}x+z(x+1)\mathrm{d}y+x(y+1)\mathrm{d}z$，其中，$L$ 为平面 $x+y+z=1$，被三个坐标面所截成的三角形的整个边界，从原点看去，取顺时针方向；

(2) $\oint_L -y^2\mathrm{d}x+x\mathrm{d}y+z^2\mathrm{d}z$，其中，$L$ 是曲线 $\begin{cases}x^2+y^2=1,\\ y+z=2\end{cases}$ 取逆时针方向；

(3) $\oint_L 2y\mathrm{d}x+3x\mathrm{d}y-z^2\mathrm{d}z$，其中，$L$ 是圆周 $x^2+y^2+z^2=9, z=0$，从 z 轴正向看去，圆周取逆时针。

2. 求向量场 $\boldsymbol{A}$ 的旋度。

(1) $\boldsymbol{A}=(2z-3y)\boldsymbol{i}+(3x-z)\boldsymbol{j}+(y-2x)\boldsymbol{k}$；

(2) $\boldsymbol{A}=(x^2+yz)\boldsymbol{i}+(y^2+zx)\boldsymbol{j}+(z^2+xy)\boldsymbol{k}$。

3. 求下列向量场 $\boldsymbol{A}$ 沿闭曲线 L（从 z 轴正向看 L 依逆时针方向）的环流量。

(1) $\boldsymbol{A}=-y\boldsymbol{i}+x\boldsymbol{j}+c\boldsymbol{k}$（$c$ 为常量），$L: x^2+y^2=1, z=0$；

(2) $\boldsymbol{A}=(x-z)\boldsymbol{i}+(x^3+yz)\boldsymbol{j}-3xy^2\boldsymbol{k}, L: z=2-\sqrt{x^2+y^2}, z=0$。

基础练习九

一、判断题

1. 二重积分 $\iint\limits_D f(x,y)\mathrm{d}x\mathrm{d}y$ 的几何意义是以 $z=f(x,y)$ 为曲顶，以 D 为底的曲顶柱体的体积。　（　　）

2. 若 D 为 $x^2+y^2\leqslant 1$，D_1 为 $x^2+y^2\leqslant 1, x\geqslant 0, y\geqslant 0$，则

$$\iint\limits_D \sqrt{1-x^2-y^2}\mathrm{d}x\mathrm{d}y=4\iint\limits_{D_1}\sqrt{1-x^2-y^2}\mathrm{d}x\mathrm{d}y。$$　（　　）

3. 积分$\iint\limits_D f(x,y)\mathrm{d}x\mathrm{d}y$如果用直角坐标积不出来，那么用极坐标也积不出来。（　　）

4. 对弧长的曲线积分与积分路径的方向有关。（　　）

5. 闭区域D的边界L的逆时针方向即为L的正向。（　　）

二、选择题

1. $\iint\limits_{1\leqslant x^2+y^2\leqslant 4}\dfrac{\sin\pi\sqrt{x^2+y^2}}{\sqrt{x^2+y^2}}\mathrm{d}x\mathrm{d}y$的值（　　）。

A. 大于0　　B. 小于0　　C. 等于0　　D. 无法确定

2. 二次积分$\int_0^2\mathrm{d}x\int_0^{x^2}f(x,y)\mathrm{d}y$写成另一种积分次序是（　　）。

A. $\int_0^4\mathrm{d}y\int_{\sqrt{y}}^2 f(x,y)\mathrm{d}x$　　B. $\int_0^4\mathrm{d}y\int_0^{\sqrt{y}} f(x,y)\mathrm{d}x$

C. $\int_0^4\mathrm{d}y\int_{x^2}^2 f(x,y)\mathrm{d}x$　　D. $\int_0^4\mathrm{d}y\int_2^{\sqrt{y}} f(x,y)\mathrm{d}x$

3. 二次积分$\int_0^{2R}\mathrm{d}y\int_0^{\sqrt{2Ry-y^2}} f(x^2+y^2)\mathrm{d}x(R>0)$化为极坐标系下的二次积分为（　　）。

A. $\int_0^{\frac{\pi}{2}}\mathrm{d}\theta\int_0^{2R\cos\theta} f(\rho^2)\rho\mathrm{d}\rho$　　B. $\int_0^{\frac{\pi}{2}}\mathrm{d}\theta\int_0^{2R\sin\theta} f(\rho^2)\rho\mathrm{d}\rho$

C. $\int_0^{\pi}\mathrm{d}\theta\int_0^{2R\cos\theta} f(\rho^2)\rho\mathrm{d}\rho$　　D. $\int_0^{\pi}\mathrm{d}\theta\int_0^{2R\sin\theta} f(\rho^2)\rho\mathrm{d}\rho$

4. 设Ω：$x^2+y^2+z^2\leqslant 1$，$I_1=\iiint\limits_\Omega\sqrt{x^2+y^2+z^2}\mathrm{d}v$，$I_2=\iiint\limits_\Omega(x^2+y^2+z^2)\mathrm{d}v$，则（　　）。

A. $I_1<I_2$　　B. $I_1>I_2$　　C. $I_1<0$　　D. $I_2>100$

5. 设Ω是由圆锥面$z^2=3x^2+3y^2(z\geqslant 0)$及球面$x^2+y^2+z^2=a^2(z\geqslant 0)$所围成的区域，用球面坐标表示三重积分$I=\iiint\limits_\Omega\sin(x^2+y^2+z^2)\mathrm{d}v$，则下列结论错误的是（　　）。

A. $I=\int_0^{2\pi}\mathrm{d}\theta\int_0^{\frac{\pi}{3}}\mathrm{d}\varphi\int_0^a\rho^2\sin\rho^2\sin\varphi\mathrm{d}\rho$　　B. $I=\int_0^{2\pi}\mathrm{d}\theta\int_0^{\frac{\pi}{6}}\mathrm{d}\varphi\int_0^a\rho^2\sin\rho^2\sin\varphi\mathrm{d}\rho$

C. $I=2\int_0^{\pi}\mathrm{d}\theta\int_0^{\frac{\pi}{6}}\mathrm{d}\varphi\int_0^a\rho^2\sin\rho^2\sin\varphi\mathrm{d}\rho$　　D. $I=4\int_0^{\frac{\pi}{2}}\mathrm{d}\theta\int_0^{\frac{\pi}{6}}\mathrm{d}\varphi\int_0^a\rho^2\sin\rho^2\sin\varphi\mathrm{d}\rho$

6. 设L是圆周$x=a\cos t$，$y=a\sin t(a>0,0\leqslant t\leqslant 2\pi)$，则$\int_L(x^2+y^2)\mathrm{d}s=$（　　）。

A. πa^2　　B. $2\pi a^3$　　C. $2\pi a$　　D. πa

7. L 是圆域 $D: x^2+y^2 \leqslant -2x$ 的正向边界,则 $\oint_L (x^3-y)\mathrm{d}x+(x-y^3)\mathrm{d}y=$ (　　)。

A. -2π　　　　B. 0

C. $\dfrac{3\pi}{2}$　　　　D. 2π

*8. 设 S 是抛物面 $z=x^2+y^2$ 在第一卦限中介于 $z=0$, $z=2$ 之间部分的下侧,则 $\iint\limits_S z\mathrm{d}x\mathrm{d}y=$ (　　)。

A. $-\int_0^{2\pi}\mathrm{d}\theta\int_0^2\rho^3\mathrm{d}\rho$　　　　B. $-\int_0^{\frac{\pi}{2}}\mathrm{d}\theta\int_0^{\sqrt{2}}\rho^3\mathrm{d}\rho$

C. $\int_0^{\frac{\pi}{4}}\mathrm{d}\theta\int_0^{\sqrt{2}}\rho^2\mathrm{d}\rho$　　　　D. $-\int_0^{\frac{\pi}{2}}\mathrm{d}\theta\int_0^{\sqrt{2}}\rho^2\mathrm{d}\rho$

三、填空题

1. 设 $f(x,y)$ 为连续函数,则由平面 $z=0$,柱面 $x^2+y^2=1$ 和曲面 $z=f^2(x,y)$ 所围成的立体体积可用二重积分表示为__________。

2. 设 $f(x)$ 为连续函数,a 与 m 是常数,且 $a>0$,则将 $I=\int_0^a\mathrm{d}y\int_0^y \mathrm{e}^{m(a-x)}f(x)\mathrm{d}x$ 化成定积分,可表示为 $I=$ __________。

3. 积分 $\int_0^2\mathrm{d}x\int_x^2\mathrm{e}^{-y^2}\mathrm{d}y$ 的值等于________。

4. 设积分区域 $\Omega: 0\leqslant z\leqslant\sqrt{x^2+y^2}$, $x^2+y^2\leqslant 1$,则 $\iiint\limits_\Omega \mathrm{d}v=$ ________。

5. 设 L 是连接点 $O(0,0)$, $A(1,0)$, $B(1,1)$ 的三角形边界,则对弧长的曲线积分 $\oint_L (x+y)\mathrm{d}s=$ ________。

6. 设 L 是曲线 $y=x^3$ 上从点 $(0,0)$ 到点 $(1,1)$ 的一段弧,则对坐标的曲线积分 $\int_L xy\mathrm{d}x+(y-x)\mathrm{d}y=$ ________。

*7. 设 S 是球面 $x^2+y^2+z^2=a^2$,则 $\iint\limits_S (x^2+y^2+z^2)\mathrm{d}S=$ ________。

*8. 设 S 为三坐标面及平面 $x=1$, $y=1$, $z=1$ 所围成的正方体表面的外侧,则 $\iint\limits_S (x+y+z)\mathrm{d}x\mathrm{d}y+(y-z)\mathrm{d}y\mathrm{d}z=$ ________。

四、解答题

1. 交换下列二次积分的次序。

(1) $I=\int_0^1\mathrm{d}x\int_x^{\sqrt{x}}\dfrac{\sin y}{y}\mathrm{d}y$;

(2) $I=\int_{-1}^0\mathrm{d}x\int_{-x}^1 f(x,y)\mathrm{d}y+\int_0^1\mathrm{d}x\int_{1-\sqrt{1-x^2}}^1 f(x,y)\mathrm{d}y$。

2. 计算下列重积分。

(1) $I=\iint\limits_{D}\sin\frac{\pi x}{2y}\mathrm{d}\sigma$，其中，$D$ 是由曲线 $y=\sqrt{x}$，直线 $y=x$ 和 $y=2$ 围成；

(2) $I=\iint\limits_{D}\frac{x+y}{x^2+y^2}\mathrm{d}\sigma$，其中，$D$ 由 $x^2+y^2\leqslant 1, x+y\geqslant 1$ 围成；

(3) $I=\iiint\limits_{\Omega}z\,\mathrm{d}v$，其中，$\Omega$ 是由曲面 $z=x^2+y^2$ 及 $z=\sqrt{2-x^2-y^2}$ 所围成的区域。

3. 计算下列曲线积分。

(1) $I=\oint_L\frac{-x^2y}{x^2+y^2}\mathrm{d}x+\frac{xy^2}{x^2+y^2}\mathrm{d}y$，其中，$L$ 是 $x^2+y^2=a^2$，顺时针方向；

(2) $I=\int_L(y+2xy)\mathrm{d}x+(x^2+2x+y^2)\mathrm{d}y$，其中，$L$ 是 $x^2+y^2=4x$ 上由点 $A(4,0)$ 到点 $B(0,0)$ 的上半圆周。

*4. 计算曲面积分 $\iint\limits_{S}\frac{1}{z}\mathrm{d}S$，其中，$S$ 是球面 $x^2+y^2+z^2=a^2$ 被平面 $z=h(0<h<a)$ 截出的顶部。

5. 已知 $f(x)$ 在 $[0,a]$ 上连续，证明

$$2\left[\int_0^a f(x)\mathrm{d}x\int_x^a f(y)\mathrm{d}y\right]=\left[\int_0^a f(x)\mathrm{d}x\right]^2。$$

6. 设立体 Ω 由曲面 $z=x^2+y^2$ 与 $z=2-\sqrt{x^2+y^2}$ 围成，求 Ω 的表面积。

提高练习九

一、判断题

1. 二重积分即为二次积分。（ ）

2. 若 D 为 $x^2+y^2\leqslant 1$，D_1 为 $x^2+y^2\leqslant 1, x\geqslant 0, y\geqslant 0$，则

$$\iint\limits_{D}xy\,\mathrm{d}x\mathrm{d}y=4\iint\limits_{D_1}xy\,\mathrm{d}x\mathrm{d}y。$$（ ）

3. 若 Ω 为 $x^2+y^2+z^2\leqslant R^2, x\geqslant 0, y\geqslant 0, z\geqslant 0$，则

$$\iiint\limits_{\Omega}xy\,\mathrm{d}v=\iiint\limits_{\Omega}yz\,\mathrm{d}v=\iiint\limits_{\Omega}zx\,\mathrm{d}v。$$（ ）

4. 对坐标的曲线积分与积分路径的方向有关。（ ）

5. 对单一的积分 $\oint_L P(x,y)\mathrm{d}x\left(或\oint_L Q(x,y)\mathrm{d}y\right)$，不能利用格林公式。（ ）

二、选择题

1. 设 $I_k=\iint\limits_{D}(x+y)^k\mathrm{d}\sigma(k=1,2,3)$，其中 $D=\{(x,y)\mid(x-2)^2+(y-1)^2\leqslant 1\}$，则 I_1,I_2,I_3 间的大小关系是（ ）。

A. $I_1 < I_2 < I_3$　　B. $I_2 < I_1 < I_3$

C. $I_2 < I_3 < I_1$　　D. $I_3 < I_2 < I_1$

2. 设区域 $D = \{x^2 + y^2 \leqslant 2ax(a > 0)\}$，则 $\iint\limits_D \mathrm{e}^{-x^2-y^2}\mathrm{d}\sigma = ($　　$)$。

A. $2\int_0^{\frac{\pi}{2}}\mathrm{d}\theta\int_0^{2a\cos\theta}\mathrm{e}^{-\rho^2}\mathrm{d}\rho$　　B. $\int_{-\frac{\pi}{2}}^{\frac{\pi}{2}}\mathrm{d}\theta\int_0^{2a\cos\theta}\mathrm{e}^{-\rho^2}\mathrm{d}\rho$

C. $\int_0^{\pi}\mathrm{d}\theta\int_0^{2a\cos\theta}\mathrm{e}^{-\rho^2}\rho\mathrm{d}\rho$　　D. $\int_{-\frac{\pi}{2}}^{\frac{\pi}{2}}\mathrm{d}\theta\int_0^{2a\cos\theta}\mathrm{e}^{-\rho^2}\rho\mathrm{d}\rho$

3. 累次积分 $I = \int_0^{\frac{\pi}{2}}\mathrm{d}\theta\int_0^{\cos\theta}f(\rho\cos\theta,\rho\sin\theta)\rho\mathrm{d}\rho$ 可写成(　　)。

A. $\int_0^1\mathrm{d}y\int_0^{\sqrt{y-y^2}}f(x,y)\mathrm{d}x$　　B. $\int_0^1\mathrm{d}y\int_0^{\sqrt{1-y^2}}f(x,y)\mathrm{d}x$

C. $\int_0^1\mathrm{d}x\int_0^{\sqrt{1-x^2}}f(x,y)\mathrm{d}y$　　D. $\int_0^1\mathrm{d}x\int_0^{\sqrt{x-x^2}}f(x,y)\mathrm{d}y$

4. 设有空间闭区域 $\Omega_1 = \{(x,y,z) \mid x^2 + y^2 + z^2 \leqslant R^2, z \geqslant 0\}$，$\Omega_2 = \{(x,y,z) \mid x^2 + y^2 + z^2 \leqslant R^2, x \geqslant 0, y \geqslant 0, z \geqslant 0\}$，则有(　　)。

A. $\iiint\limits_{\Omega_1} x\,\mathrm{d}v = 4\iiint\limits_{\Omega_2} x\,\mathrm{d}v$　　B. $\iiint\limits_{\Omega_1} y\,\mathrm{d}v = 4\iiint\limits_{\Omega_2} y\,\mathrm{d}v$

C. $\iiint\limits_{\Omega_1} z\,\mathrm{d}v = 4\iiint\limits_{\Omega_2} z\,\mathrm{d}v$　　D. $\iiint\limits_{\Omega_1} xyz\,\mathrm{d}v = 4\iiint\limits_{\Omega_2} xyz\,\mathrm{d}v$

5. 设 Ω 是由曲面 $x^2 + y^2 = R^2$ 及 $z = 0, z = 1$ 所围成的积分区域，则 $\iiint\limits_{\Omega} f(\sqrt{x^2 + y^2})\mathrm{d}v$ 在柱面坐标下的三次积分为(　　)。

A. $\int_0^{2\pi}\mathrm{d}\theta\int_0^1\mathrm{d}\rho\int_0^R f(\rho)\rho\mathrm{d}z$　　B. $4\int_0^{\pi}\mathrm{d}\theta\int_0^R\mathrm{d}\rho\int_0^1 f(\rho)\rho\mathrm{d}z$

C. $\int_0^{2\pi}\mathrm{d}\theta\int_0^R\mathrm{d}\rho\int_0^1 f(\rho)\rho\mathrm{d}z$　　D. $\int_0^{2\pi}\mathrm{d}\theta\int_0^R\mathrm{d}\rho\int_0^1 f(\rho^2)\rho\mathrm{d}z$

6. 设 L 为 $y = x^2$ 上从点 $(0,0)$ 到点 $(1,1)$ 的一段弧，则 $\int_L \sqrt{y}\,\mathrm{d}s = ($　　$)$。

A. $\int_0^1 \sqrt{1 + 4x^2}\,\mathrm{d}x$　　B. $\int_0^1 \sqrt{y}\sqrt{1 + y}\,\mathrm{d}y$

C. $\int_0^1 x\sqrt{1 + 4x^2}\,\mathrm{d}x$　　D. $\int_0^1 \sqrt{y}\sqrt{1 + \frac{1}{y}}\,\mathrm{d}y$

7. 设曲线积分 $\int_L [f(x) - \mathrm{e}^x]\sin y\,\mathrm{d}x - f(x)\cos y\,\mathrm{d}y$ 与路径无关，其中 $f(x)$ 具有一阶连续导数，且 $f(0) = 0$，则 $f(x) = ($　　$)$。

A. $\frac{\mathrm{e}^{-x} - \mathrm{e}^x}{2}$　　B. $\frac{\mathrm{e}^x - \mathrm{e}^{-x}}{2}$　　C. $\frac{\mathrm{e}^x + \mathrm{e}^{-x}}{2} - 1$　　D. $1 - \frac{\mathrm{e}^x + \mathrm{e}^{-x}}{2}$

8. 设 S 是上半球面 $x^2+y^2+z^2=R^2(z\geqslant 0)$，则 $\iint\limits_S[\sin(x^2+y^2+z^2)+(x^2+y^2-2z^2)]\mathrm{d}S=(\quad)$。

A. $\pi R^2\sin R^2$ B. $2\pi R^2\sin R^2$ C. $3\pi R^2\sin R^2$ D. $4\pi R^2\sin R^2$

三、填空题

1. 设 D 是以三点 $O(0,0)$，$A(1,0)$，$B(0,1)$ 为顶点的三角形区域，则由二重积分的几何意义知 $\iint\limits_D(1-x-y)\mathrm{d}x\mathrm{d}y=$ ______。

2. 交换积分次序后，$\int_0^1\mathrm{d}y\int_{\sqrt{y}}^{\sqrt{2-y}}f(x,y)\mathrm{d}x=$ ______。

3. $\iint\limits_{|x|+|y|\leqslant 1}|xy|\,\mathrm{d}x\mathrm{d}y=$ ______。

4. 设 $f(u)$ 是可微函数，$F(t)=\iiint\limits_{x^2+y^2+z^2\leqslant t^2}f(x^2+y^2+z^2)\mathrm{d}v$，则 $F'(t)=$ ______。

5. 设 L 是椭圆 $\dfrac{x^2}{4}+\dfrac{y^2}{3}=1$，其周长为 a，则 $\oint_L(2xy+3x^2+4y^2)\mathrm{d}s=$ ______。

6. 设 L 是椭圆 $\dfrac{x^2}{a^2}+\dfrac{y^2}{b^2}=1$ 的顺时针路径，则 $\oint_L(x+y)\mathrm{d}x-(x-y)\mathrm{d}y=$ ______。

7. 设 S 是曲面 $z=x^2+y^2$ 上介于 $z=0$ 与 $z=1$ 间的部分，则 $\iint\limits_S\sqrt{1+4z}\mathrm{d}S=$ ______。

8. 设 S 是球面 $x^2+y^2+z^2=a^2$ 在第一卦限部分的外侧，则关于坐标的曲面积分 $\iint\limits_S x\mathrm{d}y\mathrm{d}z+y\mathrm{d}z\mathrm{d}x+z\mathrm{d}x\mathrm{d}y=$ ______。

四、解答题

1. 计算下列重积分。

(1) $I=\iint\limits_D y^2\mathrm{d}\sigma$，其中，$D$ 是摆线 $\begin{cases}x=a(t-\sin t),\\ y=a(1-\cos t)\end{cases}(0\leqslant t\leqslant 2\pi)$ 与 x 轴所围区域；

(2) $I=\iint\limits_D(|x|+|y|)\mathrm{d}x\mathrm{d}y$，其中，$D$：$x^2+y^2\leqslant 1$；

(3) $I=\iiint\limits_\Omega(|x|+|y|+|z|)\mathrm{d}v$，其中，$\Omega$：$x^2+y^2+z^2\leqslant a^2$。

2. 计算下列曲线积分。

(1) $I=\oint_L|x|\,\mathrm{d}s$，其中，$L$ 是双纽线 $(x^2+y^2)^2=x^2-y^2$；

(2) $I=\int_L\dfrac{(x-y)\mathrm{d}x+(x+y)\mathrm{d}y}{x^2+y^2}$，其中，$L$ 是抛物线 $y=2x^2-2$ 从点 $A(-1,0)$ 至点 $B(1,0)$ 的弧段。

3. 设曲线积分$\int_L xy^2\mathrm{d}x+y\varphi(x)\mathrm{d}y$与路径无关，其中，$\varphi(x)$具有连续的导数，且$\varphi(0)=0$，求$\int_{(0,0)}^{(1,1)} xy^2\mathrm{d}x+y\varphi(x)\mathrm{d}y$。

*4. 计算曲面积分$\iint\limits_S xyz\,\mathrm{d}x\mathrm{d}y$，其中，$S$是球面$x^2+y^2+z^2=1(x\geqslant 0,y\geqslant 0)$的外侧。

5. 设$f(x)$在$[a,b]$上连续，且$f(x)>0$，试用二重积分证明：

$$\int_a^b f(x)\mathrm{d}x\int_a^b \frac{1}{f(x)}\mathrm{d}x\geqslant (b-a)^2。$$

6. 求球面$x^2+y^2+z^2=9$与圆锥面$x^2+y^2=8z^2$之间包含z轴部分的体积。

第 10 章　无穷级数

无穷级数简称级数，级数分为常数项级数与函数项级数。常数项级数是函数项级数的基础，而函数项级数是表示函数（特别是表示非初等函数）的重要数学工具，也是研究函数性质的重要手段。它们在自然科学、工程技术和数学本身都有着广泛的应用。本章首先介绍常数项级数的基本知识，然后讨论函数项级数，着重讨论如何将函数展开成幂级数与三角级数。

10.1　常数项级数的概念与性质

10.1.1　常数项级数的概念

人们在研究事物数量方面的特性时，往往会经历一个由近似到精确的逼近过程，其中会涉及由有限个数量相加到无限个数量相加的问题。

例如，某湖泊现有有害污染物总量为 s，环保部门一周内可排除污染物残留的 $\frac{1}{3}$，假设总量不增加，则第 n 周的排污量为

$$u_n = \frac{1}{3}\cdot\left(\frac{2}{3}\right)^{n-1}s, n = 1,2,\cdots。$$

前 n 周累计排污量为

$$s_n = u_1 + u_2 + \cdots + u_n = \frac{1}{3}s + \frac{1}{3}\cdot\left(\frac{2}{3}\right)s + \cdots + \frac{1}{3}\cdot\left(\frac{2}{3}\right)^{n-1}s = \frac{1}{3}\cdot\frac{1-\left(\frac{2}{3}\right)^n}{1-\frac{2}{3}}s。$$

显然，$\lim\limits_{n\to\infty}s_n = s$，于是总排污量 s 可表示为无限个数量之和

$$s = \frac{1}{3}s + \frac{1}{3}\cdot\left(\frac{2}{3}\right)s + \cdots + \frac{1}{3}\cdot\left(\frac{2}{3}\right)^{n-1}s + \cdots。$$

又如，我国古代重要典籍《庄子》一书中记载"一尺之棰，日取其半，万世不竭"，其中蕴含着数"1"可表示为无限个数之和

$$1 = \frac{1}{2} + \frac{1}{4} + \cdots + \left(\frac{1}{2}\right)^n + \cdots。$$

定义 10.1　设有数列 $\{u_n\}$：$u_1, u_2, \cdots, u_n, \cdots$，则式子 $u_1 + u_2 + \cdots + u_n + \cdots$ 称为**常数项级数**，简称**级数**，记作 $\sum\limits_{n=1}^{\infty}u_n$，其中第 n 项 u_n 称为级数的**一般项**或**通项**。

级数$\sum\limits_{n=1}^{\infty}u_n$的前$n$项之和

$$s_n=u_1+u_2+\cdots+u_n=\sum_{k=1}^{n}u_k,$$

称为级数$\sum\limits_{n=1}^{\infty}u_n$的前$n$项**部分和**。

定义 10.2　若级数$\sum\limits_{n=1}^{\infty}u_n$的部分和数列$\{s_n\}$当$n\to\infty$时有极限$s$，即$\lim\limits_{n\to\infty}s_n=s$，则称级数$\sum\limits_{n=1}^{\infty}u_n$**收敛**，且称$s$为级数$\sum\limits_{n=1}^{\infty}u_n$的**和**，即$\sum\limits_{n=1}^{\infty}u_n=s$。

若数列$\{s_n\}$当$n\to\infty$时极限不存在，则称级数$\sum\limits_{n=1}^{\infty}u_n$**发散**。

当级数$\sum\limits_{n=1}^{\infty}u_n$收敛时，其部分和$s_n$是和$s$的近似值，它们之间的差

$$r_n=s-s_n=u_{n+1}+u_{n+2}+\cdots=\sum_{k=n+1}^{\infty}u_k,$$

称为**余项**。显然，用s_n近似表示s的误差为$|r_n|$，且$\lim\limits_{n\to\infty}r_n=0$。

注意　级数$\sum\limits_{n=1}^{\infty}u_n$是否收敛，关键取决于其部分和数列$\{s_n\}$当$n\to\infty$时的极限是否存在，于是，级数$\sum\limits_{n=1}^{\infty}u_n$与数列$\{s_n\}$具有相同的敛散性。

例 1　判断级数$\sum\limits_{n=1}^{\infty}\dfrac{1}{(5n-4)(5n+1)}$的敛散性，如果收敛，求出其和。

解　级数的前n项部分和

$$\begin{aligned}s_n&=\frac{1}{1\cdot6}+\frac{1}{6\cdot11}+\cdots+\frac{1}{(5n-4)(5n+1)}\\&=\frac{1}{5}\left[\left(1-\frac{1}{6}\right)+\left(\frac{1}{6}-\frac{1}{11}\right)+\cdots+\left(\frac{1}{5n-4}-\frac{1}{5n+1}\right)\right]\\&=\frac{1}{5}\left(1-\frac{1}{5n+1}\right)。\end{aligned}$$

因为

$$\lim_{n\to\infty}s_n=\lim_{n\to\infty}\frac{1}{5}\left(1-\frac{1}{5n+1}\right)=\frac{1}{5},$$

由定义知级数收敛，且$\sum\limits_{n=1}^{\infty}\dfrac{1}{(5n-4)(5n+1)}=\dfrac{1}{5}$。

例 2　证明级数$\sum\limits_{n=1}^{\infty}\ln\left(1+\dfrac{1}{n}\right)$发散。

证　级数的前n项部分和

$$s_n = \ln 2 + \ln\frac{3}{2} + \ln\frac{4}{3} + \cdots + \ln\frac{n+1}{n}$$

$$= \ln 2 + (\ln 3 - \ln 2) + (\ln 4 - \ln 3) + \cdots + [\ln(n+1) - \ln n] = \ln(n+1)。$$

因为

$$\lim_{n\to\infty} s_n = \lim_{n\to\infty}\ln(n+1) = +\infty,$$

由定义知，级数 $\sum_{n=1}^{\infty}\ln\left(1+\frac{1}{n}\right)$ 发散。

例 3 级数 $\sum_{n=1}^{\infty} aq^{n-1} = a + aq + \cdots + aq^{n-1} + \cdots (a \neq 0)$ 称为**几何级数**（或**等比级数**），试讨论该级数的敛散性。

解 (1) 当 $|q| = 1$ 时，有两种情形：

当 $q = 1$ 时，级数的部分和

$$s_n = a + a + \cdots + a = na。$$

故 $\lim_{n\to\infty} s_n = \lim_{n\to\infty} na = \infty$，由定义知级数发散。

当 $q = -1$ 时，$s_n = a - a + a - \cdots + (-1)^{n-1}a = \begin{cases} a, n\text{ 为奇数}, \\ 0, n\text{ 为偶数}, \end{cases}$

由于 $a \neq 0$，故 $\lim_{n\to\infty} s_n$ 不存在，由定义知级数发散。

(2) 当 $|q| \neq 1$ 时，级数的前 n 项部分和

$$s_n = a + aq + aq^2 + \cdots + aq^{n-1} = \frac{a(1-q^n)}{1-q}。$$

当 $|q| < 1$ 时，$\lim_{n\to\infty} s_n = \frac{a}{1-q}$，由定义知级数收敛。

当 $|q| > 1$ 时，$\lim_{n\to\infty} s_n = \infty$，由定义知级数发散。

综合(1)(2) 可知，几何级数 $\sum_{n=1}^{\infty} aq^{n-1} (a \neq 0)$ 当 $|q| < 1$ 时收敛，当 $|q| \geqslant 1$ 时发散。

10.1.2 级数的性质

由于级数与其部分和数列具有相同的敛散性，根据数列收敛的充要条件可得到级数收敛的充要条件。

定理 10.1 （级数的柯西(Cauchy) 收敛原理）级数 $\sum_{n=1}^{\infty} u_n$ 收敛的充要条件是：对于任意给定的正数 ε，总存在正整数 N，当 $n > N$ 时，对于任意正整数 p，都有

$$|u_{n+1} + u_{n+2} + \cdots + u_{n+p}| < \varepsilon。$$

证略。

该定理在理论上很重要，它表明：级数 $\sum_{n=1}^{\infty} u_n$ 收敛等价于 $\sum_{n=1}^{\infty} u_n$ 的充分远（即 $n > N$）

的任意片段(即 $u_{n+1}+u_{n+2}+\cdots+u_{n+p}$)的绝对值可任意小。由此,级数 $\sum\limits_{n=1}^{\infty}u_n$ 的敛散性仅与级数充分远的任意片段有关,而与前面有限项无关。于是,我们得到:

性质1　去掉、增添或改变级数 $\sum\limits_{n=1}^{\infty}u_n$ 的有限项,不改变级数 $\sum\limits_{n=1}^{\infty}u_n$ 的敛散性。

又由级数 $\sum\limits_{n=1}^{\infty}u_n$ 收敛的定义,有:

性质2　(级数收敛的必要条件)若级数 $\sum\limits_{n=1}^{\infty}u_n$ 收敛,则 $\lim\limits_{n\to\infty}u_n=0$。

证　设级数 $\sum\limits_{n=1}^{\infty}u_n$ 的前 n 项部分和为 s_n,且 $\sum\limits_{n=1}^{\infty}u_n$ 收敛于和 s,即 $\lim\limits_{n\to\infty}s_n=s$。则

$$\lim_{n\to\infty}u_n=\lim_{n\to\infty}(s_n-s_{n-1})=\lim_{n\to\infty}s_n-\lim_{n\to\infty}s_{n-1}=s-s=0。$$

注意　(1)性质2是判断一个级数发散的有力工具。即"若 $\lim\limits_{n\to\infty}u_n\neq0$,则级数 $\sum\limits_{n=1}^{\infty}u_n$ 发散"。

(2)但也要注意到 $\lim\limits_{n\to\infty}u_n=0$ 并不是级数收敛的充分条件。有的级数尽管 $\lim\limits_{n\to\infty}u_n=0$,但 $\sum\limits_{n=1}^{\infty}u_n$ 却发散。

例4　判别级数 $\sum\limits_{n=1}^{\infty}\dfrac{n}{n+1}$ 的敛散性。

解　因为 $\lim\limits_{n\to\infty}u_n=\lim\limits_{n\to\infty}\dfrac{n}{n+1}=1\neq0$,由性质2知,级数 $\sum\limits_{n=1}^{\infty}\dfrac{n}{n+1}$ 发散。

例5　判别调和级数 $\sum\limits_{n=1}^{\infty}\dfrac{1}{n}=1+\dfrac{1}{2}+\cdots+\dfrac{1}{n}+\cdots$ 的敛散性。

解　在区间 $[n,n+1]$ 上对函数 $\ln x$ 使用拉格朗日中值定理,有

$$\ln(n+1)-\ln n=\frac{1}{\xi_n}<\frac{1}{n}\ (n<\xi_n<n+1)。$$

于是

$$s_n=1+\frac{1}{2}+\cdots+\frac{1}{n}>(\ln2-\ln1)+(\ln3-\ln2)+\cdots+[\ln(n+1)-\ln n]=\ln(n+1)。$$

由于 $\lim\limits_{n\to\infty}\ln(n+1)=+\infty$,因而 $\lim\limits_{n\to\infty}s_n=+\infty$,由定义知,调和级数 $\sum\limits_{n=1}^{\infty}\dfrac{1}{n}$ 发散。

例6　判别级数 $\sum\limits_{n=1}^{\infty}(\sqrt{n+1}-\sqrt{n})$ 的敛散性。

解　级数的前 n 项部分和

$$s_n=(\sqrt{2}-\sqrt{1})+(\sqrt{3}-\sqrt{2})+\cdots+(\sqrt{n+1}-\sqrt{n})=\sqrt{n+1}-1。$$

因为 $\lim\limits_{n\to\infty}s_n=\lim\limits_{n\to\infty}(\sqrt{n+1}-1)=+\infty$,由定义知,该级数发散。

在例 5 中，$\lim\limits_{n\to\infty}u_n = \lim\limits_{n\to\infty}\dfrac{1}{n} = 0$，例 6 中，$\lim\limits_{n\to\infty}u_n = \lim\limits_{n\to\infty}(\sqrt{n+1}-\sqrt{n}) = \lim\limits_{n\to\infty}\dfrac{1}{\sqrt{n+1}+\sqrt{n}} = 0$。尽管都有$\lim\limits_{n\to\infty}u_n = 0$成立，但级数$\sum\limits_{n=1}^{\infty}u_n$却发散。

由数列极限的运算性质，可得级数的运算性质：

性质 3 若级数$\sum\limits_{n=1}^{\infty}u_n$收敛，和为 s，则级数$\sum\limits_{n=1}^{\infty}ku_n$（$k$ 为常数）也收敛，且和为 ks，即$\sum\limits_{n=1}^{\infty}ku_n = k\sum\limits_{n=1}^{\infty}u_n$。

证 设级数$\sum\limits_{n=1}^{\infty}u_n$与$\sum\limits_{n=1}^{\infty}ku_n$的前 n 项部分和分别为 s_n，σ_n，则

$$\sigma_n = ku_1 + ku_2 + \cdots + ku_n = k(u_1 + u_2 + \cdots + u_n) = ks_n,$$

于是$\lim\limits_{n\to\infty}\sigma_n = \lim\limits_{n\to\infty}ks_n = k\lim\limits_{n\to\infty}s_n = ks$。由定义知，级数$\sum\limits_{n=1}^{\infty}ku_n$收敛，且和为 ks。

推论 若级数$\sum\limits_{n=1}^{\infty}u_n$发散，则级数$\sum\limits_{n=1}^{\infty}ku_n$（$k$ 为非零常数）也发散。

性质 4 若级数$\sum\limits_{n=1}^{\infty}u_n$收敛，和为 s，级数$\sum\limits_{n=1}^{\infty}v_n$收敛，和为 σ，则级数$\sum\limits_{n=1}^{\infty}(u_n+v_n)$也收敛，且和为 $s+\sigma$，即

$$\sum_{n=1}^{\infty}u_n + \sum_{n=1}^{\infty}v_n = \sum_{n=1}^{\infty}(u_n+v_n)。$$

证 设级数$\sum\limits_{n=1}^{\infty}u_n$与$\sum\limits_{n=1}^{\infty}v_n$的前 n 项部分和分别为 s_n，σ_n，则级数$\sum\limits_{n=1}^{\infty}(u_n+v_n)$的前 n 项部分和

$$\begin{aligned}\tau_n &= (u_1+v_1)+(u_2+v_2)+\cdots+(u_n+v_n)\\ &= (u_1+u_2+\cdots+u_n)+(v_1+v_2+\cdots+v_n) = s_n+\sigma_n。\end{aligned}$$

于是

$$\lim_{n\to\infty}\tau_n = \lim_{n\to\infty}(s_n+\sigma_n) = \lim_{n\to\infty}s_n + \lim_{n\to\infty}\sigma_n = s+\sigma。$$

由定义知，级数$\sum\limits_{n=1}^{\infty}(u_n+v_n)$收敛，且和为 $s+\sigma$。

推论 （级数运算的线性性质）若级数$\sum\limits_{n=1}^{\infty}u_n$与$\sum\limits_{n=1}^{\infty}v_n$均收敛，其和分别为 s，σ，则级数$\sum\limits_{n=1}^{\infty}(au_n+bv_n)$（$a$，$b$ 为任意常数）也收敛，其和为 $as+b\sigma$，即

$$\sum_{n=1}^{\infty}(au_n+bv_n) = a\sum_{n=1}^{\infty}u_n + b\sum_{n=1}^{\infty}v_n。$$

例 7 判别级数$\sum\limits_{n=1}^{\infty}\left[\dfrac{1}{n}-\left(\dfrac{1}{4}\right)^n\right]$的敛散性。

解　假设级数$\sum\limits_{n=1}^{\infty}\left[\frac{1}{n}-\left(\frac{1}{4}\right)^n\right]$收敛，又由于几何级数$\sum\limits_{n=1}^{\infty}\left(\frac{1}{4}\right)^n$收敛，由性质 4 知，级数

$$\sum_{n=1}^{\infty}\left\{\left[\frac{1}{n}-\left(\frac{1}{4}\right)^n\right]+\left(\frac{1}{4}\right)^n\right\}=\sum_{n=1}^{\infty}\frac{1}{n}$$

收敛。这与调和级数$\sum\limits_{n=1}^{\infty}\frac{1}{n}$是发散的矛盾.故级数$\sum\limits_{n=1}^{\infty}\left[\frac{1}{n}-\left(\frac{1}{4}\right)^n\right]$发散。

例 7 表明，收敛级数与发散级数做了线性运算后得到的级数是发散的。

性质 5　若级数$\sum\limits_{n=1}^{\infty}u_n$收敛，和为 s，则不改变级数每项的位置，按原有顺序将某些项结合在一起，构成的新级数

$$(u_1+\cdots+u_{n_1})+(u_{n_1+1}+\cdots+u_{n_2})+\cdots+(u_{n_{k-1}+1}+\cdots+u_{n_k})+\cdots$$

也收敛，且和仍为 s。

证　设级数$\sum\limits_{n=1}^{\infty}u_n$的前 n 项部分和为 s_n，新级数的前 k 项部分和为 σ_k，则

$$\begin{aligned}\sigma_k&=(u_1+\cdots+u_{n_1})+(u_{n_1+1}+\cdots+u_{n_2})+\cdots+(u_{u_{k-1}+1}+\cdots+u_{n_k})\\&=u_1+u_2+\cdots+u_{n_k}=s_{n_k}。\end{aligned}$$

即$\{\sigma_k\}$为$\{s_n\}$的子数列。而$\lim\limits_{n\to\infty}s_n=s$，故$\lim\limits_{k\to\infty}\sigma_k=s$。由定义知，新级数收敛，且和为 s。

性质 5 表明，收敛级数的项与项之间任意加括号不会改变其敛散性。但任意去掉括号(无限多个)，却可能会改变其敛散性。

例 8　试讨论级数

$$(1-1)+(1-1)+\cdots+(1-1)+\cdots \tag{10.1}$$

与

$$\sum_{n=1}^{\infty}(-1)^{n-1}=1-1+1-1+\cdots+1-1+\cdots \tag{10.2}$$

的敛散性。

解　显然，级数(10.1)收敛，和为 0；而级数(10.2)发散，因为$\lim\limits_{n\to\infty}u_n=\lim\limits_{n\to\infty}(-1)^{n-1}$，显然此极限不存在。可见，收敛级数(10.1)任意去掉无限多个括号后，成为发散级数(10.2)了。

习题 10.1

一、选择题

1. 设常数 $a\neq 0$，则几何级数$\sum\limits_{n=0}^{\infty}aq^n$的收敛条件是(　　)。

A. $q<1$　　B. $-1<q<1$　　C. $q\leqslant 1$　　D. $q>1$

2. 若级数$\sum\limits_{n=1}^{\infty}u_n$发散，则(　　)。

A. 可能$\lim\limits_{n\to\infty}u_n=0$,也可能$\lim\limits_{n\to\infty}u_n\neq 0$　　B. 一定$\lim\limits_{n\to\infty}u_n\neq 0$

C. 一定$\lim\limits_{n\to\infty}u_n=\infty$　　D. 一定$\lim\limits_{n\to\infty}u_n=0$

3. 若级数$\sum\limits_{n=1}^{\infty}u_n$收敛于$s$,则级数$\sum\limits_{n=1}^{\infty}(u_n+u_{n+1})$(　　)。

A. 收敛于$2s$　　B. 收敛于$2s+u_1$

C. 收敛于$2s-u_1$　　D. 发散

二、填空题

1. $-1+\frac{1}{3}-\frac{1}{3^2}+\frac{1}{3^3}-\cdots=$________。

2. 级数$\sum\limits_{n=1}^{\infty}(-1)^{n+1}\frac{1}{2^n-1}$的前五项为________________。

3. 级数$\frac{a^2}{3}-\frac{a^3}{5}+\frac{a^4}{7}-\frac{a^5}{9}+\cdots$的通项$u_n=$________。

三、解答题

1. 判别下列级数的敛散性。

(1) $\sum\limits_{n=1}^{\infty}\frac{1}{n(n+1)}$;　　(2) $\sum\limits_{n=1}^{\infty}(\sqrt{n+2}-\sqrt{n+1}+\sqrt{n})$;

(3) $\sum\limits_{n=1}^{\infty}\sqrt{\frac{2n}{3n-1}}$;　　(4) $\sum\limits_{n=1}^{\infty}\sin\frac{n\pi}{6}$;

(5) $\sum\limits_{n=1}^{\infty}\cos^n 2$;　　(6) $\sum\limits_{n=1}^{\infty}\left(\frac{4^n-1}{5^n}\right)$;

(7) $\sum\limits_{n=1}^{\infty}\left(\frac{3^n}{2^n}+\frac{1}{n}\right)$;　　(8) $\frac{1}{3}+\frac{1}{6}+\frac{1}{9}+\cdots+\frac{1}{3n}+\cdots$。

2. 设$\lim\limits_{n\to\infty}na_n$存在,且级数$\sum\limits_{n=1}^{\infty}n(a_n-a_{n+1})$收敛,试证明级数$\sum\limits_{n=1}^{\infty}a_n$收敛。

10.2　正项级数与任意项级数

10.2.1　正项级数及其敛散判别法

定义 10.3　若级数$\sum\limits_{n=1}^{\infty}u_n=u_1+u_2+\cdots+u_n+\cdots$且满足$u_n\geqslant 0(n=1,2,\cdots)$,则称级数$\sum\limits_{n=1}^{\infty}u_n$为**正项级数**。

正项级数十分重要,弄清楚它的敛散性,其他级数均可以化为正项级数解决。

下面讨论正项级数的敛散性问题。

定理 10.2　正项级数 $\sum_{n=1}^{\infty} u_n$ 收敛的充要条件是其部分和数列 $\{s_n\}$ 有上界。

证明　(1) 必要性。设级数 $\sum_{n=1}^{\infty} u_n$ 收敛，则其部分和数列 $\{s_n\}$ 收敛，由收敛数列必有界知数列 $\{s_n\}$ 有上界。

(2) 充分性。由于 $\sum_{n=1}^{\infty} u_n$ 是正项级数，故其部分和数列 $\{s_n\}$ 是单调增加的数列，又设数列 $\{s_n\}$ 有上界，由数列极限存在准则知数列 $\{s_n\}$ 收敛，故级数 $\sum_{n=1}^{\infty} u_n$ 收敛。

定理 10.3　(比较判别法) 设 $\sum_{n=1}^{\infty} u_n$ 与 $\sum_{n=1}^{\infty} v_n$ 为正项级数，则有

(1) 如果级数 $\sum_{n=1}^{\infty} v_n$ 收敛且 $u_n \leqslant v_n (n = 1, 2, \cdots)$，那么级数 $\sum_{n=1}^{\infty} u_n$ 也收敛；

(2) 如果级数 $\sum_{n=1}^{\infty} u_n$ 发散且 $u_n \leqslant v_n (n = 1, 2, \cdots)$，那么级数 $\sum_{n=1}^{\infty} v_n$ 也发散。

证　(1) 设正项级数 $\sum_{n=1}^{\infty} v_n$ 收敛，和为 σ。由于 $u_n \leqslant v_n (n = 1, 2, \cdots)$，故 $\sum_{n=1}^{\infty} u_n$ 的部分和数列

$$s_n = u_1 + u_2 + \cdots + u_n \leqslant v_1 + v_2 + \cdots + v_n \leqslant v_1 + v_2 + \cdots + v_n + \cdots = \sigma。$$

即正项级数 $\sum_{n=1}^{\infty} u_n$ 的部分和数列 $\{s_n\}$ 有上界。由定理 10.2 知，正项级数 $\sum_{n=1}^{\infty} u_n$ 收敛。

(2) 若 $\sum_{n=1}^{\infty} v_n$ 收敛，则由(1) 知 $\sum_{n=1}^{\infty} u_n$ 也收敛，矛盾，故 $\sum_{n=1}^{\infty} v_n$ 发散。

推论 1　设 $\sum_{n=1}^{\infty} u_n$ 与 $\sum_{n=1}^{\infty} v_n$ 为正项级数，且存在正整数 N，使得当 $n \geqslant N$ 时，有 $u_n \leqslant c v_n$ $(c > 0)$，那么

(1) 若 $\sum_{n=1}^{\infty} v_n$ 收敛，则 $\sum_{n=1}^{\infty} u_n$ 也收敛；

(2) 若 $\sum_{n=1}^{\infty} u_n$ 发散，则 $\sum_{n=1}^{\infty} v_n$ 也发散。

证　(1) 设级数 $\sum_{n=1}^{\infty} v_n$ 收敛，由性质 3，级数 $\sum_{n=1}^{\infty} c v_n$ 也收敛。又由性质 1，级数 $\sum_{n=N}^{\infty} c v_n$ 也收敛。

由于 $u_n \leqslant c v_n \quad (n = N, N+1, \cdots)$，故由定理 10.3，级数 $\sum_{n=N}^{\infty} u_n$ 也收敛。再由性质 1，级数 $\sum_{n=1}^{\infty} u_n$ 也收敛。

类似可证(2) 也成立。

用比较判别法判别级数$\sum_{n=1}^{\infty}u_n$的敛散性，一般需要利用恰当的不等式关系，对u_n进行放缩，找到合适的v_n，再根据级数$\sum_{n=1}^{\infty}v_n$的敛散性来判断级数$\sum_{n=1}^{\infty}u_n$的敛散性。

例 1　讨论 p 级数$\sum_{n=1}^{\infty}\frac{1}{n^p}(p>0)$的敛散性。

解　(1) 当$0<p\leqslant 1$时，$\frac{1}{n^p}\geqslant\frac{1}{n}(n=1,2,\cdots)$，而级数$\sum_{n=1}^{\infty}\frac{1}{n}$发散，故由比较判别法知级数$\sum_{n=1}^{\infty}\frac{1}{n^p}$发散。

(2) 当$p>1$时，p级数的前n项部分和

$$s_n=1+\sum_{k=2}^{n}\frac{1}{k^p}=1+\sum_{k=2}^{n}\int_{k-1}^{k}\frac{1}{k^p}\mathrm{d}x\leqslant 1+\sum_{k=2}^{n}\int_{k-1}^{k}\frac{1}{x^p}\mathrm{d}x=1+\int_{1}^{n}\frac{1}{x^p}\mathrm{d}x$$
$$=1+\frac{1}{p-1}\left(1-\frac{1}{n^{p-1}}\right)<1+\frac{1}{p-1}。$$

即数列$\{s_n\}$有上界。故由定理 10.2，级数$\sum_{n=1}^{\infty}\frac{1}{n^p}$收敛。

综合(1)(2)，p级数$\sum_{n=1}^{\infty}\frac{1}{n^p}(p>0)$当$p>1$时收敛，当$0<p\leqslant 1$时发散。

例 2　判别级数$\sum_{n=1}^{\infty}\frac{1}{\sqrt{n(n+1)}}$的敛散性。

解　因为$\frac{1}{\sqrt{n(n+1)}}>\frac{1}{n+1}$，$n=1,2,\cdots$，且级数$\sum_{n=1}^{\infty}\frac{1}{n+1}=\sum_{n=2}^{\infty}\frac{1}{n}$发散。由比较判别法知级数$\sum_{n=1}^{\infty}\frac{1}{\sqrt{n(n+1)}}$也发散。

推论 2　（比较判别法的极限形式）设$\sum_{n=1}^{\infty}u_n$与$\sum_{n=1}^{\infty}v_n$为正项级数，且有$\lim\limits_{n\to\infty}\frac{u_n}{v_n}=A$。则有

(1) 若$0<A<+\infty$，则$\sum_{n=1}^{\infty}u_n$与$\sum_{n=1}^{\infty}v_n$有相同的敛散性；

(2) 若$A=0$且$\sum_{n=1}^{\infty}v_n$收敛，则$\sum_{n=1}^{\infty}u_n$也收敛；

(3) 若$A=+\infty$且$\sum_{n=1}^{\infty}v_n$发散，则$\sum_{n=1}^{\infty}u_n$也发散。

证　(1) 由于$\lim\limits_{n\to\infty}\frac{u_n}{v_n}=A$，$0<A<+\infty$，故对$\varepsilon=\frac{A}{2}>0$，存在正整数$N$，当$n>N$时，

$$\left|\frac{u_n}{v_n}-A\right|<\frac{A}{2}。$$

即
$$\frac{A}{2}v_n < u_n < \frac{3}{2}Av_n。$$
再由推论 1 得证。

(2),(3) 类似可证。

比较判别法的极限形式表明,级数收敛与否最终取决于级数一般项趋于零的速度,即无穷小量阶的大小。由此,可通过无穷小量的等价关系,简化级数 $\sum_{n=1}^{\infty} u_n$ 的一般项 u_n,进而利用已知级数的敛散性来判别 $\sum_{n=1}^{\infty} u_n$ 的敛散性。

例 3　判别级数 $\sum_{n=1}^{\infty} \sin \frac{\pi}{5^n}$ 的敛散性。

解　注意到 $n \to \infty$ 时,$\sin \frac{\pi}{5^n} \sim \frac{\pi}{5^n}$,即 $\lim\limits_{n\to\infty} \dfrac{\sin \frac{\pi}{5^n}}{\frac{\pi}{5^n}} = 1$,又级数 $\sum_{n=1}^{\infty} \frac{\pi}{5^n}$ 收敛,故级数 $\sum_{n=1}^{\infty} \sin \frac{\pi}{5^n}$ 也收敛。

例 4　判别级数 $\sum_{n=1}^{\infty} n\ln\left(1+\frac{1}{n^2}\right)$ 的敛散性。

解　注意到 $n \to \infty$ 时,$n\ln\left(1+\frac{1}{n^2}\right) \sim \frac{1}{n}$,而级数 $\sum_{n=1}^{\infty} \frac{1}{n}$ 发散,故级数 $\sum_{n=1}^{\infty} n\ln\left(1+\frac{1}{n^2}\right)$ 也发散。

由以上例题可知,用比较判别法考察正项级数的敛散性时,常采用几何级数或 p 级数作为比较的基准级数。将正项级数与 p 级数作比较的判别法用极限形式来表达如下:

推论 3　(极限判别法) 设 $\sum_{n=1}^{\infty} u_n$ 为正项级数,那么

(1) 若 $p > 1$ 且 $\lim\limits_{n\to\infty} n^p u_n = A(0 \leqslant A < +\infty)$,则 $\sum_{n=1}^{\infty} u_n$ 收敛;

(2) 若 $\lim\limits_{n\to\infty} nu_n = A > 0$ 或 $\lim\limits_{n\to\infty} nu_n = +\infty$,则 $\sum_{n=1}^{\infty} u_n$ 发散。

证:(1) 在极限形式的比较判别法中,取 $v_n = \frac{1}{n^p}$,当 $p > 1$ 时,p 级数 $\sum_{n=1}^{\infty} \frac{1}{n^p}$ 收敛,从而 $\sum_{n=1}^{\infty} u_n$ 收敛。

(2) 在极限形式的比较判别法中,取 $v_n = \frac{1}{n}$,由于调和级数 $\sum_{n=1}^{\infty} \frac{1}{n}$($p = 1$ 时的 p 级数) 发散,从而 $\sum_{n=1}^{\infty} u_n$ 发散。

例 5 判别级数$\sum\limits_{n=1}^{\infty}\dfrac{1}{\sqrt{3n^2+2n+1}}$的敛散性。

解 因为$\lim\limits_{n\to\infty}n\cdot\dfrac{1}{\sqrt{3n^2+2n+1}}=\dfrac{1}{\sqrt{3}}>0$，所以由极限判别法知，该级数发散。

例 6 判别级数$\sum\limits_{n=1}^{\infty}\dfrac{1}{n^2+1}\arctan^2\dfrac{n\pi}{3}$的敛散性。

解 因为$\lim\limits_{n\to\infty}n^2\cdot\dfrac{1}{n^2+1}\arctan^2\dfrac{n\pi}{3}=\dfrac{\pi^2}{4}$，所以由极限判别法知，该级数收敛。

将正项级数与几何级数作比较，还可得到下面两个有效的判别法。

定理 10.4 （比值判别法）设$\sum\limits_{n=1}^{\infty}u_n$是正项级数，$\lim\limits_{n\to\infty}\dfrac{u_{n+1}}{u_n}=\rho$，于是

(1) 若$\rho<1$，则级数$\sum\limits_{n=1}^{\infty}u_n$收敛；

(2) 若$\rho>1$(或$\rho=+\infty$)，则级数$\sum\limits_{n=1}^{\infty}u_n$发散；

(3) 若$\rho=1$，则级数可能收敛也可能发散。

证 (1) 当$\rho<1$时，取$\varepsilon>0$满足$\rho+\varepsilon=\gamma<1$，由极限定义知，存在$N$，当$n\geqslant N$时有$\dfrac{u_{n+1}}{u_n}<\rho+\varepsilon=\gamma$，从而

$$u_{N+1}<\gamma u_N,u_{N+2}<\gamma u_{N+1}<\gamma^2u_N,\cdots,u_{N+k}<\gamma^ku_N。$$

而级数$\sum\limits_{k=1}^{\infty}\gamma^ku_N$收敛(因为$\gamma<1$)，根据定理 10.3 的推论 1 知，级数$\sum\limits_{n=1}^{\infty}u_n$收敛。

(2) 当$\rho>1$时，取适当的$\varepsilon>0$，使$\rho-\varepsilon>1$，由极限定义，当$n\geqslant N$时有

$$\frac{u_{n+1}}{u_n}>\rho-\varepsilon>1,$$

即$u_{n+1}>u_n$。从而$\lim\limits_{n\to\infty}u_n\neq0$，于是级数$\sum\limits_{n=1}^{\infty}u_n$发散。

值得注意的是$\rho=1$时，级数的敛散性是不能由此定理确定的。例如，对p级数$\sum\limits_{n=1}^{\infty}\dfrac{1}{n^p}$，总有$\lim\limits_{n\to\infty}\dfrac{u_{n+1}}{u_n}=\lim\limits_{n\to\infty}\left(\dfrac{n}{n+1}\right)^p=1$，但当$0<p\leqslant1$时，$\sum\limits_{n=1}^{\infty}\dfrac{1}{n^p}$发散，当$p>1$时，$\sum\limits_{n=1}^{\infty}\dfrac{1}{n^p}$收敛。

例 7 判别级数$\sum\limits_{n=1}^{\infty}\dfrac{n^3}{3^n}$的敛散性。

解 $\lim\limits_{n\to\infty}\dfrac{u_{n+1}}{u_n}=\lim\limits_{n\to\infty}\dfrac{\dfrac{(n+1)^3}{3^{n+1}}}{\dfrac{n^3}{3^n}}=\lim\limits_{n\to\infty}\dfrac{1}{3}\left(\dfrac{n+1}{n}\right)^3=\dfrac{1}{3}<1$。

所以由比值判别法知该级数收敛。

定理 10.5　（根式判别法）如果对正项级数 $\sum_{n=1}^{\infty} u_n$，有 $\lim_{n\to\infty} \sqrt[n]{u_n} = l$。那么：

(1) 当 $l < 1$ 时，级数 $\sum_{n=1}^{\infty} u_n$ 收敛；

(2) 当 $l > 1$ 时，级数 $\sum_{n=1}^{\infty} u_n$ 发散；

(3) 当 $l = 1$ 时，级数可能收敛也可能发散。

证　(1) 当 $l < 1$ 时，$\lim_{n\to\infty} \sqrt[n]{u_n} = l$，对 $\varepsilon = \frac{1-l}{2} > 0$，存在正整数 N，当 $n > N$ 时，$| \sqrt[n]{u_n} - l | < \frac{1-l}{2}$，即

$$0 < \sqrt[n]{u_n} < \frac{1+l}{2} < 1。$$

所以

$$0 < u_n < \left(\frac{1+l}{2}\right)^n < 1。$$

而几何级数 $\sum_{n=1}^{\infty} \left(\frac{1+l}{2}\right)^n$ 收敛，故级数 $\sum_{n=1}^{\infty} u_n$ 收敛。

(2) 类似可证。

(3) 当 $l = 1$ 时，级数可能收敛也可能发散。

例如，$\lim_{n\to\infty} \sqrt[n]{\frac{1}{n^2}} = 1$，$\lim_{n\to\infty} \sqrt[n]{\frac{1}{n}} = 1$，我们知道级数 $\sum_{n=1}^{\infty} \frac{1}{n^2}$ 收敛，而级数 $\sum_{n=1}^{\infty} \frac{1}{n}$ 发散。

例 8　判别级数 $\sum_{n=1}^{\infty} \left(\frac{an}{3n+1}\right)^n (a \geqslant 0)$ 的敛散性。

解　$\lim_{n\to\infty} \sqrt[n]{u_n} = \lim_{n\to\infty} \frac{an}{3n+1} = \frac{a}{3}$。于是由根式判别法知：

当 $0 \leqslant \frac{a}{3} < 1$，即 $0 \leqslant a < 3$ 时，级数收敛；

当 $\frac{a}{3} > 1$，即 $a > 3$ 时，级数发散；

当 $\frac{a}{3} = 1$，即 $a = 3$ 时，由于

$$\lim_{n\to\infty} u_n = \lim_{n\to\infty} \left(\frac{3n}{3n+1}\right)^n = \lim_{n\to\infty} \left[\left(1 - \frac{1}{3n+1}\right)^{-(3n+1)}\right]^{-\frac{n}{3n+1}} = e^{-\frac{1}{3}} \neq 0。$$

故此时，级数发散。

综上，该级数当 $0 \leqslant a < 3$ 时收敛，当 $a \geqslant 3$ 时发散。

10.2.2 任意项级数

1. 交错级数

定义 10.4 设有级数$\sum_{n=1}^{\infty}u_n$，其中，u_n 为任意实数。若级数的项是正数与负数相间的，即

$$u_1-u_2+u_3-u_4+\cdots+(-1)^{n-1}u_n+\cdots=\sum_{n=1}^{\infty}(-1)^{n-1}u_n\ (u_n>0),$$

则称该级数为**交错级数**。

判别交错级数的敛散性有下面的判别法。

定理 10.6 （交错级数判别法）设有交错级数$\sum_{n=1}^{\infty}(-1)^{n-1}u_n(u_n>0)$，若满足条件：

(1)$u_n\geqslant u_{n+1}(n=1,2,3,\cdots)$；

(2) $\lim\limits_{n\to\infty}u_n=0$。

则该交错级数收敛。

证 级数$\sum_{n=1}^{\infty}(-1)^{n-1}u_n$ 的前 $2n$ 项的部分和

$$s_{2n}=(u_1-u_2)+(u_3-u_4)+\cdots+(u_{2n-1}-u_{2n})。$$

由(1)$u_n\geqslant u_{n+1}$ $(n=1,2,\cdots)$ 知，$s_{2n}\geqslant 0$ 且$\{s_{2n}\}$ 单调增加。由

$$s_{2n}=u_1-(u_2-u_3)-(u_4-u_5)-\cdots-(u_{2n-2}-u_{2n-1})-u_{2n}$$

知 $s_{2n}\leqslant u_1$，于是数列$\{s_{2n}\}$ 单调有界。故$\lim\limits_{n\to\infty}s_{2n}=s$ 存在。

又 $$\lim_{n\to\infty}s_{2n+1}=\lim_{n\to\infty}(s_{2n}+u_{2n+1})=\lim_{n\to\infty}s_{2n}+\lim_{n\to\infty}u_{2n+1}=s,$$

于是$\lim\limits_{n\to\infty}s_n=s$。故级数$\sum_{n=1}^{\infty}(-1)^{n-1}u_n$ $(u_n>0)$ 收敛。

例 9 判别级数$\sum_{n=1}^{\infty}(-1)^{n-1}\frac{1}{n}$ 的敛散性。

解 因为

$$\frac{1}{n}>\frac{1}{n+1},n=1,2,3,\cdots,$$

$$\lim_{n\to\infty}\frac{1}{n}=0,$$

由交错级数判别法，级数$\sum_{n=1}^{\infty}(-1)^{n-1}\frac{1}{n}$ 收敛。

例 10 判别级数$\sum_{n=1}^{\infty}(-1)^{n-1}\ln\left(1+\frac{1}{n^2}\right)$ 的敛散性。

解 因为

$$\ln\left(1+\frac{1}{n^2}\right) > \ln\left[1+\frac{1}{(n+1)^2}\right], n = 1,2,3,\cdots,$$

$$\lim_{n\to\infty}\ln\left(1+\frac{1}{n^2}\right) = 0。$$

由交错级数判别法，级数 $\sum_{n=1}^{\infty}(-1)^{n-1}\ln\left(1+\frac{1}{n^2}\right)$ 收敛。

2. 任意项级数

下面讨论任意项级数 $\sum_{n=1}^{\infty}u_n$ 的敛散性。

定理 10.7　若级数 $\sum_{n=1}^{\infty}|u_n|$ 收敛，则级数 $\sum_{n=1}^{\infty}u_n$ 必收敛。

证　设 $v_n = \frac{1}{2}(u_n + |u_n|)$，则 $v_n \geqslant 0$，且 $v_n \leqslant |u_n|$ $(n = 1,2,\cdots)$。因为级数 $\sum_{n=1}^{\infty}|u_n|$ 收敛，由比较判别法知，正项级数 $\sum_{n=1}^{\infty}v_n$ 收敛。再由级数的线性性质知级数 $\sum_{n=1}^{\infty}u_n$ 收敛。

定义 10.5　若级数 $\sum_{n=1}^{\infty}|u_n|$ 收敛，则称级数 $\sum_{n=1}^{\infty}u_n$ **绝对收敛**；若级数 $\sum_{n=1}^{\infty}|u_n|$ 发散，而 $\sum_{n=1}^{\infty}u_n$ 收敛，则称级数 $\sum_{n=1}^{\infty}u_n$ **条件收敛**。

若级数 $\sum_{n=1}^{\infty}u_n$ 收敛，但未必绝对收敛。例如，级数 $\sum_{n=1}^{\infty}(-1)^{n-1}\frac{1}{n}$ 收敛，但 $\sum_{n=1}^{\infty}\left|(-1)^{n-1}\frac{1}{n}\right| = \sum_{n=1}^{\infty}\frac{1}{n}$ 却发散，级数 $\sum_{n=1}^{\infty}(-1)^{n-1}\frac{1}{n}$ 是条件收敛的。

例 11　判别下列级数是绝对收敛还是条件收敛。

(1) $\sum_{n=1}^{\infty}\frac{\sin n\alpha}{n^2+n+1}$；　　(2) $\sum_{n=1}^{\infty}(-1)^{n-1}(\sqrt[n]{3}-1)$。

解　(1) 因为

$$\left|\frac{\sin n\alpha}{n^2+n+1}\right| \leqslant \frac{1}{n^2+n+1} \leqslant \frac{1}{n^2} \quad (n = 1,2,\cdots),$$

而级数 $\sum_{n=1}^{\infty}\frac{1}{n^2}$ 收敛，由比较判别法知，$\sum_{n=1}^{\infty}\left|\frac{\sin n\alpha}{n^2+n+1}\right|$ 收敛，从而 $\sum_{n=1}^{\infty}\frac{\sin n\alpha}{n^2+n+1}$ 绝对收敛。

(2) 因为 $\sqrt[n]{3}-1 > \sqrt[n+1]{3}-1$，且 $\lim_{n\to\infty}(\sqrt[n]{3}-1) = 0$。

由交错级数判别法，级数 $\sum_{n=1}^{\infty}(-1)^{n-1}(\sqrt[n]{3}-1)$ 收敛，但对于

$$\sum_{n=1}^{\infty}|(-1)^{n-1}(\sqrt[n]{3}-1)| = \sum_{n=1}^{\infty}(\sqrt[n]{3}-1),$$

由于 $n\to\infty$ 时，

$$(\sqrt[n]{3}-1) \sim \frac{1}{n}\ln 3,$$

于是

$$\lim_{n\to\infty} n\cdot(\sqrt[n]{3}-1)=\ln 3>0,$$

由极限判别法知,级数 $\sum\limits_{n=1}^{\infty}(\sqrt[n]{3}-1)$ 发散。所以,级数 $\sum\limits_{n=1}^{\infty}(-1)^{n-1}(\sqrt[n]{3}-1)$ 条件收敛。

把正项级数的比值判别法应用于判别变号级数的敛散性,可得到下面的结论:

定理 10.8 若级数 $\sum\limits_{n=1}^{\infty}u_n$ 满足 $\lim\limits_{n\to\infty}\left|\frac{u_{n+1}}{u_n}\right|=\rho$,则

(1) 当 $\rho<1$ 时,级数 $\sum\limits_{n=1}^{\infty}u_n$ 绝对收敛;

(2) 当 $\rho>1$ 或 $\rho=+\infty$ 时,级数 $\sum\limits_{n=1}^{\infty}u_n$ 发散;

(3) 当 $\rho=1$ 时,级数可能收敛,也可能发散。

例 12 判别级数 $\sum\limits_{n=1}^{\infty}(-1)^{n-1}\frac{n}{3^{n-1}}$ 的敛散性。

解 因为

$$\lim_{n\to\infty}\left|\frac{u_{n+1}}{u_n}\right|=\lim_{n\to\infty}\frac{n+1}{3n}=\frac{1}{3}<1,$$

由定理 10.8 知该级数绝对收敛。

注意 本节系统讨论了常数项级数的判别法。在具体运用时应注意以下问题:

(1) 要注意观察级数的一般项是否趋于零:若不趋于零,则可以判定级数发散;若趋于零,则应进一步判定。

(2) 要注意级数的符号特征,对于同号级数,可采用正项级数判别法判别;对于变号级数,则应先判别正项级数 $\sum\limits_{n=1}^{\infty}|u_n|$ 的敛散性:若收敛,则级数 $\sum\limits_{n=1}^{\infty}u_n$ 也收敛,且为绝对收敛;若发散,则需利用级数的定义、性质或交错级数判别法进一步判定级数 $\sum\limits_{n=1}^{\infty}u_n$ 的敛散性,最终指明级数是条件收敛还是发散。

(3) 注意各种判别法的特点和适用范围。

习题 10.2

一、选择题

1. 下列级数收敛的是(　　)。

A. $\sum\limits_{n=1}^{\infty}\frac{1}{\sqrt[n]{5}}$　　B. $\sum\limits_{n=1}^{\infty}\frac{1}{n^{1/5}}$

C. $\sum\limits_{n=1}^{\infty}\frac{1}{n}$　　D. $\sum\limits_{n=1}^{\infty}\frac{1}{5^n}$

2. 判别级数$\sum_{n=1}^{\infty}\frac{n+2}{2^n}$的敛散性，正确的方法是(　　)。

A. 因为$\lim_{n\to\infty}\frac{n+2}{2^n}=0$，所以级数$\sum_{n=1}^{\infty}\frac{n+2}{2^n}$收敛

B. 因为$\lim_{n\to\infty}\frac{n+3}{2^{n+1}}\cdot\frac{2^n}{n+2}=\frac{1}{2}<1$，所以级数$\sum_{n=1}^{\infty}\frac{n+2}{2^n}$收敛

C. 因为$\frac{n+2}{2^n}>\frac{1}{2^n}$，而级数$\sum_{n=1}^{\infty}\frac{1}{2^n}$收敛，所以级数$\sum_{n=1}^{\infty}\frac{n+2}{2^n}$收敛

D. 因为$\frac{n+2}{2^n}<n+2$，而级数$\sum_{n=1}^{\infty}(n+2)$发散，所以级数$\sum_{n=1}^{\infty}\frac{n+2}{2^n}$发散

3. 下列级数发散的是(　　)。

A. $\sum_{n=1}^{\infty}\frac{(-1)^n n}{2n+10}$　　B. $\sum_{n=1}^{\infty}\frac{(-1)^{n-1}}{\sqrt{n^3}}$

C. $\sum_{n=1}^{\infty}(-1)^{n-1}\left(\frac{1}{2}\right)^n$　　D. $\sum_{n=1}^{\infty}(-1)^{n-1}\frac{1}{\ln(1+n)}$

二、填空题

1. $\sum_{n=3}^{\infty}\frac{1}{n^2-3n+2}=$________。

2. 若级数$\sum_{n=1}^{\infty}u_n$及$\sum_{n=1}^{\infty}v_n$都发散，则级数$\sum_{n=1}^{\infty}(|u_n|+|v_n|)$________。

3. 当________时，级数$\sum_{n=1}^{\infty}\frac{(-1)^{n-1}}{n^p}$绝对收敛。

三、解答题

1. 判别下列正项级数的敛散性。

(1) $\sum_{n=1}^{\infty}\frac{1}{(n+1)(n+2)}$；　　(2) $\sum_{n=1}^{\infty}\frac{1}{2^n+n}$；

(3) $\sum_{n=1}^{\infty}\left(1-\cos\frac{\pi}{n}\right)$；　　(4) $\sum_{n=1}^{\infty}\frac{1}{\sqrt{n^2+2n-2}}$；

(5) $\sum_{n=1}^{\infty}\frac{2+(-1)^n}{3^n}$；　　(6) $\sum_{n=1}^{\infty}n\tan\frac{\pi}{2^{n+1}}$；

(7) $\sum_{n=1}^{\infty}\frac{2^n n!}{n^n}$；　　(8) $\sum_{n=1}^{\infty}\frac{1}{1+a^n}$　$(a>0)$。

2. 判别下列级数的敛散性，若收敛，说明是绝对收敛还是条件收敛。

(1) $\sum_{n=1}^{\infty}\frac{\sin n}{n^2+1}$；　　(2) $\sum_{n=1}^{\infty}(-1)^{n-1}\frac{1}{\sqrt{n}}$；

(3) $\sum_{n=1}^{\infty}(-1)^{n-1}\frac{1}{n-\ln n}$；　　(4) $\sum_{n=1}^{\infty}(-1)^{n-1}\ln\frac{n^2+2}{n^2}$；

(5) $\sum_{n=1}^{\infty}(-1)^{n-1}\frac{n!}{n^n}$；　　(6) $\sum_{n=1}^{\infty}\frac{1}{n\cdot 2^n}(a+1)^n$　(a为常数)。

3. 设有方程 $x^n + nx - 1 = 0$，其中 n 为正整数，证明此方程存在唯一正实根 u_n，并证明：$\alpha > 1$ 时，级数 $\sum\limits_{n=1}^{\infty} u_n^{\alpha}$ 收敛。

10.3　幂级数

10.3.1　函数项级数的概念

设有定义在某实数集 D 上的函数列

$$\{u_n(x)\}: u_0(x), u_1(x), \cdots, u_n(x), \cdots$$

则

$$\sum_{n=0}^{\infty} u_n(x) = u_0(x) + u_1(x) + u_2(x) + \cdots + u_n(x) + \cdots$$

就是定义在 D 上的**函数项级数**。对于 D 中的每一实数 x_0，函数项级数 $\sum\limits_{n=0}^{\infty} u_n(x)$ 在 x_0 对应一个常数项级数

$$\sum_{n=0}^{\infty} u_n(x_0) = u_0(x_0) + u_1(x_0) + \cdots + u_n(x_0) + \cdots$$

定义 10.6　若级数 $\sum\limits_{n=0}^{\infty} u_n(x_0)$ 收敛，则称 x_0 是函数项级数 $\sum\limits_{n=0}^{\infty} u_n(x)$ 的**收敛点**；若级数 $\sum\limits_{n=0}^{\infty} u_n(x_0)$ 发散，则称 x_0 是函数项级数 $\sum\limits_{n=0}^{\infty} u_n(x)$ 的**发散点**。

函数项级数 $\sum\limits_{n=0}^{\infty} u_n(x)$ 的所有收敛点组成的集合称为它的**收敛域**，所有发散点组成的集合称为它的**发散域**。

例 1　讨论定义在 $(-\infty, +\infty)$ 内的函数项级数

$$\sum_{n=0}^{\infty} x^n = 1 + x + x^2 + \cdots + x^n + \cdots$$

的收敛域与发散域。

解　级数 $\sum\limits_{n=0}^{\infty} x^n$ 可看作以变量 x 为公比的几何级数，则由几何级数敛散性易知：

当 $|x| < 1$ 时，级数 $\sum\limits_{n=0}^{\infty} x^n$ 收敛，且和为 $\dfrac{1}{1-x}$。

当 $|x| \geqslant 1$ 时，级数 $\sum\limits_{n=0}^{\infty} x^n$ 发散。

于是，级数 $\sum\limits_{n=0}^{\infty} x^n$ 的收敛域为区间 $(-1,1)$，发散域为区间 $(-\infty, -1] \cup [1, +\infty)$。

对于收敛域中的每一个 x，函数项级数 $\sum_{n=0}^{\infty} u_n(x)$ 都对应有唯一确定的和 $s(x)$，即 $\sum_{n=0}^{\infty} u_n(x) = s(x)$。$s(x)$ 称为定义在收敛域上的函数项级数 $\sum_{n=0}^{\infty} u_n(x)$ 的**和函数**。若用 $s_n(x)$ 表示函数项级数 $\sum_{n=0}^{\infty} u_n(x)$ 的前 $n+1$ 项之和，则 $s_n(x) = u_0(x) + u_1(x) + \cdots + u_n(x)$，且在收敛域上，有 $\lim\limits_{n\to\infty} s_n(x) = s(x)$，$s(x)$ 与 $s_n(x)$ 的差 $r_n(x) = s(x) - s_n(x)$ 称为函数项级数 $\sum_{n=0}^{\infty} u_n(x)$ 的**余项**。显然 $\lim\limits_{n\to\infty} r_n(x) = 0$。

10.3.2　幂级数

定义 10.7　函数项级数

$$\sum_{n=0}^{\infty} a_n(y-a)^n = a_0 + a_1(y-a) + a_2(y-a)^2 + \cdots + a_n(y-a)^n + \cdots$$

称为**幂级数**，其中，常数 $a_0, a_1, a_2, \cdots, a_n, \cdots$ 为**幂级数的系数**。

特别地，若令 $y-a=x$，则上面幂级数就化为最简形式

$$\sum_{n=0}^{\infty} a_n x^n = a_0 + a_1 x + a_2 x^2 + \cdots + a_n x^n + \cdots。$$

显然，幂级数定义在 $(-\infty, +\infty)$ 内。它因每一项都是非负整数幂的幂函数而得名。为书写简便，下面主要讨论形如 $\sum_{n=0}^{\infty} a_n x^n$ 的幂级数的敛散性及它在收敛域上的性质。

定理 10.9　设幂级数 $\sum_{n=0}^{\infty} a_n x^n$ 的系数满足

$$\lim_{n\to\infty} \left| \frac{a_{n+1}}{a_n} \right| = \rho,$$

则有

(1) 若 $0 < \rho < +\infty$，则当 $|x| < \frac{1}{\rho}$ 时，$\sum_{n=0}^{\infty} a_n x^n$ 绝对收敛；当 $|x| > \frac{1}{\rho}$ 时，$\sum_{n=0}^{\infty} a_n x^n$ 发散；

(2) 若 $\rho = 0$，则对任意 x，$\sum_{n=0}^{\infty} a_n x^n$ 绝对收敛；

(3) 若 $\rho = +\infty$，则 $\sum_{n=0}^{\infty} a_n x^n$ 仅在 $x=0$ 处收敛；

证　作正项级数 $\sum_{n=0}^{\infty} |a_n x^n|$，则

$$\lim_{n\to\infty} \left| \frac{u_{n+1}}{u_n} \right| = \lim_{n\to\infty} \left| \frac{a_{n+1} x^{n+1}}{a_n x^n} \right| = \rho |x|。$$

(1) 若 $0<\rho<+\infty$,由定理10.8,当 $\rho\mid x\mid<1$ 即 $\mid x\mid<\dfrac{1}{\rho}$ 时,$\sum\limits_{n=0}^{\infty}a_nx^n$ 绝对收敛;当 $\rho\mid x\mid>1$ 即 $\mid x\mid>\dfrac{1}{\rho}$ 时,$\sum\limits_{n=0}^{\infty}a_nx^n$ 发散;

(2) 若 $\rho=0$,则对任意 x,$\rho\mid x\mid=0$,于是 $\sum\limits_{n=0}^{\infty}a_nx^n$ 对任意 x 绝对收敛;

(3) 若 $\rho=+\infty$,则 $x\neq 0$ 时,$\rho\mid x\mid=+\infty$,级数 $\sum\limits_{n=0}^{\infty}a_nx^n$ 发散;$x=0$ 时,$\rho\mid x\mid=0$,级数 $\sum\limits_{n=0}^{\infty}a_nx^n$ 绝对收敛。

该定理表明,当 $0<\rho<+\infty$ 时,$\sum\limits_{n=0}^{\infty}a_nx^n$ 在开区间 $\left(-\dfrac{1}{\rho},\dfrac{1}{\rho}\right)$ 内绝对收敛,这是一个以原点为中心,$\dfrac{1}{\rho}$ 为半径的对称区间,称为**收敛区间**。若令 $R=\dfrac{1}{\rho}$,称 R 为幂级数 $\sum\limits_{n=0}^{\infty}a_nx^n$ 的**收敛半径**,且规定当 $\rho=0$ 时,$R=+\infty$;当 $\rho=+\infty$ 时,$R=0$。于是有如下定理:

定理 10.10 若幂级数 $\sum\limits_{n=0}^{\infty}a_nx^n$ 的系数满足 $\lim\limits_{n\to\infty}\left|\dfrac{a_{n+1}}{a_n}\right|=\rho$,则其收敛半径

$$R=\begin{cases}\dfrac{1}{\rho},0<\rho<+\infty,\\ +\infty,\rho=0,\\ 0,\rho=+\infty。\end{cases}$$

要求出幂级数 $\sum\limits_{n=0}^{\infty}a_nx^n$ 的收敛域,通常先通过上述定理求出收敛半径 R,然后讨论它在 $x=\pm R$ 处是否收敛,从而确定 $\sum\limits_{n=0}^{\infty}a_nx^n$ 的收敛域。

例 2 求幂级数 $\sum\limits_{n=1}^{\infty}\dfrac{3^n+(-2)^n}{n}x^n$ 的收敛域。

解 因为

$$\rho=\lim_{n\to\infty}\left|\frac{a_{n+1}}{a_n}\right|=\lim_{n\to\infty}\left|\frac{\dfrac{3^{n+1}+(-2)^{n+1}}{n+1}}{\dfrac{3^n+(-2)^n}{n}}\right|$$

$$=\lim_{n\to\infty}\frac{n}{n+1}\cdot\frac{3+\left(-\dfrac{2}{3}\right)^n\cdot(-2)}{1+\left(-\dfrac{2}{3}\right)^n}=3,$$

于是

$$R=\frac{1}{\rho}=\frac{1}{3}。$$

又当 $x=\frac{1}{3}$ 时,原级数为 $\sum\limits_{n=1}^{\infty}\frac{3^n+(-2)^n}{n}\left(\frac{1}{3}\right)^n=\sum\limits_{n=1}^{\infty}\frac{1+\left(-\frac{2}{3}\right)^n}{n}$,发散。

当 $x=-\frac{1}{3}$ 时,原级数为 $\sum\limits_{n=1}^{\infty}\frac{3^n+(-2)^n}{n}\left(-\frac{1}{3}\right)^n=\sum\limits_{n=1}^{\infty}\frac{(-1)^n+\left(\frac{2}{3}\right)^n}{n}$,收敛。

故幂级数 $\sum\limits_{n=1}^{\infty}\frac{3^n+(-2)^n}{n}x^n$ 的收敛域为 $\left[-\frac{1}{3},\frac{1}{3}\right)$。

例 3　求幂级数 $\sum\limits_{n=0}^{\infty}\frac{1}{2n+1}x^{2n+1}$ 的收敛域。

解　此幂级数缺偶次项,不能直接用定理求 R。考虑

$$\lim_{n\to\infty}\left|\frac{u_{n+1}}{u_n}\right|=\lim\left|\frac{\frac{1}{2(n+1)+1}x^{2(n+1)+1}}{\frac{1}{2n+1}x^{2n+1}}\right|=\lim_{n\to\infty}\frac{2n+1}{2n+3}\mid x^2\mid=\mid x\mid^2。$$

当 $|x|^2<1$,即 $-1<x<1$ 时,级数绝对收敛。

当 $|x|^2>1$,即 $x<-1$ 或 $x>1$ 时,级数发散。

当 $|x|^2=1$,即 $x=\pm1$ 时,

(1)$x=1$ 时,原级数为 $\sum\limits_{n=0}^{\infty}\frac{1}{2n+1}$,发散;

(2)$x=-1$ 时,原级数为 $\sum\limits_{n=0}^{\infty}\frac{-1}{2n+1}$,发散。

故该幂级数的收敛域为 $(-1,1)$。

例 4　求幂级数 $\sum\limits_{n=1}^{\infty}\frac{(-1)^n}{n}(x+1)^n$ 的收敛域。

解　令 $t=x+1$,原级数化为 $\sum\limits_{n=1}^{\infty}\frac{(-1)^n}{n}t^n$。

因为

$$\rho=\lim_{n\to\infty}\left|\frac{a_{n+1}}{a_n}\right|=\lim_{n\to\infty}\left|\frac{\frac{(-1)^{n+1}}{n+1}}{\frac{(-1)^n}{n}}\right|=\lim_{n\to\infty}\frac{n}{n+1}=1,$$

由定理 10.10,收敛半径 $R=\frac{1}{\rho}=1$。

又 $t=1$ 时,$\sum\limits_{n=1}^{\infty}\frac{(-1)^n}{n}$ 收敛;$t=-1$ 时,$\sum\limits_{n=1}^{\infty}\frac{(-1)^n}{n}\cdot(-1)^n=\sum\limits_{n=1}^{\infty}\frac{1}{n}$ 发散。

故 $\sum\limits_{n=1}^{\infty}\frac{(-1)^n}{n}t^n$ 的收敛域为 $(-1,1]$,而 $-1<t\leqslant1$ 时,$-1<x+1\leqslant1$,$-2<x\leqslant0$。

所以$\sum\limits_{n=1}^{\infty}\frac{(-1)^n}{n}(x+1)^n$的收敛域为$(-2,0]$。

10.3.3 幂级数的性质

在解决实际问题时，常用到对幂级数进行加、减、乘、求导或求积分、求极限运算，这就需要了解幂级数的运算性质。

设幂级数$\sum\limits_{n=0}^{\infty}a_nx^n$，$\sum\limits_{n=0}^{\infty}b_nx^n$分别在$(-R_1,R_1)$与$(-R_2,R_2)$内收敛，且$R=\min\{R_1,R_2\}$，则有：

性质1 （加法运算）当$x\in(-R,R)$时，有

$$\sum_{n=0}^{\infty}a_nx^n\pm\sum_{n=0}^{\infty}b_nx^n=\sum_{n=0}^{\infty}(a_n\pm b_n)x^n。$$

性质2 （乘法运算）当$x\in(-R,R)$时，有

$$\left(\sum_{n=0}^{\infty}a_nx^n\right)\left(\sum_{n=0}^{\infty}b_nx^n\right)=a_0b_0+(a_0b_1+a_1b_0)x+(a_0b_2+a_1b_1+a_2b_0)x^2+\cdots+(a_0b_n+a_1b_{n-1}+\cdots+a_nb_0)x^n+\cdots。$$

下面讨论幂级数$\sum\limits_{n=0}^{\infty}a_nx^n$在收敛区间$(-R,R)$内和函数$s(x)$的连续性、可导性和可积分性。

性质3 幂级数$\sum\limits_{n=0}^{\infty}a_nx^n$的和函数$s(x)$在收敛区间$(-R,R)$内连续。$\forall x_0\in(-R,R)$，有逐项求极限公式

$$\lim_{x\to x_0}s(x)=\lim_{x\to x_0}\sum_{n=0}^{\infty}a_nx^n=\sum_{n=0}^{\infty}\lim_{x\to x_0}(a_nx^n)=\sum_{n=0}^{\infty}a_nx_0^n=s(x_0)。$$

性质4 幂级数$\sum\limits_{n=0}^{\infty}a_nx^n$的和函数$s(x)$在收敛区间$(-R,R)$内可导，且有逐项求导公式

$$s'(x)=\left(\sum_{n=0}^{\infty}a_nx^n\right)'=\sum_{n=0}^{\infty}(a_nx^n)'=\sum_{n=0}^{\infty}na_nx^{n-1},\ |x|<R。$$

性质5 幂级数$\sum\limits_{n=0}^{\infty}a_nx^n$的和函数$s(x)$在收敛区间$(-R,R)$内可积分，且有逐项积分公式

$$\int_0^x s(x)\mathrm{d}x=\int_0^x\left(\sum_{n=0}^{\infty}a_nx^n\right)\mathrm{d}x=\sum_{n=0}^{\infty}\int_0^x a_nx^n\mathrm{d}x=\sum_{n=0}^{\infty}\frac{a_n}{n+1}x^{n+1},\ |x|<R。$$

上述性质的证明从略。

幂级数在收敛区间内的运算性质在研究函数性质时非常重要，下面举例说明。

例5 求级数$\sum\limits_{n=0}^{\infty}(n+1)x^n$的和函数。

解　易求收敛半径 $R=1$，收敛域为$(-1,1)$。而在收敛域$(-1,1)$内，有

$$\sum_{n=0}^{\infty}(n+1)x^n=\sum_{n=0}^{\infty}(x^{n+1})'=\left(\sum_{n=0}^{\infty}x^{n+1}\right)'=\left(\frac{x}{1-x}\right)'=\frac{1}{(1-x)^2}。$$

故
$$\sum_{n=0}^{\infty}(n+1)x^n=\frac{1}{(1-x)^2},x\in(-1,1)。$$

例 6　求级数$\sum_{n=1}^{\infty}\frac{n}{2^n}$的和。

解　构造幂级数$\sum_{n=1}^{\infty}nx^n$，其收敛域为$(-1,1)$。

因为
$$\sum_{n=1}^{\infty}nx^n=x\sum_{n=1}^{\infty}nx^{n-1}=x\sum_{n=0}^{\infty}(x^n)'=x\left(\sum_{n=0}^{\infty}x^n\right)'$$
$$=x\left(\frac{1}{1-x}\right)'=\frac{x}{(1-x)^2},x\in(-1,1),$$

所以当 $x=\frac{1}{2}$ 时，即得

$$\sum_{n=1}^{\infty}\frac{n}{2^n}=\frac{\frac{1}{2}}{\left(1-\frac{1}{2}\right)^2}=2。$$

***例 7**　求幂级数$\sum_{n=2}^{\infty}\frac{1}{n^2-1}x^n$的和函数。

解　该幂级数收敛域为$[-1,1]$，设

$$s(x)=\sum_{n=2}^{\infty}\frac{1}{n^2-1}x^n,x\in[-1,1]。$$

则当 $x\in[-1,0)\cup(0,1)$ 时，有

$$s(x)=\sum_{n=2}^{\infty}\frac{1}{2}\left(\frac{1}{n-1}-\frac{1}{n+1}\right)x^n=\frac{1}{2}\left(\sum_{n=2}^{\infty}\frac{x^n}{n-1}-\sum_{n=2}^{\infty}\frac{x^n}{n+1}\right)$$
$$=\frac{1}{2}\left(x\sum_{n=2}^{\infty}\frac{x^{n-1}}{n-1}-\frac{1}{x}\sum_{n=2}^{\infty}\frac{x^{n+1}}{n+1}\right)=\frac{1}{2}\left(x\sum_{n=2}^{\infty}\int_0^x t^{n-2}\mathrm{d}t-\frac{1}{x}\sum_{n=2}^{\infty}\int_0^x t^n\mathrm{d}t\right)$$
$$=\frac{1}{2}\left[x\int_0^x\left(\sum_{n=2}^{\infty}t^{n-2}\right)\mathrm{d}t-\frac{1}{x}\int_0^x\left(\sum_{n=2}^{\infty}t^n\right)\mathrm{d}t\right]=\frac{1}{2}\left(x\int_0^x\frac{1}{1-t}\mathrm{d}t-\frac{1}{x}\int_0^x\frac{t^2}{1-t}\mathrm{d}t\right)$$
$$=-\frac{x}{2}\int_0^x\frac{1}{t-1}\mathrm{d}t+\frac{1}{2x}\int_0^x\left(t+1+\frac{1}{t-1}\right)\mathrm{d}t$$
$$=-\frac{x}{2}\ln(1-x)+\frac{1}{2x}\left[\frac{x^2}{2}+x+\ln(1-x)\right]$$
$$=\frac{1}{2}\left[1+\frac{x}{2}+\frac{\ln(1-x)}{x}-x\ln(1-x)\right],$$

而当 $x=0$ 时，显然 $s(0)=0$；当 $x=1$ 时，

$$s(1)=\sum_{n=2}^{\infty}\frac{1}{n^2-1}=\frac{3}{4},$$

因此

$$s(x)=\begin{cases}0, & x=0,\\ \frac{3}{4}, & x=1,\\ \frac{1}{2}\left[1+\frac{x}{2}+\frac{\ln(1-x)}{x}-x\ln(1-x)\right], & x\in[-1,0)\cup(0,1)。\end{cases}$$

习题 10.3

一、选择题

1. 设幂级数 $\sum_{n=0}^{\infty}a_nx^n$ 的收敛半径为 $R(0<R<+\infty)$，则(　　)。

A. 级数 $\sum_{n=0}^{\infty}a_nR^n$ 收敛

B. 级数 $\sum_{n=0}^{\infty}a_nR^n$ 发散

C. 如果级数 $\sum_{n=0}^{\infty}a_nR^n$ 收敛，则是条件收敛

D. 级数 $\sum_{n=0}^{\infty}a_nR^n$ 可能收敛也可能发散

2. 设幂级数 $\sum_{n=1}^{\infty}a_nx^n$ 在 $x=2$ 处收敛，则在 $x=-1$ 处(　　)。

A. 绝对收敛　　B. 条件收敛

C. 发散　　D. 敛散性不定

3. 幂级数 $\sum_{n=1}^{\infty}\frac{x^n}{n}$ 在 $(-1,1)$ 内的和函数为(　　)。

A. $\ln(1-x)$　　B. $-\ln(1-x)$

C. $\frac{1}{1-x}$　　D. $\frac{1}{x-1}$

二、填空题

1. 设幂级数 $\sum_{n=1}^{\infty}a_nx^n$ 的收敛半径为 R $(0<R<+\infty)$，则幂级数 $\sum_{n-1}^{\infty}a_n\left(\frac{x}{2}\right)^n$ 的收敛半径为________。

2. 幂级数 $\sum_{n=1}^{\infty}\frac{(x-1)^n}{n\cdot 3^n}$ 的收敛域为____________。

3. 幂级数 $\sum_{n=1}^{\infty}\frac{(-1)^n}{3^n}x^n$ 在 $(-3,3)$ 内的和函数 $s(x)=$ ____________。

三、解答题

1. 求下列幂级数的收敛域。

(1) $\sum\limits_{n=0}^{\infty} n!x^n$；　(2) $\sum\limits_{n=0}^{\infty} \dfrac{\sin n}{n!}x^n$；

(3) $\sum\limits_{n=0}^{\infty} \dfrac{(-1)^n}{n^2+1}x^n$；　(4) $\sum\limits_{n=0}^{\infty} \dfrac{x^n}{n!}$；

(5) $\sum\limits_{n=1}^{\infty} \dfrac{1}{n^2}(x-2)^n$；　(6) $\sum\limits_{n=1}^{\infty} (-1)^{n-1}\dfrac{(3x-2)^n}{2n+1}$；

(7) $\sum\limits_{n=0}^{\infty} \dfrac{(-1)^n}{2n-1}(2x-3)^n$；　(8) $\sum\limits_{n=0}^{\infty} \dfrac{(-1)^n}{(n+1)3^n}x^n$。

2. 求下列级数的和函数。

(1) $\sum\limits_{n=0}^{\infty} (-1)^n \dfrac{x^{n+1}}{n+1}$；　(2) $\sum\limits_{n=0}^{\infty} nx^n$；

(3) $\sum\limits_{n=0}^{\infty} \dfrac{x^n}{2^n}$。

3. 求级数 $\sum\limits_{n=2}^{\infty} \dfrac{1}{2^n(n^2-1)}$ 的和。

10.4　函数展开成幂级数

10.4.1　泰勒级数

前面讨论了有关幂级数的收敛问题。但在实际应用中，遇到的问题恰恰相反：先给定一个函数，要求一个幂级数，使它的和函数恰好是所给定的函数。即要用一个幂级数去表示一个任意给定的函数。在近似计算中，这样的表示是非常重要的。

通常，如果函数 $f(x)$ 在 x_0 的某一邻域 $U(x_0)$ 内具有任意阶的导数，把级数

$$f(x_0)+f'(x_0)(x-x_0)+\frac{f''(x_0)}{2!}(x-x_0)^2+\cdots+\frac{f^{(n)}(x_0)}{n!}(x-x_0)^n+\cdots \tag{10.3}$$

称为 $f(x)$ 在 $x=x_0$ 处的**泰勒级数**。

(10.3) 式的前 $n+1$ 项部分和记作 $s_{n+1}(x)$，则

$$s_{n+1}(x)=\sum_{k=0}^{n}\frac{f^{(k)}(x_0)}{k!}(x-x_0)^k,$$

这里 $f^{(0)}(x_0)=f(x_0)$。由泰勒公式有

$$f(x)=s_{n+1}(x)+R_n(x),$$

其中，$R_n(x)$ 是拉格朗日余项，且

$$R_n(x)=\frac{f^{(n+1)}(\xi)}{(n+1)!}(x-x_0)^{n+1}(\xi \text{ 在 } x \text{ 与 } x_0 \text{ 之间})。$$

由 $f(x)=s_{n+1}(x)+R_n(x)$，有 $f(x)-s_{n+1}(x)=R_n(x)$，则可得到

$$\lim_{n\to\infty}s_{n+1}(x)=f(x)$$

的充要条件是

$$\lim_{n\to\infty}R_n(x)=0(x\in U(x_0))。$$

因此，当$\lim\limits_{n\to\infty}R_n(x)=0$ 时，函数 $f(x)$ 的泰勒级数

$$f(x_0)+f'(x_0)(x-x_0)+\frac{f''(x_0)}{2!}(x-x_0)^2+\cdots+\frac{f^{(n)}(x_0)}{n!}(x-x_0)^n+\cdots$$

收敛到 $f(x)$ 本身。

于是，得到下述结论。

定理 10.11　设 $f(x)$ 在 x_0 的某一邻域 $U(x_0)$ 内具有各阶导数，则 $f(x)$ 在该邻域内能展开成泰勒级数的充要条件是 $f(x)$ 的泰勒公式中的余项 $R_n(x)$ 当 $n\to\infty$ 时的极限为零，即$\lim\limits_{n\to\infty}R_n(x)=0(x\in U(x_0))$。

特别地，当 $x_0=0$ 时，

$$f(x)=f(0)+\frac{f'(0)}{1!}x+\frac{f''(0)}{2!}x^2+\cdots+\frac{f^{(n)}(0)}{n!}x^n+\cdots。$$

这时，我们称函数 $f(x)$ 可展开成**麦克劳林级数**。

将函数 $f(x)$ 在 $x=x_0$ 处展开成泰勒级数，可通过变量替换 $t=x-x_0$，化归为函数 $f(x)$ 在 $t=0$ 处的麦克劳林展开式。因此将在后面着重讨论函数的麦克劳林展开式。

可以证明函数在 $x=0$ 处的幂级数展开式是唯一的。

设 $f(x)$ 在 $x=0$ 的某邻域$(-R,R)$ 内可展开成 x 的幂级数

$$f(x)=a_0+a_1x+a_2x^2+\cdots+a_nx^n+\cdots。$$

根据幂函数在收敛区间内可逐项求导，有

$$f'(x)=1\cdot a_1+2\cdot a_2x+\cdots+n\cdot a_nx^{n-1}+\cdots,$$
$$f''(x)=2\cdot 1\cdot a_2+\cdots+n\cdot(n-1)a_nx^{n-2}+\cdots,$$
$$\cdots\cdots\cdots\cdots$$
$$f^{(n)}(x)=n\cdot(n-1)\cdot\cdots\cdot 1\cdot a_n+(n+1)\cdot n\cdot\cdots\cdot 2a_{n+1}x+\cdots。$$
$$\cdots\cdots\cdots\cdots$$

把 $x=0$ 代入上述各式，有

$$f(0)=a_0,f'(0)=1\cdot a_1,f''(0)=2\cdot 1\cdot a_2,\cdots,$$
$$f^{(n)}(0)=n\cdot(n-1)\cdot\cdots\cdot 1\cdot a_n,\cdots$$

从而

$$a_0=f(0),\ a_1=\frac{f'(0)}{1!},\ a_2=\frac{f''(0)}{2!},\ \cdots,\ a_n=\frac{f^{(n)}(0)}{n!},\ \cdots$$

于是，函数 $f(x)$ 在 $x=0$ 处的幂级数展开式为

$$f(x)=f(0)+\frac{f'(0)}{1!}x+\frac{f''(0)}{2!}x^2+\cdots+\frac{f^{(n)}(0)}{n!}x^n+\cdots。$$

这就是函数的**麦克劳林展开式**。

这表明，函数在 $x=0$ 处的幂级数展开式是唯一的。

10.4.2　函数展开成幂级数

1. 直接展开法

将函数 $f(x)$ 展开成 x 的幂级数，可按如下几步进行：

第一步　求出函数在 $x=0$ 处的各阶导数值：$f(0), f'(0), f''(0), \cdots, f^{(n)}(0), \cdots$，如果函数的某阶导数不存在，则函数不能展开成 x 的幂级数。

第二步　写出 x 的幂级数：

$$f(0)+\frac{f'(0)}{1!}x+\frac{f''(0)}{2!}x^2+\cdots+\frac{f^{(n)}(0)}{n!}x^n+\cdots,$$

并求出其收敛半径 R。

第三步　考察当 $x\in(-R,R)$ 时，拉格朗日余项 $R_n(x)=\dfrac{f^{(n+1)}(\theta x)}{(n+1)!}x^{n+1}\ (0<\theta<1)$ 当 $n\to\infty$ 时是否趋向于零。若 $\lim\limits_{n\to\infty}R_n(x)=0$，则第二步写出的级数就是函数展开成的 x 的幂级数；若 $\lim\limits_{n\to\infty}R_n(x)\neq 0$，则函数不能展开成 x 的幂级数。

例 1　将函数 $f(x)=\mathrm{e}^x$ 展开成麦克劳林级数。

解　因为函数 $f(x)=\mathrm{e}^x$ 的各阶导数为 $f^{(n)}(x)=\mathrm{e}^x\quad(n=0,1,2,\cdots)$，所以 $f^{(n)}(0)=1\ (n=0,1,2,\cdots)$。于是，得麦克劳林级数

$$1+\frac{x}{1!}+\frac{x^2}{2!}+\cdots+\frac{x^n}{n!}+\cdots。$$

而

$$\rho=\lim_{n\to\infty}\left|\frac{a_{n+1}}{a_n}\right|=\lim_{n\to\infty}\left|\frac{\dfrac{1}{(n+1)!}}{\dfrac{1}{n!}}\right|=\lim_{n\to\infty}\frac{1}{n+1}=0,$$

故 $R=+\infty$。

$\forall x\in(-\infty,+\infty)$，有

$$|R_n(x)|=\left|\frac{\mathrm{e}^{\theta x}}{(n+1)!}x^{n+1}\right|\leqslant \mathrm{e}^{|x|}\cdot\frac{|x|^{n+1}}{(n+1)!}\quad(0<\theta<1),$$

这里 $\mathrm{e}^{|x|}$ 是与 n 无关的有限数，故考虑辅助幂级数 $\sum\limits_{n=1}^{\infty}\dfrac{|x|^{n+1}}{(n+1)!}$ 的敛散性。由比值法有

$$\lim_{n\to\infty}\left|\frac{u_{n+1}(x)}{u_n(x)}\right|-\lim_{n\to\infty}\left|\frac{\dfrac{|x|^{n+2}}{(n+2)!}}{\dfrac{|x|^{n+1}}{(n+1)!}}\right|=\lim_{n\to\infty}\frac{|x|}{n+2}=0,$$

故辅助级数收敛，从而一般项趋向于零，即 $\lim\limits_{n\to\infty}\dfrac{|x|^{n+1}}{(n+1)!}=0$。因此 $\lim\limits_{n\to\infty}R_n(x)=0$，故函数 $f(x)=\mathrm{e}^x$ 的展开式为

$$\mathrm{e}^x=1+\frac{x}{1!}+\frac{x^2}{2!}+\cdots+\frac{x^n}{n!}+\cdots\ (-\infty<x<+\infty)。$$

例 2 将函数 $f(x)=\sin x$ 在 $x=0$ 处展开成幂级数。

解 因为函数 $f(x)=\sin x$ 的各阶导数为

$$f^{(n)}(x)=\sin\left(x+n\cdot\frac{\pi}{2}\right)\ (n=1,2,\cdots),$$

所以

$$f^{(n)}(0)=\sin\left(n\cdot\frac{\pi}{2}\right)=\begin{cases}0, & n=2k,\\ (-1)^{k-1}, & n=2k-1,\end{cases}$$

其中,$k=1,2,\cdots$,于是得幂级数

$$\frac{x}{1!}-\frac{x^3}{3!}+\frac{x^5}{5!}-\cdots+(-1)^{n-1}\frac{x^{2n-1}}{(2n-1)!}+\cdots。$$

容易求出,它的收敛半径 $R=+\infty$。

$\forall x\in(-\infty,+\infty)$,有

$$|R_n(x)|=\left|\frac{\sin\left(\theta x+n\cdot\frac{\pi}{2}\right)}{(n+1)!}x^{n+1}\right|\leqslant\frac{|x|^{n+1}}{(n+1)!}\ (0<\theta<1)。$$

由例 1 知 $\lim\limits_{n\to\infty}\frac{|x|^{n+1}}{(n+1)!}=0$,因此 $\lim\limits_{n\to\infty}R_n(x)=0$,故函数 $f(x)=\sin x$ 在 $x=0$ 处的幂级数展开式为

$$\sin x=\frac{x}{1!}-\frac{x^3}{3!}+\frac{x^5}{5!}-\cdots+(-1)^{n-1}\frac{x^{2n-1}}{(2n-1)!}+\cdots(-\infty<x<+\infty)。$$

2. 间接展开法

前面介绍的将函数展开成幂级数的例子,是通过先计算幂级数的系数 $a_n=\frac{f^{(n)}(0)}{n!}$,然后分析余项 $R_n(x)$ 是否趋于零,这种通过微分计算幂级数的系数的工作量较大,而且分析余项 $R_n(x)$ 是否趋于零也不是一件容易的事。因此,在实际中常采用间接展开法,即利用一些已知的函数展开式以及幂函数的运算性质(如四则运算、逐项求导、逐项积分)将所给函数展开。

例 3 将函数 $f(x)=\cos x$ 展开成 x 的幂级数。

解 对展开式

$$\sin x=\frac{x}{1!}-\frac{x^3}{3!}+\frac{x^5}{5!}-\cdots+(-1)^{n-1}\frac{x^{2n-1}}{(2n-1)!}+\cdots\ (-\infty<x<+\infty)$$

两边关于 x 逐项求导,得

$$\cos x=1-\frac{x^2}{2!}+\frac{x^4}{4!}-\cdots+(-1)^{n-1}\frac{x^{2n-2}}{(2n-2)!}+\cdots\ (-\infty<x<+\infty)。$$

例 4 将函数 $f(x)=\ln(1+x)$ 展开成 x 的幂级数。

解 因为 $f'(x)=\frac{1}{1+x}$,而

$$\frac{1}{1+x}=1-x+x^2-x^3+\cdots+(-1)^n x^n+\cdots\ (-1<x<1),$$

将上式两边从 0 到 x 逐项积分得，

$$\ln(1+x)=x-\frac{x^2}{2}+\frac{x^3}{3}-\cdots+(-1)^n\frac{x^{n+1}}{n+1}+\cdots。$$

当 $x=1$ 时，交错级数 $1-\frac{1}{2}+\frac{1}{3}-\cdots+(-1)^n\frac{1}{n+1}+\cdots$ 收敛。当 $x=-1$ 时，右端为 $-\left(1+\frac{1}{2}+\frac{1}{3}+\cdots+\frac{1}{n+1}+\cdots\right)$，发散。

故

$$\ln(1+x)=x-\frac{x^2}{2}+\frac{x^3}{3}-\cdots+(-1)^n\frac{x^{n+1}}{n+1}+\cdots\ (-1<x\leqslant 1)。$$

例 5　将下列级数展开成 x 的幂级数：

(1) $f(x)=\frac{x}{x^2-2x-3}$；　(2) $f(x)=\sin^2 x$。

解　(1) 因为

$$f(x)=\frac{x}{x^2-2x-3}=\frac{x}{(x-3)(x+1)}$$

$$=\frac{1}{4}\left(\frac{1}{x+1}+\frac{3}{x-3}\right)=\frac{1}{4}\left(\frac{1}{1+x}-\frac{1}{1-\frac{x}{3}}\right),$$

而

$$\frac{1}{1+x}=\sum_{n=0}^{\infty}(-1)^n x^n\ (-1<x<1),$$

$$\frac{1}{1-\frac{x}{3}}=\sum_{n=0}^{\infty}\left(\frac{x}{3}\right)^n=\sum_{n=0}^{\infty}\frac{x^n}{3^n}\ (-3<x<3),$$

于是可得

$$f(x)=\frac{1}{4}\left[\sum_{n=0}^{\infty}(-1)^n x^n-\sum_{n=0}^{\infty}\frac{x^n}{3^n}\right]=\frac{1}{4}\sum_{n=0}^{\infty}\left[(-1)^n-\frac{1}{3^n}\right]x^n。$$

收敛域为 $(-1,1)\cap(-3,3)=(-1,1)$。

(2) 因为 $\sin^2 x=\frac{1-\cos 2x}{2}$，利用例 3，将其中的 x 换成 $2x$，得

$$\cos 2x=\sum_{n=0}^{\infty}(-1)^n\frac{(2x)^{2n}}{(2n)!}=\sum_{n-0}^{\infty}(-1)^n\frac{2^{2n}x^{2n}}{(2n)!},\ x\in(-\infty,+\infty),$$

于是

$$\sin^2 x=\frac{1-\cos 2x}{2}=\frac{1}{2}\left[1-1+\frac{2^2x^2}{2!}-\frac{2^4x^4}{4!}+\cdots+(-1)^{n-1}\frac{2^{2n}x^{2n}}{(2n)!}+\cdots\right]$$

$$=\sum_{n=1}^{\infty}(-1)^{n-1}\frac{2^{2n}x^{2n}}{2(2n)!},\ x\in(-\infty,+\infty)。$$

最后举一个将函数展开成 $x-x_0$ 的幂级数形式的例子。

例 6 将函数 $f(x)=\dfrac{1}{7-x}$ 展开成 $x-3$ 的幂级数。

解 令 $x-3=t$，即 $x=t+3$。于是

$$\frac{1}{7-x}=\frac{1}{7-t-3}=\frac{1}{4-t}=\frac{1}{4}\cdot\frac{1}{1-\frac{t}{4}}$$

$$=\frac{1}{4}\left[1+\frac{t}{4}+\left(\frac{t}{4}\right)^2+\cdots+\left(\frac{t}{4}\right)^n+\cdots\right]$$

$$=\frac{1}{4}+\frac{1}{4^2}(x-3)+\frac{1}{4^3}(x-3)^2+\cdots+\frac{1}{4^{n+1}}(x-3)^n+\cdots。$$

由 $\left|\dfrac{t}{4}\right|<1$，得 $|x-3|<4$，即 $-1<x<7$，故收敛域为 $(-1,7)$。

习题 10.4

一、选择题

1. 函数 $f(x)=\dfrac{1}{1+x^2}$ 在 $(-1,1)$ 内的麦克劳林级数展开式为（ ）。

A. $1+x^2+x^4+x^6+\cdots$　　B. $-1+x^2-x^4+x^6-\cdots$

C. $-1-x^2-x^4-x^6-\cdots$　　D. $1-x^2+x^4-x^6+\cdots$

2. 不经展开，确定函数 $f(x)=\dfrac{1}{x^2-5x+6}$ 展开成 $x-4$ 的幂级数的收敛区间为（ ）。

A. $(3,5)$　　B. $(2,6)$　　C. $[3,5]$　　D. $[2,6]$

3. 幂级数 $1-\dfrac{x^2}{2!}+\dfrac{x^4}{4!}-\dfrac{x^6}{6!}+\cdots$ 在 $(-\infty,\infty)$ 内的和函数是（ ）。

A. $\sin x$　　B. $\cos x$　　C. $\ln(1+x^2)$　　D. e^x

二、填空题

1. 函数 $f(x)=e^{\frac{x}{2}}$ 展开成 x 的幂级数为________。

2. 当 $|x|<\dfrac{1}{2}$ 时，函数 $f(x)=\dfrac{1}{1+2x}$ 展开成 x 的幂级数为________。

3. 函数 $f(x)=\dfrac{1}{2+3x}$ 展开成 $x-1$ 的幂级数为________。

三、解答题

1. 将函数展开成 x 的幂级数，并求展开式成立的区间。

(1) $\sin\dfrac{x}{2}$；　(2) $\ln(a+x)\ (a>0)$；　(3) a^x。

2. 将 $f(x)=\dfrac{1}{3-x}$ 分别展开成 $x-1$ 和 $x-2$ 的幂级数。

3. 把 $f(x)=x^3e^{-x}$ 展开成 x 的幂级数。

4. 将函数 $f(x)=\dfrac{x}{x^2-x-2}$ 展开成 x 的幂级数。

5. 设 $f(x)=\begin{cases}\dfrac{1-\cos x}{x^2}, & x\neq 0,\\ \dfrac{1}{2}, & x=0,\end{cases}$ 把 $f'(x)$ 展开成 x 的幂级数。

6. 将函数 $f(x)=\ln(x^2+3x+2)$ 展开成 x 的幂级数，并指出收敛半径。

*10.5　傅里叶级数

从本节开始即将讨论一类在声学、光学、热力学、电学等研究领域有着广泛应用的函数项级数，即由三角函数列所产生的三角级数。以下着重研究如何利用三角函数的(无限)线性组合形式表示有限区间上的一般函数。

10.5.1　三角级数　三角函数系的正交性

在工程技术的应用中，经常会遇到周期运动。最常见而简单的周期运动是由正弦函数 $y=A\sin(\omega t+\varphi)$ 表示的简谐振动。其中，A 为振幅，φ 为初相角，ω 为角频率。该简谐振动的周期 $T=\dfrac{2\pi}{\omega}$。

在实际问题中，还会遇到一些较为复杂的周期运动，常常是许多不同频率的简谐振动的叠加

$$f(x)=A_0+\sum_{n=1}^{\infty}A_n\sin(n\omega x+\varphi_n), \tag{10.4}$$

其中，$A_0,A_n,\varphi_n(n=1,2,\cdots)$ 都是常数。

对于级数(10.4)，只讨论 $\omega=1$ 的情形，如果 $\omega\neq 1$，可以用 ωx 代换 x。

为了方便后面的讨论，将正弦函数 $\sin(nx+\varphi_n)$ 按三角公式展开得

$$\sin(nx+\varphi_n)=\sin\varphi_n\cos nx+\cos\varphi_n\sin nx。$$

所以

$$A_0+\sum_{n=1}^{\infty}A_n\sin(nx+\varphi_x)=A_0+\sum_{n=1}^{\infty}(A_n\sin\varphi_n\cos nx+A_n\cos\varphi_n\sin nx)。 \tag{10.5}$$

令

$$A_0=\frac{a_0}{2},\ A_n\sin\varphi_n=a_n,\ A_n\cos\varphi_n=b_n,\ n=1,2,\cdots$$

则(10.5)式可写成

$$\frac{a_0}{2}+\sum_{n=1}^{\infty}(a_n\cos nx+b_n\sin nx)。$$

它就是由**三角函数系**

$$1,\cos x,\sin x,\cos 2x,\sin 2x,\cdots,\cos nx,\sin nx,\cdots \tag{10.6}$$

所产生的一般形式的**三角级数**。

所谓**三角函数系的正交性**是指，三角函数系中任何两个不同的函数的乘积在区间$[-\pi,\pi]$上的积分都等于零，即

$$\int_{-\pi}^{\pi}\cos nx\,\mathrm{d}x=0\quad(n=1,2,\cdots),$$

$$\int_{-\pi}^{\pi}\sin nx\,\mathrm{d}x=0\quad(n=1,2,\cdots),$$

$$\int_{-\pi}^{\pi}\sin kx\cos nx\,\mathrm{d}x=0\quad(k,n=1,2,\cdots),$$

$$\int_{-\pi}^{\pi}\cos kx\cos nx\,\mathrm{d}x=0\quad(k,n=1,2,\cdots,k\neq n),$$

$$\int_{-\pi}^{\pi}\sin kx\sin nx\,\mathrm{d}x=0\quad(k,n=1,2,\cdots,k\neq n)。$$

三角函数系中任何两个相同的函数的乘积在区间$[-\pi,\pi]$上的积分不等于零，即

$$\int_{-\pi}^{\pi}1^2\,\mathrm{d}x=2\pi,$$

$$\int_{-\pi}^{\pi}\cos^2 nx\,\mathrm{d}x=\pi\quad(n=1,2,\cdots),$$

$$\int_{-\pi}^{\pi}\sin^2 nx\,\mathrm{d}x=\pi\quad(n=1,2,\cdots)。$$

10.5.2 函数展开成傅里叶级数

设 $f(x)$ 是周期为 2π 的周期函数，且能展开成三角级数

$$f(x)=\frac{a_0}{2}+\sum_{k=1}^{\infty}(a_k\cos kx+b_k\sin kx)。\tag{10.7}$$

且设三角级数可逐项积分，则

$$\int_{-\pi}^{\pi}f(x)\,\mathrm{d}x=\int_{-\pi}^{\pi}\frac{a_0}{2}\mathrm{d}x+\sum_{k=1}^{\infty}\left[a_k\int_{-\pi}^{\pi}\cos kx\,\mathrm{d}x+b_k\int_{-\pi}^{\pi}\sin kx\,\mathrm{d}x\right]=a_0\pi,$$

于是得

$$a_0=\frac{1}{\pi}\int_{-\pi}^{\pi}f(x)\,\mathrm{d}x。\tag{10.8}$$

用 $\cos nx$ 乘(10.7)式两端，再从 $-\pi$ 到 π 逐项积分得到

$$\int_{-\pi}^{\pi}f(x)\cos nx\,\mathrm{d}x=\int_{-\pi}^{\pi}\frac{a_0}{2}\cos nx\,\mathrm{d}x+\sum_{k=1}^{\infty}\left[a_k\int_{-\pi}^{\pi}\cos kx\cos nx\,\mathrm{d}x\right.$$
$$\left.+b_k\int_{-\pi}^{\pi}\sin kx\cos nx\,\mathrm{d}x\right]=a_n\pi,$$

于是得

$$a_n = \frac{1}{\pi}\int_{-\pi}^{\pi} f(x)\cos nx\,\mathrm{d}x \quad (n = 1,2,\cdots)。\tag{10.9}$$

类似地可得

$$b_n = \frac{1}{\pi}\int_{-\pi}^{\pi} f(x)\sin nx\,\mathrm{d}x \quad (n = 1,2,\cdots)。\tag{10.10}$$

如果公式(10.8)、(10.9)、(10.10)中的积分都存在,则系数 $a_0, a_1, b_1, \cdots$ 叫做函数 $f(x)$ 的**傅里叶系数**。此时三角级数 $\frac{a_0}{2} + \sum_{n=1}^{\infty}(a_n\cos nx + b_n\sin nx)$ 称为**傅里叶级数**。

一个定义在 $(-\infty, +\infty)$ 内周期为 2π 的函数 $f(x)$,如果它在一个周期上可积,则一定可以作出 $f(x)$ 的傅里叶级数。然而,函数 $f(x)$ 的傅里叶级数是否一定收敛?如果它收敛,是否一定收敛于函数 $f(x)$?一般来说,这两个问题的答案都不是肯定的。

对于傅里叶级数的收敛性有如下定理。

定理 10.12　(收敛定理,狄利克雷(Dirichlet)充分条件)设 $f(x)$ 是周期为 2π 的周期函数,如果它满足:

(1) 在一个周期内连续或只有有限个第一类间断点;

(2) 在一个周期内至多只有有限个极值点。

则 $f(x)$ 的傅里叶级数收敛,并且当 x 是 $f(x)$ 的连续点时,级数收敛于 $f(x)$;当 x 是 $f(x)$ 的间断点时,级数收敛于

$$\frac{1}{2}[f(x^-) + f(x^+)]。$$

定理证明略。

收敛定理告诉我们,若函数 $f(x)$ 满足收敛条件,则 $f(x)$ 的傅里叶级数在连续点收敛于函数值本身,而在第一类间断点收敛于它左右极限的算术平均值。

例 1　设 $f(x)$ 是周期为 2π 的周期函数,它在 $[-\pi,\pi)$ 上的表达式为

$$f(x) = \begin{cases} 2, x \in [-\pi, 0), \\ 0, x \in [0, \pi)。\end{cases}（如图 10-1(a)),$$

将 $f(x)$ 展开成傅里叶级数。

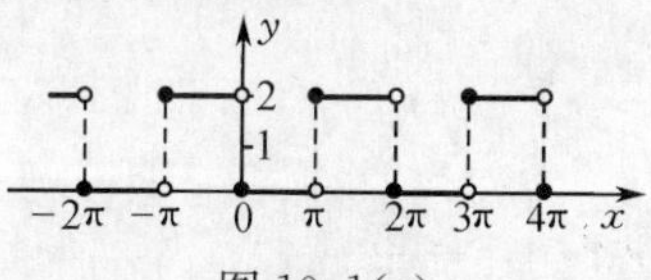

图 10-1(a)

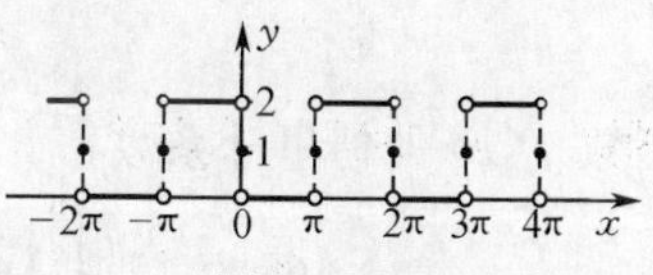

图 10-1(b)

解　所给函数满足收敛定理的条件,它在点 $x = k\pi(k - 0, \pm 1, \pm 2, \cdots)$ 处不连续,在其他点处连续,从而由收敛定理知道 $f(x)$ 的傅里叶级数收敛,并且当 $x = k\pi$ 时级数收敛于 $\frac{0+2}{2} = 1$,当 $x \neq k\pi$ 时级数收敛于 $f(x)$,和函数的图形如图 10-1(b) 所示。

计算函数 $f(x)$ 的傅里叶系数

$$a_0 = \frac{1}{\pi}\int_{-\pi}^{\pi} f(x)\,\mathrm{d}x = 2。$$

对于 $n=1,2,\cdots$，有

$$a_n=\frac{1}{\pi}\int_{-\pi}^{\pi}f(x)\cos nx\,\mathrm{d}x=\frac{1}{\pi}\int_{-\pi}^{0}2\cos nx\,\mathrm{d}x=\frac{2}{n\pi}\sin n\pi\Big|_{-\pi}^{0}=0,$$

$$b_n=\frac{1}{\pi}\int_{-\pi}^{\pi}f(x)\sin nx\,\mathrm{d}x=\frac{1}{\pi}\int_{-\pi}^{0}2\sin nx\,\mathrm{d}x=-\frac{2}{n\pi}\cos nx\Big|_{-\pi}^{0}=\frac{2[(-1)^n-1]}{n\pi}。$$

于是得到 $f(x)$ 的傅里叶级数展开式为

$$\begin{aligned}f(x)&=1+\frac{2}{\pi}\sum_{n=1}^{\infty}\frac{(-1)^n-1}{n}\sin nx\\&=1-\frac{4}{\pi}\left[\sin x+\frac{\sin 3x}{3}+\frac{\sin 5x}{5}+\cdots+\frac{\sin(2k+1)x}{2k+1}+\cdots\right]\quad(x\neq 0,\pm\pi,\pm 2\pi,\cdots)。\end{aligned}$$

$f(x)$ 的图形在电工学中称为**矩形波**，上式表示它可以由一系列不同频率的正弦波叠加得到。但显然，当 $x=0$ 时，右端级数和为 $\frac{f(0^-)+f(0^+)}{2}=\frac{2+0}{2}=1$，不等于 $f(0)=0$。

例 2 设 $f(x)$ 是周期为 2π 的周期函数，它在 $[-\pi,\pi)$ 内的表达式为

$$f(x)=\begin{cases}2x, -\pi\leqslant x<0,\\x, 0\leqslant x<\pi。\end{cases}$$

将 $f(x)$ 展开成傅里叶级数。

解 所给函数满足收敛定理的条件，它在点 $x=(2k+1)\pi(k=0,\pm 1,\pm 2,\cdots)$ 处不连续。因此，$f(x)$ 的傅里叶级数在 $x=(2k+1)\pi$ 处收敛于

$$\frac{f(\pi^-)+f(\pi^+)}{2}=\frac{\pi-2\pi}{2}=-\frac{\pi}{2}。$$

在连续点 $x(x\neq(2k+1)\pi)$ 处收敛于 $f(x)$。和函数的图形如图 10-2 所示。

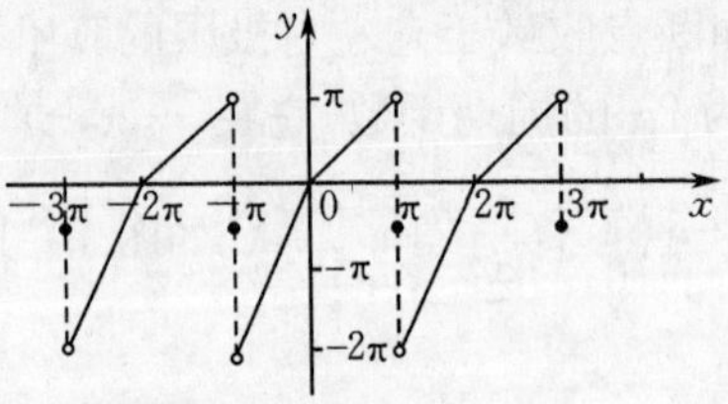

图 10-2

计算函数 $f(x)$ 的傅里叶系数

$$a_0=\frac{1}{\pi}\left(\int_{-\pi}^{0}2x\,\mathrm{d}x+\int_{0}^{\pi}x\,\mathrm{d}x\right)=-\frac{\pi}{2}。$$

对于 $n=1,2,\cdots$，有

$$\begin{aligned}a_n&=\frac{1}{\pi}\left(\int_{-\pi}^{0}2x\cos nx\,\mathrm{d}x+\int_{0}^{\pi}x\cos nx\,\mathrm{d}x\right)=-\frac{1}{\pi}\int_{0}^{\pi}x\cos nx\,\mathrm{d}x\\&=-\frac{1}{n\pi}\left(x\sin nx\Big|_{0}^{\pi}-\int_{0}^{\pi}\sin nx\,\mathrm{d}x\right)=-\frac{1}{n^2\pi}(\cos n\pi-1)\\&=\frac{1}{n^2\pi}[1-(-1)^n],\end{aligned}$$

$$b_n=\frac{1}{\pi}\left(\int_{-\pi}^{0}2x\sin nx\,\mathrm{d}x+\int_{0}^{\pi}x\sin nx\,\mathrm{d}x\right)=\frac{3}{\pi}\int_{0}^{\pi}x\sin nx\,\mathrm{d}x$$
$$=\frac{3}{n\pi}\left(-x\cos nx\Big|_0^{\pi}+\int_0^{\pi}\cos nx\,\mathrm{d}x\right)$$
$$=\frac{3}{n\pi}\left[(-1)^{n+1}\pi+\frac{1}{n}\sin nx\Big|_0^{\pi}\right]=\frac{3}{n}(-1)^{n+1}。$$

于是得到 $f(x)$ 的傅里叶级数展开式为

$$f(x)=-\frac{\pi}{4}+\sum_{n=1}^{\infty}\left\{\frac{[1-(-1)^n]}{n^2\pi}\cos nx+\frac{3(-1)^{n+1}}{n}\sin nx\right\}\quad(x\neq\pm\pi,\pm3\pi,\pm5\pi,\cdots)。$$

注意 在具体讨论函数的傅里叶级数展开式时，如果只给出了定义在 $(-\pi,\pi]$（或 $[-\pi,\pi)$）内的解析表达式 $f(x)$，我们可以在 $(-\pi,\pi]$ 以外的部分按函数在 $(-\pi,\pi]$ 内的对应关系作周期延拓，得到定义在整个数轴上以 2π 为周期的函数 $F(x)$。

先将 $F(x)$ 展成傅里叶级数，再将 x 限制在 $f(x)$ 的定义域内并根据 $F(x)$ 的连续性得到 $f(x)$ 在相应区间上的傅里叶级数。

例3 将函数 $f(x)=x^2\ (-\pi\leqslant x\leqslant\pi)$ 展开成傅里叶级数。

解 所给函数在区间 $[-\pi,\pi]$ 上满足收敛定理的条件，并且拓广为周期函数时，它在每一点 x 处都连续（这里 $f(-\pi)=f(\pi)$，在 $x=\pm\pi$ 处连续），因此拓广的周期函数的傅里叶级数在 $[-\pi,\pi]$ 上收敛于 $f(x)$。

计算函数 $f(x)$ 的傅里叶系数

$$a_0=\frac{1}{\pi}\int_{-\pi}^{\pi}x^2\mathrm{d}x=\frac{2}{3}\pi^2,$$

对于 $n=1,2,\cdots$，有

$$a_n=\frac{1}{\pi}\int_{-\pi}^{\pi}x^2\cos nx\,\mathrm{d}x=\frac{2}{\pi}\int_0^{\pi}x^2\cos nx\,\mathrm{d}x$$
$$=\frac{2}{\pi}\left[\frac{x^2}{n}\sin nx+\frac{2x}{n^2}\cos nx-\frac{2}{n^3}\sin nx\right]_0^{\pi}$$
$$=\frac{4}{n^2}\cos n\pi=\frac{4}{n^2}(-1)^n,$$
$$b_n=\frac{1}{\pi}\int_{-\pi}^{\pi}x^2\sin nx\,\mathrm{d}x=0。$$

于是得到 $f(x)$ 的傅里叶级数展开式为

$$x^2=\frac{\pi^2}{3}+4\sum_{n=1}^{\infty}\frac{(-1)^n}{n^2}\cos nx\quad(-\pi\leqslant x\leqslant\pi)。$$

10.5.3 正弦级数和余弦级数

在例3中，$f(x)=x^2$ 是偶函数，傅里叶系数 $b_n=0$。同理，如果函数 $f(x)$ 是满足狄利克雷充分条件的奇函数，则 $f(x)\cos nx$ 是奇函数，$f(x)\sin nx$ 是偶函数。由定积分的性质，

显然有 $a_n = 0$，而 $b_n = \frac{2}{\pi}\int_0^\pi f(x)\sin nx\,\mathrm{d}x, n = 1,2,\cdots$。这时，相应的傅里叶级数为

$$\sum_{n=1}^{\infty} b_n \sin nx$$

的形式，称为**正弦级数**。

同样，如果函数 $f(x)$ 是满足狄利克雷充分条件的偶函数，则 $f(x)\cos nx$ 是偶函数，$f(x)\sin nx$ 是奇函数。那么 $b_n = 0$ 和 $a_n = \frac{2}{\pi}\int_0^\pi f(x)\cos nx\,\mathrm{d}x$ 相应的傅里叶级数为

$$\frac{a_0}{2} + \sum_{n=1}^{\infty} a_n \cos nx$$

的形式，称为**余弦级数**。

例 4 设 $f(x)$ 是周期为 2π 的周期函数，它在 $[-\pi,\pi)$ 内的表达式为 $f(x) = 2x$。将 $f(x)$ 展开成傅里叶级数。

解 所给函数满足收敛定理的条件，它在点 $x = (2k+1)\pi (k = 0, \pm 1, \pm 2)$ 处不连续，在其他点处连续，从而由收敛定理知道 $f(x)$ 的傅里叶级数收敛，并且当 $x = (2k+1)\pi$ 时级数收敛于 $\frac{f(\pi^-) + f(\pi^+)}{2} = \frac{2\pi + (-2\pi)}{2} = 0$，当 $x \neq (2k+1)\pi$ 时级数收敛于 $f(x)$。和函数的图形如图 10-3 所示。

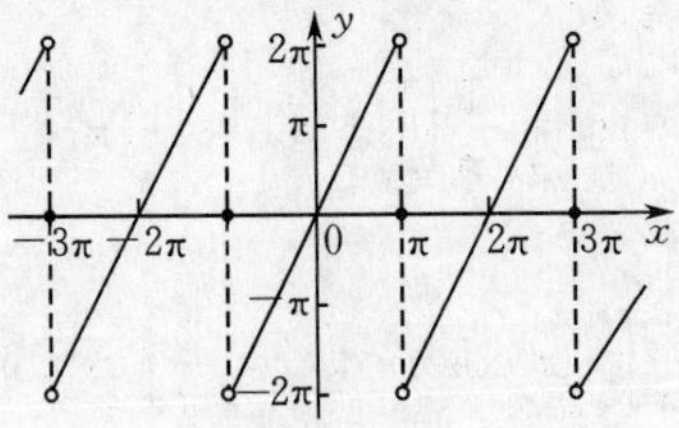

图 10-3

若不计 $x = (2k+1)\pi \ (k = 0, \pm 1, \pm 2, \cdots)$，则 $f(x)$ 是周期为 2π 的奇函数。那么

$$a_n = 0 (n = 0,1,2,\cdots),$$

$$b_n = \frac{2}{\pi}\int_0^\pi f(x)\sin nx\,\mathrm{d}x = \frac{2}{\pi}\int_0^\pi 2x\sin nx\,\mathrm{d}x$$

$$= \frac{4}{\pi}\left[-\frac{x\cos nx}{n} + \frac{\sin nx}{n^2}\right]_0^\pi = -\frac{4}{n}\cos n\pi$$

$$= \frac{4}{n}(-1)^{n+1} (n = 1,2,\cdots),$$

于是得到 $f(x)$ 的傅里叶级数展开式为

$$f(x) = 4\left(\sin x - \frac{1}{2}\sin 2x + \frac{1}{3}\sin 3x - \cdots + \frac{(-1)^{n+1}}{n}\sin nx + \cdots\right)。$$

其中，$-\infty < x < +\infty, x \neq \pm\pi, \pm 3\pi, \cdots$

例 5　将锯齿波周期函数 $f(x)=\begin{cases}\dfrac{3}{2}+\dfrac{3x}{\pi}, & -\pi\leqslant x<0,\\ \dfrac{3}{2}-\dfrac{3x}{\pi}, & 0\leqslant x<\pi\end{cases}$ 展开成傅里叶级数。

解　函数 $f(x)$ 满足收敛定理的条件且在 $(-\infty,+\infty)$ 内连续。因此，$f(x)$ 的傅里叶级数处处收敛于 $f(x)$，和函数的图形如图 10-4 所示。

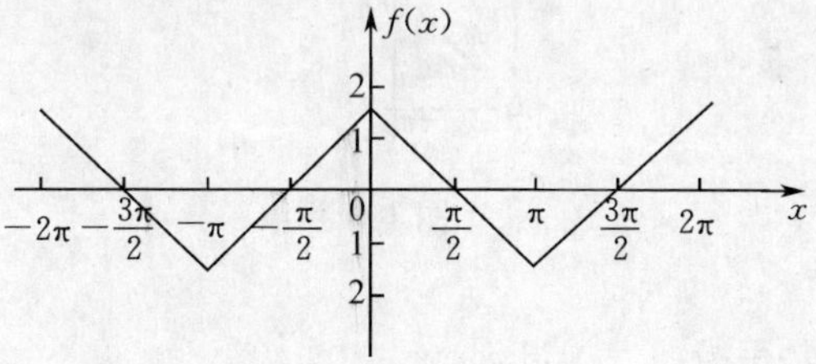

图 10-4

$f(x)$ 是周期为 2π 的偶函数，那么

$$
\begin{aligned}
b_n &= 0 \quad (n=1,2,\cdots),\\
a_n &= \frac{2}{\pi}\int_0^{\pi} f(x)\cos nx\,\mathrm{d}x=\frac{2}{\pi}\int_0^{\pi}\left(\frac{3}{2}-\frac{3x}{\pi}\right)\cos nx\,\mathrm{d}x\\
&=-\frac{6}{n\pi^2}\int_0^{\pi} x\,\mathrm{d}\sin nx=\frac{6}{n\pi^2}\int_0^{\pi}\sin nx\,\mathrm{d}x\\
&=-\frac{6}{n^2\pi^2}\cos nx\Big|_0^{\pi}=\frac{6}{n^2\pi^2}[1-(-1)^n]\\
&=\begin{cases}\dfrac{12}{n^2\pi^2} & (n=1,3,5,\cdots),\\ 0 & (n=2,4,6,\cdots)。\end{cases}\\
a_0 &= \frac{2}{\pi}\int_0^{\pi} f(x)\,\mathrm{d}x=\frac{2}{\pi}\int_0^{\pi}\left(\frac{3}{2}-\frac{3x}{\pi}\right)\mathrm{d}x=0,
\end{aligned}
$$

于是得到 $f(x)$ 的傅里叶级数展开式为

$$
f(x)=\frac{12}{\pi^2}\sum_{n=0}^{\infty}\frac{1}{(2n+1)^2}\cos(2n+1)x \quad (-\infty<x<+\infty)。
$$

在实际应用中，往往还需要把定义在区间 $[0,\pi]$ 上且满足收敛定理条件的函数 $f(x)$ 展开成正弦级数或余弦级数。这时，我们可以在开区间 $(-\pi,0)$ 内补充函数 $f(x)$ 的定义，得到定义在 $(-\pi,\pi]$ 内的函数 $F(x)$，使它在 $(-\pi,\pi)$ 内成为奇函数（或偶函数），按这种方式拓广函数定义域的过程称为**奇延拓**（或**偶延拓**）；然后将奇延拓（或偶延拓）后的函数展开成傅里叶级数，这个级数必定是正弦级数（或余弦级数）；再限制 x 在 $(0,\pi]$ 内，此时 $F(x)\equiv f(x)$，这样便得到 $f(x)$ 的正弦级数（或余弦级数）的展开式。

一个定义在区间 $[0,\pi]$ 上的函数 $f(x)$，如果满足狄利克雷充分条件，则 $f(x)$ 既可以展开成正弦级数，又可以展开成余弦级数。

例 6 将函数 $f(x)=x(0\leqslant x<\pi)$ 分别展开成正弦级数和余弦级数。

解 先求正弦级数，为此对函数 $f(x)$ 进行奇延拓，如图 10-5 所示。

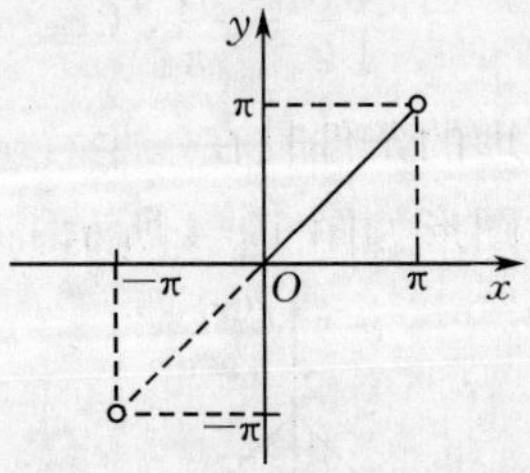

图 10-5

此时有

$$a_n=0,n=0,1,2,\cdots$$

$$b_n=\frac{2}{\pi}\int_0^{\pi}x\sin nx\,\mathrm{d}x=2\left[\frac{\sin nx}{n^2\pi}-\frac{x\cos nx}{n\pi}\right]_0^{\pi}$$

$$=-\frac{2\cos n\pi}{n}=\frac{2}{n}(-1)^{n+1}。$$

于是得到 $f(x)$ 的正弦级数展开式为

$$x=2\left(\sin x-\frac{\sin 2x}{2}+\frac{\sin 3x}{3}-\cdots+\frac{(-1)^{n+1}\sin nx}{n}+\cdots\right)\quad(0\leqslant x<\pi)。$$

在端点 $x=\pi$ 处级数的和显然为零，它不代表原来函数 $f(x)$ 的值。

再求余弦级数，为此对 $f(x)$ 进行偶延拓，如图 10-6 所示。

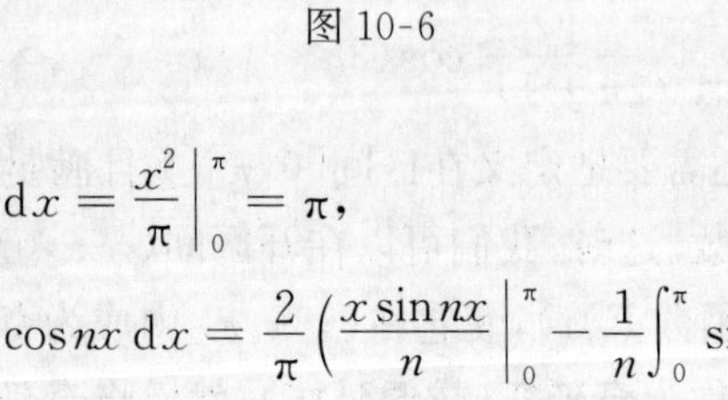

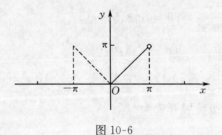

图 10-6

此时有

$$a_0=\frac{2}{\pi}\int_0^{\pi}x\,\mathrm{d}x=\frac{x^2}{\pi}\bigg|_0^{\pi}=\pi,$$

$$a_n=\frac{2}{\pi}\int_0^{\pi}x\cos nx\,\mathrm{d}x=\frac{2}{\pi}\left(\frac{x\sin nx}{n}\bigg|_0^{\pi}-\frac{1}{n}\int_0^{\pi}\sin nx\,\mathrm{d}x\right)$$

$$=\frac{2}{\pi}\left(\frac{\cos nx}{n^2}\bigg|_0^{\pi}\right)=2\cdot\frac{(-1)^n-1}{n^2\pi}$$

$$=\begin{cases}0, & n=2k,\\ -\dfrac{4}{n^2\pi}, & n=2k+1,\end{cases}\quad(k=0,1,2,\cdots)$$

于是得到 $f(x)$ 的余弦级数展开式为

$$x=\frac{\pi}{2}+\frac{2}{\pi}\sum_{n=1}^{\infty}\frac{(-1)^n-1}{n^2}\cos nx$$

$$=\frac{\pi}{2}-\frac{4}{\pi}\left(\cos x+\frac{\cos 3x}{3^2}+\frac{\cos 5x}{5^2}+\cdots+\frac{\cos(2k+1)x}{(2k+1)^2}+\cdots\right)\quad(0\leqslant x\leqslant\pi)。$$

10.5.4　周期为 2*l* 的周期函数的傅里叶级数

前面，我们所讨论的函数是以 2π 为周期的，或是定义在 $(-\pi,\pi]$ 内然后作以 2π 为周期延拓的函数。本节将讨论以 $2l$ 为周期的函数的傅里叶级数展开式。根据前面讨论的结果，通过变量置换 $\frac{\pi x}{l}=t$ 或 $x=\frac{lt}{\pi}$，把函数置换成以 2π 为周期的 t 的函数，可得到如下定理：

定理 10.13　设周期为 $2l$ 的周期函数 $f(x)$ 满足收敛定理的条件，则它的傅里叶级数展开式为

$$f(x)=\frac{a_0}{2}+\sum_{n=1}^{\infty}\left(a_n\cos\frac{n\pi x}{l}+b_n\sin\frac{n\pi x}{l}\right)\quad(x\in C),\tag{10.11}$$

其中

$$a_n=\frac{1}{l}\int_{-l}^{l}f(x)\cos\frac{n\pi x}{l}\mathrm{d}x\quad(n=0,1,2,\cdots),\tag{10.12}$$

$$b_n=\frac{1}{l}\int_{-l}^{l}f(x)\sin\frac{n\pi x}{l}\mathrm{d}x\quad(n=1,2,3,\cdots),\tag{10.13}$$

$$C=\left\{x\mid f(x)=\frac{1}{2}[f(x^-)+f(x^+)]\right\}。$$

当 $f(x)$ 为奇函数时，

$$f(x)=\sum_{n=1}^{\infty}b_n\sin\frac{n\pi x}{l}\quad(x\in C),\tag{10.14}$$

其中

$$b_n=\frac{2}{l}\int_0^l f(x)\sin\frac{n\pi x}{l}\mathrm{d}x(n=1,2,3,\cdots)。$$

当 $f(x)$ 为偶函数时，

$$f(x)=\frac{a_0}{2}+\sum_{n=1}^{\infty}a_n\cos\frac{n\pi x}{l}\quad(x\in C),\tag{10.15}$$

其中

$$a_n=\frac{2}{l}\int_0^l f(x)\cos\frac{n\pi x}{l}\mathrm{d}x\quad(n=0,1,2,\cdots)。$$

例 7 设 $f(x)$ 是周期为 6 的周期函数，它在 $[-3,3)$ 上的表达式为

$$f(x)=\begin{cases}2x+1, & -3\leqslant x<0,\\ 1, & 0\leqslant x<3,\end{cases}$$

将 $f(x)$ 展开成傅里叶级数。

解 这时 $l=3$，由公式(10.12)和(10.13)，有

$$a_0=\frac{1}{3}\int_{-3}^{3}f(x)\mathrm{d}x=\frac{1}{3}\left[\int_{-3}^{0}(2x+1)\mathrm{d}x+\int_{0}^{3}\mathrm{d}x\right]=-1,$$

对于 $n=1,2,\cdots$，有

$$a_n=\frac{1}{3}\int_{-3}^{3}f(x)\cos\frac{n\pi x}{3}\mathrm{d}x=\frac{1}{3}\left[\int_{-3}^{0}(2x+1)\cos\frac{n\pi x}{3}\mathrm{d}x+\int_{0}^{3}\cos\frac{n\pi x}{3}\mathrm{d}x\right]$$

$$=\frac{6}{n^2\pi^2}[1-(-1)^n],$$

$$b_n=\frac{1}{3}\int_{-3}^{3}f(x)\sin\frac{n\pi x}{3}\mathrm{d}x=\frac{1}{3}\left[\int_{-3}^{0}(2x+1)\sin\frac{n\pi x}{3}\mathrm{d}x+\int_{0}^{3}\sin\frac{n\pi x}{3}\mathrm{d}x\right]$$

$$=\frac{6}{n\pi}(-1)^{n+1}。$$

于是得到 $f(x)$ 的傅里叶级数展开式为

$$f(x)=-\frac{1}{2}+\sum_{n=1}^{\infty}\left\{\frac{6}{n^2\pi^2}[1-(-1)^n]\cos\frac{n\pi x}{3}+(-1)^{n+1}\frac{6}{n\pi}\sin\frac{n\pi x}{3}\right\}$$

$$(-\infty<x<+\infty;x\neq\pm3,\pm9,\pm15,\cdots)。$$

$f(x)$ 的傅里叶级数的和函数的图形如图 10-7 所示。

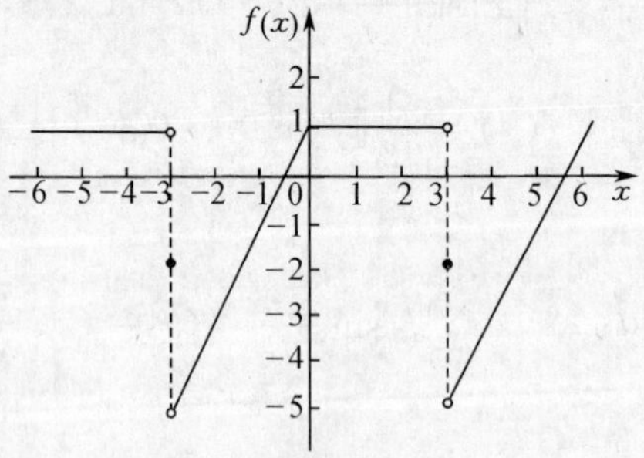

图 10-7

例 8 将函数 $f(x)=\begin{cases}x, & 0\leqslant x<\frac{1}{2},\\ 1-x, & \frac{1}{2}\leqslant x\leqslant 1\end{cases}$ 在 $[0,1]$ 上展开成正弦级数。

解 $f(x)$ 是定义在 $[0,1]$ 上的函数，据(10.14)要将它展开成正弦级数，必须对 $f(x)$ 进行奇延拓，此时 $l=1$，延拓后的函数的傅里叶系数为

$$a_n=0(n=0,1,2,\cdots),$$

$$b_n=2\left[\int_0^{\frac{1}{2}}x\sin n\pi x\,\mathrm{d}x+\int_{\frac{1}{2}}^1(1-x)\sin n\pi x\,\mathrm{d}x\right]$$
$$=2\left[\int_0^{\frac{1}{2}}x\sin n\pi x\,\mathrm{d}x-\int_0^{\frac{1}{2}}x\cos n\pi\sin n\pi x\,\mathrm{d}x\right]$$
$$=2[1+(-1)^{n-1}]\int_0^{\frac{1}{2}}x\sin n\pi x\,\mathrm{d}x$$
$$=\begin{cases}0, & n=2k,\\ \dfrac{4}{(2k-1)^2\pi^2}(-1)^{k-1}, & n=2k-1,\end{cases}$$

其中，$k=1,2,\cdots$，故 $f(x)$ 的正弦级数展开式为

$$f(x)=\frac{4}{\pi^2}\sum_{k=1}^{\infty}\frac{(-1)^{k-1}}{(2k-1)^2}\sin(2k-1)\pi x,x\in[0,1]。$$

习题 10.5

一、选择题

1. 三角函数系的正交性是指，在三角函数系中(　　)。

A. 任意一个函数在$[-\pi,\pi]$上的积分等于零

B. 任意两个不同函数乘积在$[-\pi,\pi]$上的积分不等于零

C. 任意一个函数自身平方在$[-\pi,\pi]$上的积分等于零

D. 任意两个不同函数乘积在$[-\pi,\pi]$上的积分等于零，任意一个函数自身平方在$[-\pi,\pi]$上的积分不等于零

2. 周期为 2π 的函数 $f(x)=\begin{cases}-1,-\pi\leqslant x<0,\\ 1,\quad 0\leqslant x<\pi\end{cases}$ 展开成傅里叶级数，则(　　)。

A. $a_n\neq 0,b_n=0$，所以是余弦级数　　B. $a_n=0,b_n\neq 0$，所以是正弦级数

C. $a_n\neq 0,b_n\neq 0$，是一般傅里叶级数　　D. 不能展开成傅里叶级数

3. 把函数 $f(x)=\begin{cases}1,0\leqslant x<h,\\ 0,h\leqslant x<\pi\end{cases}$ 展开成余弦级数，应对 $f(x)$ 进行(　　)。

A. 周期为 π 的延拓，级数在$[0,\pi]$上收敛于 $f(x)$

B. 周期为 π 的延拓，级数在$[0,h)$，$(h,\pi]$上收敛于 $f(x)$

C. 偶延拓，级数在$[0,h)$，$(h,\pi]$上收敛于 $f(x)$

D. 偶延拓，级数在$[0,\pi]$上收敛于 $f(x)$

二、填空题

1. 设 $f(x)=x,-\pi\leqslant x<\pi$，其周期为 2π，则傅里叶系数 $a_3=$ ________。

2. 设 $f(x)$ 是周期为 2π 的周期函数，它在$[-\pi,\pi]$上的表达式为 $f(x)=\begin{cases}0,-\pi\leqslant x<0,\\ k,0\leqslant x<\pi,\end{cases}$

常数 $k \neq 0$。则 $f(x)$ 的傅里叶级数的和函数在 $x=\pi$ 处的值为________。

3. 函数 $f(x)=x+1, 0 \leqslant x<\pi$ 的正弦级数在 $x=-\frac{1}{2}$ 处收敛于________。

三、解答题

1. 下列周期函数 $f(x)$ 的周期为 2π，试将 $f(x)$ 展开成傅立叶级数，如果 $f(x)$ 在 $[-\pi,\pi)$ 内的表达式为：

(1) $f(x)=4x^2 \quad (-\pi \leqslant x<\pi)$； (2) $f(x)=e^{3x} \quad (-\pi \leqslant x<\pi)$。

2. 将下列函数 $f(x)$ 展开成傅里叶级数。

(1) $f(x)=\sin \frac{x}{6} \quad (-\pi \leqslant x \leqslant \pi)$； (2) $f(x)=\begin{cases} e^x, -\pi \leqslant x<0, \\ 1, 0 \leqslant x \leqslant \pi。\end{cases}$

3. 将函数 $f(x)=x+1(0 \leqslant x \leqslant \pi)$ 分别展开成正弦级数和余弦级数。

4. 设 $f(x)=\begin{cases} x+\pi, -\pi \leqslant x<-\frac{\pi}{2}, \\ -\left(x+\frac{\pi}{2}\right), -\frac{\pi}{2} \leqslant x<0, \\ x-\frac{\pi}{2}, 0 \leqslant x<\frac{\pi}{2}, \\ \pi-x, \frac{\pi}{2} \leqslant x \leqslant \pi。\end{cases}$ 记 $s(x)$ 为 $f(x)$ 以 2π 为周期的傅里叶级数的和，求 $s(-\pi), s\left(-\frac{\pi}{2}\right), s(0), s\left(\frac{\pi}{2}\right), s(\pi), s\left(\frac{3}{2}\pi\right)$。

5. 设 $f(x)$ 是周期为 4 的周期函数，它在 $[-2,2)$ 内的表达式为 $f(x)=\begin{cases} 0, -2 \leqslant x<0, \\ k, 0 \leqslant x<2, \end{cases}$ 常数 $k \neq 0$。将 $f(x)$ 展开成傅里叶级数。

6. 将 $f(x)=x^2(0 \leqslant x \leqslant 2)$ 分别展开成正弦级数和余弦级数。

基础练习十

一、判断题

1. 若 $\sum_{n=1}^{\infty} u_n$ 收敛，则 $\lim_{n \to \infty} u_n=0$。 ( )

2. 若 $\lim_{n \to \infty} u_n=0$，则 $\sum_{n=1}^{\infty} u_n$ 收敛。 ( )

3. 记号 $\sum_{n=1}^{\infty} u_n$ 既表示级数，又表示级数之和。 ( )

4. 级数加括号后不影响其收敛性。 ( )

5. 若$\sum_{n=1}^{\infty} u_n$ 发散，则$\sum_{n=1}^{\infty} |u_n|$ 也发散。 (　　)

二、选择题

1. 若常数项级数$\sum_{n=1}^{\infty} u_n$ 收敛，则(　　)。

A. $\lim_{n\to\infty} s_n = 0$　B. $\lim_{n\to\infty}\sum_{n=1}^{\infty} u_n = 0$　C. $\lim_{n\to\infty} s_n$ 存在　D. $\lim_{n\to\infty} u_n$ 不存在

2. 若级数$\sum_{n=1}^{\infty} u_n (u_n > 0)$ 收敛，则下列级数中收敛的是(　　)。

A. $\sum_{n=1}^{\infty}(u_n + 100)$　B. $\sum_{n=1}^{\infty}(u_n - 100)$　C. $\sum_{n=1}^{\infty} 100u_n$　D. $\sum_{n=1}^{\infty}\frac{100}{u_{n+1} - u_n}$

3. 若级数$\sum_{n=1}^{\infty} u_n$ 收敛，则下列结论不成立的是(　　)。

A. $\lim_{n\to\infty} u_n = 0$　B. $\sum_{n=1}^{\infty} |u_n|$ 收敛

C. $\sum_{n=1}^{\infty} cu_n$(c 为常数) 收敛　D. $\sum_{n=1}^{\infty}(u_{2n-1} + u_{2n})$ 收敛

4. 若常数项级数$\sum_{n=1}^{\infty} u_n^2$ 收敛，则级数$\sum_{n=1}^{\infty} u_n$(　　)。

A. 发散　B. 绝对收敛

C. 条件收敛　D. 可能收敛，也可能发散

5. 交错级数$\sum_{n=1}^{\infty}(-1)^n(\sqrt{n+1} - \sqrt{n})$(　　)。

A. 发散　B. 绝对收敛

C. 条件收敛　D. 可能收敛，也可能发散

6. 设幂级数$\sum_{n=1}^{\infty} a_n x^n$ 在 $x = -2$ 处收敛，在 $x = 3$ 处发散，则(　　)。

A. 必在 $x = 2$ 处收敛　B. 必在 $x = -3$ 处发散

C. 必在 $x = 1$ 处收敛　D. 收敛区间为$[-2,3)$

7. 下列幂级数中，收敛半径 $R = 3$ 的是(　　)。

A. $\sum_{n=0}^{\infty}\frac{1}{3^{n+1}}x^n$　B. $\sum_{n=0}^{\infty}\frac{1}{3^{n/2}}x^n$　C. $\sum_{n=0}^{\infty} 3x^n$　D. $\sum_{n=0}^{\infty} 3^n x^n$

8. 幂级数$\sum_{n=1}^{\infty}\left[\frac{1}{2^n} + (-3)^n\right]x^n$ 的收敛半径是(　　)。

A. $\frac{1}{3}$　B. $\frac{1}{2}$　C. 2　D. 3

三、填空题

1. 级数$\sum_{n=1}^{\infty}2(-1)^n$的前$n$项的和$s_n=$__________。

2. $\sum_{n=1}^{\infty}\frac{1}{\sqrt{n(n+1)}(\sqrt{n+1}+\sqrt{n})}=$__________。

3. 若$\sum_{n=1}^{\infty}(-1)^{n-1}a_n=2$,且$\sum_{n=1}^{\infty}a_{2n-1}=5$,则$\sum_{n=1}^{\infty}a_n=$__________。

4. 已知级数$\sum_{n=1}^{\infty}\frac{(-1)^n+a}{n}$收敛,则$a=$__________。

5. 幂级数$\sum_{n=0}^{\infty}\frac{x^n}{\sqrt{n+1}}$的收敛域是__________。

6. $f(x)=e^x$在$x=2$处的幂级数展开式为__________。

7. $\int_0^1 x(1-\frac{x^2}{1!}+\frac{x^4}{2!}-\frac{x^6}{3!}+\frac{x^8}{4!}-\cdots)\mathrm{d}x=$__________。

8. 设函数$f(x)=\pi x+x^2(-\pi\leqslant x\leqslant\pi)$的傅里叶级数为$\frac{a_0}{2}+\sum_{n=1}^{\infty}(a_n\cos nx+b_n\sin nx)$,则其中的系数$b_3=$__________。

四、解答题

1. 判别下列级数的敛散性,若收敛,说明是绝对收敛还是条件收敛。

(1) $\sum_{n=1}^{\infty}\frac{\sin 2^n}{3^n}$;　　(2) $\sum_{n=1}^{\infty}(-1)^{n-1}\ln\frac{n}{n+1}$。

2. 求下列级数的收敛区间。

(1) $\sum_{n=1}^{\infty}a^{n^2}x^n(a>0)$;　　(2) $\sum_{n=1}^{\infty}(\lg x)^n$。

3. 求下列级数的和函数,并指出收敛域。

(1) $\sum_{n=0}^{\infty}(1-x)x^n$;　　(2) $\sum_{n=1}^{\infty}\frac{n(n+1)}{2}x^{n-1}$。

4. 将$f(x)=\frac{\mathrm{d}}{\mathrm{d}x}\left(\frac{e^x-1}{x}\right)$展开成$x$的幂级数。

5. 设正项级数$\sum_{n=1}^{\infty}v_n$收敛,级数$\sum_{n=1}^{\infty}(u_n-u_{n-1})$(其中$u_0=0$)收敛,证明$\sum_{n=1}^{\infty}u_nv_n$绝对收敛。

6. 试确定a,b,使得$\lim_{x\to 0}\left[\frac{a}{x^2}+\frac{1}{x^4}+\frac{b}{x^5}\int_0^x e^{-t^2}\mathrm{d}t\right]$为有限值,并求此极限。

提高练习十

一、判断题

1. 若$\sum_{n=1}^{\infty}u_n$发散，则$\lim_{n\to\infty}u_n\neq 0$。（　　）

2. 若$\lim_{n\to\infty}u_n\neq 0$，则$\sum_{n=1}^{\infty}u_n$发散。（　　）

3. 若级数加括号后发散，则原级数也发散。（　　）

4. 级数$\sum_{n=1}^{\infty}u_n$收敛的充分必要条件是前n项部分和所构成的数列$\{s_n\}$有界。（　　）

5. 三角级数就是傅里叶级数。（　　）

二、选择题

1. 级数$\sum_{n=1}^{\infty}(-1)^n\left(1-\cos\frac{\alpha}{n}\right)$（常数$\alpha>0$）（　　）。

A. 发散　　B. 条件收敛　　C. 绝对收敛　　D. 敛散性与α有关

2. 设$0\leqslant a_n<\frac{1}{n}(n=1,2,\cdots)$，则下列级数中必定收敛的是（　　）。

A. $\sum_{n=1}^{\infty}a_n$　　B. $\sum_{n=1}^{\infty}(-1)^n a_n$　　C. $\sum_{n=1}^{\infty}\sqrt{a_n}$　　D. $\sum_{n=1}^{\infty}(-1)^n a_n^2$

3. 下列各选项正确的是（　　）。

A. 若$\lim_{n\to\infty}\frac{v_n}{u_n}=1$，则$\sum_{n=1}^{\infty}u_n$和$\sum_{n=1}^{\infty}v_n$同时发散

B. 若$\frac{u_{n+1}}{u_n}>1(n=1,2,\cdots)$，则$\sum_{n=1}^{\infty}u_n$必发散

C. 若$\frac{u_{n+1}}{u_n}<1(n=1,2,\cdots)$，则$\sum_{n=1}^{\infty}u_n$必收敛

D. 若正项级数$\sum_{n=1}^{\infty}u_n$收敛，则必有$\lim_{n\to\infty}\sqrt[n]{u_n}<1$

4. 级数$\sum_{n=1}^{\infty}\frac{\beta^n}{n^\alpha}(\alpha>0,\beta>0)$的收敛性（　　）。

A. 与α、β取值有关　　B. 仅与α取值有关

C. 仅与β取值有关　　D. 与α、β无关

5. 若$\sum_{n=1}^{\infty}(a_{2n-1}+a_{2n})$收敛，则必有（　　）。

A. $\sum\limits_{n=1}^{\infty}a_n$ 收敛　　B. $\sum\limits_{n=1}^{\infty}a_n$ 未必收敛　　C. $\sum\limits_{n=1}^{\infty}a_n$ 发散　　D. $\lim\limits_{n\to\infty}a_n=0$

6. 设 $x>0$，对级数 $\sum\limits_{n=1}^{\infty}n!\left(\dfrac{x}{n}\right)^n$ 有结论(　　)。

A. $x\leqslant \mathrm{e}$ 时收敛　　B. $x<\mathrm{e}$ 时收敛　　C. $x\geqslant \mathrm{e}$ 时收敛　　D. $x>\mathrm{e}$ 时收敛

7. 幂级数 $\sum\limits_{n=1}^{\infty}\dfrac{x^{n-1}}{3^{n-1}n^{\frac{3}{2}}}$ 的收敛域为(　　)。

A. $(-3,3]$　　B. $(-3,3)$　　C. $[-3,3]$　　D. $[-3,3)$

8. 已知级数 $x+\dfrac{x^3}{3}+\dfrac{x^5}{5}+\cdots$ 在收敛域内的和函数 $s(x)=\dfrac{1}{2}\ln\dfrac{1+x}{1-x}$，则级数 $\sum\limits_{n=1}^{\infty}\dfrac{1}{2^n(2n-1)}$ 的和为(　　)。

A. $\dfrac{1}{2}\ln(\sqrt{2}+1)$　　B. $\dfrac{1}{\sqrt{2}}\ln(\sqrt{2}+1)$　　C. $\dfrac{1}{2}\ln(\sqrt{2}-1)$　　D. $\dfrac{1}{\sqrt{2}}\ln(\sqrt{2}-1)$

三、填空题

1. $\sum\limits_{n=1}^{\infty}\dfrac{1}{n(n+8)}=$ ________。

2. 设 $a_n>0$，$p>1$，且 $\lim\limits_{n\to\infty}n^p(\mathrm{e}^{\frac{1}{n}}-1)a_n=1$，若级数 $\sum\limits_{n=1}^{\infty}a_n$ 收敛，则 p 的取值范围是 ________。

3. 若幂级数 $\sum\limits_{n=1}^{\infty}a_n(x-1)^n$ 在 $x=-1$ 处收敛，则该级数在 $x=2$ 处 ________。

4. 若级数 $\sum\limits_{n=1}^{\infty}(-1)^{n-1}\dfrac{(x-a)^n}{n}$ 在 $x>0$ 时发散，在 $x=0$ 时收敛，则 $a=$ ________。

5. 幂级数 $\sum\limits_{n=0}^{\infty}\dfrac{3^n}{n!}(x+1)^{2n+1}$ 的收敛区间为 ________。

6. 幂级数 $\dfrac{x^2}{1\cdot 2}-\dfrac{x^3}{2\cdot 3}+\cdots+(-1)^{n+1}\dfrac{x^{n+1}}{n(n+1)}+\cdots$ 在收敛区间 $(-1,1]$ 内的和函数 $s(x)=$ ________。

7. 若级数 $\mathrm{e}^{-x}+2\mathrm{e}^{-2x}+\cdots+n\mathrm{e}^{-nx}+\cdots$ 收敛，其和为 $s(x)$，则 $\int_{\ln 2}^{\ln 3}s(x)\,\mathrm{d}x=$ ________。

8. 设 $f(x)$ 是可积函数，且在 $[-\pi,\pi]$ 上恒有 $f(x+\pi)=f(x)$，则 $a_{2n-1}=$ ________，$b_{2n-1}=$ ________。

四、解答题

1. 判别下列级数的敛散性，若收敛，说明是绝对收敛还是条件收敛。

(1) $\sum\limits_{n=1}^{\infty}(-1)^{n-1}\dfrac{1}{\ln(n+1)}$；　　(2) $\sum\limits_{n=2}^{\infty}\dfrac{(-1)^n}{\sqrt{n}+(-1)^n}$。

2. 确定级数$\sum\limits_{n=1}^{\infty}\dfrac{2^n\sin^n x}{n^2}$的收敛域。

3. 设$f(x)=\arctan\dfrac{1+x}{1-x}$。(1) 将$f(x)$展开成$x$的幂级数，并求收敛域；(2) 利用展开式求$f^{(101)}(0)$。

4. 将$f(x)=\begin{cases}\pi \quad 2x, 0\leqslant x\leqslant\dfrac{\pi}{2},\\ 0, \dfrac{\pi}{2}<x\leqslant\pi\end{cases}$展开成正弦级数。

5. 证明。

(1) $\lim\limits_{n\to\infty}\dfrac{n^n}{(n!)^2}=0$；　　(2) 对任何$x$值，$\lim\limits_{n\to\infty}\dfrac{5^n x^n}{n!}=0$。

6. 设有两条抛物线$y=nx^2+\dfrac{1}{n}$和$y=(n+1)x^2+\dfrac{1}{n+1}$，记它们交点的横坐标的绝对值为$a_n$。

(1) 求这两条抛物线所围成的平面图形的面积S_n；

(2) 求级数$\sum\limits_{n=1}^{\infty}\dfrac{S_n}{a_n}$的和。

习题参考答案

第6章

习题 6.1

一、1. B　2. D　3. D

二、1. $y''-3y'+3y=0$　2. 25

3. $xy'+x=2y$

三、1. (1) 特解　(2) 通解　(3) 不是解　(4) 通解

2. $y=(4+6x)e^{-x}$

3. (1) $y'=2x$　(2) $yy'+2x=0$

4. $\frac{dP}{dT}=k\frac{P}{T^2}$，$k$ 为比例系数

习题 6.2

一、1. D　2. C　3. B

二、1. $y=Ce^{-\sin x}$　2. $e^x+e^{-y}=C$

3. $\sin x\sin y=C$

三、1. (1) $y=Ce^{-e^x}$　(2) $(1-x)(1+y)=C$

(3) $x^3-y^3=C$　(4) $\ln y=Ce^{\arctan x}$

2. (1) $y=2x$　(2) $y=e^{\sqrt{x}-2}$　3. $y=e^x$

4. $t=60$ 分钟　5. $s=25\cdot 2^{\frac{t}{5}}$

习题 6.3

一、1. B　2. C　3. A

二、1. $2xy+x^2=C$　2. $y^2=x^2(2\ln|x|+C)$

3. $x^2=y^2(\ln|x|+C)$

三、1. (1) $\sqrt{x^2+y^2}=Ce^{-\arctan\frac{y}{x}}$　(2) $x^3=Ce^{\frac{y^3}{x^3}}$

(3) $y+\sqrt{x^2+y^2}=Cx^2$　(4) $x+2ye^{\frac{x}{y}}=C$

2. $y=x(1-4\ln x)$

习题 6.4

一、1. D　2. B　3. C

二、1. $y=e^{-x}(x+C)$　2. $y=\frac{1}{x^2}\left(\frac{x^3}{3}+C\right)$

3. $x=\frac{1}{y}\left(\frac{y^4}{4}+C\right)$

三、1. (1) $y=Ce^{\frac{3}{2}x^2}-\frac{2}{3}$　(2) $y=x^2(C-\cos x)$

(3) $x=y(C-e^y)$　(4) $y^2=Cx^2(1+y^2)$

2. (1) $y=\frac{1}{2}(\sin x-\cos x+e^x)$

(2) $y=x^2(1-e^{\frac{1-x}{x}})$

3. $y=2(e^{-x}+x-1)$

4. $y=e^x(x+C)$

习题 6.5

一、1. A　2. B　3. B

二、1. $y=\frac{1}{6}x^3-\sin x+C_1x+C_2$

2. $y=-\ln|\cos(x+C_1)|+C_2$

3. $y^2=C_1x+C_2$

三、1. (1) $y=-\frac{1}{2}\ln^2x-\ln x+C_1x+C_2$

(2) $y=C_1e^x-\frac{1}{2}x^2-x+C_2$

(3) $C_1y^2-1=(C_1x+C_2)^2$

(4) $y=\arcsin(C_2e^x)+C_1$

2. (1) $y=\left(\frac{1}{2}x+1\right)^4$

(2) $y=-\frac{1}{a}\ln(ax+1)$

(3) $y=x^4+4x+1$

习题 6.6

一、1. D　2. A　3. A

二、1. y_1-y_2　2. $y=C_1x+C_2x^2+e^x$

3. $y=C_1e^x+C_2x^2$

三、1. 通解为 $y=C_1\sin 2x+C_2\cos 2x$

2. 略

习题 6.7

一、1. B　2. B　3. B

二、1. $y=(C_1+C_2x)e^{4x}$　2. $y''-y'=0$

3. $y=-\dfrac{x^2}{2}+C_1x+C_2$

三、1. (1) $y=C_1e^{2x}+C_2e^{3x}$　(2) $y=C_1+C_2e^{7x}$

(3) $y=(C_1+C_2x)e^{-2x}$　(4) $(C_1+C_2x)e^{\frac{1}{2}x}$

(5) $y=e^{-x}(C_1\cos x+C_2\sin x)$

(6) $y=C_1\cos 2x+C_2\sin 2x$

2. (1) $y=e^{-\frac{x}{2}}(2+x)$　(2) $y=4e^x+2e^{3x}$

3. (1) $y=C_1+C_2e^{-\frac{5}{2}x}+\dfrac{1}{3}x^3-\dfrac{3}{5}x^2+\dfrac{7}{25}x$

(2) $y=C_1e^{-x}+C_2e^{-2x}+(\dfrac{3}{2}x^2-3x)e^{-x}$

(3) $y=e^x(C_1\cos 2x+C_2\sin 2x)+\dfrac{1}{10}\cos x+\dfrac{1}{5}\sin x$

(4) $y=C_1\cos x+C_2\sin x+x^2-2+\dfrac{1}{2}x\sin x$

4. $y=(x^2-x+1)e^x-e^{-x}$

5. $f(x)=\dfrac{1}{2}(\cos x+\sin x+e^x)$

基础练习六

一、1. ×　2. ×　3. ×　4. ×　5. ×

二、1. B　2. B　3. A　4. B

5. C　6. C　7. A　8. B

三、1. $(x-4)y^4=Cx$　2. e^{2x}

3. $\dfrac{1}{2}(x^2+1)[\ln(x^2+1)-1]$

4. $y=\dfrac{1}{5}x^3+\sqrt{x}$

5. 1　6. $y=C_1x^2+C_2e^x+3$

7. $y=e^{-x}(C_1\cos 2x+C_2\sin 2x)$

8. $y=C_1e^{-2x}+\left(C_2+\dfrac{x}{4}\right)e^{2x}$

四、1. $(e^x+1)(e^y-1)=C$

2. $y=\dfrac{1}{x^2-1}(\sin x-1)$

3. $y=C_1+C_2e^{-x}+\dfrac{1}{3}x^3-x^2+2x$

4. $f(x)=(x+1)e^x-1$

5. $t=\ln 3, s=\dfrac{2}{3}v_0$

6. $f(x)=x^2-2x+1$

提高练习六

一、1. √　2. ×　3. √　4. ×　5. √

二、1. C　2. C　3. D　4. D

5. D　6. C　7. A　8. D

三、1. $\begin{cases} y'=f(x,y), \\ y|_{x=x_0}=0 \end{cases}$　2. $\sec y+\tan y=Ce^{-\cos 2x}$

3. $y\arcsin x=x-\dfrac{1}{2}$　4. $y=C_1+\dfrac{C_2}{x^2}$

5. $y''-2y'+2y=0$

6. $y^*=x^2(ax^2+bx+c)e^{2x}$

7. $y=C_1\cos x+C_2\sin x+x+\dfrac{1}{2}e^x$

8. $p=-1, q=-2, f(x)=(1-2x)e^x$

四、1. $2x\ln y=\ln^2 y+C$

2. $y=1-\dfrac{1}{C_1x+C_2}$

3. $y=\dfrac{3}{4}+\dfrac{1}{4}(2x+1)e^{2x}$

4. $y=3e^{3x}-2e^{2x}$

5. $f(x)=\dfrac{xe^{\frac{x}{2}}}{2(x+1)^{\frac{3}{2}}}$

6. $x^2y'=3y^2-2xy, y-x=-x^3y$

第 7 章

习题 7.1

一、1. A　2. B　3. A

二、1. 四,五,八,三

2. $(1,-2,-2),(-2,4,4)$

3. $a_x=13, a_y\boldsymbol{j}=7\boldsymbol{j}$

三、1. $\overrightarrow{MA}=-\dfrac{1}{2}(\boldsymbol{a}+\boldsymbol{b})$, $\overrightarrow{MB}=\dfrac{1}{2}(\boldsymbol{a}-\boldsymbol{b})$

$\overrightarrow{MC}=\dfrac{1}{2}(\boldsymbol{a}+\boldsymbol{b})$, $\overrightarrow{MD}=\dfrac{1}{2}(\boldsymbol{b}-\boldsymbol{a})$

2. 略　3. $2\boldsymbol{u}-3\boldsymbol{v}=5\boldsymbol{a}-11\boldsymbol{b}+7\boldsymbol{c}$

4. $\sqrt{|\boldsymbol{r}_1|^2+|\boldsymbol{r}_2|^2\pm|\boldsymbol{r}_1||\boldsymbol{r}_2|}$

5. $\overrightarrow{CB}=\dfrac{1}{2}\boldsymbol{a}, \overrightarrow{AB}=\boldsymbol{b}-\dfrac{1}{2}\boldsymbol{a}, \overrightarrow{MN}=\dfrac{1}{4}\boldsymbol{a}-\boldsymbol{b}$

6. $\left(\frac{6}{11},\frac{7}{11},-\frac{6}{11}\right)$或$\left(-\frac{6}{11},-\frac{7}{11},\frac{6}{11}\right)$

7. 略

8. $\left(\frac{\sqrt{2}}{2}a,0,0\right),\left(-\frac{\sqrt{2}}{2}a,0,0\right),\left(0,\frac{\sqrt{2}}{2}a,0\right),$

$\left(0,-\frac{\sqrt{2}}{2}a,0\right),\left(\frac{\sqrt{2}}{2}a,0,a\right),\left(-\frac{\sqrt{2}}{2}a,0,a\right),$

$\left(0,\frac{\sqrt{2}}{2}a,a\right),\left(0,-\frac{\sqrt{2}}{2}a,a\right)$

9. $5\sqrt{2},\sqrt{34},\sqrt{41},5$ 10. 略

11. (1)$a_x=3,a_y=1,a_z=-2$

(2) $\sqrt{14}$

(3)$\cos\alpha=\frac{3}{\sqrt{14}},\cos\beta=\frac{1}{\sqrt{14}},\cos\gamma=\frac{-2}{\sqrt{14}}$

(4)$e_{\overrightarrow{p_1p_2}}=\frac{3}{\sqrt{14}}i+\frac{1}{\sqrt{14}}j-\frac{2}{\sqrt{14}}k$

12. $(-2,3,0)$ 13. 2

14. $\frac{11}{4}i-\frac{1}{4}j+3k$ 15. $\frac{\sqrt{3}}{3}(i+j+k)$

习题 7.2

一、1. C 2. C 3. A

二、1. $3,-18,(5,1,7),(10,2,14),\frac{\sqrt{21}}{14}$

2. 3 3. $-\frac{3}{2}$

三、1. -61 2. (1)-113 (2)9 3. $-\frac{4}{7}$

4. $\frac{\pi}{3}$ 5. $\frac{\pi}{3}$ 6. $-4i+2j-4k$ 7. 60°

8. (1)24 (2)60

9. $-18i+26j-12k$

10. $\pm\frac{\sqrt{3}}{3}(-i-j+k)$, $\sin\theta=\frac{5\sqrt{13}}{26}$

11. $\sin\theta=1$ 12. $\pm\frac{1}{5}(4j-3k)$

13. $\frac{1}{2}+\sqrt{2}+\sqrt{3}+\frac{3}{2}\sqrt{5}$

14. 5 *15. 1

*16. 2 *17. 略

习题 7.3

一、1. B 2. D 3. A

二、1. $2x+9y-6z-121=0$ 2. 1

3. $\frac{x-4}{2}=\frac{y+1}{1}=\frac{z-3}{5}$

三、1. $3x-2y+6z+2=0$

2. $\frac{x}{4}+\frac{y}{2}+\frac{z}{4}=1$

3. $\frac{15\sqrt{38}}{38}$

4. $(2,0,0)$ 及 $\left(\frac{4}{5},0,0\right)$

5. $(2\sqrt{2}\pm1)x\pm3y-\sqrt{2}z+(12\sqrt{2}\pm17)=0$

6. $x-y=0$

7. (1)-4 (2)$\pm\frac{1}{2}\sqrt{70}$

8. (1)$l=18,m=-\frac{2}{3}$ (2)$l=6$

9. $2x-y-3z=0$

10. $\frac{x}{1}=\frac{y-7}{-7}=\frac{z-17}{-19}$;

$x=t,y=7-7t,z=17-19t$

11. $(-2,1,3)$

12. (1)$\arccos\frac{4}{21}$ (2)$\arccos\frac{14}{39}$

13. (1) $\frac{x-2}{3}=\frac{y+3}{-1}=\frac{z-4}{2}$

(2) $\frac{x}{-2}=\frac{y-2}{3}=\frac{z-4}{1}$

(3) $\frac{x+1}{2}=\frac{y-2}{-1}=\frac{z-1}{3}$

14. (1) 平行 (2) 垂直 15. $x+2y+3z=0$

16. $2x+15y+7z+7=0$

17. $\left(-\frac{5}{3},\frac{2}{3},\frac{2}{3}\right)$

18. $k=2,(3,1,0),x-y-z-2=0$

19. $\frac{x+3}{4}=\frac{y-2}{3}=\frac{z-5}{1}$

习题 7.4

一、1. B 2. A 3. B

二、1. $y^2+z^2=5x$,旋转抛物面

2. $\frac{\pi}{4}$

3. z,xOy 面上的抛物线 $y^2=2x$,抛物柱面

三、1. $x^2+y^2+z^2-2x-6y+4z=0$

2. $4x+4y+10z-63=0$

3. 以点(1, -2, -1)为球心，半径等于$\sqrt{6}$的球面

4. $\left(x+\frac{2}{3}\right)^2+(y+1)^2+\left(z+\frac{4}{3}\right)^2=\frac{116}{9}$

表示球心为$\left(-\frac{2}{3},-1,-\frac{4}{3}\right)$，半径为$\frac{2}{3}\sqrt{29}$的球面

5. 绕 x 轴：$4x^2-9(y^2+z^2)=36$，

绕 y 轴：$4(x^2+z^2)-9y^2=36$

6. 略 7. 略

8. (1)xOy 平面上的椭圆$\frac{x^2}{4}+\frac{y^2}{9}=1$绕 x 轴旋转一周

(2)xOy 平面上的双曲线$x^2-\frac{y^2}{4}=1$绕 y 轴旋转一周

(3)xOy 平面上的双曲线$x^2-y^2=1$绕 x 轴旋转一周

(4)yOz 平面上的直线$z=y+a$绕 z 轴旋转一周

9. 略

习题 7.5

一、1. A 2. D 3. D

二、1. 平面 $y=1$ 上的椭圆 $x^2+9z^2=32$

2. $\begin{cases}x^2+y^2=4,\\ z=0\end{cases}$ 3. $\begin{cases}y+z=1,\\ x=0\end{cases}$

三、1～2. 略

3. 母线平行于 x 轴的柱面方程：$3y^2-z^2=16$

母线平行于 y 轴的柱面方程：$3x^2+2z^2=16$

4. $\begin{cases}2x^2-2x+y^2=8,\\ z=0\end{cases}$

5. (1)$\begin{cases}x=\frac{3}{\sqrt{2}}\cos t,\\ y=\frac{3}{\sqrt{2}}\cos t, \quad (0\leqslant t\leqslant 2\pi)\\ z=3\sin t\end{cases}$

(2)$\begin{cases}x=1+\sqrt{3}\cos\theta,\\ y=\sqrt{3}\sin\theta, \quad (0\leqslant\theta\leqslant 2\pi)\\ z=0\end{cases}$

6. $\begin{cases}x^2+y^2=a^2,\\ z=0;\end{cases}$ $\begin{cases}y=a\sin\frac{z}{b},\\ x=0;\end{cases}$ $\begin{cases}x=a\cos\frac{z}{b},\\ y=0\end{cases}$

7. $x^2+y^2\leqslant ax$；$z^2+ax\leqslant a^2, x\geqslant 0, z\geqslant 0$

8. $x^2+y^2\leqslant 4, x^2\leqslant z\leqslant 4, y^2\leqslant z\leqslant 4$

基础练习七

一、1. × 2. × 3. × 4. × 5. ×

二、1. C 2. D 3. D 4. D

5. C 6. A 7. A 8. C

三、1. $\lambda=2\mu$ 2. $\sqrt{111}$

3. $y^2+z^2=4ax$，旋转抛物面

4. 6 5. $x-y-3z+16=0$

6. -1 7. -1 8. $z=x^2+4$

四、1. 1 2. 直线$\begin{cases}x=-1,\\ y=4\end{cases}$

3. (1)$\sqrt{6}$

(2)$\frac{x-0}{1}=\frac{y+1}{-1}=\frac{z-1}{2}$

4. $\begin{cases}4x-y+z-1=0,\\ 17x+31y-37z-117=0\end{cases}$

5. $\frac{x+1}{1}=\frac{y}{2}=\frac{z-4}{5}$ 6. 略

提高练习七

一、1. √ 2. × 3. × 4. × 5. ×

二、1. B 2. C 3. A 4. D

5. D 6. A 7. B 8. A

三、1. 7 2. $5\sqrt{2}\boldsymbol{i}+5\boldsymbol{j}\pm 5\boldsymbol{k}$

3. $4a_x+3b_x-c_x$ 4. $x-2y+z=0$

5. $\arccos\frac{4}{\sqrt{21}}$ 6. $\frac{x^2}{a^2}+\frac{y^2}{a^2-c^2}+\frac{z^2}{a^2-c^2}=1$

7. 旋转单叶双曲面，$\frac{x^2}{9}-y^2=1, y, \frac{z^2}{9}-y^2=1, y$

8. $\sqrt{x^2+y^2}=2z^2$

四、1. $\arccos\frac{2}{\sqrt{7}}$

2. (1)$k=-2$ (2)$k_1=-1, k_2=5$

3. 用截距式，$a=\frac{p}{\cos\alpha}, b=\frac{p}{\cos\beta}, c=\frac{p}{\cos\gamma}$

4. $x-y+z=0$

5. (1) $\begin{cases} 2y+3z-5=0, \\ x=0 \end{cases}$

(2) $\begin{cases} 3x-4y+16=0, \\ z=0 \end{cases}$

(3) $\begin{cases} x-y+3z+8=0, \\ x-2y-z+7=0 \end{cases}$

6. $(x+1)^2+(y-3)^2+(z-3)^2=1$

第 8 章

习题 8.1

一、**1.** D　**2.** D　**3.** D

二、**1.** $(xy)^{x+y}$

2. $-\infty < x < +\infty, -\infty < y < +\infty$

3. 1

三、**1.** $(x+y)^{xy}+(xy)^{2x}$　**2.** 略

3. (1) $x+y\neq 0$ 或 $x\neq -y$。即为去掉直线 $y=-x$ 的 xOy 面

(2) $x>0, y>0$ 或 $x<0, y<0$

(3) $x+y>0$ 且 $x-y>0$

(4) $\dfrac{x^2}{a^2}+\dfrac{y^2}{b^2}\leqslant 1$　(5) $x\geqslant\sqrt{y}$ 且 $y\geqslant 0$

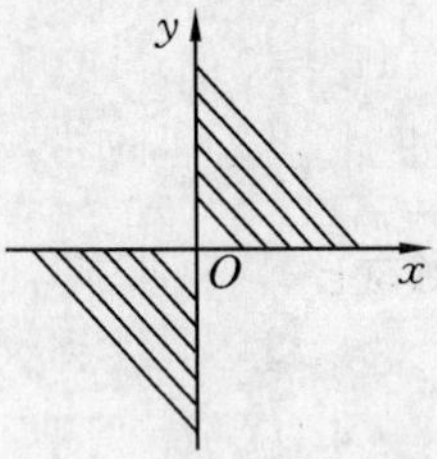

3(2) 图

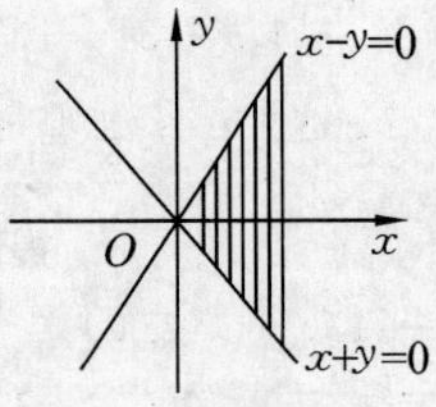

3(3) 图

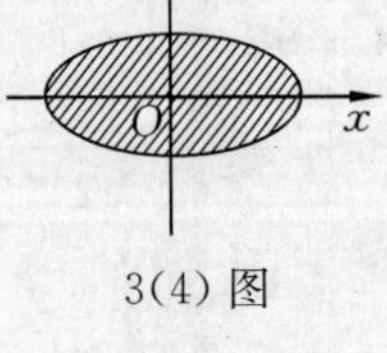

3(4) 图

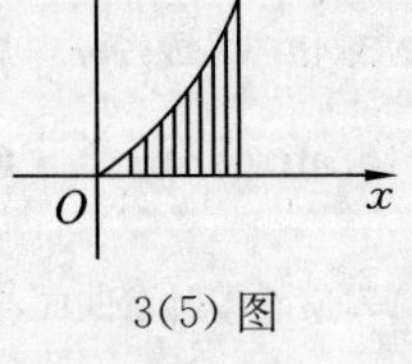

3(5) 图

(6) $\dfrac{x^2+y^2}{4}\leqslant 1, x^2+y^2\geqslant 1$。即

$1\leqslant x^2+y^2\leqslant 4$(圆环)

4. (1)1　(2)1　(3) $-\dfrac{1}{4}$　(4) $+\infty$

(5)ln2　(6)e

5. 略

6. (1) 点(0,0) 处间断

(2) 在 $y^2=2x$ 上间断

习题 8.2

一、**1.** B　**2.** D　**3.** B

二、**1.** $2z$　**2.** $\dfrac{\pi}{4}$　**3.** $\dfrac{1}{3}\mathrm{d}x+\dfrac{2}{3}\mathrm{d}y$

三、**1.** (1) $\dfrac{\partial z}{\partial x}=-\dfrac{y}{x^2}, \dfrac{\partial z}{\partial y}=\dfrac{1}{x}$

(2) $\dfrac{\partial z}{\partial x}=\dfrac{-y}{x^2+y^2}, \dfrac{\partial z}{\partial y}=\dfrac{x}{x^2+y^2}$

(3) $\dfrac{\partial z}{\partial x}=\dfrac{\sqrt[3]{y}}{3x(\sqrt[3]{x}-\sqrt[3]{y})}$,

$\dfrac{\partial z}{\partial y}=\dfrac{\sqrt[3]{x}}{3y(\sqrt[3]{y}-\sqrt[3]{x})}$

(4) $\dfrac{\partial z}{\partial x}=\cos x\cdot\cos y(\sin x)^{\cos y-1}$,

$\dfrac{\partial z}{\partial y}=-\sin y\ln\sin x(\sin x)^{\cos y}$

(5) $\dfrac{\partial z}{\partial x}=\dfrac{5t}{(x+2t)^2}, \dfrac{\partial z}{\partial y}=\dfrac{-5x}{(x+2t)^2}$

(6) $\dfrac{\partial z}{\partial x}=\cot(x-2y)$,

$\dfrac{\partial z}{\partial y}=-2\cot(x-2y)$

(7) $\dfrac{\partial z}{\partial x}=\dfrac{2}{y\sin\dfrac{2x}{y}}, \dfrac{\partial z}{\partial y}=\dfrac{-2x}{y^2\sin\dfrac{2x}{y}}$

(8) $\dfrac{\partial z}{\partial x}=-\dfrac{y}{x^2}\left(\dfrac{1}{3}\right)^{-\frac{y}{x}}\ln 3$,

$\dfrac{\partial z}{\partial y}=\dfrac{1}{x}\left(\dfrac{1}{3}\right)^{-\frac{y}{x}}\ln 3$

2～4. 略　**5.** $\theta=\dfrac{\pi}{6}$

6. (1) $\dfrac{\partial^2 z}{\partial x^2}=6xy$,　$\dfrac{\partial^2 z}{\partial x\partial y}=3x^2-1$,　$\dfrac{\partial^2 z}{\partial y^2}=0$

(2) $\dfrac{\partial^2 z}{\partial x^2}=6x+2y$,　$\dfrac{\partial^2 z}{\partial x\partial y}=2x+2y$,

$\frac{\partial^2 z}{\partial y^2} = 2x + 6y$

(3) $\frac{\partial^2 z}{\partial x^2} = \frac{xy^3}{\sqrt{(1-x^2y^2)^3}}$,

$\frac{\partial^2 z}{\partial x \partial y} = \frac{1}{\sqrt{(1-x^2y^2)^3}}$,

$\frac{\partial^2 z}{\partial y^2} = \frac{x^3 y}{\sqrt{(1-x^2y^2)^3}}$

7. 略

8. $f''_{xx}(0,0,1) = 2$, $f'_{xz}(1,0,2) = 2$,

$f''_{yz}(0,-1,0) = 0$, $f^{(3)}_{zzx}(2,0,1) = 0$

9. (1) $dz = 2xy\,dx + x^2\,dy$

(2) $du = \frac{2}{(s-t)^2}(s\,dt - t\,ds)$

(3) $dz = \ln y\,dx + \frac{x}{y}\,dy$

(4) $dz = \frac{x}{(x^2+y^2)^{\frac{3}{2}}}(y\,dx - x\,dy)$

10. $dz = -dx + \frac{1}{4}dy$

11. $dz = -0.20$, $\Delta z = -0.20404$

12. $dz = 0.075$, $\Delta z \approx 0.0714$

13. (1) $\frac{\partial z}{\partial x} = \frac{-y^2}{(x-y)^2}$, $\frac{\partial z}{\partial y} = \frac{x^2}{(x-y)^2}$,

$dz = \frac{1}{(x-y)^2}(-y^2\,dx + x^2\,dy)$

(2) $\frac{\partial z}{\partial x} = \frac{y}{2\sqrt{x(1-xy^2)}}$,

$\frac{\partial z}{\partial y} = \sqrt{\frac{x}{1-xy^2}}$,

$dz = \frac{y}{2\sqrt{x(1-xy^2)}}dx + \sqrt{\frac{x}{1-xy^2}}dy$

(3) $\frac{\partial z}{\partial x} = y\cos xy$, $\frac{\partial z}{\partial y} = x\cos xy$,

$dz = \cos xy(y\,dx + x\,dy)$

(4) $\frac{\partial u}{\partial x} = -\frac{y}{x^2} - \frac{1}{z}$, $\frac{\partial u}{\partial y} = \frac{1}{x} - \frac{z}{y^2}$,

$\frac{\partial u}{\partial z} = \frac{1}{y} + \frac{x}{z^2}$

$du = \left(-\frac{y}{x^2} - \frac{1}{z}\right)dx + \left(\frac{1}{x} - \frac{z}{y^2}\right)dy$

$+ \left(\frac{1}{y} + \frac{x}{z^2}\right)dz$

(5) $\frac{\partial u}{\partial x} = yzx^{yz-1}$

$\frac{\partial u}{\partial y} = zx^{yz}\ln x$

$\frac{\partial u}{\partial z} = yx^{yz}\ln x$

$du = yzx^{yz-1}dx + zx^{yz}\ln x\,dy + yx^{yz}\ln x\,dz$

习题 8.3

一、**1.** B　**2.** C　**3.** A

二、**1.** $4(x+y)$　**2.** $6x^5 f'(x^6 - y^6)$

3. $\frac{\partial z}{\partial x} = x^{x^y+y-1}(y\ln x + 1)$, $\frac{\partial z}{\partial y} = x^{x^y+y}\ln^2 x$

三、**1.** $\frac{\partial z}{\partial x} = 3x^2 \sin y \cos^2 y - 3x^2 \sin^2 y \cos y$,

$\frac{\partial z}{\partial y} = -2x^3 \sin^2 y \cos y + x^3 \sin^3 y + x^3 \cos^3 y$

$-2x^3 \cos^2 y \sin y$

2. $\frac{\partial z}{\partial x} = \frac{\ln(x-y)}{y} + \frac{x}{y(x-y)}$,

$\frac{\partial z}{\partial y} = -\frac{x}{y^2}\ln(x-y) - \frac{x}{y(x-y)}$

3. $\frac{dz}{dt} = 4t^3 + 3t^2 + 2t$

4. $\frac{dz}{dt} = \left(3 - \frac{4}{t^3} - \frac{1}{2\sqrt{t}}\right)\sec^2\left(3t + \frac{2}{t^2} - \sqrt{t}\right)$

5. $\frac{\partial z}{\partial u} = \frac{2(u-2v)(u+3v)}{(v+2u)^2}$,

$\frac{\partial z}{\partial v} = \frac{(2v-u)(9u+2v)}{(v+2u)^2}$

6. $\frac{\partial z}{\partial x} = x^{xy}(y + y\ln x)$, $\frac{\partial z}{\partial y} = x^{xy+1}\ln x$

7. $\frac{dz}{dx} = u^v\left[\frac{v}{u}\frac{du}{dx} + \ln u\frac{dv}{dx}\right]$

8. $\frac{\partial z}{\partial x} = 3x^2\frac{\partial f}{\partial u} + ye^{xy}\frac{\partial f}{\partial v}$,

$\frac{\partial z}{\partial y} = -3y^2\frac{\partial f}{\partial u} + xe^{xy}\frac{\partial f}{\partial v}$

9～12. 略

习题 8.4

一、**1.** A　**2.** C　**3.** B

二、**1.** $\frac{y^2}{1-xy}$　**2.** $\frac{\partial z}{\partial x} = \frac{z\ln z}{z\ln y - x}$, $\frac{\partial z}{\partial y} = \frac{z^2}{xy - yz\ln y}$

3. $dx + dy$

三、1. $\frac{dy}{dx}=\frac{y^2}{1-xy}$ 2. $\frac{dy}{dx}=\frac{y^2-e^x}{\cos y-2xy}$

3. $\frac{dy}{dx}=\frac{3x^2y-y^3}{3xy^2-x^3}$

4. $\frac{\partial z}{\partial x}=\frac{yz-\sqrt{xyz}}{\sqrt{xyz}-xy}$, $\frac{\partial z}{\partial y}=\frac{xz-2\sqrt{xyz}}{\sqrt{xyz}-xy}$

5. $\frac{\partial z}{\partial x}=\frac{yz}{e^z-xy}$, $\frac{\partial z}{\partial y}=\frac{xz}{e^z-xy}$ 6. 略

7. $\frac{\partial^2 z}{\partial x^2}=\frac{2y^2ze^z-2xy^3z-y^2z^2e^z}{(e^z-xy)^3}$,

$\frac{\partial^2 z}{\partial x\partial y}=\frac{ze^{2z}-xyz^2e^z-x^2y^2z}{(e^z-xy)^3}$,

$\frac{\partial^2 z}{\partial y^2}=\frac{2x^2ze^z-2x^3yz-x^2z^2e^z}{(e^z-xy)^3}$

8. $\frac{\partial z}{\partial x}=-1$, $\frac{\partial z}{\partial y}=-1$,

$\frac{\partial^2 z}{\partial x^2}=\frac{\partial^2 z}{\partial x\partial y}=\frac{\partial^2 z}{\partial y^2}=0$

9. (1) $\frac{dx}{dz}=\frac{y-z}{x-y}, \frac{dy}{dz}=\frac{z-x}{x-y}$

(2) $\frac{\partial u}{\partial x}=\frac{\sin v}{e^u(\sin v-\cos v)+1}$,

$\frac{\partial u}{\partial y}=\frac{-\cos v}{e^u(\sin v-\cos v)+1}$,

$\frac{\partial v}{\partial x}=\frac{\cos v-e^u}{u[e^u(\sin v-\cos v)+1]}$,

$\frac{\partial v}{\partial y}=\frac{\sin v+e^u}{u[e^u(\sin v-\cos v)+1]}$

习题 8.5

一、1. D 2. B 3. B

二、1. $\left(1,\frac{m}{y_0},-\frac{1}{2z_0}\right)$

2. $x+11y+5z-18=0, \frac{x-1}{1}=\frac{y-2}{11}=\frac{z+1}{5}$

3. $\frac{x-2}{1}=\frac{y+1}{-1}=\frac{z-4}{2}$

三、1. 切线方程：$\frac{x-1}{1}=\frac{y-1}{2}=\frac{z-1}{3}$

法平面方程：$x+2y+3z=6$

2. 切线方程：$\frac{\sqrt{2}x-a}{-a}=\frac{\sqrt{2}y-a}{a}=\frac{4z-b\pi}{4b}$

法平面方程：$2\sqrt{2}a(x-y)-b(4z-b\pi)=0$

3. 切平面方程：$x+2y-z+5=0$

法线方程：$\frac{x-2}{1}=\frac{y+3}{2}=\frac{z-1}{-1}$

4. 切平面方程：$x+2y+3z-14=0$

法线方程：$\frac{x-1}{1}=\frac{y-2}{2}=\frac{z-3}{3}$

5. 切平面方程：$4x+2y-z-6=0$

法线方程：$\frac{x-2}{4}=\frac{y-1}{2}=\frac{z-4}{-1}$

6. 切平面方程：$x-y+2z-\frac{\pi}{2}=0$

法线方程：$\frac{x-1}{1}=\frac{y-1}{-1}=\frac{z-\frac{\pi}{4}}{2}$

7. 所求点为：$(-3,-1,3)$

法线方程：$\frac{x+3}{1}=\frac{y+1}{3}=\frac{z-3}{1}$

8. $\varphi=\arccos\frac{3}{\sqrt{22}}$

习题 8.6

一、1. D 2. C 3. D

二、1. 0 2. 最大 3. $2\sqrt{6}$

三、1. $\frac{\partial z}{\partial l}=-\frac{\sqrt{2}}{2}$ 2. $\frac{\partial z}{\partial l}=-\frac{\sqrt{2}}{2}$

3. $\frac{\partial z}{\partial l}=0$

4. $\frac{\partial z}{\partial l}=\frac{1}{2}+\frac{\sqrt{3}}{2}$

5. $\frac{\partial u}{\partial l}=\frac{22}{\sqrt{14}}$

$\left(\cos\alpha=\frac{1}{\sqrt{14}},\cos\beta=\frac{2}{\sqrt{14}},\cos\gamma=\frac{3}{\sqrt{14}}\right)$

6. $\frac{\partial u}{\partial l}=\frac{\partial u}{\partial x}\cos\alpha+\frac{\partial u}{\partial y}\cos\beta+\frac{\partial u}{\partial z}\cos\gamma=\frac{98}{13}$

7. $\frac{\partial z}{\partial l}=\frac{1}{2}$

8. (1) 当$\frac{\pi}{4}+\alpha=\frac{\pi}{2}$时，$\frac{\partial u}{\partial l}$有最大值

(2) 当$\frac{\pi}{4}+\alpha=\frac{3\pi}{2}$时，$\frac{\partial u}{\partial l}$有最小值

(3) 当$\frac{\pi}{4}+\alpha=\pi$和$\frac{\pi}{4}+\alpha=2\pi$时，$\frac{\partial u}{\partial l}=0$

习题 8.7

一、1. B 2. B 3. B

二、1. 2 2. -5 3. 2

三、1. 极小值 $f(1,0)=-5$，极大值 $f(-3,2)=31$

2. 极大值 $f(2,-2)=8$

3. 极小值 $f(-1,1)=0$

4. 极小值 $f\left(\frac{1}{2},-1\right)=-\frac{e}{2}$

5. 直角三角形两直角边分别为$\frac{l}{\sqrt{2}}$时，即等腰直角三角形周界最大

6. 长、宽、高都等于$\frac{d}{\sqrt{3}}$的直角平行六面体

7. 当水箱的长为$\sqrt[3]{2}$m，宽为$\sqrt[3]{2}$m，高为$\frac{2}{\sqrt[3]{2}\cdot\sqrt[3]{2}}=\sqrt[3]{2}$m时，水箱所用材料最省

8. 以棱长为$\frac{\sqrt{6}}{6}a$的正方体的体积最大，最大体积$V=\frac{\sqrt{6}}{36}a^3$

9. 内接长方体的长、宽、高分别为$\frac{2a}{\sqrt{3}},\frac{2b}{\sqrt{3}},\frac{2c}{\sqrt{3}}$时，有最大体积$V=\frac{8}{3\sqrt{3}}abc$

10. 长、宽、高分别为$\sqrt[3]{2k},\sqrt[3]{2k},\frac{1}{2}\sqrt[3]{2k}$时，水池有最小表面积

基础练习八

一、**1.** √ **2.** × **3.** × **4.** √ **5.** ×

二、**1.** C **2.** B **3.** C **4.** C

5. B **6.** A **7.** A **8.** D

三、**1.** $1\leqslant x^2+y^2\leqslant 4$

2. $f\left(1,\frac{y}{x}\right)=f(x,y),f(-2,3)=\frac{5}{12}$

3. 2 **4.** $-1,2$

5. $\frac{y}{\sqrt{1-x^2y^2}}dx+\frac{x}{\sqrt{1-x^2y^2}}dy$

6. $e^{xy}[y\cos(2x-y)-2\sin(2x-y)]$,

$e^{xy}[x\cos(2x-y)+\sin(2x-y)]$

7. $2x+y-4=0,\frac{x-1}{2}=\frac{y-2}{1}=\frac{z-0}{0}$

8. $\frac{x}{1}=\frac{y-1}{2}=\frac{z-2}{3},x+2y+3z-8=0$

四、**1.** $\frac{\partial^3 u}{\partial x^2\partial y}=yz^2(2+xyz)e^{xyz}$,

$\frac{\partial^3 u}{\partial x\partial y\partial z}=(1+3xyz+x^2y^2z^2)e^{xyz}$

2. (1) $\frac{\partial z}{\partial x}=-\frac{yz}{xy+z^2},\frac{\partial z}{\partial y}=-\frac{xz}{xy+z^2}$

(2) $\frac{\partial z}{\partial x}=\frac{y(1+z^2)(z+e^{xy})}{1-xy(1+z^2)}$,

$\frac{\partial z}{\partial y}=\frac{x(1+z^2)(z+e^{xy})}{1-xy(1+z^2)}$

3. 略

4. 球面上的点(6,8,2)及(−6,−8,−2)处的切平面都平行于平面$3x+4y+z=2$，切平面方程为$3x+4y+z=\pm 52$

5. (1) 曲面$z^2=xy$上的点

(2) 直线$x=y=z$上的点

6. 购进A原料100吨，B原料25吨，此时达到最大产量1250吨

提高练习八

一、**1.** × **2.** × **3.** × **4.** × **5.** ×

二、**1.** A **2.** A **3.** A **4.** C

5. A **6.** C **7.** C **8.** C

三、**1.** $1,1+\frac{\pi}{6}$ **2.** 2,0,0,0

3. $e^y f'_v\cos e^y+\frac{f'_w}{y}$

4. $-\frac{x}{3z},-\frac{2xy}{9z^3}$

5. $\left(0,\sqrt{\frac{2}{5}},\sqrt{\frac{3}{5}}\right)$

6. $3x+y-z=0$

7. $\frac{x-x_0}{1}=\frac{y-y_0}{\tan\alpha}=\frac{z-z_0}{f'_x(x_0,y_0)+f'_y(x_0,y_0)\tan\alpha}$

[提示：将曲线化成以x为参数的参数方程$\begin{cases}x=x,\\ y=y(x)=y_0+(x-x_0)\tan\alpha,\\ z=f[x,y(x)]\end{cases}$]

8. $\frac{2}{3}$

四、**1.** 略

2. $\frac{dz}{dx}=\frac{\partial f}{\partial u}(y+xy')+\frac{\partial f}{\partial v}(2x+2yy')$

3. $\left.\frac{d^2y}{dt^2}\right|_{t=0}=\frac{e(2e-3)}{4}$

4. (1) $f''(r)+\frac{2}{r}f'(r)=0$

(2) $f(r)=-\frac{1}{r}+2$

5. 在点(0,−3)和(−3,0)处，函数取得最大值6，在驻点(−1,−1)处函数取得最小值−1

6. (1) 当电台广告费用0.75万元，报纸广告费用1.25万元时，广告策略最优；

(2) 当电台广告费用 0 万元，报纸广告费用 1.5 万元时，广告策略最优

第 9 章

习题 9.1

一、**1.** A **2.** A **3.** B

二、**1.** $\iint\limits_D \mu(x,y)\mathrm{d}\sigma$ **2.** $I_1 = 4I_2$ **3.** $<$

三、**1.** (1)4π (2) $\frac{2}{3}\pi R^3$

2. (1)$I_1 \geqslant I_2$ (2)$I_1 \geqslant I_2$ (3)$I_1 \leqslant I_2$

3. (1) $\frac{\pi}{e} \leqslant I \leqslant \pi$ (2)$36\pi \leqslant I \leqslant 100\pi$

(3)$1.96 \leqslant I \leqslant 2$

习题 9.2

一、**1.** B **2.** A **3.** C

二、**1.** 0 **2.** $\pi(e-1)$

3. $\int_{-\frac{\pi}{2}}^{\frac{\pi}{2}}\mathrm{d}\theta\int_0^{2\cos\theta} f(\rho\cos\theta,\rho\sin\theta)\rho\mathrm{d}\rho$

三、**1.** (1)$\int_0^1\mathrm{d}x\int_0^x f(x,y)\mathrm{d}y = \int_0^1\mathrm{d}y\int_y^1 f(x,y)\mathrm{d}x$

(2) $\int_{-R}^R\mathrm{d}x\int_0^{\sqrt{R^2-x^2}} f(x,y)\mathrm{d}y =$

$\int_0^R\mathrm{d}y\int_{-\sqrt{R^2-y^2}}^{\sqrt{R^2-y^2}} f(x,y)\mathrm{d}x$

(3) $\int_{-1}^1\mathrm{d}x\int_{x^2}^1 f(x,y)\mathrm{d}y = \int_0^1\mathrm{d}y\int_{-\sqrt{y}}^{\sqrt{y}} f(x,y)\mathrm{d}x$

(4) $\int_0^4\mathrm{d}x\int_x^{2\sqrt{x}} f(x,y)\mathrm{d}y = \int_0^4\mathrm{d}y\int_{\frac{1}{4}y^2}^{y} f(x,y)\mathrm{d}x$

(5) $\int_{\frac{1}{2}}^1\mathrm{d}x\int_{\frac{1}{x}}^2 f(x,y)\mathrm{d}y + \int_1^2\mathrm{d}x\int_x^2 f(x,y)\mathrm{d}y =$

$\int_1^2\mathrm{d}y\int_{\frac{1}{y}}^{y} f(x,y)\mathrm{d}x$

(6) $\int_0^1\mathrm{d}x\int_{x-1}^{1-x} f(x,y)\mathrm{d}y = \int_{-1}^0\mathrm{d}y\int_0^{1+y} f(x,y)\mathrm{d}x + \int_0^1\mathrm{d}y\int_0^{1-y} f(x,y)\mathrm{d}x$

2. (1) $\frac{32}{5}$ (2)2 (3) $-\frac{1}{2}$

(4) $-\frac{1}{2}(1+e^{-2})$ (5) $\frac{32}{15}$

3. 略

4. (1) $\int_0^1\mathrm{d}x\int_0^{x^2} f(x,y)\mathrm{d}y + \int_1^3\mathrm{d}x\int_0^{\frac{3-x}{2}} f(x,y)\mathrm{d}y$

(2) $\int_0^1\mathrm{d}y\int_0^{1-\sqrt{1-y^2}} f(x,y)\mathrm{d}x$

$+\int_0^1\mathrm{d}y\int_{1+\sqrt{1-y^2}}^{\sqrt{4-y^2}} f(x,y)\mathrm{d}x$

$+\int_1^2\mathrm{d}y\int_0^{\sqrt{4-y^2}} f(x,y)\mathrm{d}x$

(3) $\int_0^{\pi}\mathrm{d}x\int_0^{\sin x} f(x,y)\mathrm{d}y$

(4) $\int_0^1\mathrm{d}y\int_{-\sqrt{1-y^2}}^{y-1} f(x,y)\mathrm{d}x$

(5) $\int_{\frac{1}{2}}^1\mathrm{d}x\int_{x^2}^x e^{\frac{y}{x}}\mathrm{d}y$.

5. $\frac{4}{3}$ **6.** $\frac{5}{6}$ **7.** $\frac{7}{2}$ **8.** $\frac{17}{6}$

9. (1) $\frac{2}{3}\pi a^3$ (2) $\frac{a^3}{9}(3\pi-4)$

(3) $\frac{3}{64}\pi^2$ (4) $\frac{\pi}{2}$ (5) $\frac{\pi}{4}(2\ln 2-1)$

10. (1) $\frac{1}{2}e^4-e^2$ (2)$\pi(\cos\pi^2-\cos 4\pi^2)$

(3)$14a^4$

11. (1) $\frac{\pi}{2}a^4$ (2)π

习题 9.3

一、**1.** A **2.** C **3.** C

二、**1.** $\frac{2}{3}\pi a^3$ **2.** 0

3. (1) $\int_{-R}^R\mathrm{d}x\int_{-\sqrt{R^2-x^2}}^{\sqrt{R^2-x^2}}\mathrm{d}y\int_{\sqrt{x^2+y^2}}^R f(x,y,z)\mathrm{d}z$

(2) $\int_0^{2\pi}\mathrm{d}\theta\int_0^R\mathrm{d}\rho\int_\rho^R f(\rho\cos\theta,\rho\sin\theta,z)\rho\mathrm{d}z$

(3) $\int_0^{2\pi}\mathrm{d}\theta\int_0^{\frac{\pi}{4}}\mathrm{d}\varphi\int_0^{\frac{R}{\cos\varphi}} f(\rho\sin\varphi\cos\theta,\rho\sin\varphi\sin\theta,\rho\cos\varphi)\rho^2\sin\varphi\mathrm{d}\rho$

三、**1.** (1)$\int_1^2\mathrm{d}x\int_0^x\mathrm{d}y\int_0^y f(x,y,z)\mathrm{d}z$

(2)$\int_{-1}^1\mathrm{d}x\int_{-\sqrt{1-x^2}}^{\sqrt{1-x^2}}\mathrm{d}y\int_{x^2+y^2}^1 f(x,y,z)\mathrm{d}z$

(3) $\int_{-1}^{1}dx\int_{-\sqrt{1-x^2}}^{\sqrt{1-x^2}}dy\int_{x^2+2y^2}^{2-x^2}f(x,y,z)dz$

2. (1) $\frac{15}{8}$ (2) 32π (3) $\frac{4\pi}{15}(R_2^5-R_1^5)$

(4) $\frac{4\pi}{3}$ (5) $\frac{\pi}{6}$ (6) 0

3. (1) $\frac{7\pi}{12}$ (2) $\frac{16\pi}{3}$ **4.** (1) $\frac{4\pi}{5}$ (2) $\frac{\pi}{10}$

5. (1) $\frac{1}{4}$ (2) 6π (3) $\frac{7\pi}{6}$ **6.** $\frac{3}{2}$

习题 9.4

一、**1.** D **2.** C **3.** B

二、**1.** $\sqrt{2}\pi$ **2.** $\left(0,0,\frac{3}{8}R\right)$ **3.** $\frac{1}{8}\pi a^4\mu$

三、**1.** $\frac{1}{2}\sqrt{a^2b^2+a^2c^2+b^2c^2}$ **2.** $2\pi a^2-4a^2$

3. $\left(\frac{28}{9\pi}a,\frac{28}{9\pi}a\right)$

4. $\left(0,0,\frac{14}{9}\right)$ **5.** $m=2k\pi a,\left(0,0,\frac{a}{2}\right)$

6. (1) $I_x=\frac{1}{28},I_y=\frac{1}{20}$ (2) $I_z=\frac{\pi}{12}$

7. $2\pi G a\mu\left(\frac{1}{\sqrt{R^2+a^2}}-\frac{1}{\sqrt{r^2+a^2}}\right)$

习题 9.5

一、**1.** B **2.** C **3.** D

二、**1.** $2a^2$ **2.** 1 **3.** $-\frac{87}{4}$

三、**1.** (1) $\frac{125}{54}$ (2) 8π (3) $\frac{245}{8}$

(4) $e^a\left(2+\frac{\pi}{4}a\right)-2$ (5) $\frac{\sqrt{3}}{2}(1-e^{-2})$

(6) $\frac{15}{2}\pi^3$ (7) 9

2. $6\pi\sqrt{2}$ **3.** $\frac{9}{2}(\sqrt{5}+3)$ **4.** $2a^2$ **5.** 略

6. (1) -18π (2) a ~ d:13 (3) 13

(4) $\frac{1}{2}$ (5) $\frac{1}{35}$ (6) $\sin 1+\cos 1-\frac{6}{5}$

7. $-\frac{\pi}{4}a^3$ [提示:曲线方程 $x=\frac{a}{2}(1+\cos\theta)$, $y=\frac{a}{2}\sin\theta,z=a\sin\frac{\theta}{2},0\leqslant\theta\leqslant 2\pi$]

8. $\frac{\pi}{2}$

习题 9.6

一、**1.** C **2.** D **3.** C

二、**1.** $2\pi a^2$ **2.** a **3.** $\frac{1}{2}x^2y^2+C$

三、**1.** (1) $\frac{1}{30}$ (2) 8 **2.** (1) $\frac{3}{8}\pi a^2$ (2) $3\pi a^2$

3. (1) -8π (2) 12 (3) $-\frac{19}{3}$ (4) $\frac{5}{4}$

4. (1) 5 (2) $9\cos 2+4\cos 3$ (3) $-\pi$

5. (1) $6\pi-e^4+1$ (2) -24 **6.** $e+5$

7. (1) 是, $x^3+3x^2y^2+\frac{4}{3}y^3=C$

(2) 是, $a^2x-x^2y-xy^2-\frac{1}{3}y^3=C$

(3) 是, $xe^y-y^2=C$

(4) 不是, $Cx=e^{\frac{x}{2y}}(C\neq 0)$

习题 9.7

一、**1.** B **2.** D **3.** A

二、**1.** $4\sqrt{61}$ **2.** 1 **3.** $\frac{1}{3}h^2a^3$

三、**1.** (1) $\frac{1+\sqrt{3}}{24}$ (2) $\frac{\pi}{2}(\sqrt{2}+1)$

(3) $\frac{37}{10}\pi$ (4) $\pi a(a^2-h^2)$ (5) $\frac{64}{15}\sqrt{2}a^4$

2. $\frac{2\sqrt{2}}{3}$

3. $\iint_{s}R(x,y,z)dxdy=\pm\iint_{D_{xy}}R(x,y,z)dxdy$, $\pm$ 号与 xOy 面上、下侧对应

4. (1) $\frac{2}{3}\pi R^3$ (2) $\frac{1}{3}$ (3) $\frac{3\pi}{2}$

(4) 2π (5) $\frac{32\pi}{3}$

习题 9.8

一、**1.** D **2.** B **3.** D

二、**1.** $\frac{1}{2}\pi a^3$ **2.** $\frac{1}{2}\pi R^2h^2$

3. $2x+2y+2z$

三、**1.** (1) $3a^4$ (2) $\frac{2}{15}$ (3) 81π (4) $\frac{2\pi}{5}R^5$

2. (1) 6 (2) 0 (3) 108π

3. (1) $2x+2y+2z$ (2) $e^y+ze^{-y}+\frac{y}{z}$

(3) $ye^{xy}-x\sin(xy)-2xz\sin(xz^2)$

习题 9.9

一、**1.** D　**2.** A　**3.** A

二、**1.** 9π　**2.** -2π　**3.** $\boldsymbol{i}+\boldsymbol{j}$

三、**1.** (1) $-\dfrac{3}{2}$　(2) π　(3) 9π

2. (1) $2\boldsymbol{i}+4\boldsymbol{j}+6\boldsymbol{k}$　(2) 0

3. (1) 2π　(2) 12π

基础练习九

一、**1.** ×　**2.** √　**3.** ×　**4.** ×　**5.** ×

二、**1.** B　**2.** A　**3.** B　**4.** B

5. A　**6.** B　**7.** D　**8.** B

三、**1.** $V\iint\limits_{x^2+y^2\leqslant 1} f^2(x,y)\mathrm{d}\sigma$

2. $\int_0^a (a-x)e^{m(a-x)}f(x)\mathrm{d}x$

3. $\dfrac{1}{2}(1-e^{-4})$　**4.** $\dfrac{2\pi}{3}$　**5.** $2+\sqrt{2}$

6. $-\dfrac{1}{20}$　**7.** $4\pi a^4$　**8.** 1

四、**1.** (1) $I=\int_0^1 \mathrm{d}y\int_{y^2}^{y}\dfrac{\sin y}{y}\mathrm{d}x$

(2) $I=\int_0^1 \mathrm{d}y\int_{-y}^{\sqrt{2y-y^2}} f(x,y)\mathrm{d}x$

2. (1) $\dfrac{4}{\pi^3}(\pi+2)$　(2) $2-\dfrac{\pi}{2}$

(3) $\dfrac{7\pi}{12}$

3. (1) $-\dfrac{\pi}{2}a^2$　(2) 2π

4. $2\pi a\ln\dfrac{a}{h}$　**5.** 略

6. $\pi\left(\dfrac{5\sqrt{5}}{6}+\sqrt{2}-\dfrac{1}{6}\right)$

提高练习九

一、**1.** ×　**2.** ×　**3.** √　**4.** √　**5.** ×

二、**1.** A　**2.** D　**3.** D　**4.** C

5. C　**6.** C　**7.** B　**8.** B

三、**1.** $\dfrac{1}{6}$

2. $\int_0^1 \mathrm{d}x\int_0^{x^2} f(x,y)\mathrm{d}y+\int_1^{\sqrt{2}}\mathrm{d}x\int_0^{2-x^2} f(x,y)\mathrm{d}y$

3. $\dfrac{1}{6}$　**4.** $4\pi t^2 f(t^2)$　**5.** $12a$

6. $2\pi ab$　**7.** 3π　**8.** $\dfrac{1}{2}\pi a^3$

四、**1.** (1) $\dfrac{35}{12}\pi a^4$　(2) $\dfrac{8}{3}$　(3) $\dfrac{3}{2}\pi a^4$

2. (1) $2\sqrt{2}$　(2) π

3. $\dfrac{1}{2}$　**4.** $\dfrac{2}{15}$　**5.** 略　**6.** 24π

第 10 章

习题 10.1

一、**1.** B　**2.** A　**3.** C

二、**1.** $-\dfrac{3}{4}$　**2.** $1-\dfrac{1}{3}+\dfrac{1}{7}-\dfrac{1}{15}+\dfrac{1}{31}-\cdots$

3. $(-1)^{n-1}\dfrac{a^{n+1}}{2n+1}$

三、**1.** (1) 收敛　(2) 发散　(3) 发散　(4) 发散

(5) 收敛　(6) 收敛　(7) 发散　(8) 发散

2. 略

习题 10.2

一、**1.** D　**2.** B　**3.** A

二、**1.** 1　**2.** 发散　**3.** $p>1$

三、**1.** (1) 收敛　(2) 收敛　(3) 收敛　(4) 发散

(5) 收敛　(6) 收敛　(7) 收敛

(8) 当 $0<a\leqslant 1$ 时发散，当 $a>1$ 时收敛

2. (1) 收敛，且绝对收敛

(2) 收敛，且条件收敛

(3) 收敛，且条件收敛

(4) 收敛，且绝对收敛

(5) 收敛，且绝对收敛

(6) 当 $-3<a<1$ 时，收敛，且绝对收敛；当 $a<-3$ 或 $a\geqslant 1$ 时，发散；当 $a=-3$ 时，条件收敛

3. 略

习题 10.3

一、**1.** D　**2.** A　**3.** B

二、**1.** $2R$　**2.** $[-2,4)$　**3.** $-\dfrac{x}{3+x}$

三、**1.** (1) $x=0$　(2) $(-\infty,+\infty)$

(3) $[-1,1]$　(4) $(-\infty,+\infty)$

(5) $[1,3]$　(6) $\left(\dfrac{1}{3},1\right]$

(7) $(1,2]$　(8) $(-3,3]$

2. (1) $s(x)=\ln(1+x), x\in(-1,1]$

(2) $s(x)=\dfrac{x}{(1-x)^2}, x\in(-1,1)$

(3) $s(x)=\dfrac{2}{2-x}, x\in(-2,2)$

3. $\sum\limits_{n=2}^{\infty}\dfrac{1}{2^n(n^2-1)}=\dfrac{5}{8}-\dfrac{3}{4}\ln 2$

习题 10.4

一、**1.** D　**2.** A　**3.** B

二、**1.** $e^{\frac{x}{2}}=\sum\limits_{n=0}^{\infty}\dfrac{x^n}{2^n n!}, (-\infty,+\infty)$

2. $\dfrac{1}{1+2x}=\sum\limits_{n=0}^{\infty}(-1)^n 2^n x^n$

3. $\dfrac{1}{2+3x}=\sum\limits_{n=0}^{\infty}(-1)^n\dfrac{3^n}{5^{n+1}}(x-1)^n, |x-1|<\dfrac{5}{3}$

三、**1.** (1) $\sin\dfrac{x}{2}=\dfrac{1}{2}x-\left(\dfrac{1}{2}\right)^3\dfrac{x^3}{3!}+\left(\dfrac{1}{2}\right)^5\dfrac{x^5}{5!}-\cdots+(-1)^{n-1}\left(\dfrac{1}{2}\right)^{2n-1}\dfrac{x^{2n-1}}{(2n-1)!}+\cdots,$

$-\infty<x<+\infty$

(2) $\ln(a+x)=\ln a+\sum\limits_{n=1}^{\infty}\dfrac{(-1)^{n-1}}{n}\left(\dfrac{x}{a}\right)^n,$

$x\in(-a,+a]$

(3) $a^x=\sum\limits_{n=0}^{\infty}\dfrac{(x\ln a)^n}{n!}, -\infty<x<+\infty$

2. $\dfrac{1}{3-x}=\dfrac{1}{2}+\dfrac{1}{2^2}(x-1)+\dfrac{1}{2^3}(x-1)^2+\cdots+\dfrac{1}{2^{n+1}}(x-1)^n+\cdots, x\in(-1,3)$

$\dfrac{1}{3-x}=1+(x-2)+(x-2)^2+\cdots+(x-2)^n+\cdots, x\in(1,3)$

3. $x^3e^{-x}=x^3-x^4+\dfrac{x^5}{2}+\cdots+(-1)^n\dfrac{x^{n+3}}{n!}+\cdots,$

$-\infty<x<+\infty$

4. $\dfrac{x}{x^2-x-2}=\dfrac{1}{3}\sum\limits_{n=0}^{\infty}\left[(-1)^n-\dfrac{1}{2^n}\right]x^n,$

$x\in(-1,1)$

5. $f'(x)=\sum\limits_{n=2}^{\infty}(-1)^{n-1}\dfrac{2n-2}{(2n)!}x^{2n-3},$

$-\infty<x<+\infty$

6. $\ln(x^2+3x+2)=\ln 2+\sum\limits_{n=0}^{\infty}(-1)^n\dfrac{1}{n+1}\cdot\dfrac{1+2^{n+1}}{2^{n+1}}x^{n+1}, R=1$

习题 10.5

一、**1.** D　**2.** B　**3.** C

二、**1.** 0　**2.** $\dfrac{k}{2}$　**3.** $-\dfrac{3}{2}$

三、**1.** (1) $f(x)=\dfrac{4}{3}\pi^2+16\sum\limits_{n=1}^{\infty}\dfrac{(-1)^n}{n^2}\cos nx,$

$x\in(-\infty,+\infty)$

(2) $f(x)=\dfrac{e^{3\pi}-e^{-3\pi}}{\pi}\left[\dfrac{1}{3}+\sum\limits_{n=1}^{\infty}\dfrac{(-1)^n}{n^2+9}\cdot(3\cos nx-n\sin nx)\right], x\neq(2k+1)\pi$

2. (1) $f(x)=\dfrac{36}{\pi}\sum\limits_{n=1}^{\infty}(-1)^{n+1}\dfrac{n}{36n^2-1}\sin nx,$

$x\in(-\pi,\pi)$

(2) $f(x)=\dfrac{1+\pi-e^{-\pi}}{2\pi}+\dfrac{1}{\pi}\sum\limits_{n=1}^{\infty}\left\{\left[\dfrac{1-(-1)^n e^{-\pi}}{1+n^2}\right]\cos nx+\left[\dfrac{-n+(-1)^n n e^{-\pi}}{1+n^2}+\dfrac{1-(-1)^n}{n}\right]\sin nx\right\},\quad x\in(-\pi,\pi)$

3. 正弦级数:

$x+1=\dfrac{2}{\pi}\left[(\pi+2)\sin x-\dfrac{\pi}{2}\sin 2x+\dfrac{1}{3}(\pi+2)\sin 3x-\dfrac{\pi}{4}\sin 4x+\cdots\right], 0<x<\pi$

余弦级数：

$$x+1=\frac{\pi}{2}+1-\frac{4}{\pi}\left(\cos x+\frac{1}{3^2}\cos 3x+\frac{1}{5^2}\cos 5x+\cdots\right),0\leqslant x\leqslant\pi$$

4. $s(-\pi)=s(\pi)=0,s\left(-\frac{\pi}{2}\right)=s\left(\frac{\pi}{2}\right)=\frac{\pi}{4},$

$s(0)=-\frac{\pi}{2},s\left(\frac{3}{2}\pi\right)=\frac{\pi}{4}$

5. $f(x)=\frac{k}{2}+\frac{2k}{\pi}\left(\sin\frac{\pi x}{2}+\frac{1}{3}\sin\frac{3\pi x}{2}+\frac{1}{5}\sin\frac{5\pi x}{2}+\cdots\right),x\neq 0,\pm 2,\pm 4,\cdots$

6. 正弦级数：

$$x^2=\frac{8}{\pi}\sum_{n=1}^{\infty}\left\{\frac{(-1)^{n+1}}{n}+\frac{2}{n^3\pi^2}[(-1)^n-1]\right\}\sin\frac{n\pi x}{2},x\in[0,2)$$

余弦级数：

$$x^2=\frac{4}{3}+\frac{16}{\pi^2}\sum_{n=1}^{\infty}\frac{(-1)^n}{n^2}\cos\frac{n\pi x}{2},\quad x\in[0,2]$$

基础练习十

一、**1.** √　**2.** ×　**3.** ×　**4.** ×　**5.** √

二、**1.** C　**2.** C　**3.** B　**4.** D

5. C　**6.** C　**7.** A　**8.** A

三、**1.** $s_n=\begin{cases}-2,n=2k-1,\\0,n=2k\end{cases}(k=1,2,\cdots)$

2. 1　**3.** 8　**4.** 0

5. $[-1,1)$

6. $\mathrm{e}^x\sum_{n=0}^{\infty}\frac{\mathrm{e}^2}{n!}(x-2)^n,-\infty<x<+\infty$

7. $\frac{1}{2}(1-\mathrm{e}^{-1})$　**8.** $\frac{2}{3}\pi$

四、**1.** (1) 绝对收敛　(2) 条件收敛

2. (1) 当$0<a<1$时，收敛区间为$(-\infty,+\infty)$；$a=1$时，收敛区间为$(-1,1)$；$a>1$时，级数仅在$x=0$处收敛　(2) $(\frac{1}{10},10)$

3. (1) $s(x)=\begin{cases}1,-1<x<1,\\0,x=1\end{cases}$

(2) $\frac{1}{(1-x)^3},|x|<1$

4. $\frac{\mathrm{d}}{\mathrm{d}x}\left(\frac{\mathrm{e}^x-1}{x}\right)=\sum_{n=1}^{\infty}\frac{n}{(n+1)!}x^{n-1},-\infty<x<+\infty,x\neq 0$

5. 略　**6.** $a=-\frac{1}{3},b=-1$，原式$=-\frac{1}{10}$

提高练习十

一、**1.** ×　**2.** √　**3.** √　**4.** ×　**5.** ×

二、**1.** C　**2.** D　**3.** B　**4.** A

5. B　**6.** B　**7.** C　**8.** B

三、**1.**

$\frac{1}{8}\left(1+\frac{1}{2}+\frac{1}{3}+\frac{1}{4}+\frac{1}{5}+\frac{1}{6}+\frac{1}{7}+\frac{1}{8}\right)$

2. $(2,+\infty)$　**3.** 绝对收敛　**4.** -1

5. $(-\infty,+\infty)$　**6.** $(1+x)\ln(1+x)-x$

7. $\frac{1}{2}$　**8.** 0,0

四、**1.** (1) 条件收敛　(2) 发散

2. $k\pi-\frac{\pi}{6}\leqslant x\leqslant k\pi+\frac{\pi}{6},k\in Z$

3. (1) $f(x)=\frac{\pi}{4}+\sum_{n=0}^{\infty}\frac{(-1)^n}{2n+1}x^{2n+1},-1\leqslant x\leqslant 1$

(2) $f^{(101)}(0)=100!$

4. $f(x)=2\sum_{n=1}^{\infty}\frac{1}{n}\left(1-\frac{2}{n\pi}\sin\frac{n\pi}{2}\right)\sin nx,$

$x\in(0,\pi]$

5. 略　[提示：证级数收敛]

6. (1) $S_n=\frac{4}{3}\cdot\frac{1}{n(n+1)\sqrt{n(n+1)}}$

(2) $\frac{4}{3}$